2021 年江苏省高等学校重点教材(编号：2021-1-112)

高等院校通信与信息专业系列教材

数字音频原理及应用

第 4 版

卢官明　编著

机械工业出版社

本书系统全面地介绍了数字音频技术的基础理论、数字音频设备的工作原理及性能指标、数字音频文件格式、数字声音广播的系统组成及关键技术。全书共11章，主要介绍了声学基础知识、音频信号的数字化、数字音频压缩编码、信道编码与调制技术、光盘存储技术、电子乐器数字接口（MIDI）、数字音频文件格式、音频处理与控制设备、数字音频工作站、数字声音广播、音频测量与分析等内容。每章都附有小结与习题，以便读者加深对书中主要内容的理解。

本书注重选材，内容丰富，层次分明。在强化基本概念、基本原理的同时，注重理论与实际应用相结合，有很强的实用性。

本书可作为高等院校广播电视工程、现代教育技术、电子信息和通信类专业的本科生教材或教学参考书，也可作为数字音响工程、影视节目制作、多媒体应用与开发等领域的技术人员的岗位培训教材和自学用书。

为配合教学，书中配有二维码拓展内容，读者可扫码观看，并配备了教学用PPT、电子教案、课程教学大纲、习题参考答案等教学资源。需要的教师可登录机工教育服务网（www.cmpedu.com）免费注册，审核通过后下载，或联系编辑索取（微信：18515977506/电话：010-88379753）。

图书在版编目（CIP）数据

数字音频原理及应用／卢官明编著. -- 4 版.

北京：机械工业出版社，2024. 10. --（高等院校通信与信息专业系列教材）. -- ISBN 978-7-111-76719-0

Ⅰ. TN912. 2

中国国家版本馆 CIP 数据核字第 2024RQ7056 号

机械工业出版社（北京市百万庄大街 22 号　邮政编码 100037）
策划编辑：李馨馨　　　　　　责任编辑：李馨馨　秦　菲
责任校对：丁梦卓　张　薇　　封面设计：鞠　杨
责任印制：常天培
北京机工印刷厂有限公司印刷
2024 年 11 月第 4 版第 1 次印刷
184mm×260mm · 21. 5 印张 · 532 千字
标准书号：ISBN 978-7-111-76719-0
定价：85. 00 元

电话服务　　　　　　　　　　　网络服务
客服电话：010-88361066　　　　机　工　官　网：www.cmpbook.com
　　　　　010-88379833　　　　机　工　官　博：weibo.com/cmp1952
　　　　　010-68326294　　　　金　书　网：www.golden-book.com
封底无防伪标均为盗版　　　机工教育服务网：www.cmpedu.com

前　言

本书是电子信息类专业的基础课程教材，自 2005 年 1 月第 1 版出版以来，深受广大读者的欢迎。第 3 版被评为"十二五"江苏省高等学校重点教材。

为了及时跟踪数字音频技术的新成果，顺应教育信息化的发展趋势，作者根据最近几年的教学和科研实践，在内容和形式上对第 3 版教材进行了修订。

在内容方面，第 4 版在继承第 3 版的系统性与完整性的基础上，控制了教材内容的总量与难度，精选教材内容，删除了一些陈旧的内容，增补了有关音响工程实践操作的拓展阅读内容，以保证内容的适用性和先进性，恰当地反映数字音频技术的新成果。此外，第 4 版将弘扬爱国主义和科学探索精神有机地融入具体的章节中，培养学生的使命感和责任感，落实立德树人的根本任务。如在第 5 章中修订了 5.5.3 节，增补了清华大学徐端颐教授潜心研发中国蓝光高清光盘（CBHD）的事迹，激励学生弘扬创新精神，将爱国之情、报国之志融入我国改革发展的伟大事业之中，为实现从"中国制造"向"中国创造"的战略转型、建设创新型国家的战略目标贡献智慧和力量。

在教材呈现形式上，积极顺应教育信息化的发展趋势，以二维码形式提供了微课音频和一些拓展阅读内容，引导学生积极开展自主性学习，满足在线教育的需要。

本书共 11 章，比较系统地介绍了声学基础知识、音频信号的数字化、数字音频压缩编码、信道编码与调制技术、光盘存储技术、电子乐器数字接口（MIDI）、数字音频文件格式、音频处理与控制设备、数字音频工作站、数字声音广播、音频测量与分析等内容，知识体系完整、结构合理。本书可作为高等院校广播电视、电子信息、通信和计算机类专业的本科教材，也可供从事相关领域工作的工程技术人员和技术管理人员阅读参考。

在编写过程中，作者参考和引用了一些学者的研究成果、著作和论文，具体出处见参考文献。在此，向这些文献的著作者致以敬意并表示感谢！

由于作者水平所限，加之数字音频技术涉及面广，相关技术发展迅速，书中难免存在不妥之处，敬请同行专家和广大读者批评指正。

作　者

目　　录

第1章　声学基础知识

本章学习目标：
- 了解声波、声音与声学的概念。
- 熟悉声音的特性及物理参量、声音的主观感觉及三要素。
- 了解室内声的组成及混响时间的计算。
- 熟悉人耳的听觉范围以及听阈、痛阈的概念。
- 重点掌握人耳的听觉特性，包括听觉掩蔽效应、听觉延时效应（哈斯效应）、双耳效应和德·波埃效应。
- 了解音质的主观评价用语。

1.1　声波、声音与声学的概念

声，有双重含义：一是指弹性介质中传播的压力、应力、质点位移和质点速度等的变化；二是指上述变化作用于人耳所引起的感觉。为了清楚起见，前者称为声波，后者则称为声音。

语音、音乐以及自然界的各种声音，都是由物体振动产生的。例如，我们讲话时，如果将手放在喉部，就会感到喉部在振动；用弓拉琴，琴弦因振动而发声；把音频电流送入扬声器，扬声器的纸盆发生振动而发声。无论是人的发声器官（声带），还是乐器的弦、击打面、薄膜等，当它们振动时，都会激励着周围的空气质点振动。由于空气具有惯性和弹性，在空气质点的相互作用下，振动物体四周的空气就交替地产生压缩与膨胀，并且逐渐向外传播形成声波。一般说来，凡是有弹性的物质，如液体和固体等，都能传播声波。

在振动介质（空气、液体或固体）中某一质点沿中间轴来回发生振动，并带动周围的质点也发生振动，逐渐向各方向扩展，这就是声波。声波的传播不是介质分子的直接位移，而是能量以波动形式的扩展。声波的能量随扩展的距离逐渐消耗，最后消失。连续振动的音叉，使周围的空气分子形成疏密相间的连续波形，如图 1-1 所示。

在空气中传播的声波是纵波，在纵波中，介质分子的振动方向和波前进的方向平行。声波传播时，介质中每个质点都是在自己的平衡位置做往返的简谐运动，所谓简谐运动就是质点的位移幅度与时间变化呈正弦函数关系，如图 1-2 所示。

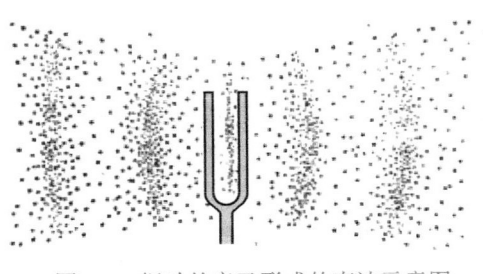

图 1-1　振动的音叉形成的声波示意图

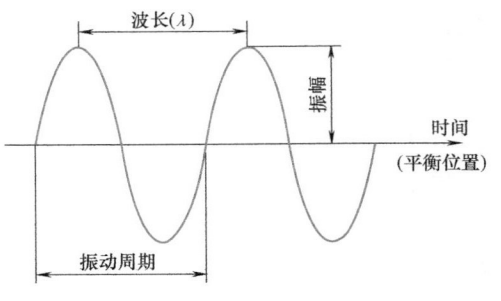

图 1-2　质点的位移幅度与时间变化的关系

产生声波的振动体称为声源（如人的声带、乐器等），声波传播的空间称为声场，声场中能够传递上述扰动的介质称为声场介质。要听到声音，必须具备三个基本条件：首先是存在声源；其次是要有传播过程中的弹性介质，即传声介质，如空气、水等；最后，要通过人耳听觉系统产生声音的主观感觉。

那么声波传播到人耳后，人耳是怎样听到声音的呢？

有关听觉产生的机理包括物理学、生理学、心理学等几个学科的交叉。我们知道，人耳是由外耳、中耳、内耳组成的。外耳和中耳之间有一层薄膜，叫作耳膜（鼓膜）。平常我们看到的耳朵就是外耳，它起着收集声波的作用。首先外面有声音进入到耳朵里来，通过外耳道传到鼓膜，使鼓膜产生相应的振动，带动耳膜后的耳骨运动，这是一个物理过程。耳骨的运动在耳蜗中产生一个响应，耳蜗周围有一些毛细胞，会刺激里面的皮层，然后产生电响应，到了这样的层次，就变成了一个生理过程，也就是说声波传播到了耳蜗，就属于生理声学研究的范畴了。声信号变成了电信号，经耳蜗神经传入人的大脑，就会产生听觉响应，这就属于心理声学研究的范畴了。所以听觉产生的机理是从物理声学到生理声学，然后再到心理声学的过程。

声学是研究声波的产生、传播、接收和效应等问题的科学。自 20 世纪以来，随着电子学的出现和放大器的应用，应用声学得到迅速发展。如今对任何频率、波形和强度的声波都可以产生、接收、测量和利用。近代声学根据研究的方法、对象和频率范围可以分成许多分支，如理论声学、电声学、建筑声学、心理声学、语言声学、水声学、超声学、分子声学、噪声学和音乐声学等。20 世纪以来，声学在工程技术和国防建设上已得到了广泛应用。

拓展阅读：回音壁的建筑特点及声波传播原理　　　　　音频：为什么回音壁、三音石会传声？

1.2　声音的参数与度量

1.2.1　频率、频谱、频程及相位

1. 频率

频率是电学和声学中的一个基本量。很多声学量都与频率有关，传声器灵敏度的校正、电声换能器频率特性的测量、厅堂音质的鉴定以及信号的分析等都离不开频率。

频率是某一质点以中间轴为中心，1s 内来回振动的次数，一般用 f 表示，单位为赫兹（Hz）。而质点完成一次全振动经过的时间为一个周期 T，单位为秒（s）。显然，$f = 1/T$。

在声学和电学领域里，频率一般是指正弦波信号的频率。任何信号都可以认为是各种频率的正弦波的叠加，或者说任何信号都含有正弦波的各种频率成分。人们通过对各种频率成分含量的分析，可以了解该信号的许多特性。例如，人的声音信号可以分解为各种频率正弦信号的叠加，通过频谱分析我们可以知道，男声的高频成分要比女声的高频成分少且幅度小，男声的低频成分要比女声的低频成分多且幅度大，故男声较低沉浑厚，女声较尖细。由

此可见，对信号频率的分析是非常重要的。

声波的频率范围相当宽，为 $10^{-4} \sim 10^{12}\,Hz$。按照频率范围可将声波分为次声（$10^{-4} \sim 20Hz$）、可听声（$20 \sim 2 \times 10^4\,Hz$）、超声（$2 \times 10^4 \sim 5 \times 10^8\,Hz$）和特超声（$5 \times 10^8 \sim 10^{12}\,Hz$）。

人耳可听到的频率范围是 $20 \sim 2 \times 10^4\,Hz$。当然这只是一个大概的范围，实际上每个人听到的频率范围并不相同。一般来讲，青年人要比老年人听到的频率范围宽，因为随着年龄的增长，人耳对高频声的听力会逐渐降低。

声音可以是单一频率的声音，称为纯音。而包含有几种不同频率成分的声音，则称为复合音（或称复音）。除音叉等外，大多数声源发出的声音都不是单一频率的纯音，而是由多个频率成分组合而成的复合音，如语言、音乐或噪声大多是复合音。反之，复合音可以分解为多个纯音。如果复合音的大多数纯音集中在高频部分，就称为高频声；若大多数纯音集中在低频部分，就称为低频声。当然，所谓高频声和低频声都是相对而言的，我们习惯上把频率低于 60Hz 的声音称为超低音，把 $60 \sim 200Hz$ 的声音称为低音，把 $200 \sim 1000Hz$ 的声音称为中音，把 $1000 \sim 5000Hz$ 的声音称为中高音，而把 5000Hz 以上的声音统称为高音。

音频：音乐欣赏—
游牧时光（男低音）

音频：音乐欣赏—
青藏高原（女高音）

音频：音乐欣赏—
草原之夜（女中音）

2. 频谱

复合音是由频率不同、振幅不同、相位不同的正弦波叠加形成的，它也是一种周期性的振动波。任何复杂的周期性振动波都可以分解为多个谐波，这称为傅里叶定律。把复杂的振动波分解成各种频率成分谐波的过程称为傅里叶分析，也称频谱分析。在复合音中频率最低的成分（分音）称为基音。频率与基音成整倍数的分音称为谐音（谐波）。频率为基音的 2 倍或 3 倍的分音分别称为 2 次或 3 次谐音。复合音的振幅是由基音的振幅和各次谐音的振幅叠加而成的。若振幅方向相同则要相加；若振幅方向相反则要相减。图 1-3 给出了一个复合音被分解成基音和 4 次谐音的例子。

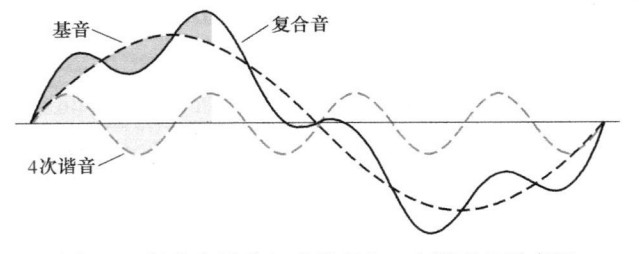

图 1-3　复合音被分解成基音和 4 次谐音的示意图

在复合音中，不同频率成分的声音具有不同的能量，这种频率成分与能量分布的关系称为声音的频谱。表示各频率成分与能量分布关系的图形称为频谱图。频谱图通常是先测定出该声音的各频率成分与相应的声压级，然后以频率为横坐标，以声压级为纵坐标进行绘图而得到。

声音（复合音）的频谱结构是用基音、谐音数目、各谐音幅度大小及相位关系来描述的。声音的音色是由其频谱成分决定的，音调相同而音色不同的声音就是由于它们的谐音数目、谐音振幅及其随时间衰减的规律不同而产生的。各种乐器都有其特定的音色。每个人的声音都有自己独特的频谱结构，即每个人的声音都有自己的特色，正是因为这一特色的存在，我们才能从电话的声音里立即听出是谁在同自己讲话。

音频：音乐欣赏—高山流水（古筝）

音频：音乐欣赏—金蛇狂舞（琵琶）

3. 频程

音频技术的研究和应用离不开声学测量，人耳能听到的频率范围对声学测量来说已经是很宽的了。在实际的频谱分析中，人们不需要也不可能对 $20 \sim 2 \times 10^4$ Hz 范围内的每一个频率点都进行测量。为了方便起见，同时也为了提高测量结果的可比性，人们把 $20 \sim 2 \times 10^4$ Hz 的频率范围分为若干个频段，被划分的每一个具有一定频率范围的频段（频带）称为一个频程。

频程的划分方法通常有两种。一种是采用恒定带宽的划分方法，即每个频程的上、下限频率之差为一常数。另一种是恒定带宽比的划分方法，即保持频程的上、下限频率之比为一常数。实验证明，当声音的声压级不变而频率提高一倍时，听起来音调也提高一倍（音乐术语上称提高八度音程）。为此，频程的划分采用恒定带宽比，即保持频程的上限频率 f_2 与下限频率 f_1 之比为一常数。

若使每一频程的上限频率比下限频率高一倍，即 $f_2 = 2f_1$，这样划分的每一个频程称为 1 倍频程，简称倍频程。为了简明起见，每个倍频程用其中心频率 f_c 来表示：

$$f_c = \sqrt{f_1 f_2} \tag{1-1}$$

即中心频率用上、下限频率的几何平均表示。

表 1-1 列出了倍频程的部分中心频率与其上、下限频率的对应关系。由表可以看出：倍频程的带宽随中心频率的提高而增大，相邻两个倍频程的中心频率之比是 2∶1。

表 1-1　倍频程的部分中心频率与其上、下限频率的对应关系　　　　　　（单位：Hz）

下限频率	44.6	89.0	177.6	354.4	707.1	1410.8	2815.0	5616.8
上限频率	89.2	178.0	355.2	708.8	1414.2	2821.7	5630.1	11233.4
中心频率	63	125	250	500	1000	2000	4000	8000

如果对测量精度的要求高，可以增加测试频率点，如在 1 个倍频程的上、下限频率之间再插入两个频率点，使 4 个频率之间的比值由小到大，依次排列。这样将 1 个倍频程划分为 3 个频程，称这种频程为 1/3 倍频程，每个 1/3 倍频程也用其中心频率来表示。按照 1/3 倍频程的方法，可将声频范围分为更多的频带，便于较仔细地研究。表 1-2 列出了 1/3 倍频程的部分中心频率与其上、下限频率的对应关系。

表 1-2　1/3 倍频程的部分中心频率与其上、下限频率的对应关系　　（单位：Hz）

下限频率	112.2	141.2	177.8	223.8	281.2	354.7	446.5	562.1	707.7	891.0	1121.6	1412.0
上限频率	141.3	177.9	224.0	282.0	355.0	446.9	562.6	708.2	891.6	1122.4	1413.1	1779.0
中心频率	125	160	200	250	315	400	500	630	800	1000	1250	1600

上限频率和下限频率的一般关系为

$$f_2 = 2^n f_1 \qquad (1\text{-}2)$$

式中，n 为倍频程的系数，即倍频程数。如对 1 倍频程，则 $n=1$；对 1/3 倍频程，则 $n=1/3$。

由式（1-2）不难得出

$$n = \log_2 \frac{f_2}{f_1} = 3.32 \lg \frac{f_2}{f_1} \qquad (1\text{-}3)$$

已知中心频率，由式（1-1）和式（1-2）可以计算出上、下限频率分别为

$$f_2 = \sqrt{2^n} f_c \qquad (1\text{-}4)$$

$$f_1 = \frac{1}{\sqrt{2^n}} f_c \qquad (1\text{-}5)$$

则相应的频程带宽

$$BW = f_2 - f_1 = \left(\sqrt{2^n} - \frac{1}{\sqrt{2^n}} \right) f_c = \beta f_c \qquad (1\text{-}6)$$

显然，对于规定好的倍频程，β 是常数，也就是说，n 倍频程的带宽是一个恒定的百分率带宽。对于 1/3 倍频程，$\beta=0.231$；对于倍频程，$\beta=0.707$。随着中心频率的增加，带宽是按一定比例增加的。

4. 相位

相位简称为相。声波的相位是用来描述简谐振动（正弦振动或余弦振动）在某一个瞬间的状态的。相位用相位角表示。理解相位的物理概念，对于理解声波的叠加、干涉，以及电声设备（如扬声器等）的正确连接都有重要意义。在音响系统中，音质的改变与声音信号的相位有很大的关系，许多环绕声处理器就是通过一系列的处理过程，对声波的相位进行了相应的改变，最后进行合成而形成的。

1.2.2　声压及声压级

1. 声压

对于空气介质，当没有声波时，空气处于平衡状态，其静压强一般等于大气压。当有声波传播时，介质各部分能产生压缩和膨胀的周期性变化。压缩时压强增加，大于静压强，这时压强差为正；膨胀时压强减小，小于静压强，这时压强差为负。声压是指声波传播时介质中心的压强与无声波传播时的静压强之差。声压的大小反映了声音振动的强弱，同时也决定了声波的振幅大小。

为了更具体地描述变化部分的压强，可以用瞬时声压、峰值声压和有效声压等概念。瞬时声压是某点的瞬时总压强减去静压强。在某一时间间隔中最大的瞬时声压称为峰值声压。

在一定时间内，瞬时声压对时间取方均根值，称为有效声压。对于周期波，在某一周期内的极大声压是这一周期中瞬时声压的极大绝对值；如所取时间等于整个周期，峰值声压就和极大声压相同。对于简谐波，峰值声压是声压的幅值，等于有效声压的$\sqrt{2}$倍。如果没有特别说明，一般所称的声压指的就是有效声压，用电子仪器测量得到的通常是有效声压。声压一般用符号p表示，单位是帕（Pa）或微巴（μbar）。

声压是一个重要的声学基本量，在实际工作中经常会用到。例如，混响时间是通过测量声压随时间的衰减来求得的，扬声器频响是扬声器辐射声压随频率的变化，声速则常常是利用声压随距离的变化（驻波表）间接求得的。

2. 声压级

实验表明，人们对声音强弱的主观感觉并不正比于声压的绝对值，而是大致正比于声压的对数值。另外，人耳能感知的声压动态范围非常大，从能听到的最小声压$2×10^{-5}$Pa到能承受的最大声压20Pa，两者相差高达100万倍。所以，用声压的绝对值来表示声音的强弱显然是很不方便的。基于以上两方面的原因，常采用按对数方式分级的办法表示声音的强弱，这就是声压级。声压级用符号L_P表示，单位是分贝（dB），可用下式计算：

$$L_P = 20\lg\frac{p}{p_{\text{ref}}} \tag{1-7}$$

式中，p为有效声压值；p_{ref}为基准声压，一般取$2×10^{-5}$Pa，这个数值是人耳所能听到的1kHz声音的最低声压，低于这一声压，人耳就无法觉察出声波的存在了。

当某声压为基准声压的10倍时，声压级为20dB。同理，如果某声压为基准声压的100、1000或10000倍时，相应的声压级分别为40dB、60dB或80dB。需指出的是，0dB的声压级并不意味着没有声音，而是表示该声音的声压值与基准声压相等。

图1-4给出了几种典型情况下的声压级数值。

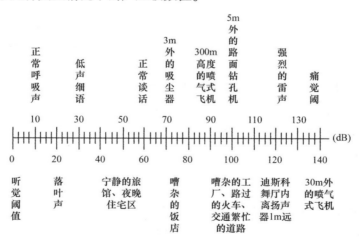

图1-4　几种典型情况下的声压级数值

1.2.3　声音的主观感觉

当声波传播到人的听觉器官——人耳处时，耳膜感受到相应的声压变化而对听觉神经产生刺激，该刺激沿神经系统传入大脑听觉中枢形成感觉，使人感到声音的存在。并非所有声波都能被听觉中枢所感知，甚至即使是人耳能感知到的声音，其感觉也各有不同，因为人的听感是一个非常复杂的物理—生理—心理过程。人对声音的感知有响度、音调和音色三个主观听感要素。人的主观听感要素与声波的客观物理量——声压、频率和频谱成分之间既有着密不可分的联系，又有一定的区别。声音的响度与声波振动的幅度有关，音调高低取决于声波的频率，声波的频谱成分（包括其谐波成分和它们的相对关系）决定了声音的音色。

1. 响度

响度是人耳对声音强弱的主观感觉程度。在客观的度量中，声音的强弱是由声波的振幅（声压）决定的。但是，响度与声波的振幅并不完全一致，对于同一强度的声波，不同的人听到的效果并不一致，因而对响度的描述有很大的主观性。一般来说，在人类听觉的动态范围内，响度同声压级大体成比例，即声压级越大，响度也越大。但这只对同一频率的声音来说是正确的。实验表明，声压级不是决定响度的唯一因素，另一个重要因素是频率。举一个极端的例子，频率极低的纯次声和频率极高的纯超声，无论其声压级有多大，我们都会觉得它"不响"。事实上，即使在可听声的频率范围（$20 \sim 2 \times 10^4\,\text{Hz}$）内，对于声压级相同而频率不同的声音，人们听起来也会感觉不一样响。对强度相同的声音，人耳感受 $1 \sim 4\,\text{kHz}$ 之间频率的声音最响，超出此频率范围的声音，其响度随频率的降低或上升将减小。

为了对响度进行计量，定义响度的单位为宋（sone）。国际上规定：频率为 1kHz 的纯音在声压级为 40dB 时的响度为 1 宋（sone）。

大量统计表明，一般人耳对声压的变化感觉是，声压级每增加 10dB，响度增加 1 倍，因此响度与声压级有如下关系：

$$N = 2^{0.1(L_{\text{P}} - 40)} \tag{1-8}$$

式中，N 为响度，单位为 sone；L_{P} 为声压级，单位为 dB。

拓展阅读：如何理解"音量"和"响度"？

2. 响度级

人耳对声音强弱的主观感觉还可以用响度级来表示。响度级的单位为方（phon），一般用符号 L_{N} 来表示。以 1kHz 的纯音为基准声音，将其他频率的纯音和 1kHz 的纯音相比较，调整前者的声压级，使得听者认为两个纯音一样响，则称该纯音的响度级（phon 值）在数值上与那个等响的 1kHz 的纯音的声压级（dB 值）相等。例如，当 1kHz 纯音的声压级为 0dB 时，响度级定为 0phon；声压级为 40dB 时，响度级定为 40phon，响度为 1sone。

响度级 L_{N} 与响度 N 之间的换算公式为

$$L_{\text{N}} = 40 + 10 \log_2 N \tag{1-9}$$

从响度和响度级的定义中可知，响度级每增加 10phon，响度增加 1 倍。声压级与响度、响度级的关系如表 1-3 所示。

表 1-3　声压级与响度、响度级的关系

响度/sone	1	2	4	8	16	32	64	128	256
声压级/dB	40	50	60	70	80	90	100	110	120
响度级/phon	40	50	60	70	80	90	100	110	120

3. 音调

音调也称音高，表示人耳对声音调子高低的主观感觉。以客观的物理量来度量，音调与声波基频相对应。一般来说，频率低的调子给人以低沉、厚实、粗犷的感觉，而频率高的调子则给人以亮丽、明快的感觉。音调与频率有正相关的关系，但没有严格的比例关系，且因人而异。大量人耳对声音频率的主观感觉实验证明，人耳对音调变化的感觉大体呈现出对数关系，故为了符合听感的音调特征，也便于表征和分析，目前世界上通用的 12 平分律等程音阶就是等分基波频率的对数值而确定的。与此同时，人们还引进了倍频程的概念以适应这种频率感觉。声音的基频每增加一倍，即增加一个倍频程，音乐术语上则称提高了一个"八度"（如 $2 \rightarrow \dot{2}$，$6 \rightarrow \dot{6}$ 等）。

音调的单位为美（Mel）。声压级为 40dB、频率为 1kHz 的纯音所产生的音调定义为 1000Mel。若一纯音听起来比 1000Mel 的音调高一倍，则其音调为 2000Mel，大致相当于 3.4kHz 纯音的音调。如果用公式近似地表示音调 T（单位为 Mel）和频率 f（单位为 Hz）的关系，则有

$$T = 2595\lg(1 + f/700) \tag{1-10}$$

主观音调感觉随频率的变化关系还与测听音的响度有一定的关系。此外，音调的建立需要一定的持续时间，不足一个周期的声音是没有音调感的。至少要有 1.4 个周期才能有音调感。当纯音的时值小于 3ms 时，也不足以感受到音调。

4. 音色

音色的概念是从光颜色引用过来的。光分为纯光和复合光。纯光是由单一频率成分构成的光，而复合光则是由多种频率成分组成的光。不同频率的光引起的色感不同，所以形成各种颜色。声音与光类似，用音色来表征声音的频率成分组成。

音色是人耳对各种频率、各种强度的声波的综合反应。实际上，人们听到的语言或音乐的声音并非像敲击音叉时那样仅产生一个单一频率的声波，而是由基波和高次谐波构成的复合音。谐波的多少和强弱则构成不同的音色。例如，在胡琴和扬琴等乐器合奏一首曲子时，虽然它们的音调相同，但人们却能把不同乐器的声音区别开来。这是因为各种乐器的发音材料和结构不同，当它们发出同一个音调的声音即基本频率相同的声音时，振动情况是不同的。我们每个人的声带和口腔形状不完全一样，因此，说起话来也各有自己的特色，使别人听到后能够分辨出谁在讲话。各种发声物体或乐器在发出同一音调的声音时，所发出的声音之所以不同，就在于虽然基波相同，但谐波的多少不同，并且各次谐波的幅度各异，因而具有各自的声音特色。音色主要是由声音的频谱结构决定的。一般来说，声音的频率成分（谐波数目）越多，音色便越丰富，听起来声音就越宽广、扣人心弦、娓娓动听。如果声音中的频率成分很少，甚至是单一频率，音色则很单调乏味、平淡无奇。

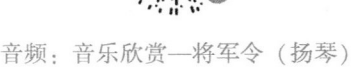

音频：音乐欣赏—广陵散（古琴）　　　　　　音频：音乐欣赏—将军令（扬琴）

如果声音经传输后频谱有了变化，则重放出的声音音色就会改变。为了使声音逼真，必须尽量保持原来的音色。声音中某些频率成分被过分放大或压缩都会改变音色，从而造成失真。

在语音处理系统中，最重要的是保持良好的清晰度。适当减少一些低音和增加一些中音成分，特别是鼻音或喉音很重的人，改变低频部分的音色，有利于达到改善语音清晰度的要求。

另外，表征声音的其他物理特性还有时值，又称音长。它是由振动持续时间的长短决定的，具有明显的相对性。一个音只有包含在比它更短的音的旋律中才会显得长。音长的变化导致旋律的行进，或平缓、均匀，或跳跃、颠簸，以表达不同的情感。从以上主观描述声音的主要特征看，人耳的听觉特性并非完全线性。声音传到人的耳内，经处理后，除了基音外，还会产生各种谐音及它们的"和"音和"差"音，并不是所有这些成分都能被感觉到。人耳对声音具有接收、选择、分析、判断响度、音调和音色的功能，例如，人耳对高频声音信号只能感受到对声音定位有决定性影响的时域波形的包络（特别是变化快的包络在内耳的延时），而感觉不出单个周期的波形且判断不出频率非常接近的高频信号的方向，以及对声音幅度分辨率低，对相位失真不敏感等。这些是涉及心理声学和生理声学方面的复杂问题。

拓展阅读：男/女高音、中音、低音的音域特点

1.3　室内声学基础

1.3.1　室内声的组成

室内声的组成是比较复杂的。根据声波的传播特性，声源发出的声波在传播的过程中遇到如墙壁、天花板、家具等障碍物时，会发生反射、绕射、衍射及散射等现象。在这个过程中，部分声音的能量会被吸收掉，剩余的声波在继续传播的过程中遇到新的障碍时又会发生类似现象。显然，在这个过程中，声波是逐渐衰减的。

由于存在上述现象，在室内声场中任何一点听到（或检测到）的声音按照到达听点（或检测点）的时间先后分为：直达声（又称主达声）、反射次数较少的近次反射声（又称早期反射声）和多次反射形成的混响声。室内声的组成如图 1-5 所示。

1. 直达声

直达声是指从声源直接传播到听音点的声音。在传播过程中，这部分声音不受空间界面的影响。直达声的声强基本与听点到声源之间的距离的二次方成反比衰减，即距离每增加 1 倍，声压级下降 6dB。直达声是最主要的声音信息。声音从舞台传到听众耳朵需要一定的时间，这个时间的长短取决于听众离舞台的远近。

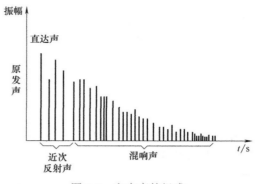

图 1-5　室内声的组成

2. 近次反射声

由于声音具有反射现象，因此人们听到的声音还包括由舞台前倾顶、音乐厅墙壁或任何其他障碍物反射到人耳中的声音。仔细听一下室内反射声会发现，那些先到人耳的反射声多是房间墙壁或室内其他物品的第一次反射声，它们的反射方向较明显，彼此时间间隔比较大。由于人耳听觉的延迟效应，那些紧跟在直达声后面来的反射声，人耳是不会将它们与直达声分开的。

在室内声学中，近次反射声一般是指在直达声之后延迟 50ms 以内到达的反射声。延迟时间较短的反射声来源于声源发出的声音经室内界面（墙面、顶层或地面）的一次、二次及少数三次反射。由于哈斯（Haas）效应，延时在 50ms 内的反射声人耳不但分辨不出来，而且还会将它当作直达声的一部分，在主观效果上增加了声音的响度但又不会影响清晰度。这也是为什么在室内讲话时要比在室外讲话听起来声音响一些。早期反射声对直达声有加重、加厚、使音色变得更丰满动听的效果，因此它是一种有用的反射声。

3. 混响声

在近次反射声后陆续到达的、经过多次反射的声音统称为混响声。由于后到的反射声的延时较长，人们可以将它们与直达声区分开来。在声场中，混响声的声强对于该接收点的声音强度起决定作用，而其衰减率的大小对音质有重要影响，影响声音的清晰度或语言的可懂性，也对声音的亲切感起主要作用。

需要指出的是，如果到达听者的直达声与第一次反射声之间，或者相继到达的两个反射声之间在时间上相隔 50ms 以上，而反射声的强度又足够大，使听者能明显分辨出两个声音的存在，那么这种延迟的反射声叫作回声。回声的存在将严重破坏室内的听音效果，一般应力求排除。

音频：上下楼梯的脚步声（有较大的混响）

拓展阅读：混响和回声的区别

1.3.2　混响时间

声源在室内发声后，由于反射与吸收的作用，使室内声场有一个逐渐增长的过程。同样，声源停止发声后，声音也不会立即消失，而是要经历一个逐渐衰竭的过程，或称混响过程。混响时间长，将增加音质的丰满感，但如果过长，则会影响到听音的清晰度。混响过程短，有利于提高清晰度，但如果过短，又会使声音显得干涩，强度变弱，进而造成听音吃力。

表示室内声学特性最重要的物理量是混响时间，它是描述混响过程长短的定量指标。混响时间是当室内声场达到稳态后，令声源停止发声，房间内声压级衰减 60dB 所需的时间，用 T_{60} 表示。

房间内混响时间的大小，主要取决于房间内墙面、地面和顶面、家具等的声吸收特性以及房间的大小。混响时间是与频率有关的，因为石头、木材、地毯或纺织品等，对于不同频率的声音吸收多少是不同的。

不同的声学用途，要求的混响时间是不同的。如果是语音用途，则需要听清楚，所以要求的混响时间就短；对于文艺演出，如果混响时间过短，声音就显得干涩，不动听，因此要求混响时间就长些。当然，混响时间对于不同频率的声音是不同的。另外，房间的上座率也会影响到混响时间的长短。表 1-4 给出了常见的声学用途的房间的最佳混响时间。

表 1-4　不同类型声学用途房间的最佳混响时间（500Hz，1000Hz，满场）

房间类型	电影院	音乐厅、歌剧院	多功能厅	电话会议室	电影同期录音摄影棚	电视演播室
混响时间/s	1.0~1.2	1.5~2.0	1.3~1.5	0.3~0.4	0.8~0.9	0.8~1.0

值得注意的是，就算房间内部声学装饰完成后，混响时间也还有微调的余地。因为室内声波的吸收还会因上座率、人们服饰的变化而变化。除此之外，我们还可以通过设置一些不同的帘布来调节室内的声波吸收。当然，还可以用专用音频设备来调节室内的混响时间。

长期以来，很多学者对混响时间的计算进行了大量研究。目前工程上比较常用的主要有赛宾（Sabine）公式和伊林（Eyring）公式。

1. Sabine 公式

1900 年，哈佛大学年轻的物理学家 W. C. Sabine（W. C. 赛宾）首次提出了计算室内混响时间的公式。公式的内容是：某一建筑的混响时间 T_{60}，与该房间的容积 V 成正比，与房间的总吸声量成反比，即

$$T_{60} = \frac{0.161V}{S_T \overline{\alpha}} \tag{1-11}$$

式中，V 为房间容积，单位为 m^3；S_T 为室内总表面积，单位为 m^2；$\overline{\alpha}$ 为室内平均吸声系数。

从式（1-11）可以看出，混响时间的长短与声源无关，它是表示室内声音反射特性的一个量，它与室内的容积以及墙壁、顶棚、地面的吸声量有关。

Sabine 公式简单实用，在厅堂音质设计中一直沿用至今。后来，人们对混响时间进行了更加深入的研究，发现当房间平均吸声系数较大时，计算值与实测值差异较大。这从公式本身就能看出，当没有反射（即 $\overline{\alpha}=1$）时，应该不存在反射，但公式却能算出混响时间。据研究，Sabine 公式适用于室内平均吸声系数小于 0.2 的情况。

2. Eyring 公式

Eyring 对 Sabine 公式做了如下的修正：

$$T_{60} = \frac{0.161V}{-S_T \ln(1 - \overline{\alpha})} \tag{1-12}$$

实际上，当房间较大时，空气对频率较高（2kHz 以上）的声音也有较大的吸收，这种吸收主要取决于空气的相对湿度和温度的影响。这样，式（1-12）可修正为

$$T_{60} = \frac{0.161V}{-S_T \ln(1 - \overline{\alpha}) + 4mV} \tag{1-13}$$

式中，$4m$ 为空气吸声系数；其余符号含义与式（1-11）相同。

拓展阅读：人声加了混响就会变好听吗？

1.4 人耳的听觉特性

1.4.1 人耳的听觉范围

1. 等响度曲线

由于响度是指人耳对声音强弱的一种主观感觉，因此，当听到其他任何频率的纯音同声压级为 40dB 的 1kHz 的纯音一样响时，虽然其他频率的声压级不是 40dB，但也定义为 40phon。这种利用与基准音比较的实验方法，测得的一组一般人对不同频率的纯音感觉一样响的响度级、声压级与频率三者之间的关系曲线，称为等响度曲线。图 1-6 所示是国际标准化组织的等响度曲线，它是对大量具有正常听力的年轻人进行测量的统计结果，反映了人类对响度感觉的基本规律。

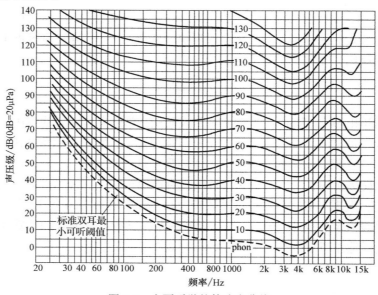

图 1-6 人耳听觉的等响度曲线

其中的每一条等响度曲线对应一个固定的响度级值，即 1kHz 纯音对应的声压级。

对等响度曲线进行分析可得出如下结论：

1）对于某一确定的频率，响度级与人耳处的声压级有关。声压级提高，则相应的响度级随之增大。对于 1kHz 的纯音，响度级的值等于声压级的值。

2）人耳对频率在 3~4kHz 范围内的声音响度感觉最灵敏，而对 100Hz 以下的低频声不敏感。对 3~4kHz 的声音最敏感，这与人耳的机械共振特性有关。因为人的外耳道长度为 2~3cm，与 3~4kHz 声波的 1/4 波长很接近，所以此频段的声波信号在耳道中容易发生共振。

3）当声压级较小时，等响度曲线上各频率声音的声压级相差很大。例如，频率为 30Hz 的声音达到 10phon 响度级时，需有约 65dB 的声压级；而对于频率为 10kHz 的声音，相同的响度级只需约 20dB 的声压级，两者的声压级相差约 45dB。

为了改善在低声压级听音时低频响度下降的现象，有些电声设备中加入了响度控制，如录音机加有响度（Loudness）开关，在音量较小的低声压级时，能按等响度曲线的规律对高、低频电平进行提升，以达到展宽频带、均匀音量的效果。

4）声压级越高，等响度曲线越趋于平坦。当声压级高于 100dB 时，等响度曲线逐渐拉平。这说明当声音达到一定强度（>100dB）时，声音的响度取决于声压级，而与频率关系不太大。

2. 听阈与痛阈

人耳对于声音细节的分辨与响度直接有关：只有在响度适中时，人耳辨音才最灵敏。正常人听觉的声压级范围为 0~140dB（也有人认为是−5~130dB）。固然，超出人耳的可听频率范围的声音，即使声压级再大，人耳也听不到声音。但在人耳的可听频率范围内，若声音弱到或强到一定程度，人耳同样是听不到的。当声音减弱到人耳刚刚可以听见时，此时的声音强度称为最小可听阈值，简称为"听阈"。一般以 1kHz 纯音为准进行测量，人耳刚能听到的声压级为 0dB（通常大于 0.3dB 即有感觉）。图 1-6 中最下面的一条等响度曲线（虚线）描述的是最小可听阈值。而当声音增强到使人耳感到疼痛时，这个听觉阈值称为"痛阈"。仍以 1kHz 纯音为准来进行测量，使人耳感到疼痛时的声压级约达到 140dB。

实验表明，听阈和痛阈是随频率变化的。听阈和痛阈随频率变化的等响度曲线之间的区域就是人耳的听觉范围。

小于 0dB 听阈和大于 140dB 痛阈时的声音为不可听声，即使是人耳最敏感的频率范围内的声音，人耳也觉察不到。人耳对不同频率的声音听阈和痛阈不一样，灵敏度也不一样。人耳的痛阈受频率的影响不大，而听阈随频率变化相当剧烈。人耳对 3~4kHz 的声音最敏感，幅度很小的声音信号都能被人耳听到；而在低频区（如小于 800Hz）和高频区（如大于 5kHz），人耳对声音的灵敏度要低得多。响度级较小时，高、低频声音灵敏度降低较明显，而低频段比高频段灵敏度降低更加剧烈，一般应特别重视加强低频音量。通常 200Hz~3kHz 的语音声压级以 60~70dB 为宜，频率范围较宽的音乐声压级以 80~90dB 为最佳。

1.4.2　听觉掩蔽效应

如果人耳是一个完美的频率分析系统，那么不同频率将不会互相干扰或互相作用。但人耳并不是一个"高保真"系统，有一定的局限性，同时，人耳听觉系统中的机械传导系统是一个非线性系统，因而一个纯音或两个不同频率的声音同时进入听觉系统时就会产生一定程度的失真和掩蔽效应。例如，在安静环境中一个声音的声压级很低，人耳却可以听到，即人耳对单音的听阈可以很低；但在倾听一个声音的同时，如果存在另一个较强的声音（掩蔽音），则会影响到人耳对倾听声音的听阈效果，这时对倾听声音的听阈就要提高。当两人正在马路边谈话时，一辆汽车从他们身旁疾驰而过，此时，双方均听不到对方正在说些什么，原因是相互间的谈话声被汽车发出的噪声所掩盖，也就是弱声音信号被强声音信号掩蔽掉了。这种人耳对一个较弱的声音（被掩蔽音）的听觉灵敏度因为另一个较强的声音（掩蔽音）的存在而降低的现象称为人耳的听觉"掩蔽效应"。

被掩蔽音单独存在时的听阈（dB 值），或者说在安静环境中能被人耳听到的纯音的最小声压级值称为绝对听阈。实验表明，3~5kHz 绝对听阈值最小，即人耳对它的微弱声音最敏感；而在低频和高频区绝对听阈值要大得多。在 800~1500Hz 范围内听阈随频率变化最不显著，即在这个范围内语言的可懂度最高。在有掩蔽音存在的情况下，提高被掩蔽弱音的强度，使人耳能够听见时的听阈称为掩蔽听阈（或称掩蔽门限），被掩蔽弱音必须提高的分贝值称为掩蔽量（或称阈移）。一个声音能被听到的条件是这个声音的声压级不仅要超过听者的听阈，而且要超过他所在背景的噪声环境中的掩蔽听阈。

人耳的听觉掩蔽效应是一个较为复杂的心理声学和生理声学现象，主要表现为同时掩蔽（Simultaneous Masking）和异时掩蔽（Non-simultaneous Masking）。

1. 同时掩蔽

所谓同时掩蔽是指掩蔽音与被掩蔽音同时存在时发生的掩蔽效应，又称频率域掩蔽。通常，频率域中的一个强音会掩蔽与之同时发声的频率相近的弱音，弱音离强音越近，一般越容易被掩蔽；反之，离强音较远的弱音不容易被掩蔽。例如，频率在300Hz 附近、声压级约为 60dB 的声音可掩蔽掉频率在 150Hz 附近、声压级约为 40dB 的声音，也可掩蔽掉频率在400Hz 附近、声压级约为 30dB 的声音，如图 1-7 所示。又如，同时发出两个不同频率的声音，一个是声压级为 60dB、频率为 1000Hz 的纯音，另一个是 1100Hz 的纯音，前者的声压级比后者高 18dB。在这种情况下，人耳就只能听到那个 1000Hz 的强纯音。如果有一个1000Hz 的纯音和一个声压级比它低 18dB 的 2000Hz 的纯音同时发出，那么人耳将会同时听

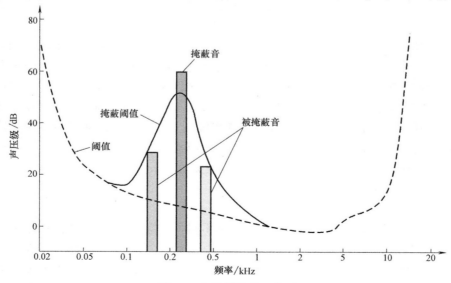

图 1-7　频率域掩蔽示意图

到这两个声音。要想让 2000Hz 的纯音也听不到，则需要把它降到比 1000Hz 的纯音低 45dB。一般来说，低频的音容易掩蔽高频的音；在距离强音较远处，绝对听阈比该强音所引起的掩蔽阈值高，这时，噪声的掩蔽阈值应取绝对听阈。

2. 异时掩蔽

除了同时发出的声音之间有掩蔽效应之外，在时间上相邻的声音之间也有掩蔽效应，即在一个强音信号之前或之后的弱音信号，也会被掩蔽掉。这种掩蔽音与被掩蔽音不同时存在时发生的掩蔽效应称为异时掩蔽，也称时域掩蔽。异时掩蔽又分为前掩蔽（Pre-masking）和后掩蔽（Post-masking）。若掩蔽效应发生在掩蔽音开始之前的某段时间，则称为前掩蔽；若掩蔽效应发生在掩蔽音结束之后的某段时间，则称为后掩蔽。

图 1-8 给出了同时掩蔽和异时掩蔽现象。从图中可知，同时掩蔽在掩蔽音持续的时间内一直有效，它是一种较强的掩蔽效应，而异时掩蔽随着时间的推移很快衰减。一般后掩蔽可持续 50~200ms，而前掩蔽仅持续 5~20ms。

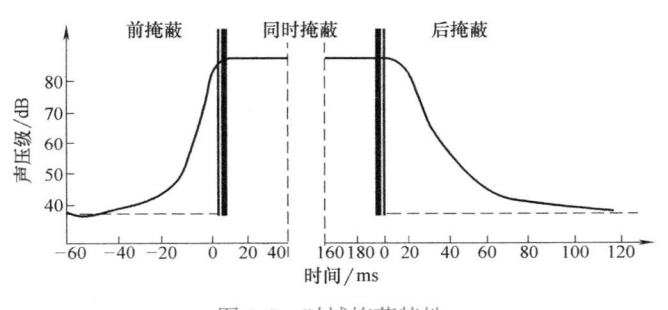

图 1-8　时域掩蔽特性

前掩蔽效应对抑制因时间分辨率不够而造成的预回声起着重要的作用。音频信号是分帧处理的，帧长的选择受一些因素制约，如过长的帧会使时间分辨率下降，产生严重的预回声。解决预回声的方法是缩短帧长，以提高时间分辨率，这样预回声的影响就被限制在一个较短的时间内。当帧长缩短到 2~5ms 时，由于前掩蔽效应，预回声会被随之而来的冲击响应所掩蔽。

在音频编码时，将时间上彼此相继的一些采样值归并成"块"，以调节量化范围和量化噪声而进行动态比特分配，就是基于人耳的时域掩蔽特性而采取的策略。

3. 各种不同的掩蔽效果

掩蔽音有三种类型：纯音、宽带噪声和窄带噪声。不同的掩蔽音和被掩蔽音的组合有着不同的掩蔽效果，它们的掩蔽阈值曲线形状有着相似之处，下面分别加以介绍。

（1）纯音对纯音的掩蔽

当掩蔽音和被掩蔽音都是纯音信号时，掩蔽效应比较简单。通常被掩蔽音的频率越接近掩蔽音，掩蔽量越大，即频率相近的纯音掩蔽效应显著。掩蔽音的声压级越高，掩蔽量越大，并且掩蔽的频率范围也越宽。低频纯音对高频纯音的掩蔽作用较强，而高频纯音对低频纯音的掩蔽作用相对要弱一些。

（2）宽带噪声对纯音的掩蔽

一个宽带噪声可以在很宽的频率范围内对纯音产生掩蔽作用。若掩蔽音为宽带噪声，被掩蔽音为纯音，则在低频段掩蔽阈值一般高于噪声功率谱密度 17dB，且较平坦；当频率超过500Hz时，掩蔽阈值随着频率的增大而提高，每10倍频程大约提高10dB。

（3）窄带噪声对纯音的掩蔽

若掩蔽音为窄带噪声，被掩蔽音为纯音，则掩蔽效应较复杂。掩蔽阈值随窄带噪声的声压级不同而有所变化，并且随着窄带噪声的中心频率的变化，掩蔽阈值也相应地随之变化。

4. 临界频带

为了描写窄带噪声对纯音的掩蔽效应，这里引入"临界频带"（Critical Band）的概念。一个纯音可以被以它为中心频率且具有一定带宽的连续噪声所掩蔽，如果在这一频带内该纯音处于刚好能被听到的临界状态时的功率等于噪声功率，即称这一频带宽度为临界频带宽度，简称临界频带。临界频带的位置不固定，以任何频率为中心都有一个临界频带。连续的临界频带序号记为临界频带率，或称为Bark域，这是为了纪念德国物理学家G. H. Barkhauseu而命名的。通常将20Hz~15.5kHz之间的频率分为24个临界频带，或者说分为24Bark，第25个临界频带占据15.5~22kHz，如表1-5所示。

临界频带的单位为Bark（巴克），1Bark等于一个临界频带的带宽。

表1-5　临界频带

临界频带序号/Bark	低端频率/Hz	高端频率/Hz	中心频率/Hz	临界频带/Hz
1	20	100	50	80
2	100	200	150	100
3	200	300	250	100
4	300	400	350	100
5	400	510	450	110
6	510	630	570	120
7	630	770	700	140
8	770	920	840	150
9	920	1080	1000	160
10	1080	1270	1170	190
11	1270	1480	1370	210
12	1480	1720	1600	240
13	1720	2000	1850	280
14	2000	2320	2150	320
15	2320	2700	2500	380
16	2700	3150	2900	450
17	3150	3700	3400	550
18	3700	4400	4000	700
19	4400	5300	4800	900
20	5300	6400	5800	1100
21	6400	7700	7000	1300
22	7700	9500	8500	1800
23	9500	12000	10500	2500
24	12000	15500	13500	3500
25	15500	22050	18775	6550

拓展阅读："掩蔽效应"对混音工作有什么影响?

1.4.3　听觉延时效应

当两个强度相同的声音在时间上先后到达人耳时,听觉对先后到达的声音的延时做出分辨的特性,称为听觉延时效应,即哈斯效应。1949 年,亥尔姆·哈斯通过实验得到如下结论。

1)如果其中一个声音比另一个先到达人耳的时间差在 5~30ms 以内,则听不出是两个声音,只感到前导音,滞后音只是前导音的延长音。

2)如果延迟时间在 30~50ms 内,就会感到两个声音的存在,但声音的方位仍由前导音所定。

3)如果延迟时间在 50ms 以上,则可以分辨出两个声音和它们各自的方位,并有一种回声的感觉。

哈斯效应是立体声系统定向的基础之一,经常应用于会场、厅堂的扬声器布置等方面。为了确保听者对语言声、音乐声的清晰感受,必须使不同扬声器发出的声音传入人耳的时间差小于 50ms,通常把延迟时间控制在 30ms 之内。在剧场演出时,主扬声器一般都装置在舞台口两侧,观众席的前排观众和后排观众听到舞台上演员演唱时送入人耳的声音强度是不一样的。前排座位声音响度大,而后排观众听到的声音响度小。为了缩小前排和后排声压级之间的差异,有些剧场增加了顶部扬声器或中区侧部扬声器,使前排和后排的观众都能听到很强的响度。但是,这样就会出现新的情况:当演员在台上演唱表演时,因为顶部扬声器或侧部扬声器距离后排的观众较近,根据哈斯效应现象,人们的感觉是全部声音都是从顶部扬声器或侧部扬声器传来的,从而产生了演员在台上演唱,而声音都是从顶部或侧部传来的听觉、视觉不统一的现象。为了消除这种听觉、视觉不统一的现象,在高级剧场中,对顶部扬声器系统和侧部扬声器扩声系统都通过扩音器做了延时处理,使舞台两侧的主扬声器的声音和顶部扬声器与侧部扬声器的声音同时送入人耳,使听觉、视觉达到统一协调。

1.4.4　双耳效应

人们听声音时,可以分辨出声音是由哪个方向传来的,从而大致确定声源的位置。人们之所以能分辨声音的方向,是由于人类有两只耳朵。如果声音来自听音者的正前方,此时由于声源到达左、右耳的距离相等,从而声波到达左、右耳的时间差、相位差、音色差为零,此时感受出声音来自听音者的正前方,而不是偏向某一侧。当声源偏向左耳或右耳,即偏离两耳正前方的中轴线时,声源到达左、右耳的距离存在差异,这将导致到达两耳的声音在声压级、时间、相位上存在差异。例如,在我们的右前方有一个声源,那么,由于右耳离声源较近,声音就首先传到右耳,然后才传到左耳,并且右耳听到的声音比左耳听到的声音稍强些。如果声源发出的声音频率很高，传向左耳的声音有一部分会被头部反射回去，因而左耳就不容易听到这个声音。两只耳朵对声音的感觉的这种微小差别，传到大脑神经中，就使我们能够判断声音是来自右前方。这就是通常所说的"双耳效应"。

1. 声音到达两耳的时间差

由于左、右两耳之间有一定的距离，因此，除了来自正前方和正后方的声音之外，由其他方向传来的声音到达两耳的时间就有先后，从而造成时间差。如果声源偏右，则声音必先到右耳后再到达左耳。声源越是偏向一侧，则时间差也越大。实验证明，当声源在两耳连线上时，时间差约为 0.62ms。

2. 声音到达两耳的声压级差

两耳之间的距离虽然很近，但由于头颅对声音的阻隔作用，声音到达两耳的声压级就可能不同。如果声源偏左，则左耳感觉声压级大一些，而右耳感觉声压级小一些。当声源在两耳连线上时，声压级差可达到 25dB 左右。

3. 声音到达两耳的相位差

声音是以波的形式传播的，而声波在空间不同位置上的相位是不同的（除非刚好相距一个波长）。由于两耳在空间上的距离，所以声波到达两耳的相位就可能有差别。耳朵内的鼓膜是随声波而振动的，这个振动的相位差也就成为我们判别声源方位的一个因素。当然频率越低，相位差定位感觉越明显。

4. 声音到达两耳的音色差

声波如果从右侧的某个方向上传来，则要绕过头部的某些部分才能到达左耳。已知波的绕射能力同波长与障碍物尺度之间的比例有关。成人头颅的直径约为 20cm，相当于 1700Hz 声波的波长，所以频率为 1000Hz 以上的声波绕过头颅的能力较差，衰减较大。也就是说，同一个声音中的各个分量绕过头部的能力各不相同，频率高的分量衰减较大。于是左耳听到的音色同右耳听到的音色就有差异。只要声音不是从正前方（或正后方）传来，两耳听到的音色就会不同，这也是人们辨别声源方位的一种依据。

5. 双耳效应的应用

自然界发出的声音是立体声，但是如果把这些立体声经一个传声器接收（或被几个传声器接收然后混合在一起），综合成一种音频电流记录下来，经放大等处理后再重放时，也是由一个扬声器放出来，则这种重放声（与原声源相比）就不是立体声了。这是由于各种声音都从同一个扬声器发出，原来的空间感（特别是声群的空间分布感）也消失了。这种重放声称为单声。如果从记录到重放整个系统能够把不同声源的空间位置反映出来，使人们在听录音时，就好像身临其境地直接听到各方向的声源发音一样，那么，这种具有一定程度的方位层次等空间分布特性的重放声，称为音响技术中的立体声。

利用双耳效应，我们可以通过录音技术录下声响，然后用两个或几个音箱播放出来，使人们听起来好像音箱之间有一个声源在发声，这个假想的、实际上不存在的声源就叫作"声源幻象"，简称声像。当我们听立体声广播、立体声唱片中的一个管弦乐队演奏时，你可以感到大提琴在你的右前方，小提琴在你的左前方，而小号却在中间……对于电声乐队，你也可以很明显地感觉出主奏乐器来自不同的方向。听重唱，你可以清楚地分辨出左、右声道中分别播出的各自的高声部和低声部。因此，立体声的优点不仅是有真实感、临场感、空间感，并且由于把声像分离了或改变了位置，而使人的听觉具有层次感，还可以压低噪声。

　　在舞台上将两个相距不太远的传声器分别连到两个放大器上，然后把放大器放大后的变化电流连接到另一个房间的两个与传声器位置相对应的扬声器中。这样，当一个演员在舞台上由左向右、边走边唱地走过时，在另一个房间里的听众就会感到好像演员就在自己面前由左向右、边走边唱地走过一样。如果用两个录音机同时分别记录从两个传声器送来的音频电流，然后放音，再将同时放音的两个扬声器放到与传声器对应的位置上，听到的声音就会有很好的立体感，这就是双声道立体声录音。现在的立体声磁性录音机大多是两个声道的。它的录音磁头和放音磁头都是由上、下两组线圈做成的，磁头的磁心叠厚比一般用的磁带录音机磁头的磁心叠厚要窄一半多，在磁带上的磁迹也就比普通录音机记录的磁迹窄一半多。这样，一条磁带上就有四条磁迹。在录音时，声音由布置在左右的两个传声器转变成音频电流后，由录音机内的两套放大器分别进行放大，并分别送到录音磁头的两组线圈内，当磁带经过录音磁头时，双声道的录音就同时被记录到磁带的两条磁迹上。在放音的时候，磁带通过放音磁头时，放音磁头的两组线圈分别感应出两条磁迹的变化电流，经过两套放大器分别放大，然后由布置在听众左前和右前的两个扬声器分别重放出两个声道的声音，使听众获得立体感。

　　由于人耳的左、右对称分布，声源左右移动时，在两耳处引起的声压、时间和相位的差别比较明显，人耳通常可以分辨出水平方向上 5°~15° 范围内的声像移动。但在垂直方向上，由于所引起的上述差别相对较小，可能声像移动要达到60°以上才能被觉察得到。所以，目前剧场观众厅扩声系统中的扬声器倾向于配置在台口上方，就是考虑到人耳左右水平方向的分辨能力远大于上下垂直方向而确定的，从而克服了过去把扬声器组配置在台口两侧所造成的部分听众感到声音来自侧向的缺陷，避免使听众明显地感到扬声器发出的声音与讲演者的直达声来自不同的方向。

拓展阅读：人耳是如何定位声源的？

1.4.5　德·波埃效应

　　两只相同的扬声器对称地分布在听音者的正前方，如果送给两只扬声器的声音信号的功率、信号和相位都相同，两只扬声器辐射的声强级差为 0，到达听音者耳朵的时间差为 0，则听音者感觉到声音只有一个，来自正前方的对称轴上，人耳不能区分出两个声源。如果增加两只扬声器的辐射声强级差，则声方位（声像）向声音强的那只扬声器偏移，其偏移量大小与声强级差有关。

　　当声强级差大于 15dB 时，听音者会感觉到声音来自声强级大的那只扬声器。如果两只扬声器的声强级差为 0，但两只扬声器辐射声音有一些时间差，这时听音者感觉到声像向先到达的那只扬声器方向偏移。当时间差大于 3ms 时，声音（声像）听起来好像完全来自声音先到达的那只扬声器。

　　实验表明，声强级差与时间差所引起的效果是类似的，可以相互补偿，并且声强级差在 15dB 以下、时间差在 3ms 以内时，它们之间呈线性关系，每 5dB 的声强级差引起的声像偏移相当于两声音引起的时间差 1ms 的效果，这便是德·波埃效应。这种效应说明了人耳同时听多个声源发声的方位感的有限性，也是立体声放声所要利用的效应。

值得注意的是，德·波埃效应与双耳效应不同，双耳效应是讨论一个声源产生的声音到达两耳时所引起的差别对声定位的影响，而德·波埃效应则是讨论当人耳同时倾听两个声源时，两个声源所发声音的原始差别对人耳方向性感觉的影响。可以利用德·波埃效应来设计立体声系统，因为近代双声道立体声和模拟立体声技术都是以它为基础而发展起来的。

1.5 声音质量的评价

声音信号通过人耳的听觉生理作用于人脑，引起不同的感觉。人脑对声音信号进行分析，给予表达，做出评价。显然，声音质量（简称音质）的最终评价标准是人的听觉感受，一切客观测试指标的规定也正是力求能够较好地反映人的听觉感受。但是由于人的听觉特性的复杂性，再加上对人的听觉特性包括听觉生理和听觉心理上的研究还不够深入，仅依靠音质的客观测试指标至今仍不能很好地反映主观听觉感受，客观测试与主观音质评价仍有不统一之处。因此，音质的主观评价是声音评判的最终标准。由于是主观评价，除忽略人体生理上的差异和缺陷外，还涉及诸多因素，如个人爱好、传统习惯、文化层次、音乐修养、专业特长、素质高低等。因此，音质评价是较为复杂的。作为一个调音工作者，必须对音质的评价有相当多的了解，才能够针对可能出现的不同情况，进行灵活而有效的处理。

1.5.1 音质主观评价用语

1. 语言音质的主观评价用语

对语言而言，首先应该追求声音的清晰，为此在主观评价中要考虑语言的特点、音质的主观属性。

汉语、英语等语言都有其特有的特点。汉语是单音节的语言，一个字一个音节，每个音节由元音和辅音组成。元音比辅音容易辨别，因为元音的能量比辅音大，持续时间也较长，频谱有明显的特征。在听音时，听不懂的主要原因是辅音容易被听错，所以辅音对听懂语言有非常重要的作用。

为了在室内取得良好的语言声音传递效果，在音质设计中，应选择合适的混响时间，保持室内在 250~4000Hz 有均匀吸声特性，使此范围内的元音和辅音能量不会被过分吸收，而且应避免低频混响时间过长。

评价人员或听众对声音感受的一些共同概念，形成音质主观属性，这些属性可以对比于声学术语，并可与音质的客观物理量相对照，了解它们之间的相互关系，这对音质设计及语言音质评价是有帮助的。表 1-6 列出了语言的音质主观属性，其中最重要的是语言清晰度和可懂度。此外，还希望声音洪亮而不干涩，具有抑扬顿挫的声调，声音真实、自然而又亲切。

表 1-6　语言的音质主观属性

主 观 属 性	主 观 评 价		对应的声学术语
响度	响度合适	响度不够，音量太低	响度
清晰度、可懂度	听清楚、能理解	听不清	清晰度、可懂度

（续）

主 观 属 性	主 观 评 价		对应的声学术语
洪亮度	声音洪亮	干涩	丰满度
讲话者自我感	不费劲	费劲	反应及时性
回声	无回声	有回声	回声干扰
噪声	安静	太吵	噪声干扰

2. 音乐音质的主观评价用语

评价音乐的音质效果，要比语言复杂得多，这是因为对音乐的音质评价涉及人们的许多主观因素，如习惯、爱好、文化修养和欣赏能力等。虽然评价术语比较多，如明亮度、宏厚度、丰满度、柔和度、亲切感、层次感、融合度、自然度、圆润感、力度感、温暖感等，但是有些评价术语只是反映某些主观感受，还没有确切的定义和明确的指标，许多术语还有争论。部分较重要的属性所对应的声学术语如表 1-7 所示。

表 1-7　音乐的音质主观属性

主 观 属 性	主 观 评 价		对应的声学术语
响度	音量合适	音量不足	响度
丰满度	音质丰满动听	不丰满	丰满度
亲切感	亲切	不亲切	亲切感
清楚感	声音清楚	声音不清楚	清晰度
融合度	融合	不融合	整体感
平衡度	平衡	不平衡	平衡
扩散度	声音有柔和感	声音不柔和	扩散
空间感	乐队两边被充满声音的空间所包围	无此感觉	空间感
回声	无回声	有回声	回声
噪声	安静	太吵	噪声

下面介绍其中的几个主观属性。

（1）响度

响度包括"力度感"，是听觉判断声音强弱的属性，对听音者来说，要求感受到的响度合适，有一定的动态范围，能听清音乐的低潮与高潮。响度与声源的功率、厅堂的容积、近次反射声和混响时间等有关，而动态范围则涉及背景噪声的强弱。

（2）丰满度

丰满度泛指人们感到音乐是否丰满动听，主要与混响时间及频率特性有关。当中、高频分量的混响时间不足时，人们听起音乐来将感到缺乏共鸣或活跃度差；当高频分量不足时，则感到声音不明亮；如低频分量不够，则感到缺乏低音感或声音不温暖。50ms 以内的混响声对听感是有利的，余音的能量集中在这段时间内，音乐就显得丰满，语音清晰度也高，有利于乐器声音的混合，声音的上升和下降过程的长短，对丰满度也有影响。

（3）亲切感

小容积的厅室有视觉和听觉的亲切感，台上与台下易于交流，听众能感受到节目中的细腻感情。对于一个厅室，如在里面演奏音乐时听起来如同在一个小厅堂中演奏的感觉，可以说该厅有声学的亲切感。听众对厅堂容积大小的感觉来源于初始时延间隙。当此间隙大时，便会感到厅大而空阔，缺乏亲切感。有亲切感的大厅，对坐在正厅池座中心处的听众，初始时延间隙通常在 15~30ms。亲切感的获得并不是强调厅的容积要小，而是强调厅内各种反射声（特别是近次反射声）的处理方法，以此来缩短时延间隙。

（4）清楚感

音乐的清楚感很难用数量表示，它有两方面的含义：一方面指可以清楚地区别出每种乐器的音色；另一方面指可以听清每个音符，当音乐的节奏较快时，也能感到旋律分明。如果厅堂容积较小，混响时间比较短，并有一定数量的近次反射声，就可保证在欣赏音乐时有较高的清晰度、扩散度。在小型音乐厅中，清楚感较为明显。

（5）平衡度

平衡度表述声音各频率段的比例，高、中、低音搭配合理，频率特性好，不存在某一频率段过于提升或衰减的情况。在频率响应宽、失真小、信噪比高、动态范围大的条件下，歌唱或乐队的各个声部无论是音量、音调的均匀度、混响度都比较和谐、平衡，整个声场有机地融合在一起，显示出声音的整体感和群感。另外，还指在多声道播放（如立体声）中各声道的声压比较一致。

（6）扩散度

扩散度一般是指听到的声音有一种"柔和"的感觉，它取决于在室内采取扩散处理后所达到的声场扩散程度。

（7）空间感

声音能很好地展示原来声源位置和现有播放位置的空间真实感，具备一定的声延迟效应，使人在聆听声音时没有压抑的感觉。这种感觉主要是指在听交响乐时，听众会感到被来自乐队的充满空间的声音所包围。它与来自侧向的不同延时的近次反射声的强度和接收点的总声强的比值有关。

3. 广播节目声音质量的主观评价用语

由国家技术监督局发布的国家标准《广播节目声音质量主观评价方法和技术指标要求》（GB/T 16463—1996）中，推荐了 8 个音质主观评价术语和一项总体音质效果的综合评价，并指出这些评价用语的适用范围是："对广播节目声音质量进行主观评价""也适用于在对其他节目的声音质量进行主观评价时做参考"。

GB/T 16463—1996 推荐的 8 个音质主观评价术语是：清晰度、丰满度、圆润度、明亮度、柔和度、真实度、平衡度、立体声效果。

有人建议在上述基础上再增加以下 3 项：力度、融合度、临场感。

GB/T 16463—1996 推荐的总体音质效果综合评价用语是：节目处理恰如其分，音质变化流畅、自如，气势、音调、动态范围等与原作相符，形成协调统一的整体。运用艺术声学、技术手段求得亲切、舒适、完整、统一的效果，防止顾此失彼。

对每一个评价项目可采用 5 级计分制，即

● 优（5分）：质量极佳，十分满意。

- 良（4分）：质量好，比较满意。
- 中（3分）：质量一般，尚可接受。
- 差（2分）：质量差，勉强接受。
- 劣（1分）：质量低劣，无法接受。

将各单项计分分别填入如表1-8所示的计分表中，最后算出总得分。

表1-8　广播节目声音质量主观评价计分表

评价项目	评价用语解释	评价计分				
		优	良	中	差	劣
清晰度	声音层次分明，有清澈见底之感，语言可懂度高					
丰满度	声音融会贯通，响度适宜，听感温暖、厚实、具有弹性					
圆润度	优美动听，饱满而润泽，不尖噪					
明亮度	高、中音充分，听感明朗、活跃					
柔和度	声音温和，不尖、不破，听感舒服、悦耳					
真实度	保持原有声源的音色特点					
平衡度	节目各声部比例协调，高、中、低音搭配得当					
立体声效果	声像分布连续，结构合理，声像定位明确、不漂移，宽度感、纵深感适度，空间感真实、活跃、得体					
总体音质效果	对被评价节目总体音质效果的综合评价					

1.5.2　音质主观评价用语与客观技术指标的关系

音质的主观评价是声音质量在听觉上主观感受的反映，它是音质评价的最终判据。但是主观评价比较复杂，而且一致性相对来说比较差，所以同时要进行客观技术指标测量。客观技术指标测量是判定设备技术质量的手段，其稳定性比较好。大量的实践证明，音质的主观评价用语与客观测量技术指标之间的关系虽然比较复杂，不能直接等同，但两者之间有密切的关系。例如，系统的传输频率特性曲线中显示低频段缺乏时，就会使声音缺乏厚度和亲切感，中、低音区的多少也会直接反映出声音的力度和气势，中、高音区则会影响声音的明亮度、清晰度及通透感，而高音区会充分影响音色及华美感。每段频率的缺乏都会造成音质明显的变化。

另外，音响系统可能存在的各种失真，如谐波失真、互调失真、削波失真等，将产生大量与音乐信号不协调的新频率。这些新产生的音常常造成声音的发沙、发破、发浑等。调音者应努力减少和克服这些失真，使重放的声音保持原有声音的音质。

音响系统重放音乐的动态范围也会对声音的音质产生影响，其动态范围越大，声音的临场感也就越强；反之，动态范围越小，声音就越干瘪、单薄、无感染力。

音响系统重放的声压级的大小也会对音质产生影响。声压级过小，将感到声音响度低，频带窄，丰满度、力度差；声压级过大，将使失真加大，声音发毛、发炸、发破等，使音质变差。

下面对部分主观评价用语与客观测量技术指标的对应关系做一探讨。

1）清晰度：中高音、高音分量足，谐波失真和互调失真小，混响时间合适，瞬态响应好。

2）丰满度：频带宽，低音、中音分量足，高音适度，混响声比例适当。

3）明亮度：声音的中高音及高音分量足，尤其是在 2～5kHz 频段内的信号有提升的现象，并且混响声比例适当。

4）柔和度：低音、中音分量足，高音比例适度，谐波失真和互调失真很小，瞬态响应好，混响时间稍长。

5）自然感：声音各频率段的变化很平滑，总体流畅，响度、音调、混响、均衡恰如其分，不存在某频率故意提升或衰减、补偿或修饰的现象，气势、格调、动态范围符合声源的自然特征，使人感到亲切、自然，有纯真美的感受。

6）平衡度：频率特性好，谐波失真和互调失真小，混响时间合适。

7）圆润度：表述声音的谐波失真小，高音与中音量适度，频率响应曲线圆滑，整个频带瞬态响应好，混响声比例适当。

8）力度：低音特别是中低音（100～500Hz）分量足，失真小，响度和混响声足够。

听音评价音质时，应选择优秀的声源作为听评的节目源。对业余者来说，特别应选择自己熟悉的节目，这样，在不同的组合里就能听出音质的差别。

1.6　小结

本章是声学的基本知识，也是所有电声应用技术的理论基础。本章介绍的主要内容可以概括如下。

1）声音是由物体的机械振动形成的，振动物体四周的空气交替地产生压缩与膨胀，并且逐渐向外传播而形成声波。不同的声源或同一声源不同的振动产生的声波，通过介质传播到人耳后产生的听觉感受是不同的，人们可以用响度、音调和音色的概念来对听觉的主观感受进行描述。通常将人耳对声音的三种主观感受即响度、音调和音色称为声音的三要素，它们与声波的振幅、频率及频谱结构相对应。

2）人耳听觉的等响度曲线从声音的频率和强度两个角度概括了人耳的听觉范围。人耳听觉的频率范围为 20Hz～20kHz。人耳一般听不见频率低于 20Hz 的次声波和频率高于 20kHz 的超声波。人耳听觉的声压级范围为 0～140dB。通常把人耳刚能听见的声压级（0dB）称为"听阈"，声压级低于听阈的声音通常是听不见的。人耳能承受的最大声压级称为"痛阈"，声压级超过痛阈的声音将对人耳造成伤害。实验表明，听阈和痛阈是随频率变化的。听阈和痛阈随频率变化的等响度曲线之间的区域就是人耳的听觉范围。

3）室内声由直达声（又称主达声）、近次反射声（又称早期反射声）和混响声组成。表示室内声学特性最重要的物理量是混响时间，它是描述混响过程长短的定量指标。混响时间是当室内声场达到稳态后，令声源停止发声，房间内声压级衰减 60dB 所需的时间，主要取决于房间内墙面、地面和顶面、家具等的声吸收特性以及房间的大小。不同的声学用途，要求的混响时间是不同的。

4）人耳的听觉特性主要包括听觉掩蔽效应、听觉延时效应（又称哈斯效应）、双耳效应和德·波埃效应。听觉掩蔽效应是一个较为复杂的心理声学和生理声学现象，主要表现为同时掩蔽和异时掩蔽。所谓同时掩蔽是指掩蔽音与被掩蔽音同时存在时发生的掩蔽效应，又称频率域掩蔽。异时掩蔽是指掩蔽音与被掩蔽音不同时存在时发生的掩蔽效应，也称时域掩蔽。人耳听觉定位机理与声音到达两耳的声压级差、时间差和相位差有关。

5）声音所反映的内容往往是客观的、具体的，但对音质的评价却是主观的、抽象的。"音质"一词通常是指声音的品质。评价音质的好坏，主要是评判声音的三要素是否符合要求：相对于某一频率或频段，音量是否具有一定的强度，并且在要求的频率范围内、同一音量下，各频点的幅度是否均匀、均衡、饱满，频率响应曲线是否平直，声音的音调是否准确，既忠实地反映了声源频率或成分的本来面目，又使相移符合要求。

1.7　习题

1. 声音可分为两种：纯音和复合音，平常人们说话的声音属于哪一种？语音的频率范围是多少？音频信号通常包括哪些声音信号？其频率范围是多少？

2. 什么是声压？为什么要引入声压级的概念？喷气飞机起飞时的有效声压约为 200Pa，其相对应的声压级为多少？

3. 什么是频程？它有什么作用？250～600Hz 之间有几个倍频程？315～400Hz 之间有几个倍频程？

4. 响度级是如何定义的？单位是什么？

5. 请描述人耳的听觉范围。

6. 等响度曲线的主要特点有哪些？

7. 根据等响度曲线，要在低音量下得到令人满意的听觉效果，应对重放设备做些什么技术处理？

8. 室内声由哪几部分组成？各成分之间的幅度及时间关系有什么特点？

9. 什么叫听阈？什么叫痛阈？什么叫频域掩蔽？什么叫时域掩蔽？

10. 人耳区别不同人声所依据的参量是什么？

11. 与立体声技术关系比较密切的听觉效应主要有哪几种？

第 2 章　音频信号的数字化

本章学习目标：
- 熟悉音频信号数字化的过程，掌握均匀量化的原理。
- 理解"量化"是数字音频信号产生失真的主要根源，掌握量化信噪比 SNR（用分贝表示）与量化比特数 n 之间的关系。
- 熟悉常见的音频信号采样频率及量化精度。
- 了解模/数（A/D）转换器、数/模（D/A）转换器的工作原理及主要技术指标。
- 了解过采样、$\triangle-\sum$ 调制和噪声整形的原理。

2.1　音频信号的数字化概述

信号的数字化就是将连续变化的模拟信号转换成离散的数字信号，一般需要完成采样、量化和编码三个步骤，如图 2-1 所示。采样是指用每隔一定时间间隔的信号样本值序列代替原来在时间上连续的信号，也就是在时间上将模拟信号离散化。量化是用有限个幅度值近似原来连续变化的幅度值，把模拟信号的连续幅度变为有限数量、有一定间隔的离散值。编码则是按照一定的规律，把量化后的离散值用二进制码表示。上述数字化的过程又称为脉冲编码调制（Pulse Code Modulation，PCM），通常由模/数（A/D）转换器来实现。

模拟音频信号 ⟶ 低通滤波器 ⟶ 采样 ⟶ 量化 ⟶ 编码 ⟶ 数字码流

图 2-1　音频信号的数字化

数字音频信号经过处理、记录或传输后，当需要重现声音时，还必须还原为连续变化的模拟信号。将数字信号转换成模拟信号的转换称为数/模（D/A）转换。

2.1.1　采样及采样频率

模拟信号不仅在幅度取值上是连续（连续的含义是在某一取值范围内可以取无穷多个数值）的，而且在时间上也是连续的，即每个时刻都存在一个信号幅度值与之对应。要使模拟信号数字化，首先要在时间上进行离散化处理，即在时间上用有限个采样点来代替连续无限的坐标位置。采样（Sampling，又称取样或抽样）就是从一个时间上连续变化的模拟信号中取出若干个有代表性的样本值，来代表这个连续变化的模拟信号。通过后面的分析可以知道，只要满足一定的采样条件，由这些时间上离散的样本值序列可以恢复出原来的模拟信号，即采样过程不会造成模拟信号信息的损失。

1. 采样定理

采样是每隔一定的时间间隔，抽取信号的一个瞬时幅度值（样本值）。采样的时间间隔称为采样周期；每秒内采样的次数称为采样频率。采样后所得出的一系列在时间上离散的样本值称为样值序列。根据奈奎斯特（Nyquist）采样定理，一个带宽限制的模拟信号可以用一个样值序列信号来表示而不会丢失任何信息，只要采样频率 f_s 大于或等于被采样信号的最高频率 f_m 的 2 倍，就可以通过理想低通滤波器，从样值序列信号中无失真地恢复原始模拟信号。也就是说，在满足奈奎斯特采样定理的条件下，在时间上离散的信号包含有离散前模拟信号的全部信息。

下面用傅里叶函数变换原理来证明上述定理的正确性，变换过程如图 2-2 所示。

假设原模拟信号的时间函数为 $f(t)$，通过傅里叶变换得到频率函数 $F(\omega)$，分别如图 2-2a、图 2-2b 所示。

设采样脉冲序列是周期为 T_s 的冲激脉冲序列，其时间函数为

$$\delta(t) = \sum_{n=-\infty}^{\infty} \delta(t - nT_s) \tag{2-1}$$

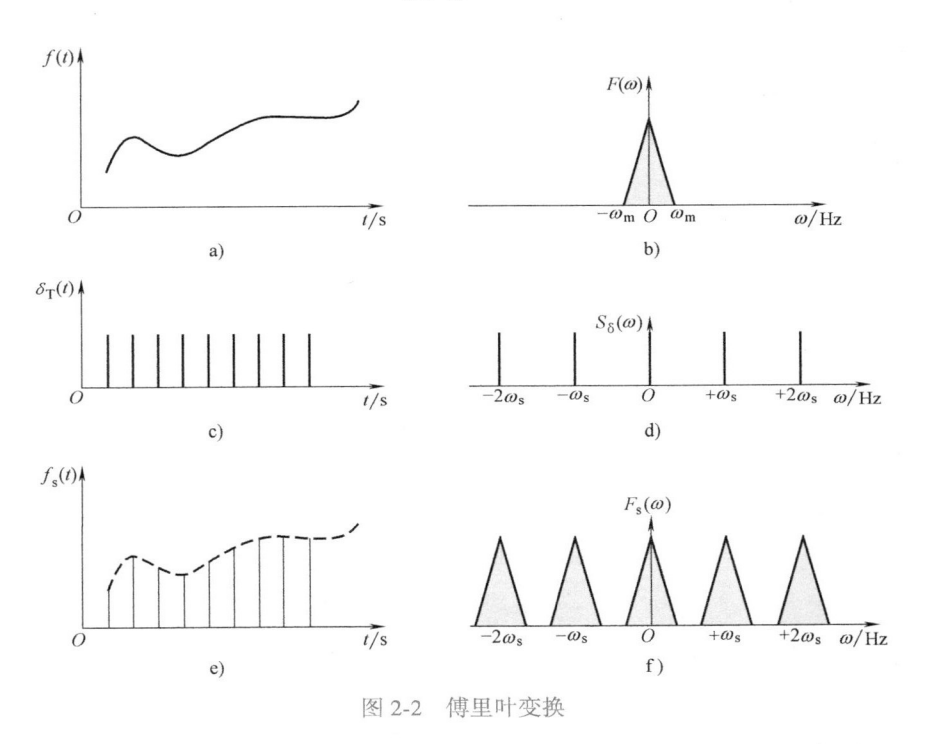

图 2-2　傅里叶变换

通过傅里叶变换可以得到采样脉冲序列 $\delta(t)$ 的频率函数为

$$S_\delta(\omega) = \omega_s \sum_{n=-\infty}^{\infty} \delta(\omega - n\omega_s) \tag{2-2}$$

采样脉冲序列 $\delta_T(t)$ 及其相应的频率函数 $S_\delta(\omega)$ 分别如图 2-2c、d 所示。

采样过程可以看成是原模拟信号 $f(t)$ 对采样脉冲序列进行幅度调制，即两者相乘，所以采样后得到的样值序列信号的时间函数为

$$f_s(t) = f(t) \sum_{n=-\infty}^{\infty} \delta(t - nT_s) \tag{2-3}$$

通过傅里叶变换可以得到样值序列信号 $f_s(t)$ 的频率函数为

$$F_s(\omega) = \frac{1}{2\pi}[F(\omega) * S_\delta(\omega)]$$

$$= \frac{1}{2\pi}F(\omega) * \omega_s \sum_{n=-\infty}^{\infty} \delta(\omega - n\omega_s)$$

$$= \frac{1}{T_s}\sum_{n=-\infty}^{\infty}\int_{-\infty}^{\infty}F(\tau)\delta(\omega - n\omega_s - \tau)d\tau$$

$$= \frac{1}{T_s}\sum_{n=-\infty}^{\infty}F(\omega - n\omega_s) \tag{2-4}$$

样值序列信号 $f_s(t)$ 及其频率函数 $F_s(\omega)$ 分别如图 2-2e、f 所示。图中，ω_m 为原信号的最高角频率，ω_s 为采样信号的角频率，$\omega_s = 2\pi f_s = 2\pi/T_s$，$T_s$ 为采样间隔，f_s 为采样频率。

上述分析结果表明，原信号被采样之后的频谱 $F_s(\omega)$ 为原信号频谱 $F(\omega)$ 按周期 ω_s 做重复延拓。不难看出，只要满足 $f_s \geq 2f_m$，则在样值序列信号的频谱中完整地包含有原信号的频谱成分，即包含原模拟信号的全部信息，通过一个低通滤波器（该低通滤波器称为内插滤波器），就能从样值序列信号中恢复出原信号。现分析如下。

已知样值序列信号的频率函数为

$$F_s(\omega) = \frac{1}{T_s}\sum_{n=-\infty}^{\infty}F(\omega - n\omega_s) \tag{2-5}$$

设计一个理想的低通滤波器，其频率函数为

$$H(\omega) = \begin{cases} 1, & |\omega| \leq \dfrac{\omega_s}{2} \\ 0, & |\omega| > \dfrac{\omega_s}{2} \end{cases} \tag{2-6}$$

这是一个频域上的门函数，相应的时域函数为

$$h(t) = \frac{1}{2\pi}\int_{-\frac{\omega_s}{2}}^{\frac{\omega_s}{2}}H(\omega)e^{j\omega t}d\omega = \frac{1}{2\pi}\int_{-\frac{\omega_s}{2}}^{\frac{\omega_s}{2}}e^{j\omega t}d\omega = \frac{\omega_s}{2\pi}\frac{\sin\dfrac{\omega_s}{2}t}{\dfrac{\omega_s}{2}t} \tag{2-7}$$

样值序列信号通过理想的低通滤波器后，其输出频率函数为

$$F(\omega) = F_s(\omega) * H(\omega)$$

通过傅里叶反变换，可以得到相应的时间函数为

$$f(t) = f_s(t) * h(t) = \sum_{n=-\infty}^{\infty}f(nT_s)\frac{\sin\dfrac{\omega_s}{2}(t - nT_s)}{\dfrac{\omega_s}{2}(t - nT_s)} \tag{2-8}$$

上式说明，利用理想的低通滤波器可以由时间上离散的各样值序列不失真地恢复出时间上连续的原模拟信号。

2. 混叠失真与限带滤波

前面已证明，当采样频率满足 $f_s \geq 2f_m$ 时，可以不失真地恢复出原模拟信号。如果不满足上述采样定理的条件，即采样频率 f_s 小于信号最高频率 f_m 的 2 倍，或信号的实际最高频率

超过了 $f_s/2$，则采样后的信号频谱会发生频谱混叠现象，如图 2-3 所示。这时，即使用理想的矩形低通滤波器也无法不失真地恢复出原模拟信号。因此而产生的失真称为频谱混叠失真。

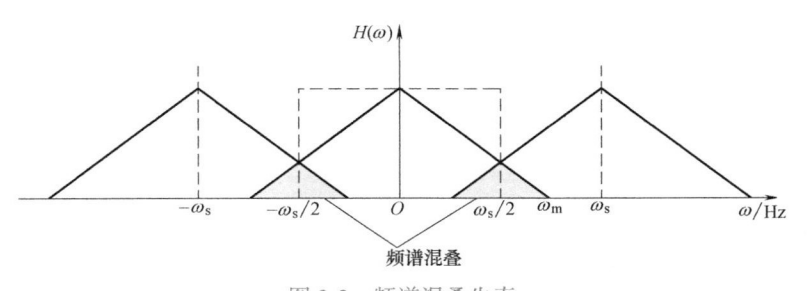

图 2-3　频谱混叠失真

为了防止产生频谱混叠失真，当采样频率确定后，就必须限制原模拟信号的上限频率。音频信号的频率通常在 20kHz 以下，因此，在 A/D 转换器之前可设置一个上限频率合适的低通滤波器（通常称为前置滤波器，也称防混叠滤波器），先对原模拟信号进行限带滤波，以滤除频率高于 $f_s/2$ 的频谱分量。相应地，在 D/A 转换器之后要设置内插低通滤波器（也称防镜像滤波器），以滤除多余的高频分量，只把原信号频谱取出来。这种多余的高频分量本来是人耳听不出的，但是如果后级的放大器或扬声器有非线性之处，就会由于产生了交扰调制而落在人耳的可听域之内，造成音质失真。由于实际的前置低通滤波器及内插低通滤波器的频率特性不可能是理想的门函数，即其幅频特性不是矩形，有一定的截止边沿宽度。因此为了较好地防止频谱混叠失真，实际中应使采样频率稍大于信号最高频率 f_m 的 2 倍，通常选为

$$f_s = (2.1 \sim 2.5)f_m \tag{2-9}$$

3. 采样保持电路

对采样点的样本值进行量化的操作是需要一段时间的。虽然这段时间很短，但在这段时间里，输入的模拟信号可能会发生变化，这意味着在量化所需的这段操作时间内必须使该采样值保持不变。采样保持（简写为 S/H）电路就是用来完成采样和保持功能的电路，其电路原理如图 2-4 所示。它是用控制信号控制模拟开关的接通与断开来实现采样保持功能的。开关电路可以由场效应晶体管（FET）、二极管电桥等构成。当开关闭合时（采样阶段），输入电压对电容器充电，同时直接作为输出电压；当开关断开后（保持阶段），用电容器上所充的电荷使输出电压保持开关断开前的电压（采样值）。采样保持电路的输入信号和输出信号的示意图分别如图 2-5a、b 所示。

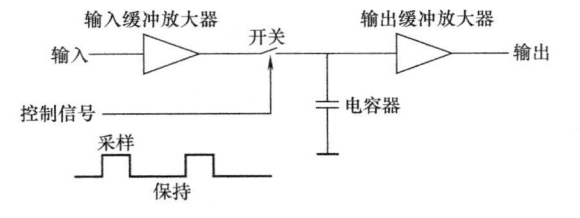

图 2-4　采样保持电路原理图

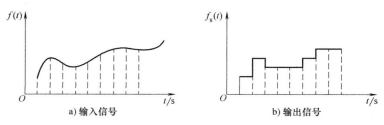

图 2-5　采样保持示意图

采样保持电路的主要性能参数有以下三项。

（1）失调误差

失调误差也称偏移误差，主要发生在输入/输出缓冲放大器处。不过，一个音响系统是没有必要记录、重放纯直流信号的，因而也就没有必要把失调误差看得有多么严重。

（2）捕捉时间

捕捉时间是指从采样保持电路接到采样指令起，到输出电压已能对输入电压信号加以跟随为止的一段时间。理想的采样保持电路的捕捉时间应该接近于零，否则，A/D 转换器输出的转换值就不是采样时刻信号的样值，而是捕捉过程中输入信号的平均值。捕捉时间取决于缓冲放大器的响应速度、瞬态响应特性、模拟开关的切换时间、电容的充电电流与容量等。

（3）平顶降落

平顶降落（Drop）是指采样保持电路在对采样的电压值加以保持的过程中所产生的电压降落。在采样保持电路接到保持指令、模拟开关已断开的状态下，本来希望输出的电压等于开关断开前电容器上的电压，但在实际中输出的电压却会受到输出缓冲放大器的偏置电流、开关电路的漏电流等的影响而产生平顶降落。由于这一平顶降落会造成 A/D 转换器的转换误差，因而要求平顶降落应小于量化台阶。举例来说，假设 16bit 量化的满量程为 $\pm5\mathrm{V}$，则量化台阶为 $10\mathrm{V}/2^{16}\approx153\mu\mathrm{V}$，则平顶降落应小于这个值。

在采样保持电路的设计中，对很短的捕捉时间和很慢的平顶降落速度的要求是相互矛盾的。因为要有很短的捕捉时间就要使用小容量的电容，这样充电的速度才快；而充电快的电容往往放电的速度也快，要实现很慢的平顶降落速度就要使用大容量的电容。在应用中，用聚丙烯和聚四氟乙烯制作的高品质电容是常见的选择。这些介质材料具有反应速度快、电荷保持久、介质吸收率低和迟滞小等特点。

4. 采样脉冲宽度与孔径效应

采样定理所叙述的由样值序列可以完全恢复原模拟信号是有条件的，即采样脉冲是一个理想的 $\delta(t)$ 函数冲激序列，采样周期为 T_{s}，而采样脉冲本身的宽度 τ 为无限窄。但实际上这种理想的冲激脉冲序列是不可能得到的，采样脉冲都具有一定的宽度，这就会使恢复的模拟信号的高频特性产生失真，这种效应称为孔径效应（Aperture Effect）。下面分析采样脉冲宽度的影响。

设采样脉冲是周期为 T_{s}、宽度为 τ、振幅为 1 的矩形脉冲序列，如图 2-6a 所示。

采样脉冲 $p(t)$ 的时间函数为

$$p(t) = \begin{cases} 1, & |t| \leqslant \dfrac{\tau}{2} \\ 0, & |t| > \dfrac{\tau}{2} \end{cases} \tag{2-10}$$

通过傅里叶变换，得到采样脉冲序列的频率函数为

$$S_p(\omega) = \omega_s \tau \sum_{n=-\infty}^{\infty} \left[\frac{\sin\left(\dfrac{n\pi\tau}{T_s}\right)}{\dfrac{n\pi\tau}{T_s}} \right] \delta(\omega - n\omega_s) \tag{2-11}$$

与式（2-2）相比，式（2-11）仅多了一项 $\dfrac{\sin x}{x}$，即频谱的结构相同，而振幅受到 $\dfrac{\sin x}{x}$ 函数项的调制。

a) 采样脉冲序列

b) 样值序列的频谱

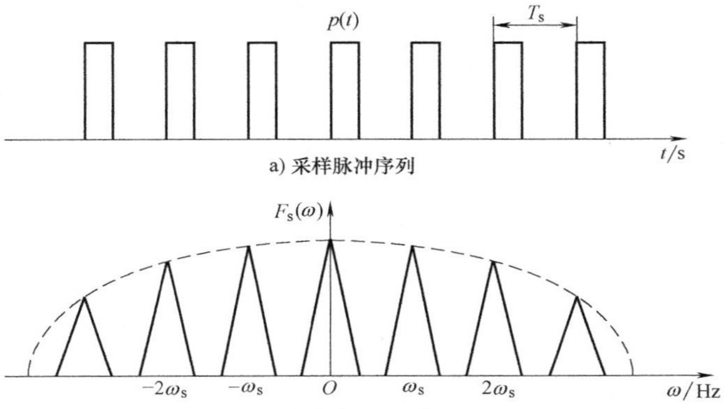

图 2-6　孔径效应

这样，当用 $p(t)$ 脉冲序列对时间上连续的信号进行采样时，所得到的样值序列的频谱结构与用理想的冲激脉冲序列 $\delta(t)$ 采样时基本相同，频谱族的中心位置及族间的距离不变，仅高频分量的幅度受到 $\dfrac{\sin x}{x}$ 函数项的调制，如图 2-6b 所示。

在 $\dfrac{\sin(n\pi\tau/T_s)}{n\pi\tau/T_s}$ 中，当 $n=0$ 时有最大值；n 值增加时，频谱幅值将减小；当 $n=T_s/\tau$ 时，出现第一个零点。

式（2-11）中，n 为采样频率的倍数，而 T_s/τ 为采样周期与采样脉冲宽度之比。只要取 τ 为足够窄，即 T_s/τ 为足够大，就可使第一个零点远离以原点为中心的频谱族。这样，经过内插低通滤波器后仍能恢复出基本不失真的原模拟信号，只是在信号的高频部分会有一些衰减。实验证明，当采样脉冲宽度为采样周期的 1/4 时，孔径效应所产生的高频衰减约为 0.2dB，人耳对此觉察不到，不会成为问题。

5. 采样频率

音频信号采样频率的选取原则应考虑以下几个因素。

- 音频信号的最高频率。

- 防混叠低通滤波器的截止特性。
- 以录像机作为记录设备时，便于形成伪视频信号。

目前常用的音频采样频率有 48kHz、44.1kHz、32kHz、96kHz 和 192kHz 等。

人耳听觉的频率上限在 20kHz 左右，高保真度音频信号的上限频率取 20kHz，传输或普通音频信号的上限频率取 15kHz。为了防止采样频谱混叠，采样前需采用前置低通滤波器把高频分量及杂波滤除。考虑到低通滤波器的截止特性，通常按式（2-9）来选取采样频率。另外，在复合全电视信号编码方式中，为了满足声音与图像信号的时分复用，通常选择声音采样频率为电视扫描行频的整数倍。早期用数字录音磁带（DAT）来记录数字音频信号时，规定每场 312.5 行（625 行/50 场的 PAL 制）中，用 294 行记录数字音频数据，而且每行记录 3 个音频样值，所以音频信号的采样频率为

$$f_s = 294 \times 3 \times 50Hz = 44.1kHz$$

这也同时满足 $f_s = (2.1 \sim 2.5) f_m$ 的要求，这里 f_m 取为 20kHz。

在分量编码方式中，亮度信号采样频率为 13.5MHz，可选音频信号的采样频率为

$$f_s = 13.5MHz \div 3 \div 375 \times 4 = 48kHz$$

也同样满足 $f_s = (2.1 \sim 2.5) f_m$ 的要求。

32kHz 的采样频率可以用于记录卫星直播节目和 DAT 的长时间（长一倍）格式，但其音频最高频率只能达到 15kHz。

2.1.2 量化及量化误差

1. 量化的概念

采样把模拟信号变成了时间上离散的样值序列，但每个样值的幅度仍然是一个连续的模拟量，因此还必须对其进行离散化处理，将其转换为有限个离散值，才能最终用数码来表示其幅值。这种对采样值进行离散化的过程称为量化。从数学的角度看，量化就是把一个取连续值的无限集合 $\{x\}$，通过变换 Q，映射到一个只有 L 个离散值的集合 $\{y_k\}$，$k=1, 2, \cdots, L$。

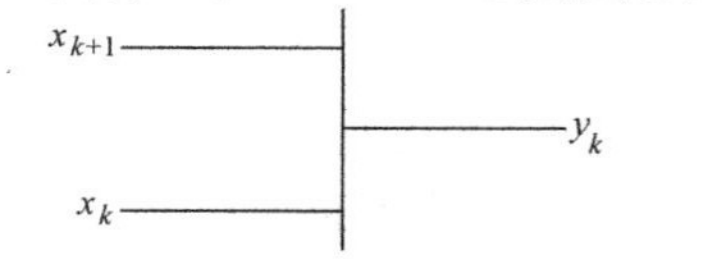

如图 2-7 所示，当输入电平 x 落入 $[x_k, x_{k+1}]$ 时，量化器输出为 y_k，即

图 2-7 量化示意图

$$y = Q(x) = y_k, \qquad 当 x \in [x_k, x_{k+1}], k = 1, 2, \cdots, L \qquad (2-12)$$

式中，$x_k(k=1, 2, \cdots, L)$ 称为量化判决电平或分层电平，$y_k(k=1, 2, \cdots, L)$ 称为第 k 个量化电平，L 称为量化级数或量化层次数。$\Delta k = x_{k+1} - x_k$，称为第 k 个量化台阶（或称量化步长）。

2. 量化比特数与量化信噪比的关系

量化既然是以有限个离散值来近似表示无穷多个连续量，就一定产生误差，这就是所谓的量化误差，由此所产生的失真即为量化失真或量化噪声。但值得注意的是，量化误差与噪声是有本质区别的。因为任一时刻的量化误差是可以从输入信号求出，而噪声与信号之间就没有这种关系。可以证明，量化误差是高阶非线性失真的产物。但量化失真在信号中的表现类似于噪声，也有很宽的频谱，所以也被称为量化噪声，并用信噪比来衡量。

当量化器的每个量化台阶都相等，量化电平取各量化区间的中间值时，则称这种量化为

均匀量化或线性量化。采用这种量化方式的量化误差有正有负，量化误差的最大绝对值为 $\Delta/2$（Δ 为量化台阶）。一般说来，可以把量化误差的幅度概率分布看成在 $-\Delta/2 \sim \Delta/2$ 之间的均匀分布。由下面的推导可以证明，均方量化误差与量化台阶的平方成正比。量化台阶越小，量化误差就越小，但用来表示一定幅度的模拟信号时所需要的量化级数就越多，编码时所用的比特数就越多，这不利于数据的传输和存储。所以，量化既要尽量减少量化级数，又要使量化失真看不出来。所谓量化比特数是指要区分所有量化级所需的二进制码位数。

在进行二进制编码时，所需的二进制码位数 n 与量化级数 M 之间的关系为

$$M = 2^n \ \text{或} \ n = \log_2 M$$

n 通常称为量化比特数。例如，有 8 个量化级，那么可用 3 位二进制码来区分，因此，称 8 个量化级的量化为 3bit 量化。8bit 量化则是指共有 256 个量化级的量化。

以下分析量化比特数与量化信噪比之间的关系。

假设信号在动态范围内每个量化分层电平上出现的概率是均匀的，而且量化误差在舍入方式中出现在 $-\Delta/2 \sim \Delta/2$ 之间的概率分布函数 $p(x)$ 也是均匀的，即

$$p(x) = \begin{cases} \dfrac{1}{\Delta}, & |x| \leqslant \dfrac{\Delta}{2} \\[2mm] 0, & |x| > \dfrac{\Delta}{2} \end{cases} \tag{2-13}$$

均方量化误差可由下式推得：

$$N_q = \int_{-\frac{\Delta}{2}}^{\frac{\Delta}{2}} p(x) x^2 \mathrm{d}x = \frac{1}{\Delta} \int_{-\frac{\Delta}{2}}^{\frac{\Delta}{2}} x^2 \mathrm{d}x = \frac{1}{\Delta} \left[\frac{1}{3} x^3 \right]_{-\frac{\Delta}{2}}^{\frac{\Delta}{2}} = \frac{\Delta^2}{12} \tag{2-14}$$

由式（2-14）可以看出，均方量化误差 N_q 与量化台阶 Δ 的平方成正比。

对于双极性信号（如声音信号），设其振幅为 V_m，则动态范围为

$$2V_m = M\Delta = 2^n \Delta$$

则正弦或余弦信号在单位电阻上的平均功率为

$$S = \frac{1}{2} V_m^2 = \frac{1}{2} \left(\frac{2^n \Delta}{2} \right)^2 \tag{2-15}$$

则量化信噪比为

$$\frac{S}{N_q} = \frac{\dfrac{1}{2} \left(\dfrac{2^n \Delta}{2} \right)^2}{\Delta^2 / 12} = \frac{3}{2} \times 2^{2n} \tag{2-16}$$

用分贝（dB）表示时，则为

$$\left(\frac{S}{N_q} \right)_{dB} = 10 \lg \left(\frac{3}{2} \times 2^{2n} \right) = 10 \times 2n \lg 2 + 10 \lg \frac{3}{2} \approx 6n + 1.76 \tag{2-17}$$

由量化信噪比表达式可以看出，当量化比特数 n 每增加或减少 1bit，量化信噪比就提高或降低 6dB。

对于音频信号，由于动态范围较大，而且要求的信噪比又高，所以量化比特数 n 的取值应取得大一些，通常取为 16bit，甚至 20～24bit，例如，DVD-Audio 采用 24bit 的均匀量化。当量化比特数为 16 时，则信噪比为（1.76+6×16）dB≈98dB。

上面所述的均匀量化具有信号幅度大时信噪比高、而信号幅度小时信噪比低的缺点。如

果使信号幅度小时量化台阶小些，而信号幅度大时量化台阶大些，就可以使信号幅度大时和信号幅度小时的信噪比趋于一致。这种进行不等间隔分层的量化称为非均匀量化或非线性量化。

非均匀量化一般用于声音信号，这不仅因其动态范围大，也因人耳在弱信号时对噪声很敏感，在强信号时却不易觉察出噪声。对于声音信号的非均匀量化处理，通常采用压缩、扩张的方法，即对输入的信号进行压缩处理后再均匀量化，从而达到非均匀量化的效果；恢复时，经过与压缩特性相反的电路，将信号进行相应的扩张处理，就可恢复原来的信号。

拓展阅读：16bit、24bit 和 32bit 的比特深度有什么区别？

2.1.3 编码

采样、量化后的信号还不是数字信号，需要把它转换成数字编码脉冲，这一过程称为编码。最简单的编码方式是二进制编码。具体说来，就是用 $n$bit 二进制码来表示已经量化了的样值，每个二进制数对应一个量化电平，然后把它们排列，得到由二进制脉冲串组成的数字信息流。用这样方式组成的二进制脉冲串的频率等于采样频率与量化比特数的积，称为所传输数字信号的数码率。显然，采样频率越高，量化比特数越大，数码率就越高，所需的传输带宽就越宽。

用二进制数表示某一数值时，这个二进制数称为字（word）。字中各个位（bit）的名称如图 2-8 所示。最左端的位称为最高有效位（Most Significant Bit，MSB），其后依次称为第二有效位（2SB），第三有效位（3SB），…，最右端的位称为最低有效位（Least Significant Bit，LSB）。

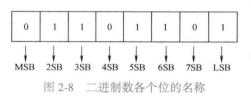

图 2-8　二进制数各个位的名称

拓展阅读：模拟音频和数字音频的优缺点

2.2　A/D 转换器

对数字音频来说，A/D 转换器是最重要的电路之一。A/D 转换器的性能对音质具有决定性的影响。A/D 转换器的设计方法很多，但由于转换速度与精度的限制，数字音频系统中使用的 A/D 转换器只能选择其中的几种，常用的是逐次比较式、级联积分式以及过采样式 A/D 转换器。过采样式 A/D 转换器与 D/A 转换器的基本原理是相同的，所不同的只是将处理模拟信号的电路部分与处理数字信号的电路部分对换一下位置而已。我们将在第 2.4 节专门单独介绍过采样式 A/D 转换器与 D/A 转换器。下面以逐次比较式为例介绍 A/D 转换器的工作原理。

2.2.1　逐次比较式 A/D 转换器

逐次比较式 A/D 转换器被广泛用于中、高分辨率的中等速度场合，是一种最为典型的 A/D 转换器。其电路构成如图 2-9 所示，它由 D/A 转换器、模拟比较器、移位寄存器与锁存器组成。所用的 D/A 转换器必须具有 A/D 转换器所要求的分辨率（即量化比特数）。

当采样保持电路把输入模拟信号的采样值加到模拟比较器的输入端时，首先是由移位寄存器把 D/A 转换器的最高有效位（MSB）设定为 1。这时，由模拟比较器将输入进来的采样值 V_s 与 D/A 转换器的输出电压 V_1 加以比较，若 $V_s \geqslant V_1$，则把移位寄存器的第 1 位（即 MSB）锁存成"1"；否则把 MSB 锁存成"0"。在下一个时钟脉冲进来时，移位寄存器把 D/A 转换器的第二有效位（2SB）设定为 1。这时，如果经上一次比较的结果，锁存器是在使 D/A 转换器的 MSB 仍保持设定为"1"的状态，则 D/A 转换器的输出电压为 $3V_1/2$，由它来与输入采样值 V_s 再做比较；若锁存器的 MSB 是"0"，则 D/A 转换器的输出电压为 $V_1/2$，由它来与输入采样值 V_s 再做比较，以确定 2SB 的输出。以下就这样每降低 1 位就把 D/A 转换器输出电压的变动范围依次缩小一半，重复同样的操作，直到把最低有效位（LSB）确定出来，如图 2-10 所示。最终的结果是 D/A 转换器的输出电压等于 V_s 或最多与 V_s 相差一个量化台阶 Δ。如果 D/A 转换器的输出是加有 $\Delta/2$ 的偏置量，则误差就在 $\pm\Delta/2$ 以内。

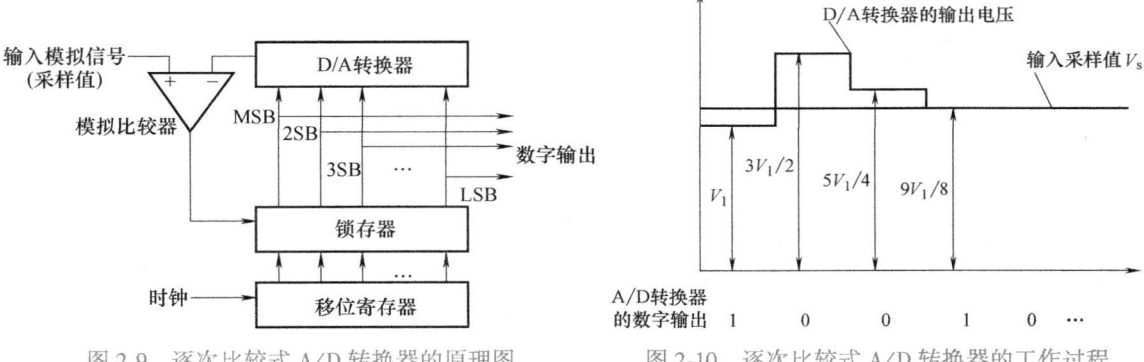

图 2-9　逐次比较式 A/D 转换器的原理图　　　　图 2-10　逐次比较式 A/D 转换器的工作过程

逐次比较式 A/D 转换器的工作原理可以用天秤来称一个东西的重量来打比方。所用的砝码最重的为 2^n，以下依次减半。先把最重的砝码（对应于 MSB）放上去看一看。如果是砝码轻了，就再放上一个重量减半的砝码；如果是砝码重了，就把那个砝码取下来，换上重量减半的砝码。按这种操作方式重复进行 n 次之后，把还留在天平上的砝码看成"1"，把已从天平上取下的砝码看成"0"，再按重者在前的顺序加以排列，得出的二进制代码就是 A/D 转换器的数字输出。

以逐次比较式来构成 16bit 的 A/D 转换器时，最为关键的是所用的 D/A 转换器的性能，要求它的转换速度与精度都较高。由于每进行一次 A/D 转换就需要进行 16 次 D/A 转换，因而对于采样频率为 44.1~48kHz、量化比特数为 16 的 A/D 转换器来说，所用的 D/A 转换器的转换速度必须在几百纳秒（ns）。

2.2.2　A/D 转换器的主要技术指标

A/D 转换器不但要在一个采样周期内完成一次 A/D 转换，而且它输出的数据必须精确地表示输入电压。在 16bit 的线性 PCM 系统中，65536 个量化级要求在整个输入电压范围内均匀分布，即使是输出数据的最后一位（LSB）也是有意义的。因此，转换时间和转换精度是 A/D 转换器的主要技术指标。转换精度通常以积分线性误差、差分线性误差、绝对精度误差、偏移误差和增益误差来表示。

1. 转换时间

转换时间是指 A/D 转换器完成一次 A/D 转换所需的时间（包括稳定时间）。在数字音频系统中，转换时间必须小于采样周期。转换速率是单位时间内的转换次数。

2. 分辨率

A/D 转换器的分辨率定义为满量程电压与 2^n 之比值，其中 n 为 A/D 转换器输出的位数（即量化比特数）。通常直接用 A/D 转换器的输出位数 n 来表示分辨率。另外，A/D 转换器的固有量化误差也与 n 有关，量化误差的最大值为 $\pm 1/2$LSB。

3. 积分线性误差

对于一个理想的 A/D 转换器来说，在输出数字量与模拟输入转换电压的关系图中，将输出为 0 的点与输出数字量为最大值（比如 111…11）的点相连应该呈一直线。但在实际的 A/D 转换器中，输出数字量与模拟输入转换电压之间的关系存在一定的非线性。积分线性误差是指在整个转换范围内，实际的输入/输出特性偏离这条理想直线的最大误差。

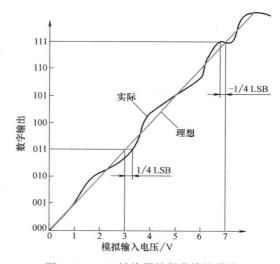

积分线性误差是 A/D 转换器最重要的性能指标，它是不可调整的。如果一个 n bitA/D 转换器的积分线性误差不能控制在 $\pm 1/2$LSB 以内，则它就不是一个真正的 n bitA/D 转换器。图 2-11 所示的 A/D 转换器的积分线性误差是在 $\pm 1/4$LSB 之内。

图 2-11　A/D 转换器的积分线性误差

4. 差分线性误差

对于线性量化方式，在理想情况下，每当输入模拟电压变化一个量化台阶 Δ 时，输出数字代码的 LSB 就变化一个单位。理想的 A/D 转换器的所有相邻量化台阶都应该是 1 个 Δ。例如，一个动态范围为 5V 的 8bitA/D 转换器，量化台阶 $\Delta = 5/2^8 \approx 19.5$mV，即输出每变化 1LSB 时，应有 19.5mV 的模拟电压变化。但是，实际的 A/D 转换器存在差分线性误差，每一个量化台阶并不相同，有时输入模拟电压变化不到一个 Δ 就会使输出产生 1LSB 的变化，有时则必须大于一个 Δ 才会使输出产生 1LSB 的变化。

差分线性误差是指在整个转换范围内，A/D 转换器实际的量化台阶和理想的量化台阶（1 个 Δ）之间的最大差值，通常以 LSB 为单位来表示（1LSB 对应 1 个 Δ）。最大差分线性误差为 ±1/2LSB 就意味着输入电压最小只要改变 $\Delta/2$，最大要改变 $3\Delta/2$ 才可以使输出代码产生 1LSB 的变化。如果超过了这个界限，比如达到了 ±1LSB，一些相邻的量化台阶就可能是 2Δ，而另外一些量化台阶则可能会是 0，这就是说有些输出代码就可能根本不存在。高质量的 A/D 转换器要保证在一定的温度范围内没有丢失输出代码的情况出现。

图 2-12 所示的 A/D 转换器有 ±3/4LSB 的差分线性误差，它的一些量化台阶只有 $\Delta/4$，而另外一些量化台阶达到 $7\Delta/4$。转换速率可以影响积分线性误差和差分线性误差。高质量的A/D 转换器要保证转换是单调的，即对于连续递增的输入电压，转换器的输出数据要么不变，要么增加。但是，如果 A/D 转换器的差分线性误差大于 1LSB，则就难以保证转换是单调的。

5. 绝对精度误差

绝对精度误差是 A/D 转换器的实际转换电压和理想转换电压之间的差值，如图 2-13 所示。高质量的 A/D 转换器的绝对精度误差不能大于 ±1/2LSB。对于图 2-13 所示的 A/D 转换器，它的每个量化台阶的误差都是 1/8LSB。实际 A/D 转换器的零点可能会随温度的变化而漂移，这样就给绝对精度误差带来不确定性因素。

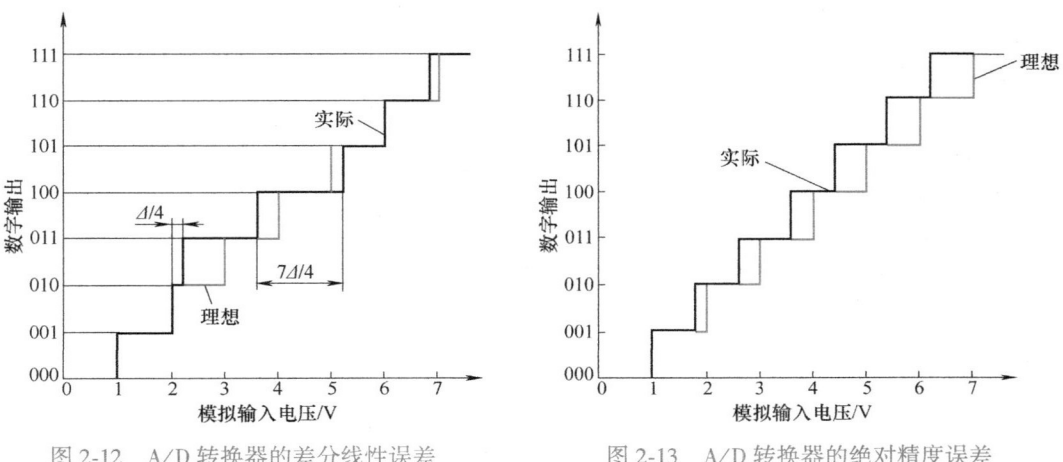

图 2-12　A/D 转换器的差分线性误差　　　　图 2-13　A/D 转换器的绝对精度误差

6. 偏移误差

当 A/D 转换器用于单极性信号时，其模拟输入信号范围是从 0V 到正的满量程值。它的第一个输出代码的转换电压应该出现在 0V 以上的 1/2LSB 处，所以单极性 A/D 转换器的偏移误差就是实际的转换电压与理想的转换电压之间的差值。当 A/D 转换器用于双极性信号时，理想的双极偏移电压是负的满量程电压以上的第一个值，所以双极性 A/D 转换器的偏移误差就是实际的转换电压与负的满量程电压以上 1/2LSB 处的理想的转换电压之间的差值。

偏移误差通常是由于放大器或比较器输入的偏移电压或电流引起的。一般可在 A/D 转换器外部加一个电位器进行调节，将偏移误差调至最小。

7. 增益误差

增益误差又称满量程误差，是指满量程输出数据代码所对应的实际输入转换电压与理想的转换电压之间的差值。这种误差也可以通过外部的电位器进行调节，但通常在偏移误差调整后进行。

2.3 D/A 转换器

2.3.1 D/A 转换器的基本原理

D/A 转换器的作用是把输入的数字量转换成模拟量输出。它的基本要求是输出电压 V_o 应该和输入数字量 D 成正比，即

$$V_o = DV_r \tag{2-18}$$

式中，V_r 为模拟基准电压；数字量 D 是一个 n 位的二进制数，它可以表示为

$$D = d_{n-1} \times 2^{n-1} + d_{n-2} \times 2^{n-2} + \cdots + d_1 \times 2^1 + d_0 \tag{2-19}$$

将式（2-19）代入式（2-18），可得

$$V_o = d_{n-1} \times 2^{n-1} \times V_r + d_{n-2} \times 2^{n-2} \times V_r + \cdots + d_1 \times 2^1 \times V_r + d_0 \times V_r \tag{2-20}$$

式中，$d_i(i=0, 1, \cdots, n-2, n-1)$ 表示第 i 位二进制码元，取值为 0 或 1，每一位数字值都有一定的"权"（2^i），对应一定的模拟量（$2^i \times V_r$）。为了将数字量转换成模拟量，应该将其每一位都转换成相应的模拟量，然后将所有项相加得到结果模拟量，由于只有 d_i 为 1 的项被累加，所以得到的模拟量是与数字量成正比的。

D/A 转换器一般由基准电源、电阻解码网络、运算放大器和缓冲寄存器等部件构成。其中运算放大器的典型电路如图 2-14 所示。

由于运算放大器的输入阻抗很高，其输入端的电流很小，所以在分析过程中假定该输入电流为 0，即 $I=0$；同时，由于运算放大器的放大倍数也很大，而在 D/A 转换器中运算放大器输出端的电压是一有限值，所以运算放大器输

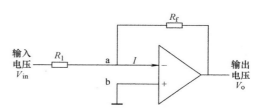

图 2-14　D/A 转换器中的运算放大器

入电压的值相应很小，分析过程中也假定该输入电压为 0，即 $V_{ab}=0$；这样，运算放大器的正相输入端（b 点）接地为 0 电位，反相输入端（a 点）也相应为 0 电位，即 $V_a=0$，称之为虚拟接地点，简称"虚地"。因此，输入电阻 R_1 上的电压即为输入电压；反馈电阻 R_f 上的电压即为输出电压；同时，由于电流 $I=0$，使流经电阻 R_1 和 R_f 上的电流是相同的。

2.3.2 权电阻式 D/A 转换器

权电阻式 D/A 转换器的电路结构如图 2-15 所示。权电阻解码网络实现按不同的"权"值产生模拟量，运算放大器将各位数码产生的电流相加，然后转换成输出电压。解码网络的每一位由一个权电阻 $2^{-i}R$ 和一个二选一模拟开关组成。开关是用晶体管构成的，由输入进来的二进制码元来控制晶体管的导通与截止。基准电压通过权电阻产生的电流是由 2^i 的倍数来加权的。如果输入的数码是"1"，则开关闭合，产生电流；如果输入是"0"，则开关断开，不产生电流。由于各电流开关控制着加权电流的导通与截止，因而在运算放大器反相输入端出现的是被导通了的各电流源的电流值之和。D/A 转换器的输出电压就是反相输入端

的电流之和与反馈电阻 R_f 之积。

从组成结构上看，这种 D/A 转换器是最简单直观的一种转换器。但随着输入数码比特数 n 的增加，所需电阻的阻值种类随之增加，而且最大权电阻与最小权电阻的阻值之比（$=2^n$）会非常大。因此，这种电路结构很少在实际应用中被采用，但非常适合用来说明 D/A 转换器的基本原理。

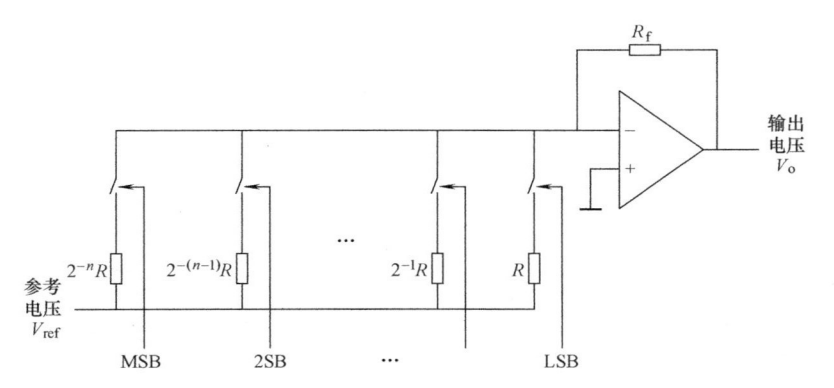

图 2-15　权电阻式 D/A 转换器的电路结构图

2.3.3　R-2R 梯形网络式 D/A 转换器

为了缩小所用电阻阻值的范围，可以采用如图 2-16 所示的 R-2R 梯形网络来实现，其特点是只用到 R 与 $2R$ 这两个阻值。

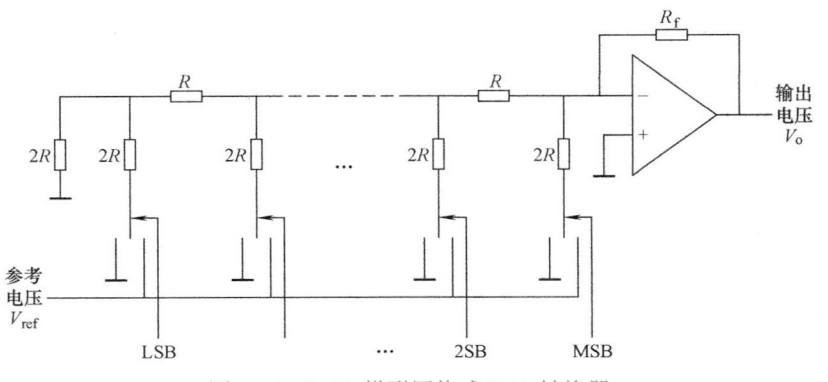

图 2-16　R-2R 梯形网络式 D/A 转换器

对于图 2-16 的开关，可以认为当所对应的输入数码为 "0" 时接到接地侧，为 "1" 时接到基准电压 V_{ref} 侧。于是，当只有 MSB 为 1、其余各位都为 0 时，流经运算放大器反馈电阻 R_f 的电流为 $V_{ref}/(2R)$。其次，当只有 2SB 为 1、其余各位都为 0 时，由于这时 2SB 左边的网络等效阻值为 $2R$（只要做一下电阻的串、并联计算即可知道），因而可得到图 2-17 所示的等效电路，这样可计算得到流经反馈电阻 R_f 的电流为 $V_{ref}/(4R)$。依此类推，这种电路也是能够用 2 的倍数来加权的。

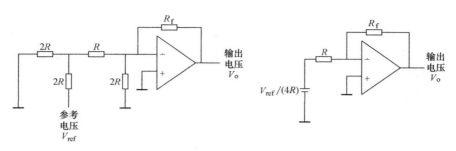

图 2-17　R-2R 梯形网络式 D/A 转换器的等效电路

2.3.4　D/A 转换器的主要技术指标

1. 分辨率

分辨率在理论上定义为最小输出电压（对应的输入数据代码仅最低位为"1"）与最大输出电压（对应的输入数据代码为全"1"）之比。对于 16bit 的 D/A 转换器，其分辨率为 1/65535。分辨率越高，转换时，对应最小数字输入的模拟输出信号值越小，也就越灵敏。通常，也直接用 D/A 转换器的数字输入比特数来表示分辨率。

2. 线性度

通常用非线性误差的大小表示 D/A 转换器的线性度。而非线性误差为理想的输入/输出特性曲线与实际转换曲线的偏差，一般取偏差的最大值来表示。通常使用最小数字输入量的分数来给出最大偏差的数值，如 ±1/2LSB。

3. 转换精度

转换精度以最大的静态转换误差的形式给出。这个转换误差应该包括非线性误差、比例系数误差以及漂移误差等综合误差。

应该注意的是，转换精度和分辨率是两个不同的概念。精度是指转换后所得的实际值对于理想值的逼近程度，而分辨率是指能够对转换结果发生影响的最小输入量。分辨率高的 D/A 转换器并不一定具有高的精度。

4. 建立时间

一个理想的 D/A 转换器，其数字输入信号从一个二进制数变到另一个二进制数时，其输出模拟信号电压应立即从原来的输出电压跳变到与新的数字输入信号相对应的输出电压。但是在实际的 D/A 转换器中，电路中的电容、电感和开关电路等会引起电路时间延迟。所谓建立时间，是指 D/A 转换器中的输入代码有满度值的变化时，其输出模拟信号电压（或电流）达到满度值 ±1/2LSB 精度时所需要的时间。

5. 温度系数

在满量程输出的条件下，温度每升高 1℃，输出变化的百分数定义为温度系数。

6. 电源抑制比

对于高质量的 D/A 转换器，要求开关电路及运算放大器所用的电源电压发生变化对输出的电压影响极小。通常把满量程电压变化的百分数与电源电压变化的百分数之比称为电源抑制比。

2.4　过采样 $\triangle-\textstyle\sum$ 调制 A/D、D/A 转换器

量化噪声是 A/D 转换中的一个重要指标，传统的 A/D 转换器采用 PCM 技术，通过采样、量化来实现 A/D 转换。量化比特数越多，用来表示一定幅度的模拟信号的量化级数就越多，相应的量化台阶 Δ 就越小，则量化误差的绝对值也就越小。那么是否可以通过不断提高量化比特数、减小量化台阶 Δ 的方法来进一步提高 A/D 转换器的精度呢？回答是否定的，因为通过减小量化台阶 Δ 而带来的性能提高会受到其他各种因素的制约，比如前面提到的积分线性误差、差分线性误差、偏移误差、增益误差等。当这些因素与量化台阶 Δ 相当时，再减小 Δ 已经不起作用，因为增加的这些数字位已不可能正确地表示信号的信息。另外，随着量化 bit 数的增加，A/D 转换器的实现难度加大，而且会使数字信号的数码率提高，不利于存储和传输。因此，量化 bit 数的增加是有一定限制的。这就促使人们去寻求新的转换方法，其中包括 $\triangle-\textstyle\sum$（Delta-Sigma）调制。

$\triangle-\textstyle\sum$ 调制 A/D 和 D/A 转换器都采用 $\triangle-\textstyle\sum$ 调制噪声整形（Noise Shaping）技术，以过采样（Over Sampling）和抽选（Decimation）滤波器来处理高采样率的信号，是目前最受瞩目的主流技术。这种方式结合噪声整形技术来降低量化器的比特数，通过改变量化噪声的频谱分布，并用低通滤波器滤掉 20kHz 以上的噪声，来提高系统的信噪比。这种方式不论进行的是 A/D 转换还是 D/A 转换，都是基于同样的原理，只是将处理模拟信号的电路部分与处理数字信号的电路部分对换一下位置而已。

2.4.1　过采样

过采样是使用远大于奈奎斯特采样频率的频率对输入信号进行采样。设数字音频系统原来的采样频率为 f_s，通常选用过采样频率为 44.1kHz 或 48kHz。若将采样频率提高到 $R \times f_s$，则 R 称为过采样比率，并且 $R>1$。在这种采样的数字信号中，由于量化比特数没有改变，因此总的量化噪声功率也不变，但这时量化噪声的频谱分布发生了变化，即将原来均匀分布在 $0 \sim f_s/2$ 频带内的量化噪声分散到了 $0 \sim Rf_s/2$ 的频带上。图 2-18 表示的是过采样时的量化噪声功率谱。

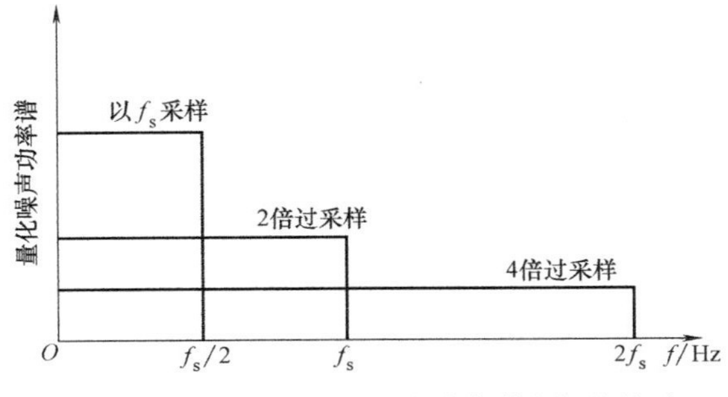

图 2-18　过采样与量化噪声功率谱之间的关系

若 $R \gg 1$，则 $Rf_s/2$ 就远大于音频信号的最高频率 f_m，这使得量化噪声大部分分布在音频频带之外的高频区域，而分布在音频频带之内的量化噪声就会相应地减少，于是，通过低

通滤波器滤掉f_m以上的噪声分量，就可以提高系统的信噪比。这时，过采样系统的最大量化信噪比为

$$\left(\frac{S}{N_q}\right)_{dB} \approx 6.02n + 1.76 + 10\lg\frac{Rf_s}{2f_m} \tag{2-21}$$

式中，f_m为音频信号的最高频率；Rf_s为过采样频率；n为量化比特数。

从式（2-21）可以看出，在过采样时，采样频率每提高一倍，系统的信噪比则提高3dB，相当于量化比特数增加了0.5bit。由此可看出提高过采样比率可提高A/D转换器的精度。

不过，单靠这种过采样方式来提高信噪比的效果并不明显，所以还要结合噪声整形技术。

2.4.2 △-∑调制和噪声整形

噪声整形技术是指对噪声的频谱分布形状进行控制的一种技术。在模拟信号的处理中，有一项与噪声整形技术类似的技术，称为预加重（Pre-emphasis）与去加重（De-emphasis）技术。这种技术在调频广播的模拟系统中得到了广泛的应用。所谓预加重是指在信号发送之前，先对模拟信号的高频分量进行适当的提升。在收到信号之后，再对信号进行逆处理，即去加重，对高频分量进行适当的衰减。这种预加重与去加重技术可以使信号在传输中高频损耗降低，也可以使噪声的频谱发生变化，这就是模拟降噪的原理。

在数字信号处理中的一项噪声整形技术是过采样技术与△-∑调制技术的结合。△-∑调制技术使量化噪声的频谱分布形状从原来的均匀分布转变成向高频段集中分布的形状，如图2-20所示。虽然总的噪声功率没有减少，但音频频带内的噪声却减少了。尽管音频频带外的噪声增加了，但可用简单的低通滤波器加以滤除。

由于噪声是在量化过程中产生的，噪声整形的工作原理就是将噪声分量进行负反馈。在反馈环路中加入噪声整形电路，使低频反馈系数比高频反馈系数大，从而降低了音频频带内的噪声。图2-19是一阶噪声整形电路的原理图。该图把量化器表示为对输入U附加以量化噪声Q的加法器。量化器的输出信号Y与输入信号U之差就是量化噪声Q，把取出来的Q通过1个时钟脉冲周期的延时器反馈给输入端。

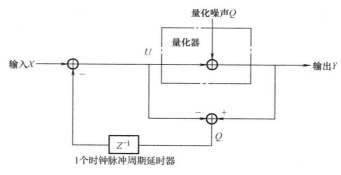

图2-19 一阶噪声整形电路的原理图

现在把各信号表示为时间序列信号，先来考虑一下不把量化噪声反馈给输入端，即不做噪声整形时的情况。此时，量化器的输出为

$$Y_{(n)} = U_{(n)} + Q_{(n)} = X_{(n)} + Q_{(n)} \tag{2-22}$$

经过噪声整形后，量化器的输出为

$$Y_{(n)} = U_{(n)} + Q_{(n)} = \left[X_{(n)} - Q_{(n-1)} \right] + Q_{(n)} = X_{(n)} + \left[Q_{(n)} - Q_{(n-1)} \right] \tag{2-23}$$

$Q_{(n)} - Q_{(n-1)}$ 意味着取量化噪声的差分。而 $Q_{(n)} - Q_{(n-1)}$ 可用 Z 变换表示为

$$Q_{(n)} - Q_{(n-1)} = (1 - Z^{-1}) \cdot Q \tag{2-24}$$

这样，式（2-23）可表示为

$$Y = X + (1 - Z^{-1}) \cdot Q \tag{2-25}$$

设 T 为 1 个时钟脉冲的时延，则 $(1-Z^{-1})$ 的频率响应可用 $Z = e^{j\omega T}$ 代入，再取绝对值求得，即

$$H(\omega) = \left| (1 - Z^{-1}) \right| = 2 \left| \sin \frac{\omega T}{2} \right| \tag{2-26}$$

将采样频率 $f_s = 1/T$ 与频率 $f = \omega/(2\pi)$ 代入式（2-26），得

$$H(f) = 2 \left| \sin \frac{\pi f}{f_s} \right| \tag{2-27}$$

这一特性如图 2-20 中的曲线所示，从低频段来看，很像是微分电路的特性。总的量化噪声功率虽然有所增大，但从频谱上看，$f_s/6$ 以下的频段上的量化噪声却是减小了。因此，如果把过采样率 R 取大一些且只使用频率低的频段，则即使量化比特数很少也能提高A/D转换器的精度。至于高频的量化噪声，用后级的低通滤波器把它们滤除就可以了。

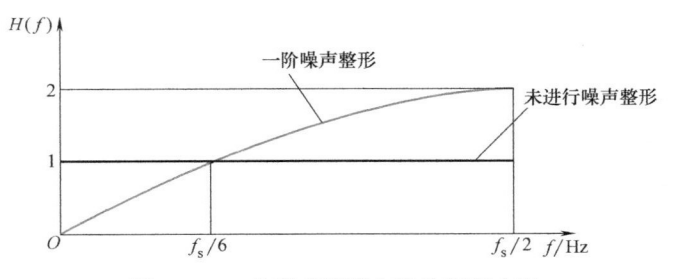

图 2-20 一阶噪声整形电路的频率响应

图 2-21 所示的电路是图 2-19 电路的变形，称为一阶 △-∑ 调制器。这种调制器是由累加器（∑）、差分电路（△）及量化器组成的。如果说差分电路的特性类似于微分电路，则累加器的特性就可以说是类似于积分电路。在 A/D 转换器的场合，常常把累加器换成模拟积分器。通过噪声整形的处理，能够把 A/D 转换器和 D/A 转换器所必要的量化比特数大幅度地降下来，但是精度却并没有降。

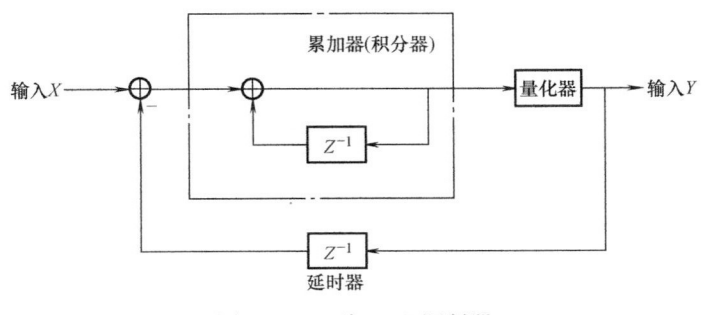

图 2-21 一阶 △-∑ 调制器

从实用角度看，一阶△–∑调制并不能达到人们的要求。要想用 1bit 的量化器通过一阶△–∑调制器噪声整形来实现相当于 16bit 量化的性能，需要进行 2000 倍左右的过采样，这显然是不现实的。因此，就需要以高阶的噪声整形来把量化噪声最大限度地推向高频频段。

业已实用化的两种方式是高阶△–∑调制方式与 NTT 公司开发的多级噪声整形（Multi-Stage Noise Shaping，MASH）方式。从图 2-21 出发来考虑，要想把量化噪声进一步推向高频频段，看来是只要以更高阶的积分器来提高低频增益即可。高阶△–∑调制方式正是这样做的。图 2-22 所示为二阶△–∑调制器。当采用二阶△–∑调制方式时，能够以 128 倍的过采样取得接近于 16bit 量化的理论信噪比。如果将阶数增加到三阶、四阶，则能够以倍数更低的过采样取得相同的信噪比。不过，阶数取为 3 以上时积分器的相移已超过 180°，从而有必要采取稳定措施以防自激。

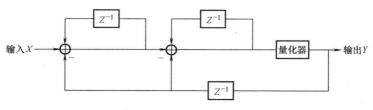

图 2-22　二阶△–∑调制器

MASH 方式则不是以高阶的积分器来提高环路增益的，此方式的积分器仍为一阶的，而是把它所产生的量化噪声从输出中减去。如果说高阶△–∑调制是反馈的思想，则 MASH 方式可以说是前馈的思想。图 2-23 所示为两级的 MASH 电路。它把第一级量化器的量化噪声提取出来，输入给第二级量化器。第二级量化器的输出端设有差分电路，以产生经过一次噪声整形的信号。此信号被加到第一级量化器的输出中，以完全抵消掉第一级量化器所产生的量化噪声。第二级量化器虽会产生新的量化噪声，但其噪声频谱在输出时已经过一次噪声整

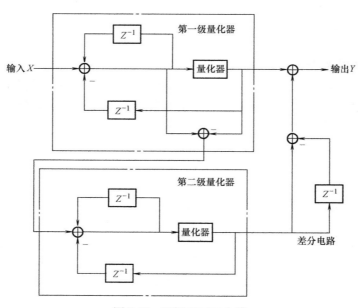

图 2-23　两级 MASH 电路

形，由于还要通过差分电路，因而就成了经过两次噪声整形的噪声频谱了。从结果上看，取得的效果与图 2-22 所示的二阶 △-∑ 调制器的一样。依此类推，可以三级、四级地增加级数来进行高阶的噪声整形。

2.4.3　1 比特 A/D 转换器和 D/A 转换器

输出 1 个量化比特的 △-∑ 调制器称为 1 比特转换器。所谓 1 比特 A/D 转换器实际上就是一个比较器，在进行 A/D 转换时比较器本身就成为量化器；而所谓 1 比特 D/A 转换器就是把逻辑电平的"高"和"低"看成是模拟二进制信号。

那么，一个 1 比特的 A/D 转换器如何能够实现相当于 16bit（或更多）量化的精度呢？为了说明这个问题，以下面的例子做比方。如果把一个 16bitA/D 转换器的 16 位输出数码比拟为 16 个电灯泡，每一个灯泡具有不同的亮度，并分别由独自的开关控制，用各种开关组合方式可以得到 2^{16}（即 65536）种不同的亮度。那么用一个灯泡是否也可以达到相同的效果呢？如果选一个亮度为 16 个灯泡亮度之和的灯泡，用一个开关来控制该灯泡的开与关，当开关的切换频率很高时，同样可以控制灯泡的亮度。这就是所谓电子调光所用的原理。1 比特 △-∑ 调制通过类似的方法使用 1bit 来表示音频信号的幅度，这种调制方法也称为脉冲密度调制（Pulse Density Modulation，PDM）。

由一阶 △-∑ 调制器构成的 1 比特 A/D 转换器如图 2-24 所示。

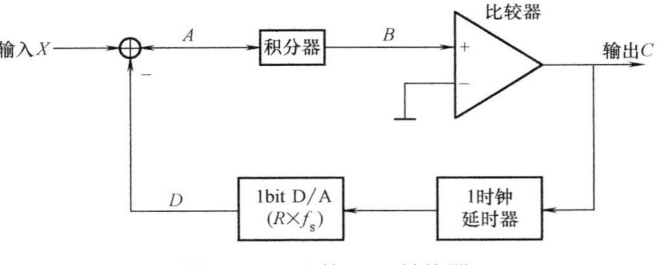

图 2-24　1 比特 A/D 转换器

在每一时钟周期（对应于过采样频率）的开始，差分电路的输出电压 A 是输入电压 X 与 1 比特 D/A 转换器的输出电压 D 之间的差值；积分器的输出电压 B 是其前一个时钟的输出电压与电压 A 的累加；比较器的输出 C 将是 1 位二进制码元 1 或 0，取决于电压 B 是否大于或小于 0V；同时输出 C 作为 1 比特 D/A 转换器的下一时钟的输入；如果 1 比特 D/A 转换器的输入为 1，则输出一个正的满度值，如果为 0，则输出一个负的满度值。用数学公式表示则为

$$A_n = X_n - D_n$$
$$B_n = B_{n-1} + A_n$$
$$C_n = \begin{cases} 1, & B_n > 0 \\ 0, & B_n < 0 \end{cases}$$
$$D_n = \begin{cases} 1, & C_{n-1} = 1 \\ -1, & C_{n-1} = 0 \end{cases}$$

表 2-1 给出了一个输入电压固定为 0.6V 时的 1 比特 A/D 转换器的实际工作过程，这里的满度值电压设为 ±1V，初始输出为 0。

表 2-1 1 比特 A/D 转换器的工作过程

时钟	D	A	B	C
0	0	0.6	0.6	1
1	1	−0.4	0.2	1
2	1	−0.4	−0.2	0
3	−1	1.6	1.4	1
4	1	−0.4	1.0	1
5	1	−0.4	0.6	1
6	1	−0.4	0.2	1
7	1	−0.4	−0.2	0
8	−1	1.6	1.4	1

过采样 △-∑ 调制方式的 D/A 转换器与 A/D 转换器的基本原理一样，都是基于上述同一思想，不同之处只是各电路部分所进行的是模拟信号处理还是数字信号处理而已。

对于 D/A 转换器来说，D/A 转换时的噪声整形是纯粹的数字运算。在进入噪声整形电路之前，信号必须由插补滤波器加以插补以提高采样频率。经过噪声整形后的信号由低分辨率的 D/A 转换器转换为模拟信号。这个信号中含有许多的量化噪声，通过外置的模拟低通滤波器把其中有用的信号成分取出。

图 2-25 所示为一种比特流方式 1 比特 D/A 转换器的原理框图。首先将串行比特流经串/并转换器转换成并行数据（如 16bit），然后由插补滤波器加以插补，进行 256 倍过采样，经过噪声整形后由脉冲密度调制（PDM）电路转换成与输入数据相对应的疏密脉冲序列，最后通过低通滤波器恢复出模拟音频信号。

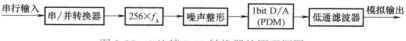

图 2-25 1 比特 D/A 转换器的原理框图

2.5 小结

自然界中的音频信号是模拟信号，因此经过数字化处理后的音频信号必须还原为模拟信号，才能最终转换为声音。但是，由于音频信号数字化后可以避免受噪声和干扰的影响，可以扩大音频的动态范围，可以利用计算机进行数据处理，可以不失真地远距离传输，可以与图像、视频等其他媒体信息进行多路复用，以实现多媒体化与网络化，所以，音频信号的数字化是一种必不可少的技术手段。

本章首先讨论了传统的 PCM 数字化的过程及原理，介绍了几种典型的 A/D、D/A 转换器的工作原理及主要性能指标，最后详细介绍了过采样 △-∑ 调制、噪声整形、1 比特 A/D 和 D/A 转换器的基本原理。本章的重点是音频信号数字化的三个步骤，即采样、量化和编码。采样是指用每隔一定时间间隔的信号样本值序列代替原来在时间上连续的信号，也就是在时间上将模拟信号离散化。量化是用有限个幅度值近似原来连续变化的幅度值，把模拟信号的连续幅度变为有限数量、有一定间隔的离散值。量化包括均匀量化和非均匀量化。要求读者掌握均匀量化的原理，理解"量化"是数字信号产生失真的主要根源，明确量化信噪比 SNR（用分贝表示）与量化比特数 n 之间的关系，明确数字信号的数码率与采样频率、量化比特数之间的关系。采样、量化后的信号还不是数字信号，数字化过程的最后一步是编码，即按照一定的规律用二进制数码来表示量化后的离散值。

虽然可以大致地讲采样频率决定重建信号的频带宽度，量化比特数决定动态范围，但从近年出现的采样技术即可看出，采样与量化不是相互独立的。例如，1 比特 A/D 和 D/A 转换器中，通过对量化噪声频谱进行控制，即使量化比特数仅为 1bit，也能使频带内的动态范围达到 16bit 时的水平。

2.6 习题

1. 声音可分为两种：纯音和复合音，平常人们说话的声音属于哪一种？语音的频率范围是多少？音频信号通常包括哪些声音信号，其频率范围是多少？

2. 请说明音频信号数字化的三个步骤。

3. 如何理解"量化是信号数字化过程中重要的一步，而这一过程又是引入噪声的主要根源"这句话的含义？通过哪些途径可减小量化误差？

4. 对双极性信号，若采用均匀量化，则量化信噪比 SNR 与量化比特数 n 之间的关系为 $SNR \approx 6n+1.76$（dB），试分析此式对实际量化与编码的指导意义。

5. A/D、D/A 转换器的主要技术指标有哪些？分辨率和转换精度的区别是什么？

6. 什么叫过采样？请说明采用过采样 $\triangle-\sum$ 调制以及噪声整形技术来提高 A/D 转换器精度的原理。

第 3 章　数字音频压缩编码

本章学习目标：

- 熟悉数字音频压缩编码的机理。
- 了解音频编解码器的性能指标和重建音频质量的评价方法。
- 熟悉数字音频编码的基本方法及分类。
- 掌握感知音频编码的基本原理，透彻理解子带编码的基本思想。
- 重点掌握 MPEG-1、MPEG-2 AAC 的音频编解码原理。
- 了解 DRA 多声道数字音频编解码的原理。
- 了解新一代环绕多声道音频编码格式。

3.1　数字音频编码概述

3.1.1　音频信号的分类

人们把频率低于 20Hz 的声波称为次声波，频率高于 20kHz 的声波称为超声波，这两类声音是人耳听不到的。人耳可以听到的声音是频率在 20Hz～20kHz 之间的声波，称为音频（Audio）信号。而人的发音器官发出的声音频率在 80～3400Hz 之间，但人说话的信号频率通常在 300～3400Hz 之间，人们把这种频率范围的信号称为语音信号（Speech）。在多媒体应用领域，按照对声音质量的要求不同以及使用频带的宽窄，将音频信号通常分为以下 4 类。

（1）窄带语音

窄带语音，又称电话频带语音，信号频带为 300～3400Hz，用于各类电话通信。数字化时采样频率常用 8kHz，每个样值 8bit 量化，数码率为 64kbit/s。

（2）宽带语音

宽带语音信号频带为 50～7000Hz，它提供了比窄带语音更好的音质和说话人特征，常用于电话会议、视频会议等。数字化时采样频率常用 16kHz。

（3）数字音频广播（Digital Audio Broadcasting，DAB）信号

数字音频广播信号频带为 20～15000Hz。数字化时采样频率常用 32kHz。

（4）高保真立体声音频信号

高保真立体声音频信号频带为 20～20000Hz。用于 VCD（Video Compact Disk，视频高密度光盘）、DVD（Digital Versatile Disc，数字通用光盘）、CD（Compact Disc，数字激光唱盘）、HDTV（High Definition Television，高清晰度电视）伴音等。数字化时采样频率用 44.1kHz 或 48kHz，每个样值 16bit 量化，单声道的最高数码率为 768kbit/s。

3.1.2　数字音频压缩编码的机理

自然界中的音频信号是模拟信号，经过数字化处理后的音频信号必须还原为模拟信号，

才能最终转换为声音。但是，由于音频信号数字化后可以避免模拟信号容易受噪声和干扰的影响，可以扩大音频的动态范围，可以利用计算机进行数据处理，可以不失真地远距离传输，可以与图像、视频等其他媒体信息进行多路复用，以实现多媒体化与网络化，所以，音频信号的数字化是一种必不可少的技术手段。然而，音频信号数字化之后所面临的一个问题是巨大的数据量给存储和传输带来的压力。为了降低传输或存储的费用，就必须对数字音频信号进行压缩编码。

数字音频压缩编码的目的，是在保证重建音频质量一定的前提下，以尽量少的比特数来表征音频信息；或者是在给定的数码率下，使得解码恢复出的重建声音的质量尽可能高。那么数字音频信号是否可以压缩呢？答案是肯定的。根据统计分析表明，无论是语音还是音乐信号，都存在着多种形式的冗余，主要包括时间域冗余、频率域冗余和听觉冗余。

1. 时间域冗余

音频信号在时间域上的冗余形式主要表现在以下几个方面。

（1）样值幅度分布的非均匀性

统计表明，在大多数类型的音频信号中，不同幅度的样值出现的概率不同，小幅度样值比大幅度样值出现的概率要高。尤其在语音和音乐信号的间隙，会有大量的小幅度样值。

（2）样值间的相关性

对语音波形的分析表明，相邻样值之间存在很强的相关性。当采样频率为 8kHz 时，相邻样值之间的相关系数大于 0.85。如果提高采样频率，则相邻样值之间的相关性将更强。因而根据这种较强的一维相关性，利用差分编码技术，可以进行有效的数据压缩。

（3）信号周期之间的相关性

虽然音频信号分布于 20Hz~20kHz 的频带范围内，但在特定的瞬间，某一声音却往往只是该频带内的少数频率成分在起作用。当声音中只存在少数几个频率时，就会像某些振荡波形一样，在周期与周期之间存在着一定的相关性。利用音频信号周期之间的相关性进行压缩的编码器，比仅利用邻近样值间的相关性的编码器效果要好，但要复杂得多。

（4）长时自相关

上述样值、周期间的一些相关性，都是在 20ms 时间间隔内进行统计的短时自相关。如果在较长的时间间隔内（如几十秒）进行统计，便得到长时自相关函数。长时统计表明，当采样频率为 8kHz 时，相邻样值之间的平均相关系数可高达 0.9。

（5）静音

语音间的停顿（静音）间歇本身就是一种冗余。若能正确检测出该静音段，并去除这段时间的样值数据，就能起到压缩的作用。

2. 频率域冗余

音频信号在频率域上的冗余形式主要表现在以下几个方面。

（1）长时功率谱密度的非均匀性

在相当长的时间间隔内进行统计平均，可得到长时功率谱密度函数，其功率谱呈现明显的非平坦性。从统计的观点看，这意味着没有充分利用给定的频段，或者说存在固有冗余度。功率谱的高频成分能量较低。

（2）语音特有的短时功率谱密度

语音信号的短时功率谱，在某些频率上出现"峰值"，而在另一些频率上出现"谷值"。

而这些峰值频率，也就是能量较大的频率，通常被称为共振峰频率。共振峰频率不止一个，最主要的是前三个，由它们决定了不同的语音特征。另外，整个功率谱也是随频率的增加而递减。更重要的是，整个功率谱的细节以基音频率为基础，形成了高次谐波结构。

3. 听觉冗余

音频信号最终是给人听的，因此，要充分利用人耳的听觉特性对音频信号感知的影响。因为人耳对信号幅度、频率的分辨能力是有限的，所以凡是人耳感觉不到的成分，即对人耳辨别声音的强度、音调、方位没有贡献的成分，称为与听觉无关的"不相关"部分，都可视为是冗余的，可以将它们压缩掉。

数字音频压缩编码的目的，是在保证重建音频质量一定的前提下，以尽量少的比特数来表征音频信息；或者是在给定的数码率下，使得解码恢复出的重建声音的质量尽可能高。上述各种形式的冗余，是压缩音频数据的出发点。一般来说，提高压缩效率的策略和基本途径有两条：第一条途径是利用音频信号中的冗余度。一个信号可以从它的过去来部分预测，或者可以利用一组适当的信号函数集来更有效地描述。第二条途径是利用"感知不相关"（Perceptual Irrelevancy）。从感知的角度来看，可以丢弃与之不相关的信号特征，而不降低感知的质量。尤其是在目前的音频编码器中利用人类听觉掩蔽特性可以显著地降低数码率。

3.1.3　音频编解码器的性能指标

衡量一种压缩编码算法的主要指标，通常包括重建的音频质量、数码率、复杂度和时延。音频编码研究的基本问题就是在给定的数码率下，如何得到尽可能好的重建音频质量，并保证尽可能小的编解码时延和适当的算法复杂度；或者在给定重建音频质量、时延和复杂度的条件下如何降低音频编码器的数码率。这 4 个指标有着密切的联系，并且在不同的应用中对各方面的侧重要求也不同。

1. 重建音频质量的评价

重建音频质量是衡量音频编码算法的最根本指标。随着中、低数码率语音编码的发展，建立一整套的音频质量评定标准变得越来越重要。但是限于人们听觉认识的局限性，目前还没有比较理想的评价手段。寻求一种理想的音频质量评价标准也是近年来研究者们努力的方向。归纳起来可以分为两类，即客观评价方法和主观评价方法。

客观评价方法建立在原始音频和重建音频的数学对比之上，常用的方法可分为时域客观评价和频域客观评价两大类。时域客观评价常用的方法有信噪比、加权信噪比和平均分段信噪比等。频域客观评价常用的方法有巴克谱失真测度（Bark Spectral Distortion Measure）和MEL 谱失真测度（MEL Spectral Distortion Measure）等。这些评价方法的特点是计算简单、结果客观、不受个人主观因素的影响，但其缺陷也很明显，就是不能完全反映人类对音频的听觉效果。这个问题对于数码率在 16kbit/s 以下的中、低数码率语音编码尤为突出，因此主要适用于数码率较高的波形编码。

主观评价方法是在一组测试者对原始音频和重建音频进行对比试听的基础上，根据某种预先约定的尺度来对重建音频划分质量等级，它比较全面地反映了人们听音时对重建音频质量的感觉。常用的主观评价方法有 4 种，分别是平均意见得分（Mean Opinion Score，MOS）、判断韵字测试（Diagnostic Rhyme Test，DRT）、判断满意度测量（Diagnostic Acceptability Measure，DAM）和 MUSHRA（MUlti Stimulus test with Hidden Reference and Anchors）。

（1）MOS

平均意见得分通常采用 5 级评定标准，即优、良、中、差和劣，可用数字 1~5 表示这 5 个等级。参加测试的实验者，在听完所测语音后，从这 5 个等级中选择一级作为他的评测得分，全体测试者的平均分就是所测语音的 MOS 分。由于主观和客观上的种种原因，每次试听所得的评分会有波动。为了减小波动的误差，除了试听者人数要足够多之外，所测语音材料也要足够丰富，试听环境也应尽量保持相同。

在这里要特别需要说明的是，试听者对音频质量的主观感觉往往是和其注意力集中程度相联系的，因而对应于主观评定等级，还有一个收听注意力等级（Listening Effect Scale）。表 3-1 给出了主观评定等级的质量等级、MOS 分和相应的收听注意力等级。

表 3-1　主观评定等级表

质 量 等 级	MOS 分	收听注意力等级	失 真 描 述
优	5	可完全放松，不需要注意力	没察觉
良	4	需要注意，但不需明显集中注意力	刚有察觉
中	3	中等程度的注意力	有察觉且稍觉可厌
差	2	需要集中注意力	有明显察觉且可厌但可忍受
劣	1	即使努力去听，也很难听懂	不可忍受

在数字语音通信中，通常认为 MOS 分在 4.0~4.5 分时为高质量数字语音，达到长途电话网的质量要求。MOS 分在 3.5 分左右时称作通信质量，这时听者能感觉到重建语音质量有所下降，但不影响正常的通话，可以满足多数语音通信系统的使用要求。MOS 分在 3.0 分以下时常称为合成语音质量，这是指一些声码器合成的语音所能达到的质量，它一般具有足够高的可懂度，但是自然度较差，不容易识别讲话者。高质量语音的频带应达到 7kHz 以上，这时 MOS 分可达 5 分。

（2）MUSHRA

MUSHRA 表示 MUlti Stimulus test with Hidden Reference and Anchors，它是由 EBU（European Broadcasting Union，欧洲广播联盟）项目组 B/AIM 开发并提议的一种先进的测试方法，现已提交给 ITU 进行标准化。

MUSHRA 是一种主观测试方法，参加测试的一组听众来自欧盟的不同国家，他们使用各种不同类型的音频信号作为编码器的输入，将解码器的输出与一个参考信号进行比较，并按 100 分制进行评分。如果给出的平均分在 81~100 之间，则认为是"优"，61~80 则认为是"好"，41~60 则认为"一般"，21~40 则认为"差"，0~20 则认为"坏"。不同类型的音乐如古典音乐、民间音乐、爵士乐和流行音乐等都要测试，演播室和直播环境中的男、女声广播节目也被测试。

2. 数码率

数码率可以用"bit/s"来度量，反映了编码器的压缩效率。数码率越低，压缩效率越高。

3. 算法的复杂度

一般而言，在音频质量相同的情况下，数码率越低，则算法复杂度越高。编解码算法的

复杂度与硬件的实现有很密切的关系，它决定了硬件实现的复杂程度、功耗和成本。

算法的复杂度包括两个方面：运算复杂度和内存容量要求。运算复杂度通常用处理每秒信号样本所需的数字信号处理器（Digital Signal Processor，DSP）指令条数来衡量，可用的单位为"百万次操作/s"（Million Operations Per Second，MOPS）或"百万条指令/s"（Million Instructions Per Second，MIPS）。

4. 编解码时延

编解码延时一般用单次编解码所需的时间来表示，在实时语音通信系统中，语音编解码延时同线路传输延时的作用一样，对系统的通信质量有很大的影响。过长的语音延时会使通信双方产生交谈困难，而且会产生明显的回声而干扰人的正常思维。因此，在实时语音通信系统中，必须对语音编解码算法的编解码延时提出一定的要求。对于公用电话网，编解码延时通常要求不超过 5~10ms；而对于移动蜂窝通信系统，允许最大延时不超过 100ms。延时影响通话质量的另一个原因是回声。当延时较小时，回声同话机侧音及房间交混回响声相混，因而感觉不到。但当往返总延时为 100ms 左右时，发话者就能从手机中听到自己的回声，通话质量降低。

5. 其他性能

音频编码的其他性能还包括音频编码对多语种的通用性、抗随机误码和突发误码的能力、抗丢包和丢帧能力、误码容限、级联或转码能力、对不同信号的编码能力、算法可扩展性等。总的来说，一个理想的音频编码算法应该是具有低数码率、高音频质量、低时延、低运算复杂度、良好的编码顽健性和可扩展性的编码算法。由于这些性能之间存在着互相制约的关系，因此实际的编码算法都是这些性能的折中。事实上，正是这些相互矛盾的要求，推动了音频编码技术的不断发展。

3.1.4 数字音频编码技术的分类

数字音频编解码技术发展到现在，已经出现了各种不同的技术。一般将音频压缩编解码技术分为无损（Lossless）编码及有损（Lossy）编码两大类。而按照具体编码方案的不同，又可将其划分为波形编码、参数编码和混合编码等。对于各种不同的编码技术，其算法的复杂度、重建音频信号的质量、编码效率（即压缩比）、编解码延时等都有很大的不同，因此应用场合也各不相同。

1. 波形编码

波形编码是指直接对音频信号的波形采样值进行处理，通过静音检测、预测、非线性量化等手段进行压缩编码。它主要利用音频样值的幅度分布规律和相邻样值间的相关性进行压缩，目标是力图使重建后的音频信号的波形与原音频信号波形保持一致。由于这种编码系统保留了信号原始样值的细节变化，从而保留了信号的各种过渡特征。它具有以下特点：

- 通用性好，适用于任意类型的数字声音。
- 技术很成熟，算法复杂度低，容易实现，编解码延时短。
- 重建声音信号的质量一般较高。
- 压缩效率不高。

常见的时域波形编码方法有脉冲编码调制（Pulse Code Modulation，PCM）、增量调制（Delta Modulation，DM）、自适应增量调制（Adaptive Delta Modulation，ADM）、自适应差分

脉冲编码调制 （Adaptive Differential Pulse Code Modulation，ADPCM）、自适应变换编码 （Adaptive Transform Coding，ATC）、子带编码 （Sub-Band Coding，SBC）、矢量量化 （Vector Quantization，VQ）编码等。

2. 参数编码

近几年，基于模型的参数编码算法在低数码率的音频编码中的应用越来越广泛。参数编码开始时主要是用于语音编码、乐曲的分析综合编码和乐曲合成，近几年，慢慢地扩展到整个音频信号的编码。参数编码能够用于低数码率的音频编码，主要是因为它可以应用感知模型把音频信号分解成不同的部分，然后在每个部分用适当的源模型和模型参数来描述并对其进行编码。在信道中传输这些参数，然后在接收端利用这些参数重新构造音频信号。这个过程是用模型和参数来描述声音，而不要求重建后的音频信号的波形与原音频信号波形的形状保持一致。

对于语音信号，人们可以找到很好的模型来对语音信号的发生机理进行描述。在这个模型中，发声声道用一个时变滤波器 （合成滤波器）描述，该滤波器的输入 （声道的激励）可以是白噪声 （对于清音）或者是以基音周期为间隔的脉冲序列 （对于浊音），最后通过语音参数编码器产生的数码率往往在 2~4.8kbit/s 或更低。这种编码技术的优点是压缩比高，但算法复杂，重建的语音虽然可以听懂，但其质量远远低于波形编码。尽管它的音质比较差，但它的保密性能好，因此这种编解码器一直用在军事上。美国的军方标准 LPC-10，就是从语音信号中提取出来反射系数、增益、基音周期、清/浊音标志等参数进行编码的。采用参数编码的语音编解码器称为声码器 （Vocoder），如 LPC 声码器、通道声码器、共振峰声码器等。

对于一般的音频信号，结构化音频编码正在浮出水面，这种方法属于 MPEG-4 音频标准的一部分，它的数码率范围可以从 0.1~10kbit/s。由于输入的音频信号是不同音源对象产生的声音信号的叠加，所以每种音源对象都可以用一个合适的模型来描述，结构化音频编码的方法就是把输入信号分解为对应于各个音源对象的信号分量，然后根据各个分量对应的模型参数进行计算和编码。在解码时，首先解码每个音源对应的声音，再把它们相加即得到恢复后的音频信号。

此外，参数编码的研究也用于宽带音频编码，最近研究成果有谱带复制 （Spectral Band Replication，SBR）和参数立体声 （Parametric Stereo，PS）编码技术，以及双耳线索编码 （Binaural Cue Coding，BCC）技术等。它们和最新的感知音频编码器相结合，具有很高的编码效率，能在低数码率下提供高品质的音频。

3. 混合编码

参数编码在降低数码率方面有很大突破，但语音质量尚不理想。其原因是语音生成模型中的激励信号的处理过于简单：

- 在语音生成模型中的激励信号不是清音就是浊音，而实际上有些是浊音、清音的混合。
- 在语音生成模型中浊音的激励信号是周期性的，而实际上是准周期性的。

改进的思路是设计更好的激励信号。混合编码是 20 世纪 80 年代以后产生的新的编码算法。它使用了合成分析法 （Analysis-By-Synthesis，A-B-S）来改进参数编码，其中声道滤波器模型仍与 LPC 编码器中的相同，但不使用两个状态 （有声/无声）的模型作为滤波器的输入激励信号，而是从知觉加权滤波输出的误差信号中提取激励信号，通过反馈调节激励信号 $u(n)$，使语音输入信号 $s(n)$ 与重建的语音信号之间的均方误差 $e(n)$ 为最小。编码器通过

"合成"许多不同的近似值来"分析"输入语音信号，所以称为合成-分析编码器。合成-分析编解码器的原理框图如图 3-1 所示。

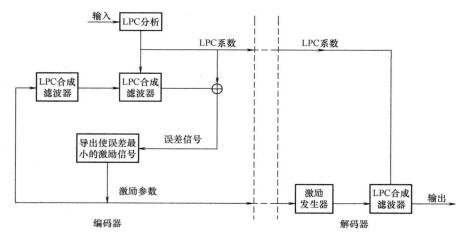

图 3-1　合成-分析编解码器的原理框图

混合编码兼具波形编码和参数编码的特征。一方面，它要对声音信号建立描述模型并对模型参数进行计算和编码，具有参数编码的特征。另一方面，它还要对原始信号波形与重建信号波形的误差进行编码，以使最终重建波形和原始波形更加接近，在这一点上又具有波形编码的特征。

由于采用的激励信号模型不同，这类方法派生出多种新的编码方法。典型的混合编码方法有规则脉冲激励-长时预测（Regular Pulse Excited-Long Term Prediction，RPE-LTP）编码、码激励线性预测（Code Excited Linear Prediction，CELP）编码及其衍生出的矢量和激励线性预测（Vector-Sum Excited Linear Prediction，VSELP）编码及代数码激励线性预测（Algebraic Code Excited Linear Prediction，ACELP）编码等。其中，码激励线性预测（CELP）是一种有效的中低数码率语音压缩编码技术，它以码本作为激励源，具有数码率低、合成语音质量高、抗噪性强及多次音频转接性能良好等优点，在 4.8~16kbit/s 数码率上得到广泛的应用，已经成为一种主流编码技术。几种常见的变数码率语音压缩编码也基于一般的 CELP 算法，只是它们根据自身的特点进行了相应的改变与扩展，并在数码率选择上引入了相关的先进理念和技术。

目前用到的大多数语音编码器都采用了混合编码技术。例如在 Internet 上应用的 G.723.1 和 G.729 标准，在 3GPP2 中应用的 EVRC（Enhanced Variable Rate Codec，增强型变数码率编解码器）、QCELP（Qualcomm 码激励线性预测）标准，在 3GPP 中应用的 AMR-NB/WB 标准等。

3.2　常用数字音频编码技术

3.2.1　线性预测编码

语音的产生依赖于人类的发声器官，发声器官主要由喉、声道和嘴等组成，声道起始于声带的开口（即声门处）而终止于嘴唇。完整的发声器官还应包括由肺、支气管、气管组成的次声门系统，次声门系统是产生语音能量的源泉。当空气从肺里呼出来时，呼出来的气流由于声道的某一地方的收缩而受到扰动，语音就是这一系统在这时候辐射出来的声波。

当肺部中的受压空气沿着声道通过声门发出时就产生了语音。普通男人的声道从声门到嘴的平均长度约为 17cm，这个事实反映在声音信号中就相当于在 1ms 数量级内的数据具有相关性，这种相关称为短时相关（Short-term Correlation）。声道也被认为是一个滤波器，许多语音编码器用一个短时滤波器（Short-term Filter）来模拟声道。由于声道形状的变化比较慢，模拟滤波器的传递函数的修改不需要那么频繁，典型值在 20ms 左右。

压缩空气通过声门激励声道滤波器，根据激励方式不同，发出的语音主要分成三种类型：清音、浊音和爆破音。

虽然各种各样的语音都有可能产生，但声道的形状和激励方式的变化相对比较慢，因此语音在短时间周期（20ms 的数量级）里可以被认为是准定态（Quasi-stationary）的，也就是说基本不变的。语音信号显示出高度周期性，这是由于声门的准周期性的振动和声道的谐振所引起的。语音编码器试图揭示这种周期性，目的是为了减少数据率而又尽可能不牺牲声音的质量。

线性预测分析是进行语音信号分析最有效、最流行的分析技术之一。线性预测（Linear Prediction，LP）的基本原理是：假设当前的语音信号样值可以用它过去的 p 个样值的加权和（线性组合）来预测，如式（3-1）所示。

$$\hat{s}(n) = \sum_{l=1}^{p} a_l s(n-l) \tag{3-1}$$

因为语音信号具有周期性，所以仍会有误差产生，预测误差如式（3-2）所示。

$$e(n) = s(n) - \hat{s}(n) = s(n) - \sum_{l=1}^{p} a_l s(n-l) \tag{3-2}$$

式中，$\hat{s}(n)$ 为线性预测值；a_l 为线性预测系数，共有 p 个；$s(n)$ 为实际样值；$e(n)$ 为线性预测误差值。

现在用预测分析方法来进行语音信号的分析。由语音学的知识可知，可用准周期脉冲（在浊音语音期间）或白噪声（在清音语音期间）激励一个线性时不变系统（声道）所产生的输出作为语音模型，如图 3-2 所示。

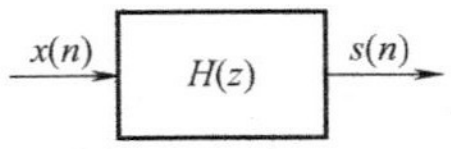

图 3-2 语音模型

图 3-2 中，$x(n)$ 是语音激励，$s(n)$ 是输出语音。模型的系统函数 $H(z)$ 可以写成有理分式的形式，如式（3-3）所示。

$$H(z) = G \frac{1 + \sum_{i=1}^{q} b_i z^{-i}}{1 - \sum_{l=1}^{p} a_l z^{-l}} \tag{3-3}$$

式中，系数 a_l、b_i 及增益 G 是模型的参数；p、q 是选定的模型的阶数。因而信号可以用有限数目构成的模型参数来表示。

根据 $H(z)$ 的形式不同，共有三种不同的信号模型。

1）当式（3-3）中的分子多项式为常数，即 $b_i = 0$ 时，$H(z)$ 是只含递归结构的全极点模型，称为自回归信号模型（Auto-regressive Model，AR）。AR 模型的输出取决于过去的信号值，由它产生的序列称为 AR 过程序列。

2）当式（3-3）中的分母多项式为 1，即 $a_l = 0$ 时，$H(z)$ 是只有非递归结构的全零点模型，称为滑动平均模型（Moving Average Model，MA）。MA 模型的输出由模型的输入来决定，由它产生的序列称为 MA 过程序列。

3）当式（3-3）中的 $H(z)$ 同时含有极点和零点时，称为自回归滑动平均模型（Auto-regressive Moving Average Model，ARMA），它是上述两种模型的混合结构，相应产生的序列称为 ARMA 过程序列。

理论上讲，ARMA 模型和 MA 模型可以用无限高阶的 AR 模型来表达。对 AR 模型做参数估计时遇到的是线性方程组的求解问题，相对来说容易处理，而且实际语音信号中，全极点模型又占多数，因此本节将主要讨论 AR 模型。

当采用 AR 模型时，辐射、声道以及声门激励的组合谱效应的传递函数如式（3-4）所示。

$$H(z) = \frac{G}{1 - \sum\limits_{l=1}^{p} a_l z^{-l}} = \frac{G}{A(z)} \tag{3-4}$$

式中，p 是预测器阶数；G 是声道滤波器增益。

由此，语音抽样值 $s(n)$ 和激励信号 $x(n)$ 之间的关系可以用式（3-5）的差分方程表示，即语音样点间有相关性，可以用前面的样点值来预测后面的样点值。

$$s(n) = Gx(n) + \sum\limits_{l=1}^{p} a_l s(n-l) \tag{3-5}$$

语音信号分析中，模型的建立过程实际上是由语音信号来估计模型参数的过程。由于语音信号存在误差，极点阶数 p 又无法事先确定，以及信号是时变的特点等，因此求解模型参数的过程是一个逼近过程。在模型参数估计过程中，常把式（3-2）改写为式（3-6）。

$$e(n) = s(n) - \sum\limits_{l=1}^{p} a_l s(n-l) = Gx(n) \tag{3-6}$$

线性预测分析要解决的问题是：给定语音序列，使预测误差在某个准则下最小，求预测系数的最佳估计值 a_l，这个准则通常采用最小均方误差准则。线性预测方程的推导和方程组的求解方法和求解过程可参阅相关文献。

3.2.2　矢量量化

矢量量化（VQ）技术是 20 世纪 70 年代后期发展起来的一种数据压缩编码技术，也可以说是香农信息论在信源编码理论方面的新发展，广泛应用于语音编码、语音合成、语音识别和说话人识别等领域。

在前面对量化的描述中，都是对单个样值进行量化的，这种量化称为标量量化。而所谓矢量量化，是将输入的信号样值按照某种方式进行分组，把每个分组看作是一个矢量，并对该矢量进行量化。很显然，这种量化方式是和标量量化有区别的。矢量量化虽然是一种量化方式，但因其具有压缩的功能，所以也是作为一种压缩编码方法来讨论的。矢量量化实际上是一种限失真编码，其理论基础是香农信息论中的信息率-失真函数理论。信息率-失真函数理论指出，即使是对于无记忆信源，矢量量化编码也总是优于标量量化。

矢量量化的基本原理是用码书中与输入矢量最匹配的码字的索引（下标）代替输入矢量进行传输和存储，而解码时只需简单地查表操作。矢量量化的三大关键技术是码书设计、码字搜索和码字索引（下标）分配。

设有 N 个 k 维特征矢量 $\boldsymbol{X} = \{\boldsymbol{X}_1, \boldsymbol{X}_2, \cdots, \boldsymbol{X}_N\}$（$\boldsymbol{X}$ 在 k 维欧几里得空间 $\mathscr{R}^k$ 中），其中第 i 个矢量可记为

$$\boldsymbol{X}_i = \{x_1, x_2, \cdots, x_k\}, \ i = 1, 2, \cdots, N$$

它可以被看作是语音信号中某帧参数组成的矢量。

把 k 维欧几里得空间 $\mathscr{R}^k$ 无遗漏地划分成 M 个互不相交的子空间 $\mathscr{R}_1, \mathscr{R}_2, \cdots, \mathscr{R}_M$，即满足

$$\begin{cases} \bigcup\limits_{j=1}^{M} \mathscr{R}_j = \mathscr{R}^k \\ \mathscr{R}_i \cap \mathscr{R}_j = \phi, \ i \neq j \end{cases} \tag{3-7}$$

在每一个子空间 $\mathscr{R}_j$ 中找一个代表矢量 $\boldsymbol{Y}_j$，则 M 个代表矢量可以组成矢量集 $\boldsymbol{Y} = \{\boldsymbol{Y}_1, \boldsymbol{Y}_2, \cdots, \boldsymbol{Y}_M\}$。这样就组成了一个矢量量化器，在矢量量化里 $\boldsymbol{Y}$ 叫作码书（Codebook）；$\boldsymbol{Y}_j$ 称为码字（Codeword）；$\boldsymbol{Y}$ 内矢量的个数 M，则叫作码书长度。不同的划分或不同的代表矢量选取方法就可以构成不同的矢量量化器。

当给矢量量化器输入一个任意矢量 $\boldsymbol{X}_i \in \mathscr{R}^k$，进行矢量量化时，矢量量化器首先判断它属于哪个子空间 $\mathscr{R}_j$，然后输出该子空间 $\mathscr{R}_j$ 的代表矢量 $\boldsymbol{Y}_j$。也就是说，矢量量化过程就是用 $\boldsymbol{Y}_j$ 代表 $\boldsymbol{X}_i$ 的过程，或者说把 $\boldsymbol{X}_i$ 量化成了 $\boldsymbol{Y}_j$，即

$$\boldsymbol{Y}_j = Q(\boldsymbol{X}_i), \ 1 \leq j \leq M, \ 1 \leq i \leq N \tag{3-8}$$

式中，$Q(\boldsymbol{X}_i)$ 为量化器函数。

矢量量化的过程完成一个从 k 维欧几里得空间 $\mathscr{R}^k$ 中的矢量 $\boldsymbol{X}_i$ 到 k 维空间 $\mathscr{R}^k$ 有限子集 $\boldsymbol{Y}$ 的映射。

矢量量化编解码器的原理框图如图 3-3 所示。

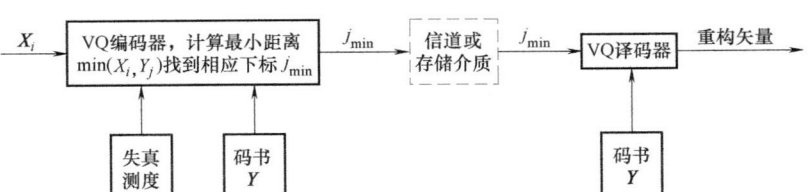

图 3-3　矢量量化编解码器的原理框图

在图 3-3 中，对应编码端的输入信号序列是待编码的样值序列。将这些样值序列按时间顺序分成相等长度的段，每一段含有若干个样值，每一段就构成了一组数据。这样一组数据就形成了一个输入矢量 $\boldsymbol{X}_i$，对应的很多组就会有很多的矢量。搜索的目的是要在事先训练好的矢量码书中找到一个与输入矢量最接近的码字 $\boldsymbol{Y}_{j_{\min}}$。搜索就是将输入矢量与矢量码本中的码字逐个进行比较，比较的结果用某种误差的方式来表示。用比较结果误差最小的码字来代替输入矢量，就是输入的最佳量化值。每一个输入矢量都用搜索到的最佳量化值来表示。进行编码时，只需对搜索到的最佳量化值的位置（用下标 $j_{\min}$ 来表示）进行编码就可以了，

也就是说在信道中传输的不是码本中对应的码字本身，而是对应码字的下标 $j_{\min}$。显然，与传送原始数据相比，传送下标时数据量要小很多。这样就实现了数据压缩的目的。在解码端，有一个与编码端完全一样的码书。当解码端收到发送端传来的矢量下标 $j_{\min}$ 时，就可以根据下标的数值，在解码端的码书中搜索到具有相应下标的码字，以此码字作为 X_i 的重构矢量或恢复矢量。

矢量量化技术在中数码率和低数码率语音编码中得到了广泛应用。例如在语音编码标准 G.723.1、G.728 和 G.729 中都采用了矢量量化编码技术。矢量量化编码除了对语音信号的样值进行处理外，也可以对语音信号的其他特征进行编码。如在语音标准 G.723.1 中，在合成滤波器的系数被转化为线性谱对（Linear Spectrum Pair，LSP）系数后就是采用矢量量化编码方法的。

3.2.3 CELP 编码

CELP 编码基于合成分析（A-B-S）搜索、知觉加权、矢量量化（VQ）和线性预测（LP）等技术。CELP 的编码器原理框图如图 3-4 所示，解码器原理框图如图 3-5 所示。

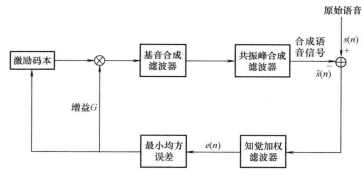

图 3-4　CELP 编码器原理框图

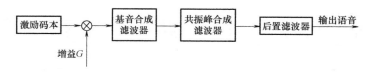

图 3-5　CELP 解码器原理框图

CELP 采取分帧技术进行编码，按帧做线性预测分析，每帧帧长一般为 20~30ms（这是由语音信号的短时平稳性特性决定的）。短时预测器（Short-Term Predictor，STP），即常用的共振峰合成滤波器，用来表征语音信号谱的包络信息。共振峰合成滤波器传递函数为

$$\frac{1}{A(z)} = \frac{1}{1 - \sum\limits_{l=1}^{p} a_l z^{-l}} \tag{3-9}$$

式中，$A(z)$ 为短时预测误差滤波器；p 为预测阶数，它的取值范围一般为 8~16，基于 CELP 的编码器中 p 通常取 10；$a_l(l=1, 2, \cdots, 10)$ 为线性预测（LP）系数，由线性预测分析

得到。

长时预测器（Long-Term Predictor，LTP），即基音合成滤波器，用于描述语音信号谱的精细结构。其传输函数为

$$\frac{1}{P(z)} = \frac{1}{1 - \beta z^{-L}} \qquad (3-10)$$

式中，β 为基音预测增益；L 为基音延迟。β 和 L 通过自适应码书搜索得到。

CELP 用码书作为激励源。它建立两个码书（Codebook）：自适应码书和固定码书。自适应码书中的码字（码矢）用来逼近语音的长时周期性（基音）结构，固定码书中的码字（码矢）用来逼近语音经过短时、长时预测后的残差信号。从两个码书中搜索出最佳码矢，乘以各自的最佳增益后相加，其和为 CELP 激励信号源。CELP 一般将每一语音帧分成 2~5 个子帧，在每个子帧内搜索最佳的码矢作为激励信号。将激励信号输入 p 阶共振峰合成滤波器，得到合成语音信号 $\hat{s}(n)$，$\hat{s}(n)$ 与原始语音 $s(n)$ 之间的差经过知觉加权滤波器 $W(z)$，得到知觉加权误差 $e(n)$，最小均方误差（Mean Squared Error，MSE）准则作为搜索最佳码矢及其幅度增益的度量，使 MSE 最小的码矢即为最佳。

一般来说，码矢的长短与子帧的长短有关，码书的大小与占用存储空间大小及搜索时间长短有关。固定码书是原来设计好，在机器里固有的。自适应码书最初是一片空白，在 A-B-S 分析过程中，用知觉加权误差减去固定码矢后，不断地填充或更新自适应码书。一般都采用二码书激励 CELP 方案。

CELP 码书搜索包括固定码书搜索和自适应码书搜索，二者搜索过程在本质上是一致的，不同之处在于码书结构和目标矢量的区别。为了减少计算量，一般采用两级码书顺序搜索的办法。第一级自适应码书搜索的目标矢量是加权预测残差信号，第二级固定码书搜索的目标矢量是第一级搜索的目标矢量减去自适应码书搜索得到的最佳码矢激励综合加权滤波器的结果。

CELP 语音编码技术有三个显著的特征。

1）解码参数是一个合成滤波器的参数和用于激励这个合成滤波器的激励矢量，合成语音是激励矢量通过合成滤波器后得到的。

2）合成滤波器是一个以线性预测分析为基础的时变滤波器，其参数周期性地更新，时变滤波器参数由当前帧语音波形的线性预测分析来决定。

3）激励信号的编码采用合成分析法（A-B-S），将码书中的码矢一一通过本地合成滤波器，将其输出与原始语音比较，再根据知觉加权失真量度最小的原则，确定一个最佳的码矢以及相应的码书增益。在对码书和码书增益的编码中采用了矢量量化的技术。

3.2.4 感知编码

人耳对音频信号的幅度、频率和时间的分辨能力是有限的，凡是人耳感觉不到的成分都不进行编码和传送。对感觉到的部分进行编码时，也允许有较大的量化失真，只要这个失真是在人耳感觉不到的听觉阈值以下即可。感知编码（Perceptual Coding）是建立在人类听觉系统的心理声学基础上的，只记录那些能够被人耳感觉到的声音，从而达到压缩数据量的目的。

感知编码的理论基础是人耳的听觉阈值、临界频带和心理声学特性（包括频域掩蔽效

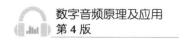
应和时域掩蔽效应）。

心理声学模型中一个基本的概念就是听觉系统中存在一个听觉阈值电平，低于这个阈值电平的音频信号就听不到，因此就可以把这部分信号忽略掉，无须对它进行编码，而并不影响听觉效果。心理声学模型中的另一个概念是听觉掩蔽效应。人耳能在寂静的环境中分辨出轻微的声音，但在嘈杂的环境中，同样的这些声音则会被嘈杂声淹没而听不到了。这种由于一个声音的存在而使另一个声音要提高声压级才能被听到的现象称为听觉掩蔽效应。这种听觉掩蔽效应可以在频率域内由掩蔽曲线来模拟，其频域上的某个信号在其前后的一定频率范围内都具有掩蔽效应。听觉主要是基于对音频信号的短暂频谱分析，在相邻频谱中，人的听觉系统无法感受邻近频谱上一个较强信号所掩蔽的失真。在理想状态下，掩蔽阈值以下的失真不会被人耳觉察出来。

感知编码的基本思路为：用一个随音频信号而定的听觉阈值电平和原有音频信号进行比较，对于那些低于听觉阈值电平（人耳无法感知）的信号，略过编码或减少比特数，以有效降低总数码率。在音频压缩编码中利用掩蔽效应，就可以通过给不同频率处的信号分量分配以不同的量化比特数的方法来控制量化噪声，使得噪声的能量低于掩蔽阈值，从而使得人耳感觉不到量化过程的存在。

子带编码（Sub-Band Coding，SBC）和变换编码是两种典型的感知音频编码，它们都可以采用如图 3-6 所示的基本结构。无论时间采样值还是频率系数都根据编码器中的心理声学模型来量化。编码时，数字音频 PCM 信号首先经过时域/频域映射（比如 FFT 或 DCT 等）变换到频域，与心理声学模型计算出的合成掩蔽曲线相比较，根据比较结果进行量化与编码。量化和编码按照量化噪声不超过掩蔽阈值的原则对滤波器组输出的子带信号（或频率系数）进行量化、编码，目的是使量化的噪声不会被人耳感觉到。可以采用不同算法来实现量化和编码，编码的复杂程度也会随分析/综合系统的变化而有所不同。按帧打包是以规定的格式组帧，以完成最后的编码码流。编码码流中除了要包括量化和编码映射后的样值外，还包括如比特分配等信息。

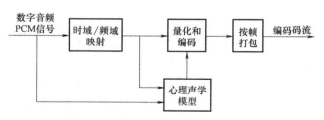

图 3-6　感知音频编码器的基本结构

3.2.5　子带编码

子带编码是利用频域分析，但是却对时间采样值进行编码，它是时域、频域技术的结合，基于时间采样的宽带输入信号通过带通滤波器组分成若干个子频带，然后通过分析每个子频带采样值的能量，依据心理声学模型来进行编码。子带编码的原理框图如图 3-7 所示。

图 3-7 中发送端的 n 个带通滤波器将输入信号分为 n 个子频带，对各个对应的子带带通

信号进行频谱搬移，变为低通信号；再对低通信号进行采样、量化和编码，得到对应各个子带的码流；再经复接器合成为完整的码流。经过信道传输到达接收端。在接收端，由解复接器将各个子带的码流分开，由解码器完成各个子带码流的解码；再经频谱搬移，将各子带搬移到原始频率的位置上。各子带相加就可以恢复出原来的音频信号。

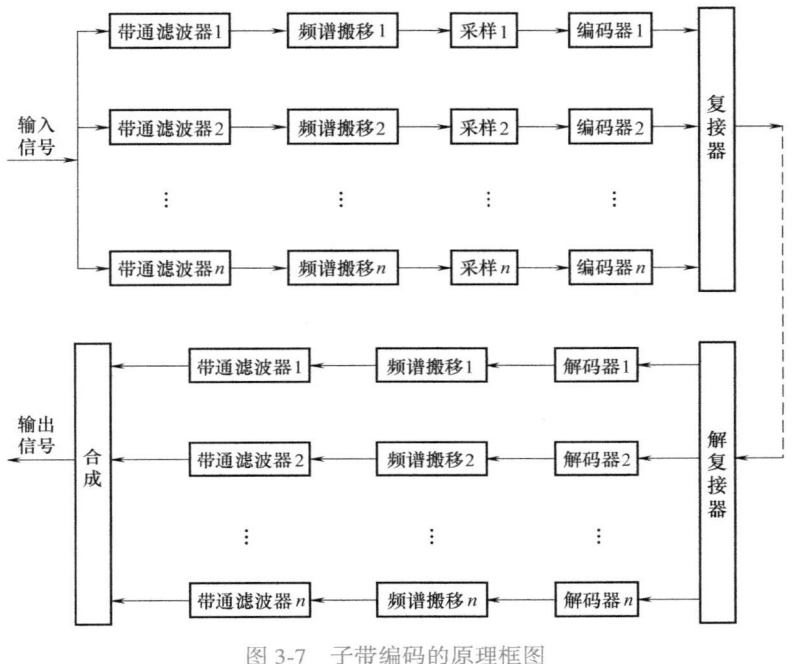

图 3-7　子带编码的原理框图

在子带编码中，若各个子带的带宽是相同的，则称为等带宽子带编码；否则称为变带宽子带编码。

对每个子带分别进行编码的好处如下。

1）可根据每个子带信号在感知上的重要性，即利用人对声音信号的感知模型（心理声学模型），对各个子带内的采样值分配不同的比特数。例如，在低频子带中，为了保护基音和共振峰的结构，就要求用较小的量化间隔、较多的量化级数，即分配较多的比特数来表示采样值。而通常发生在高频子带中的摩擦音以及类似噪声的声音，可以分配较少的比特数。

2）由于分割为子带后，减少了各子带内信号能量分布不均匀的程度，减少了动态范围，从而可以按照每个子带内的信号能量来分配量化比特数，对每个子带信号分别进行自适应控制。对具有较高能量的子带用较大的量化间隔来量化，即进行粗量化；反之，则进行细量化。使得各个子带的量化噪声都束缚在本子带内，这样就可以避免能量较小的子带信号被其他频带中的量化噪声所掩盖。

3）通过频带分割，各个子带的采样频率可以成倍下降。例如，若分成等带宽的 n 个子带，则每个子带的采样频率可以降为原始信号采样频率的 $1/n$，因而可以减少硬件实现的难度，并便于并行处理。

由于在子带压缩编码中主要应用了心理声学中的声音掩蔽模型，因而在对信号进行压缩时引入了大量的量化噪声。然而，根据人类的听觉掩蔽曲线，在解码后，这些噪声被有用的声音信号掩蔽掉了，人耳无法察觉；同时由于子带分析的运用，各频带内的噪声将被限制在频带内，不会对其他频带的信号产生影响。因而在编码时各子带的量化级数不同，采用了动态比特分配技术，这也正是此类技术压缩效率较高的主要原因。在一定的数码率条件下，此类技术可以达到欧洲广播联盟（EBU）音质标准。

子带压缩编码目前广泛应用于数字音频节目的存储与制作中。典型的代表有掩蔽型通用子带综合编码和复用（Masking pattern adapted Universal Subband Integrated Coding And Multiplexing，MUSICAM）编码方案，已被 MPEG 采纳作为宽带、高质量的音频压缩编码标准，并在数字音频广播（DAB）系统中得到应用。

3.2.6　相干声学编码

相干声学（Coherent Acoustics）编码也属于感知编码，是一种用于专业和民用领域的数字音频压缩算法。目前 DTS（Digital Theater System，数字影院系统）环绕声系统就是采用这种编码算法。对于多声道音频系统来说，这种编码压缩算法具有很大的灵活性，如支持多种采样频率和量化精度，最高采样频率可以达到 192kHz，最高量化精度可以达到 24bit，从而满足各种不同的需求。

1. 编码过程

相干声学编码本质上是一种感知、优化、差分子带编码。其编码器功能模块结构如图 3-8 所示。

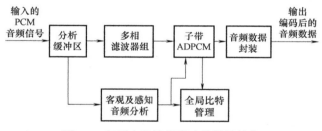

图 3-8　相干声学编码器功能模块结构

（1）输入 PCM 信号的成帧和滤波

相干声学编码首先将输入的 24bit 线性 PCM 音频样本划分为帧（时间窗）。每个帧中的音频样本经过滤波、差分编码后形成输出压缩数据帧。帧大小的选择是由编码效率和音频质量的关系来折中的。大的帧可以对相对静态的信号充分压缩，但是对于那些幅度变化较快的信号则效果会很差；小的帧对瞬态信号的编码音频质量较好，但是它的总体编码压缩效率较低。

PCM 信号样本帧的大小是由编码过程中输入的连续的音频样本数目决定的。对于相干声学编码来说，根据它的采样频率和目标数码率有 5 种可选的帧大小。以 1024 个 PCM 输入样本组成的帧为例，每一帧都经过滤波形成 32 个子带，每个子带包含 32 个 PCM 样本。这 5 个可选的帧大小分别为 256、512、1024、2048 和 4096 个 PCM 样本长度，最大样本帧大小与采样频率和目标数码率的关系如表 3-2 所示。一般来说，大的帧主要用于低数码率的应用场合，编码效率高但音频质量较差；小的帧则主要用于高数码率的应用场合，编码效率低但音频质量好。

表 3-2　最大样本帧大小与采样频率和目标数码率的关系

数码率/(kbit/s)	采样频率/kHz				
	8/11. 05/12	16/22. 05/24	32/44. 1/48	64/88. 2/96	128/176. 2/192
0~512	最大 1024 个样本	最大 2048 个样本	最大 4096 个样本		
512~1024		最大 1024 个样本	最大 2048 个样本		
1024~2048			最大 1024 个样本	最大 2048 个样本	
2048~4096				最大 1024 个样本	最大 2048 个样本

其实，表 3-2 中对样本帧大小的限制是由解码器的输入缓存器的最大空间决定的。这种自身的限制可以降低解码器复杂度和硬件成本。例如，在采样频率为 48kHz、96kHz 或 192kHz 时，不论在比特流数据中出现多少个声道，解码器的输入缓存器最大不能超过 5.3KB。

当形成帧结构以后，每个单一声道的全频带的线性 PCM 音频数据通过多相滤波器组被分解为若干子带。将信号滤波为子带信号，这就为音频信号短时频谱斜度的利用和感知冗余度的去除提供了基本框架。多相滤波器组具有良好的线性、高理论编码增益、良好的阻带衰减以及低计算复杂度的优点。每个子带信号仍然包含原有的线性 PCM 时域音频数据，只是每一子带信号限制在一定的频带范围内。子带的个数和带宽由原有信号带宽决定，一般情况下音频信号的频谱被均匀地分解为 32 个子带。

线性 PCM 音频信号滤波为子带信号是相干声学编码系统中的第一个主要的计算过程，并且在分析音频信号客观冗余度中有非常重要的作用。滤波过程去除了时域音频信号的相干性，并按频率顺序将采样数据滤波为若干子带。这是一种时域到频域的变换重排，而不是改变原有的线性 PCM 数据，使得客观冗余信号的识别简单化。

对于采样频率不超过 48kHz 的输入信号，直接将其分割为 32 个独立相同的子带。通过对每个子带的 ADPCM 得到核心数据流。此过程中有两种多相滤波器组可供选择：理想重建型（PR）和非理想重建型（NPR）。这两种滤波器组在子带编码增益和重建精度方面具有不同的特性，如表 3-3 所示。根据实际的应用选择相应的滤波器组，并且用编码比特流中一个标识位进行标识。在低数码率时，拥有较窄过渡带、高阻带衰减的滤波器具有更高的去时域信号相干性，从而提高了编码的有效性。然而在实际应用中，具有这些特性的滤波器并不能很好地重建信号，在峰值电平处容易产生幅度的畸变。尽管如此，在低数码率中，由于编码噪声远远大于任何滤波器引入的噪声，感知音质比绝对的精确重建来得更为重要，因此一般采用非理想重建型滤波器。与此相反，在高数码率或无损编码时，音频的重建精度更为重要，通常采用理想重建型滤波器。

表 3-3　PR 型滤波器和 NPR 型滤波器的特点

类　　型	抽　头　数	过渡带宽/Hz	阻带衰减/dB	最终衰减/dB	重建精度/dB
PR	512	350	85	90	145
NPR	512	300	110	120	90

（2）子带 ADPCM

自适应差分编码（ADPCM）是相干声学编码系统中第二个主要的计算过程，与子带滤波器相连接，针对线性 PCM 信号的客观冗余量（如短时周期性）进行去相关处理。最后的结果是通过将子带信号转换到时域的差分信号来实现子带信号的去相关。相干声学编码系统中的子带 ADPCM 原理框图如图 3-9 所示。

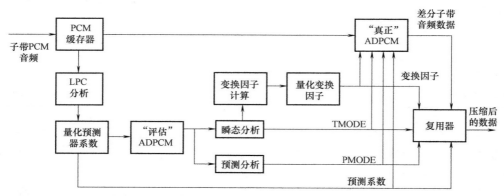

图 3-9   相干声学编码系统中的子带 ADPCM 原理框图

编码器的 ADPCM 过程主要是对输入的 PCM 信号与预测值相比较（相减）得到输出差分信号（即预测误差），然后对差分信号进行量化编码，如图 3-10 所示。

在解码器中，由编码器传递过来的预测值与反量化的差分信号进行相加，从而重新建立原始的输入信号，如图 3-11 所示。

图 3-10   ADPCM 编码过程   图 3-11   ADPCM 解码过程

如果输入信号存在着高度的相关性，那么就会得到较好的预测结果。因为相关性高的信号的前后样本值差别非常小，在预测过程中进行减法运算时，前后样本值之间的差（即预测误差）就小，相对于原信号来说，预测误差则明显小得多，这样处理之后再对预测误差进行再量化则相比对原始信号直接进行量化有效得多。相反，如果原始信号相关性较差，则意味着前后样本值差别非常大，因此得到的预测误差就较大，相对于原始信号来说，对预测误差的再量化则没有什么明显的优势。

由于 ADPCM 的有效性是建立在输入信号时域相关性较大的基础之上，因此在实际应用中，编码系统将音频数据通过两个 ADPCM 环路，如图 3-9 所示。第一个就是"评估环路"，通过前向自适应线性预测编码（LPC）分析，分析当前音频数据，产生用于每个子带 ADPCM 处理过程中所需的预测系数，原始的音频数据将会进入到第二个"真正"的 ADPCM 环路中进行编码。系统根据每个子带评估环路的预测分析，来决定是否使用 ADPCM 处理。预测分析的主要方法是比较实际音频信号与差分信号的方差，即预测增益。如果预测增益很小或为负值，那么子带就不使用 ADPCM 而使用自适应 PCM 编码；相反，如果预测增益较大，则使用 ADPCM。当采用 ADPCM 时，为了在解码器中重建预测信号，这些预测系数必须准确地与相对应的子带差分编码音频数据共同送入解码器中。通过这种方法，实现每一频带预测过程动态变换，以保证在一定的数码率下，在某一频带分析窗内，确实能减小量化噪声。没有使用预测的子带，估计的差值信号将由原有的子带 PCM 信号所代替。

（3）心理声学分析

心理声学分析主要针对数字音频信号的感知冗余量，也就是确定正常情况下人耳听不到的信息。心理声学模型包括人耳掩蔽效应、人耳听觉特性模型等。

心理声学分析是在频率范围内进行的，它计算出信号的每个频率分量的最小信号−掩蔽比（SMR）。在相干声学编码中，这一过程转化为计算每一子带所容许的最大量化噪声级。掩蔽是由信号本身产生的，并进行累加。除了掩蔽计算外，信号的每个频率分量将与人耳的频谱灵敏度响应曲线相比较，若低于听觉门限值，则忽略此频率分量。

心理声学分析计算每一子带的最小信噪比，主要是为比特分配做准备，每一子带分配到的比特数决定量化噪声的大小，并由此决定编码信号的整体音质。根据数码率的变化，相干声学主要采用人耳听觉系统的心理声学模型决定每一子带所需的最少比特数。对于高数码率的应用来说，心理声学分析过程要进行适当的调整，以保证低频分量有较大的编码裕量。对无损编码，心理声学分析过程被取消。

（4）比特分配

比特分配是指在每个声道中，将编码比特从公共比特池中分配给每一子带进行 ADPCM 处理的过程。分配给子带的比特数目是由心理声学模型来决定的。在一些压缩系统中，比特分配规则是解码器的一部分，因此要保证其相对简单。在相干声学编码系统中，这些规则只设计在编码器中，因此复杂程度不受限制。而且这些比特分配信息被直接送到解码器中，因此总体的比特分配规则可以不断地改进，同时保持与原有解码器的兼容性。

在低数码率的情况下应用时，每个子带中可接受的、最大的量化噪声级是由心理声学模型产生的信号-掩蔽比来决定的，或是由预设值来完成，从而使用较少的编码比特。

在中等数码率的应用中，根据计算出的 SMR，分配给每个子带所能接受的最小比特需要。这就需要分配较多的比特来降低子带中的量化噪声级。这种计算是建立在最小均方差（MMSE）基础之上的，可以使整个频率域噪声门相对比较平坦。

在高数码率的应用中，分配给每个子带的比特继续增加，以进一步减少量化噪声。通常希望在所有的子带中可以有较平坦的噪声门，因为这样在时域中有最小的噪声功率。

（5）子带差分信号的可变长编码

因为分配给差分量化器的编码数码率是不一致的，因此，如果改用熵编码映射码字来分配差分量化器编码，可以提高 20% 的编码效率。

熵编码一般用于低数码率的情况下，用于映射目的的差分熵编码表中的比特个数是由线性量化器的大小来决定的。来自于熵编码表中的码字被用来取代固定字长差分码字，以减少数码率，同时这些码字也被送到复用器中进行复用。通过标志指示出哪一个表被选择用于解码。如果可变字长编码率比原固定字长编码率还高，那么就仍然使用原来的固定字长编码。

2. 解码过程

解码过程如图 3-12 所示。对编码数据同步以后，首先对编码数据进行解包，如果必要的话还将对编码数据流进行检错及误码纠正，然后将解包的音频数据送到相应声道的子带中去。在每个子带中通过传输的辅助信息指令，对子带中的差分信号进行反量化，从而得到子带 PCM 信号。这些通过反量化得到的子带 PCM 信号再进行反滤波处理，得到每个声道的全频带时域 PCM 信号。

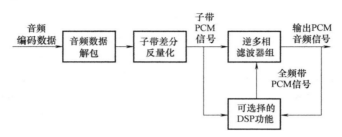

图 3-12　相干声学解码器框图

在解码器中，没有程序用于音频质量的调整。特别值得一提的是，在解码器中包括一个可选的 DSP 功能模块，这个模块主要供用户编程使用，它允许对单个声道或全部声道中子带或是全频带 PCM 信号进行处理。这些功能包括上矩阵变换、下矩阵变换、动态范围控制以及声道之间的延时调整等。

3.2.7　MLP 无损音频编码

和感知编码及有损数据压缩不同，无损编码不会以任何方式改变最终的解码传输信号，而只是将音频数据更有效地"打包"成具有更小数据传输速率的数码流。对人的听觉而言，比较敏感的音频部分将会包含更多一些冗余信息。对音乐信号而言，其信息内容常常随着时间而变化，所以输入通道的信息容量很少会被全部用到。无损编码的目标就是要把输入的音频数据压缩成数码率最接近反映其原始信息的内容、所用附加位最少的数据流。

MLP（Meridian Lossless Packing）是英国子午线公司开发的一种无损压缩技术，最初主要是为 DVD Audio 格式设计的。MLP 可以对多达 63 个音频通道进行无损编码，支持所有 DVD Audio 的采样频率，并且量化精度可以从 16～24bit 逐位选择。在 MLP 的设计过程中，充分考虑到了无损压缩在数据传输速率受限方面的应用（如存储在 DVD 光盘上）、压缩域中恒定数码率的选择，以及影响编排设计和母盘制作等方面的因素。MLP 设计的目标就是要能够确保：

- 数码率处于峰值和平均值时，都能提供良好的压缩性能。
- 同时采用了固定和可变速率的数据流。
- 自动保留低音音效通道。
- 对没能完全使用有效带宽的信号进行自动保留（如以 96kHz 采样的信号）。
- 当通道被关联时进行自动保存。
- 综合的元数据。
- 对多通道信息的分级访问。
- 解码要求不高。

MLP 可提供多达 63 个通道的无损压缩，但其应用则往往受到可用数码率的限制。为了完善兼容性，MLP 采用了一种包括多个子数据流和分级附加数据的分级数据流结构。基于这种数据流结构，输入的音频信号先要经过矩阵处理被分解成两个或多个子数据流，然后再分别进行无损编码，如图 3-13 所示。

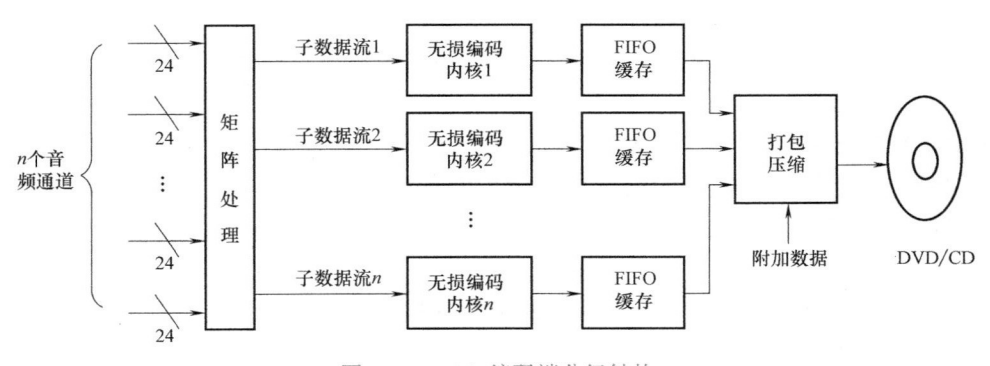

图 3-13　MLP 编码端分级结构

分级数据流结构的最大优势是简化了解码器的结构，解码器只需要访问部分数据流就可以对音频节目进行播放。如果解码端只需要输出双声道立体声的音频信号，则可以直接解码需要的子数据流，而不必将所有数据流进行解码。

1. MLP 编码

MLP 编码是基于已有概念的编码，不过在该系统中还应用了以下一些重要的新技术：

- 无损处理。
- 无损矩阵。
- IIR 滤波器的无损应用。
- 在传输过程中执行 FIFO（First-In First-Out shift register，先进先出移位寄存器）缓存。
- 解码器无损自检。
- 实施不同类型的通道采样频率。

MLP 无损编码器的内部核心框图如图 3-14 所示。对数据流的编码主要包括以下几个步骤：

1）为了优化对子数据流的使用，输入通道将会被重新映射。

2）每个通道都会被轮换使用，以便能够充分利用未被用到的通道传输性能（如量化精度小于 24bit，或者并非全频率范围内采样）。

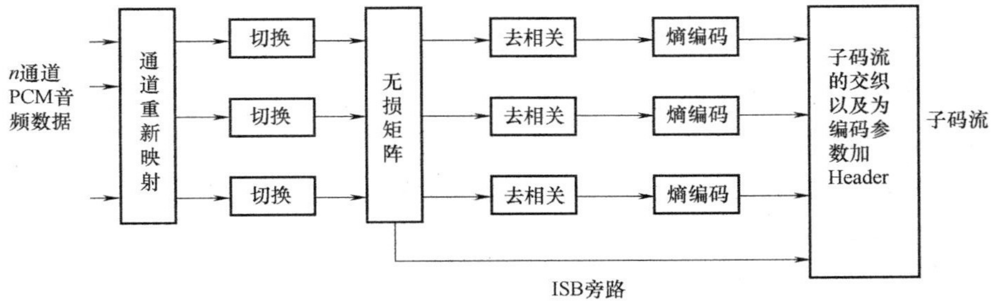

图 3-14　MLP 无损编码器的内部核心框图

3）采用无损矩阵技术，减少通道之间的关联数据量，从而优化通道使用。

4）对每一通道都使用独立的预测器，以分离相关性数据中每个通道中的信号。

5）对去相关后的音频信号使用熵编码来进一步优化。

6）通过 FIFO 缓存器来对子码流进行缓存，以便平滑编码后的数码率。

7）多个子码流彼此之间进行交织传输。

8）数码流可被压缩成固定或可变的数码率，并传输到目标载体。

2. MLP 解码

MLP 的解码过程是编码过程的逆过程。首先是对子码流进行解复用处理，然后进行检错及纠错。根据传送过来的辅助信息进行熵解码，然后通过相关器恢复每个声道信号间的相关性，通过矩阵变换恢复声道间信号的相关性，最后合成出原始的 n 声道 PCM 音频信号。

MLP 中包含的检错信息有 CRC 校验信息和无损检测所需的信息。关于 CRC 校验大家都比较熟悉，而针对无损检测使得 MLP 比传统的 LPCM 在数据传输方面更具安全性。音频数据在 MLP 中都是"打包"传输的，每个数据包都包含全部的初始化信息和重新启动信息。MLP 解码器可以连续不断地对编码器插入的检测位进行测试，一旦发现错误，解码器都可以从严重的传输错误中恢复数据信息，或者在 7ms 内在数据列传输过程中重新启动，从而确保数据在传输过程中都是无损的。

3.3 MPEG-1 音频编码标准

3.3.1 MPEG-1 音频编码算法的特点

MPEG-1 音频编码算法（ISO/IEC 11172-3）是世界上第一个高保真音频数据压缩标准。为了保证其普遍适用性，MPEG-1 音频编码算法具有以下特点。

1）编码器的输入信号为线性 PCM 信号，采样频率可以是 32kHz（在数字卫星广播中应用），44.1kHz（CD 中应用）或 48kHz（演播室中应用），输出的数码率为 32~384kbit/s。

2）压缩后的比特流可以按以下 4 种模式之一支持单声道或双声道：

- 用于单一音频声道的单声道模式（Monophonic Mode）。
- 用于两个独立的单音频声道的双-单声道模式（Dual-Monophonic Mode），功能上与立体声模式相同。
- 用于立体声声道的立体声模式（Stereo Mode），在声道之间共享 bit，但不是相关立体声编码。
- 联合立体声模式（Joint-Stereo Mode），它利用的是立体声声道之间的相关性或声道之间相位差的不相关性，或者同时利用两者。

3）MPEG-1 音频压缩标准提供三个独立的压缩层次：Layer Ⅰ、Layer Ⅱ 和 Layer Ⅲ，用户对层次的选择可在编码方案的复杂性和压缩质量之间权衡。

- Layer Ⅰ 的编码器最为简单，应用于数字小型盒式磁带（Digital Compact Cassette, DCC）记录系统。
- Layer Ⅱ 的编码器的复杂程度属中等，应用于数字音频广播（Digital Audio Broadcast-

ing，DAB）、CD-ROM、CD-I（CD-Interactive）和 VCD 等。

　　● Layer Ⅲ 的编码器最为复杂，应用于 ISDN（综合业务数字网）上的音频传输、Internet 网上广播、MP3 光盘存储等。

　　关于这三个层次，将在后面做比较详细的介绍。

　　在尽可能保持 CD 音质的前提条件下，MPEG-1 音频编码算法一般所能达到的压缩比如表 3-4 所示，从编码器的输入到输出的延迟时间如表 3-5 所示。

表 3-4　MPEG-1 音频编码算法的压缩比

层　　次	算　　法	压　缩　比	立体声信号所对应的数码率/(kbit/s)
Layer Ⅰ	MUSICAM 的简化版	4∶1	384
Layer Ⅱ	MUSICAM	6∶1~8∶1	256~192
Layer Ⅲ	MUSICAM 与 ASPEC 的结合	10∶1~12∶1	128~112

表 3-5　MPEG-1 音频编码器的输入到输出的延迟时间

层　　次	理论最小值/ms	实际现实中的一般值/ms
Layer Ⅰ	19	<50
Layer Ⅱ	35	100
Layer Ⅲ	59	150

　　4）可预先定义压缩后的数码率，如表 3-6 所示。另外，MPEG-1 音频压缩标准也支持用户使用预定义之外的数码率。

　　5）编码后的数据流支持循环冗余校验（Cyclic Redundancy Check，CRC）。

　　6）MPEG-1 音频压缩标准还支持在数据流中加带附加信息。

表 3-6　MPEG-1 Layer Ⅲ 在各种数码率下的性能

音　　质	带宽/kHz	声　道　数	数码率/(kbit/s)	压　缩　比
电话	2.5	单声道	8	96∶1
优于短波	5.5	单声道	16	48∶1
优于调幅广播	7.5	单声道	32	24∶1
类似于调频广播	11	双声道	56~64	26∶1~24∶1
接近 CD	15	双声道	96	16∶1
CD	>15	双声道	112~128	12∶1~10∶1

3.3.2　MPEG-1 音频编码的基本原理

　　MPEG-1 音频编码标准提供三个独立的压缩层次，它们的基本模型是相同的。Layer Ⅰ 是最基础的，Layer Ⅱ 和 Layer Ⅲ 都是在 Layer Ⅰ 的基础上有所提高。每个后继的层次都有更高的压缩比，同时也需要更复杂的编码器。任何一个 MPEG-1 音频码流帧结构的同步头中都有一个 2bit 的层代码字段（Layer Field），用来指出所用的算法是哪一个层次。

　　MPEG-1 音频码流按照规定构成"帧"的格式，Layer Ⅰ 的每帧包含 384 个样本数据的码字，384 个样本数据来自 32 个子带，每个子带包含 12 个样本数据；Layer Ⅱ 和 Layer Ⅲ 的每帧包含 1152 个样本数据的码字，每个子带包含 36 个样本数据，如图 3-15 所示。

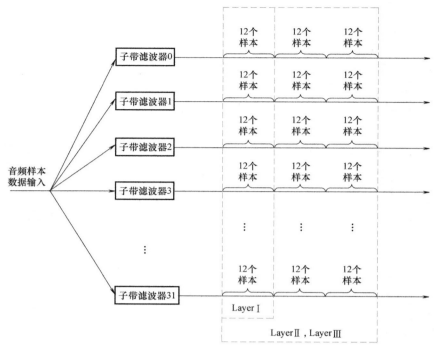

图 3-15　Layer Ⅰ、Layer Ⅱ、Layer Ⅲ中每帧包含的样本数据示意图

1. MPEG-1 Layer Ⅰ

MPEG-1 Layer Ⅰ采用子带编码方法。输入音频（PCM）信号经过子带分析滤波器组按照频率等间隔分成 32 个子带，以子带为单位进行计算，使得量化噪声限制在各子带中。同时，为了增加频域分辨率和满足后面的心理声学模型的计算，输入音频（PCM）信号首先要通过 512 点的 FFT，完成时域到频域的变换，计算信号掩蔽比，为各子带的比特分配打下基础。动态比特分配模块根据信号掩蔽比控制各子带的量化参数，使得满足数码率条件下感知失真最小，最后将编码的子带样本值和辅助信息按照一定的格式打包形成比特流输出。MPEG-1 Layer Ⅰ音频编码器的原理框图如图 3-16 所示。

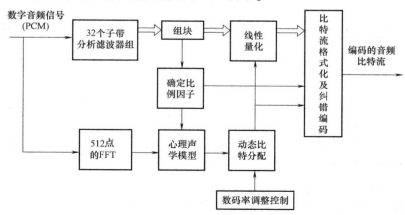

图 3-16　MPEG-1 Layer Ⅰ音频编码器的原理框图

（1）子带分析滤波器组（多相滤波器组）

编码器的输入信号是每声道为 768kbit/s 的数字化音频信号（PCM 信号），用多相滤波器组分割成 32 个子带信号。多相滤波器组是正交镜像滤波器（QMF）的一种，与一般树形构造的 QMF 相比，它可用较少的运算实现多个子带的分割。因为 Layer Ⅰ 的子带是均匀划分的，它把信号分到 32 个等带宽的子带中。

（2）组块

如果将子带信号直接原样量化，则量化噪声电平由量化步长决定，当输入信号电平低时，噪声就会显现出来。考虑到人耳听觉的时域掩蔽效应，将每个子带内连续的 12 个采样值归并成一个块，在采样频率为 48kHz 时，这个块相当于 8ms（12×32/48＝8）。这样，在每一子带内，以 8ms 为一个时间段，对 12 个采样值并成的块一起计算。在每一个块中，由于听觉掩蔽效应的作用，在后续的比例因子的作用下，可以把量化噪声限制在有用信号之下，起到压缩的目的。

（3）确定比例因子

为了根据掩蔽阈值来对量化噪声整形，每个子带中都引入了比例因子。如果在一个给定的子带中的量化噪声超过了心理声学模型所提供的掩蔽阈值，那么该子带的比例因子将被调整以减少量化噪声。在 MPEG-1 中，采用对每个子带根据所分配的不同比特数来独立进行编码的方法，根据心理声学时域掩蔽特性，对每个子带内连续的 12 个采样值进行一次比特分配过程。首先，求出 12 个采样值中幅度最大的值，对该子带的采样值进行归一化，即标定，使各子带电平一致，然后进行适当的量化。标定处理的比例因子是一个无量纲的系数，用 6bit 来表示，如 000000，000001，000010，…，111110。最大的比例因子编号为 0，最小的比例因子编号为 62。每 12 个采样值并成的块进行一次比特分配并记录一个比例因子。比特分配信息告诉解码器每个采样值用多少比特来表示。解码器使用这 6bit 比例因子乘逆量化器的每个输出采样值，以恢复被量化的采样值。比例因子的作用是充分利用量化器的动态范围，通过比特分配和比例因子相配合，达到相对降低量化噪声电平的作用。

（4）快速傅里叶变换（FFT）

为了在频域精确地计算信号掩蔽比（SMR），以及掩蔽音与被掩蔽音所对应的频率范围和功率峰值，输入的 PCM 信号同时还要送入快速傅里叶变换（FFT）运算器。这样，既可以通过多相滤波器组使信号具有高的时间分辨率，又可以通过 FFT 运算使信号具有高的频率分辨率。足够高的频率分辨率可以实现尽可能低的数码率，而足够高的时间分辨率可以确保在短暂冲击声音信号的情况下，编码的声音信号也有足够高的质量。

（5）心理声学模型

由于人耳对一个临界频带里的音不容易分清，所以噪声的掩蔽阈值完全由它的频率附近的信号能量决定。MPEG-1 把音频信号分到频域子带，然后根据每个子带内的量化噪声大小对每个子带进行量化。为了达到最大的压缩比，应求出每个子带的量化级数，使得量化噪声恰好不被听到。这种计算是利用人耳的掩蔽效应来进行的，心理声学模型（Psychoacoustic Model）是模拟人类听觉掩蔽效应的一个数学模型，它根据 FFT 的输出值，按一定的步骤和算法计算出每个子带的信号掩蔽比（SMR）。32 个子带的比特分配是基于所有这些子带的信号掩蔽比来完成的。

（6）动态比特分配

为了同时满足数码率和掩蔽特性的要求，比特分配器应同时考虑来自分析滤波器组的输出样值以及来自心理声学模型的信号掩蔽比（SMR），来决定分配给各个子带信号的量化比特数，使量化噪声低于掩蔽阈值。由于掩蔽效应的存在，降低了对量化比特数的要求，不同的子带信号可分配不同的量化比特数，但对于各个子带信号而言，是线性量化。

（7）帧结构

最后，将量化后的采样值和格式标记以及其他附加辅助数据按照规定的帧格式组装成比特数据流。MPEG-1 Layer Ⅰ的音频码流的数据帧格式如图 3-17 所示。

图 3-17　MPEG-1 Layer Ⅰ的音频码流的数据帧格式

每帧都包含以下几个部分：
- 用于同步和记录该帧信息的同步头，长度为 32bit。
- 用于检验传输差错的循环冗余校验码（CRC），长度为 16bit。
- 用于描述 bit 分配信息的字段，每个子带占 4bit。
- 比例因子（Scale Factor）字段，每个子带占 6bit。
- 采样值码字字段，同一子带内的每个采样值用 2~15bit 表示。
- 可能的附加辅助数据字段，长度未做规定。

2. MPEG-1 Layer Ⅱ

MPEG-1 Layer Ⅱ采用了 MUSICAM 编码方法，其编码器的原理框图如图 3-18 所示。

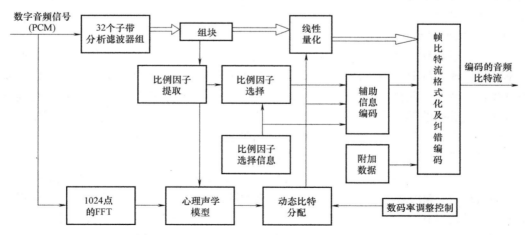

图 3-18　MPEG-1 Layer Ⅱ音频编码器的原理框图

Layer Ⅱ和 Layer Ⅰ的不同之处在于：

1）使用 1024 点的 FFT 运算，提高了频率的分辨率，可得到原信号的更准确瞬时频谱特性。

2）Layer Ⅱ 的每帧包含 1152 个采样值的码字。与 Layer Ⅰ 对每个子带由 12 个采样值组成的 1 个块进行编码不同，Layer Ⅱ 对一个子带的 3 个块进行编码，其中每块 12 个采样值，如图 3-17 所示。

3）描述比特分配的字段长度随子带的不同而不同。低频段子带用 4bit 来描述，中频段子带用 3bit 来描述，高频段子带用 2bit 来描述。这种因频率不同而数码率不一样的做法，也是临界频带的应用。

4）编码器可对一个子带内的 3 块采样值使用 3 个不同的比例因子，所以，每个子带每帧应传送 3 个比例因子。为了降低用于传送比例因子的数码率，还需采取一些附加的措施。比例因子是人们对音频信号统计分析和观察得出的特征规律的反映，在较高频率时频谱能量出现明显的衰减，因此比例因子从低频子带到高频子带出现连续下降。比例因子的附加编码措施就是考虑到上述的统计联系和听觉的时域掩蔽效应，将一帧内的 3 个连续的比例因子按照不同的组合共同编码和传送。信号变化平稳时，只传其中 1 个或 2 个较大的比例因子；对瞬态变化的峰值信号，3 个比例因子都传送。同时，每个子带每帧还需要传送描述被传比例因子的信息，这种信息称为比例因子选择信息（Scale Factor Selection Information，SCFSI），需用 2bit 来描述。若编码为 00，则表示传送所有的 3 个比例因子；若编码为 01，则表示传送第 1 个和第 3 个比例因子；若编码为 10，则表示只传送 1 个比例因子；若编码为 11，则表示传送第 1 个和第 2 个比例因子。当然，不需传送比例因子的子带，也不需要传送SCFSI。采用这种附加编码措施后，用于传送比例因子所需的数码率平均可压缩约 1/3。

图 3-19 表示了 MPEG-1 Layer Ⅱ 音频比特流的数据帧格式。

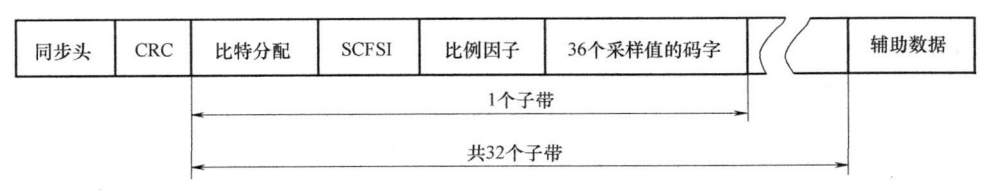

图 3-19　MPEG-1 Layer Ⅱ 的音频比特流的数据帧格式

3. MPEG-1 Layer Ⅲ

MPEG-1 Layer Ⅲ 音频编码器的原理框图如图 3-20 所示。

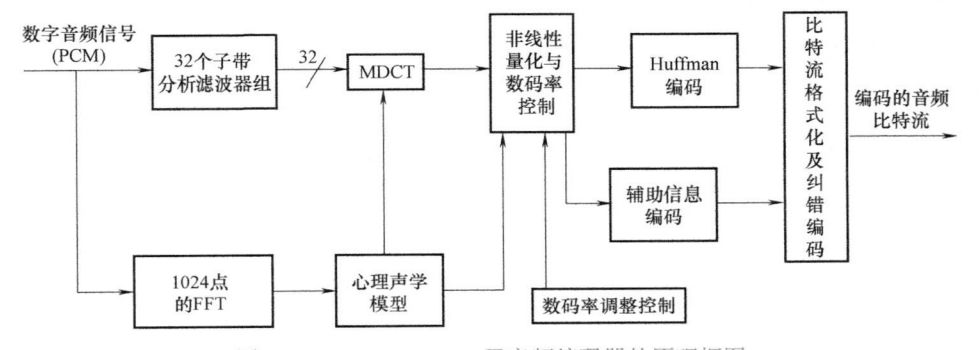

图 3-20　MPEG-1 Layer Ⅲ 音频编码器的原理框图

Layer Ⅲ使用比较好的临界频带滤波器，把输入信号的频带划分成不等带宽的子带。根据"临界频带"的概念，在同样的掩蔽阈值时，低频段有窄的临界频带，而高频段则有较宽的临界频带。这样，在按临界频带划分子带时，低频段取的带宽窄，即意味着对低频有较高的频率分辨率，在高频段时则相对有较低的分辨率。这样的分配，更符合人耳的灵敏度特性，可以改善对低频段压缩编码的失真。但这样做，需要较复杂的滤波器组。

Layer Ⅲ综合了 ASPEC 和 MUSICAM 算法的特点，比 Layer Ⅰ和 Layer Ⅱ都要复杂。虽然 Layer Ⅲ所用的滤波器组与 Layer Ⅰ和 Layer Ⅱ所用的滤波器组结构相同，但是 Layer Ⅲ还使用了改进离散余弦变换（MDCT），对 Layer Ⅰ和 Layer Ⅱ的滤波器组的不足做了一些补偿。MDCT 把子带的输出在频域里进一步细分以达到更高的频域分辨率。而且通过对子带的进一步细分，Layer Ⅲ编码器已经部分消除了多相滤波器组引入的混叠效应。

Layer Ⅲ指定了两种 MDCT 的块长：长块的块长为 18 个采样值，短块的块长为 6 个采样值。相邻变换窗口之间有 50% 的重叠，所以窗口大小分别为 36 个采样值和 12 个采样值。长块对于平稳的音频信号可以得到更高的频域分辨率，而短块对瞬变的音频信号可以得到更高的时域分辨率。在短块模式下，3 个短块代替 1 个长块，而短块的块长恰好是一个长块的 1/3，所以 MDCT 的采样值数不受块长的影响。对于给定的一帧音频信号，MDCT 可以全部使用长块或全部使用短块，也可以长、短块混合使用。因为低频段的频域分辨率对音质有重大影响，所以在混合块长模式下，MDCT 对最低频的 2 个子带使用长块，而对其余的 30 个子带使用短块。这样，既能保证低频段的频域分辨率，又不会牺牲高频段的时域分辨率。长块和短块之间的切换有一个过程，一般用一个带特殊长转短或短转长数据窗口的长块来完成这个长、短块之间的切换。

除了使用 MDCT 外，Layer Ⅲ还采用了许多其他改进措施来提高压缩比而不降低音质。例如，采用了 Huffman 编码进行无损压缩，这就更进一步降低了数码率，提高了压缩比。据估计，采用 Huffman 编码以后，可以节省 20% 的数码率。虽然 Layer Ⅲ引入了许多复杂的概念，但是它的计算量并没有比 Layer Ⅱ增加很多。增加的主要是编码器的复杂度和解码器所需要的存储容量。

经过 MPEG-1 Layer Ⅲ编解码后，尽管还原的信号与原信号不完全一致，仪器实测的指标也不高，但主观听音效果却基本未受影响，而数据量却大大减少，只有原来的 1/10～1/12，约 1MB/min。也就是说，一张 650MB 的 CD 盘可存储时长超过 10h 的 CD 音质的音乐（44.1kHz，16bit）。换句话说，采用 44.1kHz 的采样频率，MP3 的压缩比能够达到 10∶1～12∶1，而基本上拥有近似 CD 的音质。1min 无压缩的 CD 音乐转换成文件需要 10MB 的存储空间，如果压缩成 MP3 文件只需要 1MB 就够了。

MPEG-1 Layer Ⅲ在各种数码率下的性能如表 3-6 所示。

3.4 MPEG-2 音频编码标准

MPEG-2 标准定义了两种音频编码格式：一种称为 MPEG-2 Audio（ISO/IEC 13818-3），或者称为 MPEG-2 多通道音频，因为它与 MPEG-1 音频编码格式（ISO/IEC 1117-3）是兼容的，所以又称为 MPEG-2 BC（Backward Compatible，后向兼容）；另一种称为 MPEG-2 AAC（Advanced Audio Coding，高级音频编码），因为它与 MPEG-1 音频编码格式是不兼容的，所以也称为 MPEG-2 NBC（Non Backward Compatible，非后向兼容）标准。

3.4.1 MPEG-2 BC

MPEG-2 BC，即 ISO/IEC 13818-3，是一种多声道环绕声音频编码标准，它主要是在 MPEG-1 音频编码格式（ISO/IEC 1117-3）和 CCIR 775 建议的基础上发展起来的。与 MPEG-1 音频编码格式相比，MPEG-2 BC 主要在两方面做了重大改进：一是增加了声道数，支持 5.1 声道和 7.1 声道的环绕声；二是为某些低数码率应用场合，如多语言声道节目、体育比赛解说等增加了 16kHz、22.05kHz 和 24kHz 三种较低的采样频率。同时，标准规定的码流形式还可与 MPEG-1 的 Layer Ⅰ 和 Layer Ⅱ 做到后向兼容，并可依据 CCIR 775 建议做到与双声道、单声道形式的向下兼容，还能够与杜比（Dolby）环绕声形式兼容。

在 MPEG-2 BC 中，由于考虑到其后向兼容性以及环绕声形式的新特点，在压缩算法中除承袭了 MPEG-1 的绝大部分技术外，为在低数码率条件下进一步提高声音质量，还采用了多种新技术。如动态传输声道切换、动态串音、自适应多声道预测、中置声道部分编码（Phantom Coding of Center）等。

然而，MPEG-2 BC 的发展和应用并不如 MPEG-1 那样一帆风顺。通过对一些相关论文的比较可以发现，MPEG-2 BC 的编码框图在标准化过程中发生了重大的变化，上述的许多新技术都是在后期引入的。事实上，正是与 MPEG-1 的后向兼容性成为 MPEG-2 BC 最大的弱点，使得 MPEG-2 BC 不得不以牺牲数码率的代价来换取较好的声音质量。一般情况下，MPEG-2 BC 需 640kbit/s 以上的数码率才能基本达到欧洲广播联盟（EBU）的"无法区分"声音质量要求。由于 MPEG-2 BC 标准化的进程过快，其算法自身仍存在一些缺陷。这一切都成为 MPEG-2 BC 在世界范围内得到广泛应用的障碍。

3.4.2 MPEG-2 AAC

由于 MPEG-2 BC 强调与 MPEG-1 的后向兼容性，因此不能以更低的数码率实现高音质。为了改进这一不足，后来就产生了 MPEG-2 AAC，现已成为 ISO/IEC 13818-7 国际标准。MPEG-2 AAC 是一种非常灵活的声音感知编码标准。就像所有感知编码一样，MPEG-2 AAC 主要使用听觉系统的掩蔽特性来压缩声音的数据量，并且通过把量化噪声分散到各个子带中，用全局信号把噪声掩蔽掉。

MPEG-2 AAC 支持的采样频率为 8~96kHz，编码器的音源可以是单声道、立体声和多声道的声音，多声道扬声器的数目、位置及前方、侧面和后方的声道数都可以设定，因此能支持更灵活的多声道构成。MPEG-2 AAC 可支持 48 个主声道、16 个低频增强（Low Frequency Enhancement，LFE）声道、16 个配音声道（overdub channel）或者称为多语言声道（multilingual channel）和 16 个数据流。MPEG-2 AAC 在压缩比为 11∶1，即每个声道的数码率为 64kbit/s、5 个声道的总数码率为 320kbit/s 的情况下，很难区分解码还原后的声音与原始声音之间的差别。与 MPEG-1 的 Layer Ⅱ 相比，MPEG-2 AAC 的压缩比可提高 1 倍，而且音质更好。在质量相同的条件下，MPEG-2 AAC 的数码率大约是 MPEG-1 第 3 层的 70%。

1. MPEG-2 AAC 编码算法和特点

MPEG-2 AAC 编码器的完整框图如图 3-21 所示。在实际应用中不是所有的模块都是必需的，图中凡是有阴影的模块都是可选的，可根据不同应用要求和成本限制对可选模块进行取舍。

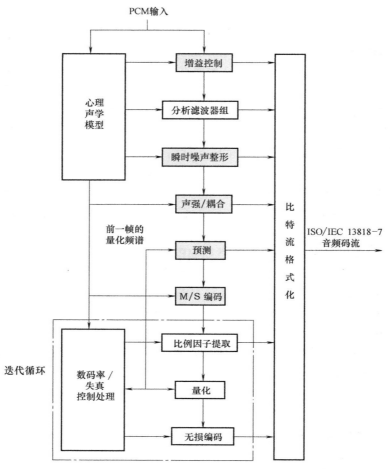

图 3-21　MPEG-2 AAC 编码器框图

（1）增益控制

增益控制为 AAC 编码的可选模块，用在可分级采样率档次中。它由多相正交滤波器（Polyphase Quadrature Filter，PQF）、增益检测器（Gain Detector）和增益修正器（Gain Modifier）组成。多相正交滤波器把输入信号划分到 4 个等带宽的子带中，增益检测器输出满足比特流信息限制的增益控制数据，增益修正器控制划分后的 4 个等带宽子带信号的增益信息，而整个增益控制模块的功能是对不同频带的信号使用不同的增益，从而达到控制信号频谱幅度的效果，进而减少信号的编码比特数。

在解码器中也有增益控制模块，可通过忽略多相正交滤波器的高子带信号获得低采样率输出信号。

（2）分析滤波器组

分析滤波器组是 MPEG-2 AAC 系统的基本模块，其任务是将音频数据划分为一定长度的帧，然后将这些音频帧数据从时间域变换到频率域。AAC 采用了改进的离散余弦变换

（Modified Discrete Cosine Transform，MDCT），它是一种线性正交叠加变换，使用了一种称为时间域混叠抵消（Time Domain Aliasing Cancellation，TDAC）的技术，在理论上能完全消除混叠。AAC 提供了两种窗函数，分别是正弦窗和凯塞-贝塞尔（Kaiser-Bessel Derived，KBD）窗。正弦窗使滤波器组能较好地分离出相邻的频谱分量，适合于具有密集谐波分量（频谱间隔<140Hz）的信号。而频谱成分间隔较宽（>220Hz）时常采用 KBD 窗。AAC 系统允许正弦窗和 KBD 窗之间连续无缝切换。

AAC 的 MDCT 采用了长块（2048 个时域样本）和短块（256 个时域样本）两种变换块。长块的频率域分辨率高、编码效率高，对于时间域变化快的信号则使用短块，切换的标准根据心理声学模型的计算结果确定。为了平滑过渡，长、短块之间的过渡不能是突变的，中间引入了过渡块。

（3）心理声学模型

心理声学模型把整个信号频带按人耳的听觉特性划分出临界频带，首先计算出各临界子带掩蔽阈值，得到信掩比，然后计算出各临界子带的最小掩蔽阈值。在量化时利用声学模型计算结果对量化噪声的频谱进行适当整形，使每个临界子带内的量化噪声功率小于临界子带的最小掩蔽阈值，从而令其能够被音频信号所掩蔽，满足听觉系统的掩蔽效应，使感知失真最小。

心理声学模型的输入是一段有限长窗（256 个时域样本或是 2048 个时域样本）内的声音信号的采样值以及该信号的采样率，输出是各比例因子带（Scale Factor Band）的量化噪声掩蔽阈值、MDCT 的变换块类型（长块、短块、起始块、结束块）以及对这些数据编码所需要的比特数估计值。

（4）瞬时噪声整形（TNS）

假设时域上一段安静的信号后面紧接着一个瞬态冲击信号，则在频域编码后量化噪声在解码后扩展到整个时域内，在上述的安静信号内产生所谓的"预回声"。当然，预回声现象可以通过长、短块切换而被控制在比较短的范围内，这也是 AAC 采用长、短块机制的原因之一。瞬时噪声整形（Temporal Noise Shaping，TNS）是增加预测增益的一种方法，能够根据输入信号自适应地降低预回声效应，使噪声频谱随信号频谱包络变化。该方法是对频域信号进行线性预测滤波，再将预测残差进行编码并且发送相关系数。这种方法主要是根据时域和频域的对偶性，在频域上进行预测编码可以提高信号时域的分辨率，可以在解码端调节量化误差的时域形状，使之适应输入信号的时域形状，这样就能有效地抑制预回声现象。噪声整形的作用是把量化的噪声转移到输入频谱数据幅度较大的部分中去，利用听觉的掩蔽阈值使得噪声的感觉下降。在预测编码中，利用了帧与帧之间的冗余进行编码，而在 TNS 模块中，则利用一帧之内的冗余进行编码，即采用帧内线性预测的方法。这样减少了信号的冗余度，而残差编码引起量化误差，并使之形成在信号频谱幅度大的部分，因此称为噪声整形编码。在编码时是否采用噪声整形取决于一个数据帧的预测增益。在进行编码时，若预测增益大于预定值，则使用噪声整形编码。在噪声整形中，不同的档次对线性预测的阶数有不同的要求，而且一般要求在大于 1.5kHz 的频谱范围内进行。

（5）声强/耦合编码和 M/S 编码

联合立体声编码（Joint Stereo Coding）是一种空间编码技术，其目的是去掉空间的冗余。MPEG-2 AAC 包含两种空间编码技术：声强/耦合（Intensity/Coupling）编码和 M/S 编码（Mid/Side Encoding）。声强/耦合编码的称呼有多种，有的叫作声强立体声编码（Intensity Stereo Coding），有的叫作声道耦合编码（Channel Coupling Coding）。

声强/耦合编码和 M/S 立体声模块都是 AAC 编码器的可选项。人耳听觉系统在听 4kHz 以上的高频信号时，双耳的定位对左右声道的强度差比较敏感，而对相位差不敏感。声强/耦合就利用这一原理，在某个频带以上的各子带使用左声道代表两个声道的联合强度，右声道谱线置为 0，不再参与量化和编码。平均而言，大于 6kHz 的频段用声强/耦合编码较合适。

在立体声编码中，左右声道具有相关性，利用"和"及"差"方法产生中间（Middle）和边（Side）声道替代原来的 L、R 声道，其变换关系式如下：

$$M = \frac{L + R}{2} \tag{3-11}$$

$$S = \frac{L - R}{2} \tag{3-12}$$

在解码端，将 M、S 声道再恢复回 L、R 声道。在编码时不是每个频带都需要用 M/S 联合立体声替代的，只有 L、R 声道相关性较强的子带才用 M/S 转换。对于 M/S 开关的判决，ISO/IEC 13818-7 中建议对每个子带分别使用 M/S 和 L/R 两种方法进行量化和编码，再选择两者中比特数较少的方法。对于长块编码，需对 49 个量化子带分别进行两种方法的量化和编码，所以运算量很大。

（6）预测

在信号较平稳的情况下，利用时间域预测可进一步减小信号的冗余度。在 AAC 编码器中预测是利用前面两帧的频谱来预测当前帧的频谱，再求预测的残差，然后对残差进行编码。解码时，则利用预测残差和预测值重建频谱信号。预测使用经过量化后重建的频谱信号，具体步骤如下：

1）使用前两帧的重建频谱信号预测当前帧的频谱。

2）将当前频谱与预测频谱相减得到残差信号。

3）对残差信号量化。

4）对残差信号反量化，利用预测残差和预测值重建当前帧频谱信号。

5）更新预测器。

（7）量化和编码

音频编码的原则是：在给定的编码率下，要达到心理声学模型下听觉心理感觉到的失真最小。因此，心理声学模型输出的心理声学参数被送到比特分配模块进行比特分配操作，决定对每个比例因子带采用多大的子带比例因子和对整个音频帧采用多大的全局比例因子进行编码。具体的计算过程如下：输入的数据为每个比例因子带的掩蔽阈值，进行比特分配时，采用双迭代循环结构。内迭代循环计算编码所需的比特数，当内迭代循环输出的向量不能达到进行编码所要的比特数时，可在内迭代循环中增加全局量化因子，直到可以用要求的比特数进行编码为止。外迭代循环计算每个子带的量化噪声，并将每个子带的量化噪声控制在心理声学模型计算出的允许掩蔽阈值范围之内，当某个子带的量化噪声超出允许的掩蔽阈值范围时，则增加该子带的子带比例因子以减少该子带的量化噪声，使得该子带的量化噪声在允许的子带掩蔽阈值范围之内。因此比特分配模块输出全局比例因子和每个子带的子带比例因子到量化和编码模块中。

量化和编码模块对时域/频率分析模块输出的频率系数进行量化操作，即根据比特分配模块输出的全局量化因子和每个子带的量化因子对每个子带分别进行量化。在进行量化时，同一子带内的频率系数量化时使用相同的子带量化因子，而对各子带所在的同一音频块的频率系数量化时使用相同的全局量化因子进行量化。量化时采用非线性量化，即将频率系数使用非线性曲线映射到量化域中。

无损编码（熵编码）通常采用霍夫曼（Huffman）编码，使用对需编码信号的统计概率来安排 Huffman 码字，即将出现概率较大的输入编码组合用较短的 Huffman 码字来表示，而将出现概率较小的输入编码组合用较长的 Huffman 码字表示，从而在统计平均上实现对输入编码组合的最优码字表示。AAC 标准提供了 12 张可供选择的 Huffman 码表，在进行 Huffman 编码时，选用其中某一码表对频率系数的组合进行编码，从而实现已量化好的音频系数的无损压缩。无损编码的输出是在当前比例因子下进行编码所需的最少比特数。

（8）比特流格式化

编码后的码流参数和边信息参数通过复用器组合成最终的音频码流，边信息参数指示该音频数据的量化因子或采样率等音频辅助信息，而码流参数包含编码后的音频实际数据。最后，要把各种必须传输的信息按 AAC 标准给出的帧格式组成 AAC 码流。AAC 的帧结构非常灵活，除支持单声道、双声道、5.1 声道外，共可支持多达 48 个声道，具有 16 种语言兼容能力。

2. MPEG-2 AAC 的档次

开发 MPEG-2 标准采用的方法与开发 MPEG-2 BC 标准采用的方法不同。后者采用的方法是对整个系统进行标准化；而前者采用的方法是模块化的方法，把整个 AAC 系统分解成一系列模块，用标准化的 AAC 工具对模块进行定义。因此，在文献中往往把"模块（Modular）"与"工具（Tool）"等同对待。

AAC 为在编解码器的复杂度与音质之间得到折中，定义了以下 3 种档次（Profile）：

（1）主档次（Main Profile）

在这种档次中，除了"增益控制"模块之外，AAC 系统使用了如图 3-21 所示的其他所有模块，在 3 种档次中提供最好的声音质量，而且其解码器可对低复杂度档次的编码比特流进行解码，但对计算机的存储容量和处理能力的要求较高。

（2）低复杂度档次（Low Complexity Profile）

在这种档次中，不使用预测模块和增益控制模块，瞬时噪声整形（Temporal Noise Shaping，TNS）滤波器的级数也有限，这就使声音质量比主档次的声音质量低，但对计算机的存储容量和处理能力的要求则明显降低。

（3）可分级的采样率档次（Scalable Sampling Rate Profile）

在这种档次中，使用增益控制模块对信号做预处理，不使用时间域预测和声强/耦合模块，瞬时噪声整形滤波器的级数和带宽也都有限制。因此，它比主档次和低复杂度档次更简单，可用来提供可分级的采样频率的信号。

拓展阅读：如何理解"M/S 处理"？

3.5 MPEG-4 音频编码标准

MPEG-4 标准的目标是提供未来的交互式多媒体应用，它具有高度的灵活性和可扩展性。与以前的音频编码标准相比，MPEG-4 增加了许多新的关于合成内容及场景描述等领域的工作，增加了诸如可分级性、音调变化、可编辑性及延迟等新功能。MPEG-4 将以前发展良好但相互独立的高质量音频编码、计算机音乐及合成语音等第一次合并在一起，在诸多领域内给予高度的灵活性。

为了实现基于内容的编码，MPEG-4 音频编码也引入了音频对象（Audio Object，AO）的概念。AO 可以是混合声音中的任一种基本音，例如交响乐中某一种乐器的演奏音，或电影声音中人物的对白。通过对不同 AO 的混合和去除，用户就能得到所需要的某种基本音或混合音。

MPEG-4 支持自然声音（如语音、音乐）、合成声音以及自然和合成声音混合在一起的合成/自然混合编码（Synthetic/Natural Hybrid Coding，SNHC），以算法和工具形式对音频对象进行压缩和控制（如以可分级数码率进行回放，通过文字和乐器的描述来合成语音和音乐等）。

3.5.1 自然音频编码

对于自然音频，为了使不同的 AO 满足多方面的应用并获得最高的音频质量，在 2~64kbit/s 的数码率范围内，MPEG-4 采用分级编码的方法提供以下三种类型的编码工具：
- 参数编码器。
- CELP 编码器。
- 时/频编码器，用于中、高质量的通用音频编码。

1. 参数编码器

对于采样频率为 8kHz 的语音信号，编码器的输出数码率为 2~4kbit/s；对于采样频率为 8kHz 或 16kHz 的语音或音频信号，编码器的输出数码率为 4~16kbit/s。

参数编码提供了两种编码工具：谐波矢量激励编码（Harmonic Vector eXcitation Coding，HVXC）、谐波和特征线加噪声（Harmonic and Individual Line plus Noise，HILN）编码。这两种编码工具既可以在编码过程中单独使用，也可以在两者编码器的输出之间动态地切换或联合起来使用，以获得更宽范围的数码率。

用谐波和随机矢量来描述线性预测误差是一个有效的编码方案。当线性预测误差信号是浊音而原信号为清音时，则采用矢量激励编码，因此该算法就叫谐波矢量激励编码。图 3-22 给出了 HVXC 编码器的原理框图。

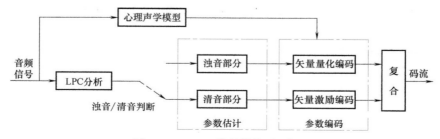

图 3-22　HVXC 编码器的原理框图

HVXC 编码工具允许对语音信号以 8kHz 采样，主要实现数码率为 2~4kbit/s 的编码。它将语音信号分割成长度为 256 或 160 个采样值的帧，对每帧语音信号加窗后进行线性预测系数（LPC）分析，用得到的线谱对 LSP 参数进行逆滤波来预测当前帧语音信号。两者之差就是线性预测误差信号。当线性预测误差为浊音时，对其频谱包络进行矢量量化编码；为清音时，则采用矢量激励编码，每帧用 1bit 来表示浊音/清音。

HVXC 的解码过程包括以下 4 个步骤：

1）参数的逆量化。

2）对声音帧用正弦合成方法产生激励信号和加上噪声分量。

3）对非声音帧通过查找码书产生激励信号。

4）LPC（线性预测编码）合成。

对合成语音质量的增强可以使用频谱后置滤波。

HVXC 提供了在延迟模式上的可分级性。其编码器和解码器可以独立地选择低延迟模式或正常的延迟模式。

HILN 编码工具允许对音乐等非语音信号以 8kHz 或 16kHz 采样，主要实现数码率为 4~16kbit/s 的编码。其编码的基本原理是对输入信号进行分析，提取描述信号的参数，并对其进行编码后组成一个复合码流。解码器根据这些参数合成输出信号。图 3-23 给出了 HILN 编码器的原理框图，它包括参数估计和参数编码两部分。

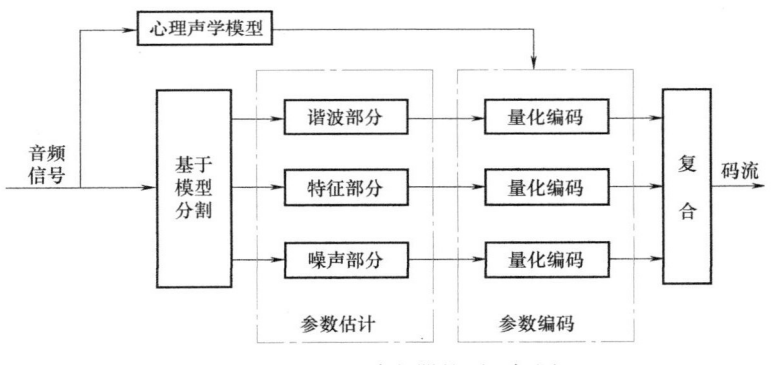

图 3-23　HILN 编码器的原理框图

这种算法需提取以下 3 类参数：

- 谐波线：用来描述音频信号谐波部分的基频频率和幅值。
- 特征线：用来描述每个特征线的频率和幅值。
- 噪声：用来描述噪声谱的形状。

因此，该算法就叫谐波和特征线加噪声编码。参数的提取分三步：首先估计信号谐波部分的基频，然后根据基频频率分别估计谐波线和特征线的相关谱线参数，提取所有的相关谱线后，剩余的信号就可以作为噪声来提取参数。

2. CELP 编码器

对于采样频率为 8kHz 的窄带语音信号或采样频率为 16kHz 的宽带音频信号，编码器的输出数码率在 6~24kbit/s 之间。

CELP 编码器主要由激励源和合成滤波器组成，需要时再添加一个后置滤波器，如

图 3-24 所示。激励源有两种：一种是用自适应码书来产生音频信号的长时周期性激励；另一种是用一个或多个固定的随机码书来产生音频信号短时和长时预测后的余量信号激励。通过编码传过来的码书和增益索引产生激励信号和它们的最佳增益，将这些激励信号乘以各自的最佳增益并相加，就得到了完整的激励信号。线性预测合成滤波器是由编码器分析连续帧的LPC系数内插得到的。激励信号经过线性预测合成滤波器和后置滤波器，就能得到较高质量的音频信号。

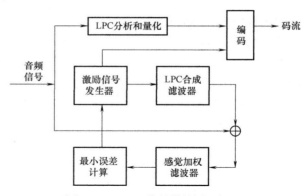

图 3-24　CELP 编码器的原理框图

当采样频率为 8kHz 时，数码率的可分级性是通过不断加上所谓的"增强层"（Enhancement Layer）来实现的。增强层在基本数码率上以 2kbit/s 的步长增加，可加的最大数目是 3，意味着可在基本数码率上加上2kbit/s、4kbit/s 或 6kbit/s。当采样频率为 16kHz 时，可以通过只使用比特流的一部分来解码语言信号，这就提供了在复杂度上的可分级性。还有一些其他支持复杂度分级的方法，例如简化 LPC、后置滤波器的使用与否等。复杂度的可分级性依赖于实际的应用而与比特流的语法无关。而当解码器用软件实现时，复杂度甚至可以实时改变，以利于在有限容量计算机接口或多任务环境下运行。

带宽的可分级性在采样频率为 8kHz 和 16kHz 时均可实现，是通过在 CELP 编码上加一个带宽扩展工具来实现的。

3. 时/频编码器

对于采样频率高于 8kHz、数码率在 16～64kbit/s 甚至更高的音频信号，MPEG-4 采用 AAC 算法，提供通用的音频压缩方法。MPEG-4 AAC 以 MPEG-2 AAC 为核心，在此基础上增加了感知噪声替代（Perceptual Noise Substitution，PNS）和长时预测（Long Term Prediction，LTP）功能模块。MPEG-4 AAC 编码器的原理框图如图 3-25 所示。

输入信号经心理声学模型计算出 MDCT 变换所需的窗类型、TNS 编码所需的感知熵和 M/S 强度立体声所需的若干信息，同时输出每个子带的信号掩蔽比到迭代循环控制模块。同时另一路信号输入到增益控制模块，对不同数码率限制的输入信号采用不同的增益从而完成增益控制。该模块输出的信号送到 MDCT 变换模块中进行时域到频域的变换。预回声控制的方法有两个：一个是使用长/短窗切换，另一个就是采用 TNS 技术。

LTP 模块是 MPEG-4 引入的新模块，也是一个可选模块，它是用来减少连续编码帧之间信号的冗余，这个模块在信号有明显基音的情况下特别有效，是一个前向自适应预测器。

为了去除左右声道之间的信息冗余，可以使用声强/耦合和 M/S 立体声编码以达到进一步压缩码流的目的。预测编码模块则是去除了帧间的频谱系数冗余信息，它利用前两帧的频谱预测当前帧的频谱系数，然后求出帧间的预测残差，再对预测残差进行编码。PNS 模块应用于具有类似噪声频谱的音频信号，当编码器发现类似噪声的音频信号时，并不对其进行量化，而是做个标记就忽略过去；而在解码器中产生一个功率相同的噪声信号代替，这样就提高了编码效率。在量化过程中，为了利用人耳听觉感知特性达到压缩的目的，需要用到比例因子信息，而比例因子是根据心理声学模型中得到的各个子带的信号掩蔽比（SMR）并通过迭代循环控制模块经双循环迭代得到的。最后，经过量化后的信号进行无损编码并与边信息组合成最终的 AAC 码流，即完成整个编码过程。

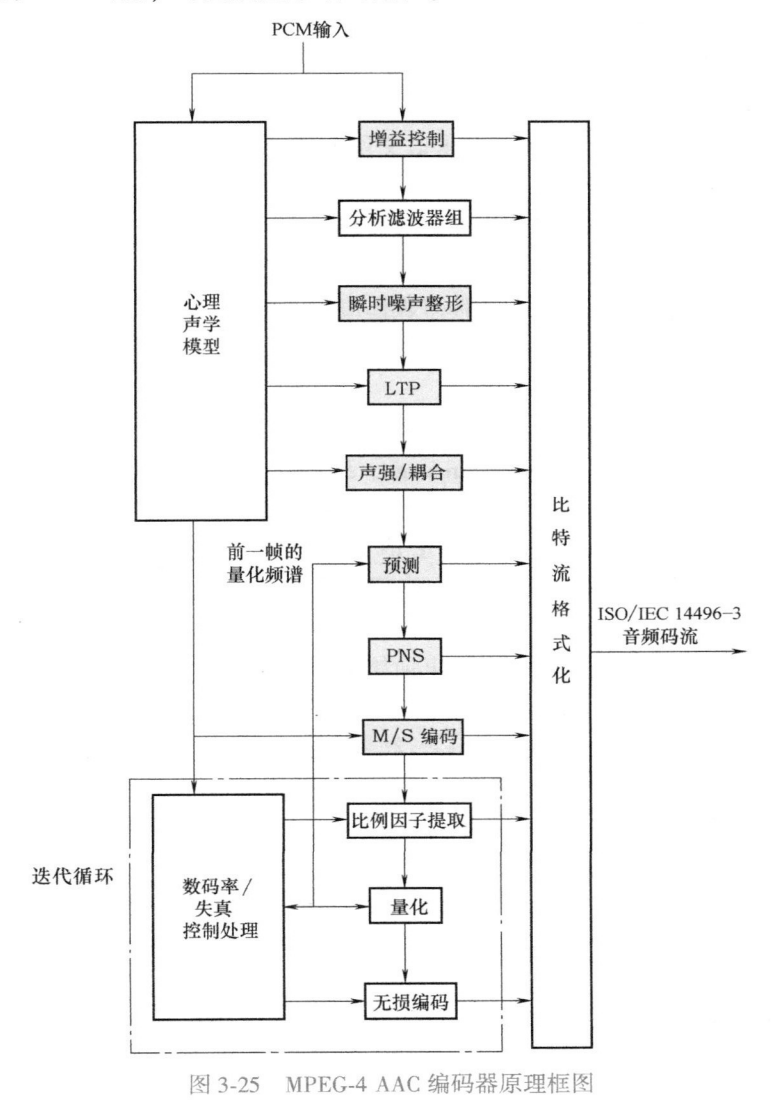

图 3-25　MPEG-4 AAC 编码器原理框图

3.5.2　合成音频编码

MPEG-4 标准不但包括传统的编码方法，还提供了有关合成、音视频场景、合成与自然内容的同步和时空联合等方面的描述。一种新类型的音频编码工具"结构化音频"（Structured Audio）随之诞生。结构化音频标准提供了关于合成音乐、声音效果、交互式多媒体场景下合成声音与自然声音的同步等方面有效的、灵活的描述。MPEG-4 可以通过结构化的输入生成音频，即合成音频。这就使得数码率进一步得到压缩。在 MPEG-4 的工作计划中，合成音频编码代表了一种极具灵活性的工具，支持其他编码无法实现的交互式功能。另外，结构化音频的出现有其强烈的时代背景感和技术上的迫切需求感。今天从电影、电视、交互式媒体中感受到的音乐多为合成音乐且无法觉察到其原始面目。因此，制定一个规范化、高质量的标准在每个终端实现音频的多媒体应用已是必然。MPEG-4 结构化音频工具是基于一种软件合成描述语言实现的。这种描述的技术基础类似于先前出现的计算机音乐语言，例如 Music V 和 C sound。

MPEG-4 的解码器支持乐谱驱动合成（Score Driven Synthesis）和文－语转换（Text-To-Speech，TTS）合成。乐谱驱动合成是在乐谱文件或者描述文件控制下生成声音，乐谱文件是按时间顺序组织的一系列调用乐器的命令，合成乐谱传输的是乐谱而不是声音波形本身或者声音参数，因此它的数据率可以相当低。随着科学技术突飞猛进的发展，尤其是网络技术的迅速崛起和飞速发展，文－语转换系统在人类社会生活中有着越来越广泛的应用前景，已经逐渐变成相当普遍的接口，并且在各种多媒体应用领域开始扮演重要的角色。TTS 编码器的输入可以是文本或者带有韵律参数的文本，编码器的输出数据传输速率可以在 200bit/s ～ 1.2kbit/s 范围之间。

1. 结构化音频交响乐语言（SAOL）

SAOL（Structured Audio Orchestra Language，结构化音频交响乐语言）是一种数字信号处理语言，可应用于任意合成的传输描述及部分比特流效果算法的描述，SAOL 的语法和语义作为 MPEC-4 的一部分予以标准化。SAOL 语言是一种完全新型的语言，任何目前已知的声音合成方法都可以用 SAOL 来描述，凡是能用信号流程网络表示的数字信号处理过程都可用 SAOL 来表示。SAOL 的特点是具有改进的语法、一系列更小的核心功能、一系列附加的句法，这使得相应的合成算法的编辑变得更加简单。它是标准核心的合成描述语言。

2. 结构化音频乐谱语言（SASL）

SASL（Structured Audio Score Language，结构化音频乐谱语言）是一种简单乐谱和控制语言，用来描述在合成声音产生过程中用 SAOL 语言传输的声音产生算法是如何运作的。SASL 同 MIDI 相比更加灵活，可以表达更加复杂的功能，但其描述却变得更加简单。

3. 结构化音频样本分组格式（SASBF）

SASBF（Structured Audio Sample Bank Format，结构化音频样本分组格式）允许传输在波表合成中使用的分组的音频样本数据，并描述它们使用的简单处理算法。

4. 规范化程序表

描述了结构化音频解码过程的运行流程。它把用 SASL 或 MIDI 定义的结构声音控制映射为实时的事件来调度处理，这个过程用规范化声音产生算法（用 SAOL 描述）来定义。

5. 规范化参考

用于 MIDI 标准，MIDI 可在结构控制中替代 SASL 语言。尽管 MIDI 在效果和灵活性上不及 SASL，但 MIDI 对现存的一些内容和编辑工具提供了后向兼容性的支持。对一些 MIDI 命令，MPEG-4 也已将其语义集成到结构化音频的工具中去。

TTS 是一种文本到语音的转换系统，即接收文本信息作为输入，然后输出合成语音。MPEG-4 中的 TTS 不仅能够根据一定规律的韵律节奏输出合成语音，而且还具有以下功能：

1）按照原语音的节奏及韵律进行语音合成。

2）能够运用面部动画（Facial Animation，FA）工具进行同步语音合成。

3）运用文本及口型信息进行活动图像的同步配音。

4）在进行快进/快退、暂停/重新开始等操作时，能够保持节奏和韵律不变。

5）允许用户改变合成语音的播放速度、语调、音量，以及播音人的性别和年龄。

总的说来，不同于以往描述语言的复杂专业，结构化音频的观点在于使合成控制变得更加简易和方便，但功能却强大有效。

同以前的标准一样，MPEG-4 也根据不同的应用定义了几层框架，在 MPEG-4 结构化音频的完全标准中定义了三层受限制的框架，其中的每一层框架都是完全标准的子集，其描述语言不同，有各自不同的应用。只有第四层框架才是结构化音频完全的、默认的框架，具有严格意义上的规范化。

3.5.3 合成/自然音频混合编码

合成/自然音频混合编码（Synthetic/Natural Hybrid Coding，SNHC）联合了自然和合成音频编码工具，具有许多优点。例如，一个音轨可以由两个单独的音频对象组成，音轨可以使用 CELP 低数码率语言编码器进行编码，而背景音乐可以使用结构音频的合成编码器。在解码器终端，这两部分分量被解码并混合在一起。这种混合的过程在 MPEG-4 中定义为场景描述的二进制格式（BInary Format for Scenes，BIFS）。使用音频 BIFS，音源可以被混合、分组、延迟、随同 3D 虚拟空间进行处理、使用信号处理功能进行译后处理并用 SAOL 传输作为比特流内容的一部分。

对语音进行自然编码（例如 CELP）可以获得良好的声音质量。但遇到回声、人工音乐等，则音质恶化，解决的办法就是在用户端使用 SAOL 描述的回声算法进行译后处理。SNHC 综合了两者的优点，在带宽和声音质量上获得了满意的效果。

3.6 Enhanced aacPlus 编码技术

3.6.1 概述

Enhanced aacPlus 技术起源于 MPEG-4 AAC 技术。2003 年，在 MPEG-4 AAC 的基础上引入谱带复制（Spectral Band Replication，SBR）技术，发展成为 aacPlus V1，或称 HE AAC（High Efficiency AAC，高效 AAC）。而 2004 年，在 aacPlus V1 的基础上又引入了参数立体声（Parametric Stereo，PS）编码技术，从而发展为 Enhanced aacPlus，也称 HE AAC V2 或者 aacPlus V2，如图 3-26 所示。

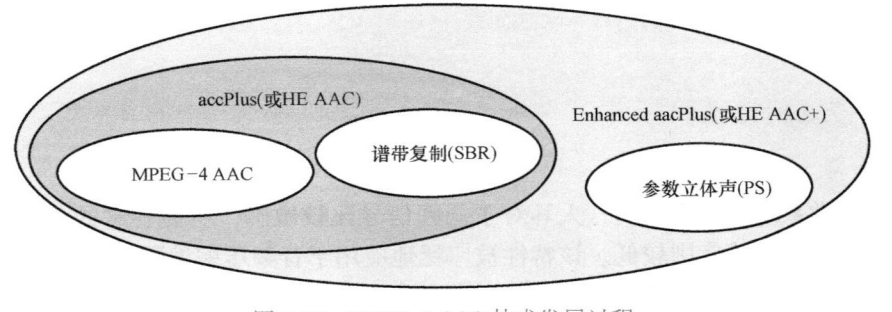

图 3-26　MPEG-4 AAC 技术发展过程

Enhanced aacPlus 的最佳工作范围是 18kbit/s 以上的数码率。2004 年 9 月，Enhanced aacPlus 作为高质量音频编码标准，被 3GPP 所采纳，而且它的所有组成构件也成为 MPEG-4 音频标准的一部分。SBR 是一种独特的频带扩展技术，它与原本的音频编码器联合工作，用于展宽音频带宽，从而使音频编码器以一半的数码率传送同质量的音频信号。MPEG-4 PS 是针对立体声音频信号的一种压缩编码方法，为进一步提高低数码率立体声编码效率提供了一种新的方法。

正因为采用了几种新的高压缩比技术，Enhanced aacPlus 技术在 128kbit/s 的数码率下可传送 5.1 声道音频信号，而在 32kbit/s 的数码率下可下载和传送接近 CD 质量的音频信号，在 24kbit/s 的数码率下可传送高保真的立体声信号，甚至能以良好的质量传送混合的低于 16kbit/s 的单声道音频信号，因此这种技术适合于移动和数字广播。

Enhanced aacPlus 音频编码器的原理框图如图 3-27 所示。

Enhanced aacPlus 音频解码器的原理框图如图 3-28 所示。

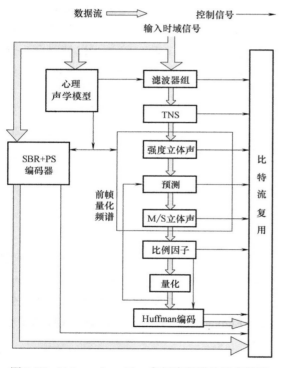

图 3-27 Enhanced aacPlus 音频编码器的原理框图

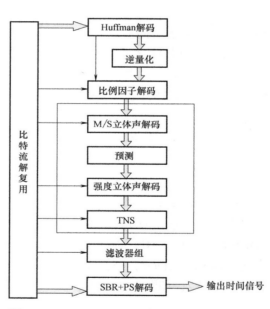

图 3-28 Enhanced aacPlus 音频解码器的原理框图

3.6.2 谱带复制技术

1. SBR 技术简介

对人类听觉系统的研究表明，人耳对于低频信号比较敏感，所能容忍的量化误差较小，而对于高频信号的敏感度则较低。该特性被广泛地应用于音频压缩编码技术中。为了避免信号频谱的混叠，在对模拟信号采样量化得到数字信号的过程中，只能保留原信号中低于采样频率一半的低频成分。根据人耳对不同频率信号的感知特点，现代音频压缩编码技术通常在比特有限的情况下舍弃一定的高频信号，而将可用比特分配给人耳较为敏感的低频信号，以使低频信号的量化误差小于掩蔽阈值。这样做会随着数码率的下降而损失大量高频成分，会使声音变得沉闷、不明亮、失真度大，所以为了保证重构音频质量，必须发展高频重建技术。

1997 年，Coding Technologies 公司开始寻找一种新方法来提高数字音频编码算法的效率，由 Lars Liljeryd 带领的一组瑞士研究人员，想到了用一种适当的方法来重建（复制）解码后的音频信号的高频分量，主要是重新使用从解码后的基带信号中获得的信号信息来重建高频分量。此方法发展成了一种在频域上进行冗余编码的新概念，这种概念引出了今天众所周知的谱带复制（SBR）技术。

2. SBR 技术原理

SBR 只是一种可选的音频编码增强技术（工具），用于扩展音频带宽。它不能替代核心编解码器，只能连同核心编解码器一起工作。SBR 的理论基础是音频信号低频和高频部分之间具有很大的相关性，用 AAC 核心编码器对音频信号的低频部分进行编码，用 SBR 技术在编码端提取少量参数，在解码端重建高频部分。3GPP 规范的 Enhanced aacPlus 编码器框图如图 3-29 所示。

图 3-29 中的虚线框为可选项。输入的 PCM 时域信号首先进入降混音单元，该单元的作用是将输入的立体声信号转换为单声道信号。该单元为可选项，只在输入信号是立体声信号并且选中的音频编码模式是单声道时被使用。单声道信号进入一个无限脉冲响应（Infinite Impulse Response，IIR）重采样滤波器，该采样器的作用是调整采样率，也是可选项。当输入采样率和编码采样率不同时，可使用该采样器将输入采样率调整到适合编码处理的最佳采样率。鉴于 SBR

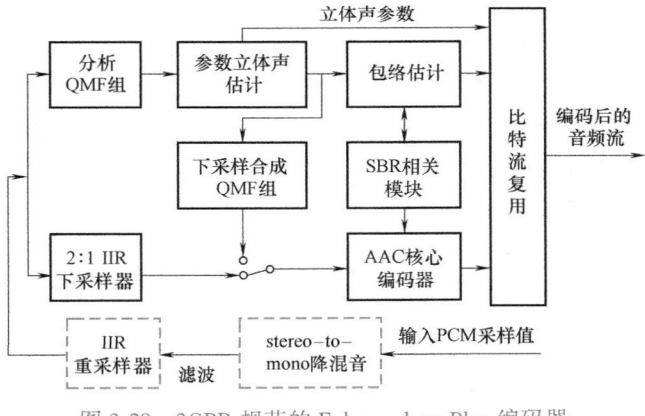

图 3-29　3GPP 规范的 Enhanced aacPlus 编码器

编码器工作在 IIR 重采样器输出的编码采样率上，而 AAC 核心编码器工作在该采样率的一半，因此需要在 AAC 核心编码器的输入端加上一个 2∶1 的 IIR 下采样器。由于 AAC 编码器采样率是 SBR 采样率的一半，这使得 AAC 编码器的滤波器组有更高的频率解析度，并且增进了听觉掩蔽效应的利用。

SBR 编码器的作用就是编码一些用于重建高频带信号的定向信息，以便在解码器端重建高频带信号。SBR 编码器由分析正交镜像滤波器（Quadrature Mirror Filter，QMF）组构成，利用该滤波器组可得到原始输入信号的频谱包络。然后利用其相关模块，分析在高频带中噪声成分和音调成分的关系，采集一些定向信息（如原始输入信号的频谱包络或是补偿潜在性丢失的高频分量的附加信息），来实现对高频带的重构。这种关于输入信号特征的采集信息，加上频谱包络数据就形成了 SBR 数据。在解码端 SBR 先利用 AAC 解出的低频信号复制出高频信号，然后根据提取的控制参数对高频频谱包络进行调整，如图 3-30 所示。这样，由于不需要对高频信号进行编码传输，只需在 AAC 编码后的比特流中加入少量的 SBR 控制信息来保证高频部分的重构，因此可以在较低的数码率下实现高音质的压缩传输。SBR 与核心编码器 AAC 在处理过程上是并行的处理单元，可以保证结合后的前后向兼容。在功能上，SBR 对 AAC 核心编码器来说相当于预处理过程，而对 AAC 核心解码器来说相当于后处理过程。

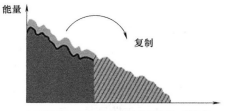

a) 高频复制

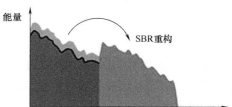

b) 包络调整

图 3-30　SBR 高频带重构过程图

3. SBR 编码原理

SBR 编码部分最重要的工作是 SBR 控制参数的提取。首先，利用分析 QMF 组对输入 PCM 音频信号进行时/频转换，其目的是得到能反映低频与高频相关性且便于分析的子带信号。SBR 所使用的分析滤波器组是 64 通道 QMF 滤波器组，其特点是可以用复数变换消除混叠失真，可以根据通道个数对原型滤波器输出进行下采样，使得变换样点在时隙上保留原始信号的音频特性。因此，SBR 在谱带复制时可直接使用低频信号复制高频信号，而不需进行复杂的音调和基频检测。SBR 在分析 QMF 滤波器组之前使用了较长的输入缓存器，使输入到分析滤波器组的时域样点包含了更长的时域特性，进而使变换样点表现出更加平稳的特性，便于对子带包络的特性分析。其次，为了进行能量包络的计算，必须由 SBR 相关模块选择适当的时间/频率解析度（Time/Frequency Grid），以适应每一子带音频信号的特性。通常对平稳信号使用较高的频率解析度和较低的时间解析度，而对冲击或突变信号使用较高的时间解析度和较低的频率解析度。能量包络由包络比例因子（Envelope Scalefactor）组成。包络比例因子是指在选定的时间和频率解析度下的子频带采样值的平方均值。接着，SBR 将在时域或频域对计算出的能量包络比例因子进行数据量化和编码。同时，由 SBR 相关模块产生相关控制参数，其中最重要的是高频部分的噪声能量。由于高频信号常伴有白噪声，所以必须记录高频重构所需的噪声能量以指引解码端在重构的高频信号中加入适当能量的白噪声，从而使重构信号更接近原信号。最后将以上提取的参数与由核心编码器所输出的比特流通过比特流格式器以一定的格式合并送出。SBR 编码原理框图如图 3-31 所示。

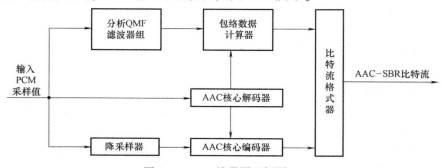

图 3-31　SBR 编码原理框图

4. SBR 解码原理

SBR 解码部分首先通过比特流剖析器（Bitstream Parser）从 SBR 比特流中提取出各种控制参数，包括时间/频率解析度、能量包络数据、噪声能量等，并进行必要的错误校验和修正。分解出的低频部分信号由 AAC 核心解码器进行解码，而各种控制参数再经由比特流解复用器分类，并进行 Huffman 译码和反量化得到后续高频重构所需的控制信息。然后，根据时域和频域参数和由分析 QMF 滤波器组输出的低频部分频谱，在高频重建器中将低频部分频谱根据控制参数复制到高频，并对每一个子频带进行自适应滤波，以适应各帧音频信号的特性。接着，将分解出的高频控制参数（噪声能量等）加入到由高频重建器输出的频谱的高频部分，并在包络调整器中根据包络参数对高频频带进行调整，使频带能量与原信号相同。最后将包络调整器输出的调整后的高频部分与核心解码器经由分析 QMF 滤波器组输出的低频部分通过综合正交镜像滤波器组（Synthesis QMF Filterbank）合并输出，得到完整的频谱。SBR 解码原理框图如图 3-32 所示。

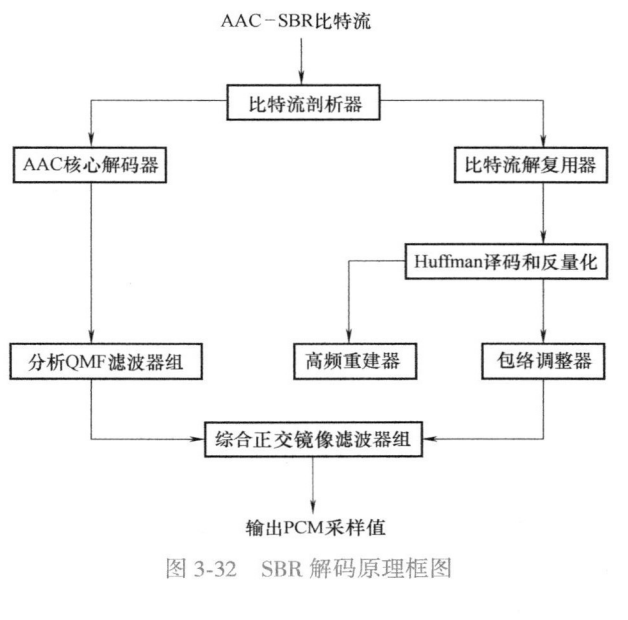

图 3-32　SBR 解码原理框图

由于 SBR 数据是放置在 AAC 码流格式的附加字段中，所以，Enhanced aacPlus 解码器能后向兼容原有的 AAC 解码器。如果码流发送到 AAC 解码器，则只识别出低频的音频流进行解码。如果码流发送到 Enhanced aacPlus 解码器，则对 SBR 数据以及来自 AAC 编码器的低频信号码流进行解码，产生一个完整带宽的音频信号。

3.6.3　参数立体声编码

在立体声音频编码的数码率等于或高于 36kbit/s 时，可使用普通的立体声编码工具编码立体声信号。在立体声数码率低于 36kbit/s 时，则使用参数立体声（Parametric Stereo，PS）编码工具。

参数立体声编码技术是将立体声音频信号视为单声道音频信号加上一小部分描述立体声映像信息的参数来编码的。图 3-33 和图 3-34 分别为参数立体声编码和解码的原理框图。先将立体声输入信号通过降混音处理转换成单声道信号，同时根据空间心理声学特性将立体声映像信息提取成少量高质量的立体声参数。单声道信号可使用传统的音频编码器来编码，立体声参数经过量化编码后作为辅助部分嵌入到单声道比特流中。最终 SBR 流（包括 PS 数据）再嵌入到 AAC 流中以一定格式输出。在解码器端，首先将比特流解复用成单声道信号流和空间立体声参数流，单声道信号解码后借助立体声参数来合成重建立体声信号。

参数立体声编码基于感知声道间的冗余，相对以往的立体声编码，其特点如下：

1) 使用专用的（复数值的、非精确采样的）滤波器，从传输的单声道中重新合成立体声输出，避免了因不完善的时域混淆抵消而带来的噪声。

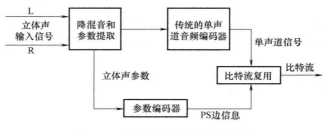

图 3-33　参数立体声编码原理框图

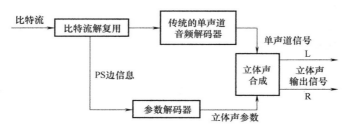

图 3-34　参数立体声解码原理框图

2）除了重建输出声道之间的水平差别以外，还重建了输出声道之间的相位差别。这样可捕捉到由于使用不一致的扬声器而导致了时延的立体声。

3）为了表示含有大量由不相关声音成分组成的立体声映像的立体声内容，使用了声道间的相干性。

3.7　DRA 多声道数字音频编解码标准

DRA 是 Digital Rise Audio 的缩写，是广州广晟数码技术（Digital Rise Technology）有限公司开发的一项数字音频编码技术。DRA 数字音频编解码技术采用自适应时频分块（Adaptive Time Frequency Tiling，ATFT）方法，实现对音频信号的最优分解，进行自适应量化和熵编码，具有解码复杂度低、压缩效率高、音质好等优点。

早在 2007 年 1 月 4 日，DRA 数字音频编解码技术被信息产业部正式批准为电子行业标准——《多声道数字音频编解码技术规范》（标准号 SJ/T 11368—2006）。根据广电行业标准《移动多媒体广播 第 7 部分：接收解码终端技术要求》（GY/T 220.7—2008）6.5.2.1 条规定，所有 CMMB 终端均应支持 SJ/T 11368—2006（DRA）音频标准。这标志着 DRA 数字音频标准在 CMMB 移动多媒体广播中已经确立了作为必选标准的地位。2009 年 3 月 18 日，DRA 数字音频编解码技术又被国际蓝光光盘协会（BDA）正式批准成为蓝光光盘格式的一部分，被写入 BD-ROM 格式的 2.3 版本，成为中国拥有的第一个进入国际领域的音频技术标准。

2009 年 4 月 19 日，国家质量监督检验检疫总局、工业和信息化部与广东省人民政府联合召开了《多声道数字音频编解码技术规范》国家标准发布会，正式颁布《多声道数字音频编解码技术规范》（简称 DRA 音频标准）为我国数字音频编解码技术国家标准（标准号为 GB/T

22726—2008），于 2009 年 6 月 1 日起实施。

为了推广 DRA 音频标准的应用，陆续开展了一些应用标准的研究，主要包括：IEC 61937-12 标准定义了 DRA 音频码流打包成适合 AES/EBU（或 SPDIF）传输时的方式；CEA 音频格式扩展标准和 HDMI 传输标准定义了其他常用传输接口的方式；SMPTE 和 MP4 存储格式标准使得 DRA 音频可以同视频数据一起封装为一个文件；IETF 网络传输标准保证了 DRA 音频码流可通过 RTP 方式传输。此外，《地面数字电视接收机通用规范》（GB/T 26686—2011）中规定了 DRA 音频标准为其必选音频标准。目前 DRA 音频标准已经广泛应用于中国移动多媒体广播（CMMB）、蓝光光盘、数字电视、中国调频数字广播（Chinese Digital Radio, CDR）以及云音乐系统等领域。

3.7.1　术语和定义

音频数据（audio data）：用于表示原始音频信号的比特序列（数据）。

音频样本（audio sample）：输入编码器或输出解码器的 PCM 样本值。

辅助数据（auxiliary data）：包括诸如时间码之类的不属于音频信号本身，但又与其有关系的数据。

暂窗口函数（brief window function）：总长度为 256 个样本，但却只用其中 160 个样本的 MDCT 的窗口函数。

码流或比特流（bit stream）：由符合本标准的编码器产生的表示原始音频信号的比特序列。

正常声道（normal channel）：除低频音效增强（LFE）声道以外的全频谱声道。

帧（frame）：由符合本标准的编码器产生的表示一帧音频信号的音频数据。它是构成本标准的码流的基本单位。本标准的一个帧可涵盖 128、256、512 或 1024 个音频样本。

帧头（frame header）：本标准的一个帧的开头部分的音频数据，包括同步字和描述音频信号的特性的字，比如采样率、正常声道的数目、LFE 声道数目等。

长窗口函数（long window function）：长度为 2048 个样本的 MDCT 的窗口函数。

MDCT 块：应用一次 MDCT 所产生的一组频域系数或子带样本。或相应地，输入 MDCT 的一组新音频样本。本标准用到的 MDCT 块分别包含 128 和 1024 个音频样本或子带样本。

量化因子（quantization index）：量化子带样本所生成的以量化步长为单位的值。

量化步长（quantization step size）：量化子带样本用的步长。

量化单元（quantization unit）：由临界频带在频域和瞬态段在时域联合界定的一个矩形，所有在此矩形内的子带样本都属于同一个量化单元。

稳态帧（stationary frame）：一帧没有瞬态的音频样本。

短窗口函数（short window function）：长度为 256 个样本的 MDCT 的窗口函数。

子带样本（subband sample）：应用 MDCT 所产生的一组频域系数。

子带段（subband segment）：由时间界定的一段子带样本。

同步字（synchronization word）：指示音频帧的开始的字。

瞬态帧（transient frame）：一帧有瞬态的音频或子带样本。

瞬态位置（transient location）：对瞬态帧，指示瞬态发生的位置。

瞬态段（transient cluster）：统计特性类似的子带段。在瞬态帧内，瞬态段的起始位置通常为瞬态发生的位置。在平稳帧内，整帧音频样本或子带为一个瞬态段。

窗口函数（window function）：MDCT 用的窗口函数。

字（word）：本标准的编码器产生的音频数据的最小语义单元。

3.7.2 DRA 多声道数字音频编码算法

DRA 多声道数字音频编码算法基于人耳的听觉特性对音频信号进行量化和比特分配，属于感知音频编码，其编码算法原理如图 3-35 所示。

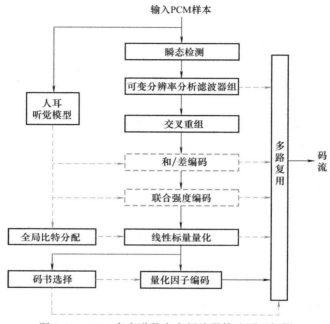

图 3-35　DRA 多声道数字音频编码算法原理框图

首先通过对音频信号进行瞬态分析，采用自适应时频分块（ATFT）技术从 13 个窗口长度中选择一个最适合当前音频信号特征的窗口，来实现对音频信号的最优时频分解；其后，如果当前音频帧含有瞬态信号，还需要对多个短块变换的谱系数进行交织处理，以便于后面的统一量化处理；同时要根据输入的音频信号进行心理声学模型分析，获得一组准确的掩蔽阈值；并根据比特率和音频内容等选择联合立体声编码，进一步降低声道间的冗余度；接着根据掩蔽阈值和比特率进行最佳比特分配，并对谱系数进行标量量化，以使量化噪声低于掩蔽阈值，从而实现感觉无失真编码，达到音频不相关信息压缩的目的，然后对量化因子进行Huffman 编码，进一步去除信号中的冗余度；最后将各种辅助信息和熵编码的谱系数按照DRA 帧结构打包成 DRA 码流。

DRA 多声道数字音频编码器的主要功能模块及作用如下：

1）瞬态检测：检测当前音频帧中是否存在瞬态信息，并将检测的结果传递给可变分辨率分析滤波器组，以使该滤波器组能确定应该使用长或短的 MDCT 以及需要使用的窗口函数等。同时瞬态分析还需要确定瞬态发生的位置，供其他编码流程处理。

2）可变分辨率分析滤波器组：把每个声道的音频信号的 PCM 样本分解成子带信号，该滤波器组的时频分辨率由瞬态检测的结果而定。

3）交叉重组：当该帧中存在瞬态时，用来重组子带样本的排列顺序以便于降低传输它们所需的总比特数。

4）人耳听觉模型：人耳心理声学模型表明在人类听觉系统中存在一个听觉阈值，低于这个阈值（掩蔽阈值）的声音信号就听不到，人耳听觉模型的任务就是计算这个阈值，将低于这个阈值的信息屏蔽，不用传送到解码端。

5）和/差编码（可选）：在低比特率的情况下，DRA 音频编码算法可以有选择地配置和/差声道编码，把左右声道对的子带样本转换成和/差声道对。

6）联合强度编码（可选）：利用人耳在高频的声像定位特性，对联合声道的高频分量进行强度编码。联合强度编码的一个简单方法是以量化单元为单位，把左右声道的样本加起来，只传输左声道以及右声道相对左声道的强度比例因子。这样在环绕声的情况下，可以极大降低传输码率。

7）全局比特分配：把比特资源分配给各个量化单元，以使它们的量化噪声功率低于耳的掩蔽阈值。

8）线性标量量化：利用全局比特分配模块提供的量化步长来量化各个量化单元内的子带样本。

9）码书选择：基于量化因子的局部统计特征对量化因子分组，并把最佳的码书从码书库中选择出来分配给各组量化因子。

10）量化因子编码：利用码书选择模块选定的码书及其应用范围来对所有的量化因子进行 Huffman 编码。

11）多路复用：把所有量化因子的 Huffman 码和辅助信息打包成一个完整的码流。

3.7.3 DRA 多声道数字音频编码的关键技术

1. 可变分辨率分析滤波器组

可变分辨率分析滤波器组是一种时频分析工具，作用是把输入的音频采样数据变换为频域数据，供后级的编码工具处理。在滤波器组中，时域数据经过 MDCT（Modified Discrete Cosine Transform，修正离散余弦变换）变换为频域数据。在 MDCT 之前，在时域先进行加窗处理，通过不同的窗函数组成了可变分辨率的滤波器组。这就涉及了窗型选择和窗口长度选择的问题。为了平衡编码效率和消除预回声（pre-echo）之间的矛盾，通常在瞬态发生的位置使用"短窗"，利用人耳的前掩蔽效应，使人耳察觉不到，而对于稳态信号使用"长窗"来处理，使得变换后的子带样本能量更加集中，有利于量化和熵编码，以提高编码效率。DRA 多声道数字音频压缩编码算法根据音频信号的动态特性，对稳态音频信号帧选择"长窗"，对暂态音频信号帧选择"短窗"，在高的编码效率和消除预回声之间取得了折中。为了解决"长窗"和"短窗"在窗口切换过程中会引起的 MDCT 窗口组合不匹配的问题，DRA 音频编码算法引入了"过渡窗"。过渡窗分为"开始窗"和"结束窗"。"过渡窗"使"长窗"和"短窗"之间的变换可以平滑地过渡。在以上思路的基础上，DRA 采用了一种新的可变分辨率的分析滤波器组方案。该方案不仅检测信号属于稳态或瞬态，而且在瞬态帧内进一步检测瞬态发生的具体位置。在瞬态发生的位置上，使用时间更短的"暂窗口函数"来进行处理，在瞬态发生的前后仍然使用普通的短窗进行处理。这样的方案有效地消除了预回声，平衡了信号的时间分辨率和频率分辨率的矛盾。

2. 熵编码的码书选择

在常见的音频编码算法中，熵码书的应用范围与量化单元相同，所以熵码书由量化单元内的量化因子来确定。因此没有进一步优化的空间。

DRA 音频编码算法采用心理声学模型输出的每个量化单元掩蔽阈值在给定的比特率下分配量化噪声，使量化噪声尽可能地被遮蔽住而不被感知。量化器的输出包括两个部分：量化步长和量化因子。在对量化因子的熵编码中，DRA 音频编码算法采用了创新的码书选择方案，它在进行码书选择时忽略了量化单元的存在，把最佳码书分配给每个量化因子，因而在本质上把量化因子转换成了码书指数，同时把这些码书指数按其局部统计特性分成段，段边界即定义了码书应用的范围。显然，这些码书应用范围与由量化单元确定的范围不同，它们完全是由量化因子的局部统计特性决定的，因而可使所选择的码书与量化因子的局部统计特性更匹配，从而可用较少的比特把量化因子传送到解码器。

然而，DRA 音频编码算法采用的码书选择方案是有代价的。其他技术只需把码书指数作为辅助信息传送到解码器，因为它们的应用范围与预定的量化单元相同。而 DRA 音频编码算法除了需要传送这些辅助信息之外，还需要把各个码书的应用范围作为辅助信息传输到解码器，因为它们独立于量化单元。如果处理不当，则这个额外成本可能导致传输这些辅助信息和量化因子所需的比特数的总和会更大。处理好这个问题的关键是在统计特性容许的条件下尽量把码书指数分成大的段，因为大段意味着需要传送到解码器的码书指数及其应用范围会更少。在处理这一问题上，DRA 音频编码算法把量化因子分成多个区块，每个区块包含同样多的量化因子。通过把那些量化因子比其近邻小的孤立的小区块的码书指数提升到其近邻的码书指数的最小值的方法，消除了这些孤立的区域，进而把最小码书分配到那个可容纳最大码书需求的区块，降低了需要被传送到解码器的码书指数数量与表达其应用范围的数据，进而减少了 DRA 码流的数据量。

3.7.4 DRA 多声道数字音频解码算法

DRA 多声道数字音频解码算法原理如图 3-36 所示，基本上是编码处理的反过程。

DRA 多声道数字音频解码器的主要功能模块及作用如下：

1）多路解复用：从比特流解包出各个码字。由于 Huffman 码属前缀码，其解码和多路解复用是在同一个步骤中完成的。

2）码书选择：从比特流中解码出用于解码量化因子用的各个 Huffman 码书及其应用范围（Application Range）。

3）量化因子解码：用于从比特流中解码出量化因子。

4）量化单元个数重建：由码书应用范围重建各个瞬态段的量化单元的个数。

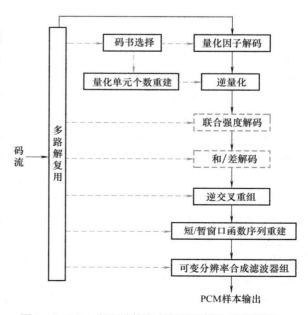

图 3-36　DRA 多声道数字音频解码算法原理框图

5）逆量化：从码流中解码出所有量化单元的量化步长，并用其乘以量化因子重建子带样本。

6）联合强度解码（可选）：利用联合强度比例因子由源声道的子带样本重建联合声道的子带样本。

7）和/差解码（可选）：由和/差声道的子带样本重建左右声道的子带样本。

8）逆交叉重组：当帧中存在瞬态时，逆转编码器对量化因子进行交叉重组。

9）短/暂窗口函数序列重建：对瞬态帧，根据瞬态的位置及 MDCT 的完美重建（Perfect Reconstruction）条件来重建该帧需用的短/暂窗口函数序列。

10）可变分辨率合成滤波器组：由子带样本重建 PCM 音频样本。

3.7.5 DRA 音频标准的技术特点

DRA 音频标准同时支持立体声和多声道环绕声的数字音频编解码，其最大特点是在很低的解码复杂度条件下实现了具有国际先进水平的压缩效率。由于 DRA 音频编解码过程的所有信号通道均有 24bit 的量化精度，故在数码率充足时能提供超出人耳听觉能力的音质。DRA 音频主要参数指标如下。

- 采样频率范围：32～192kHz。
- 量化精度：24bit。
- 数码率范围：32～9612kbit/s。
- 可支持的最大声道数：64.3，即 64 个正常声道，3 个低频音效增强声道（LFE）。
- 音频帧长：1024 个采样点。
- 支持编码模式：CBR（Constant Bit Rate，固定比特率）、VBR（Variable Bit Rate，可变比特率）、ABR（Average Bit Rate，平均比特率）。
- 压缩效率：根据 ITU-R BS.1116 小损伤声音主观测试标准，国家广电总局规划院对 DRA 进行了多次测试，测试表明：DRA 音频在每声道 64kbit/s 的码率时即达到了 EBU（欧洲广播联盟）定义的"不能识别损伤"的音频质量。又根据 ITU-R BS.1534-1 标准，在国家广播电视产品质量监督检验中心数字电视产品质量检测实验室对 DRA 音频在每声道 32kbit/s 码率下的立体声的进行了主观评价测试，结果表明：评价对象 DRA 的每个节目评价结果均为优，音质总平均分达到 88.2 分。

除了能提供出色的音质外，对于移动多媒体广播来说，DRA 音频标准最大的技术优势还在于较低的解码复杂度。DRA 的纯解码复杂度与 WMA 技术相当，低于 MP3，并远低于 AAC+。理论上讲，解码复杂度越低，所占用的运算资源就越少。在同等音质的条件下，选择较低复杂度的音频编码标准一方面可以降低终端的硬件成本，另一方面可以延长终端电池的播放时间。

3.8 新一代环绕多声道音频编码格式

3.8.1 Dolby Digital Plus

一直以来，Dolby Digital（杜比数字）技术是 DVD 的业界标准，也是高清晰度电视（HDTV）和 ATSC 数字电视系统的音频标准。Dolby Digital 有时也被称为 Dolby AC-3，是美国 Dolby

Lab（杜比实验室）于 1992 年推出的一种数字音频的有损压缩编码格式，支持 5.1 声道环绕立体声，广泛用于电影、DVD 和 HDTV。AC-3 是在 DVD 和 ATSC 数字电视系统中使用的名称，但杜比公司使用 Dolby Digital 作为注册商标名。

近年来，杜比实验室对 Dolby Digital 进行了不断的扩展。原来的 Dolby Digital 只有左环绕和右环绕两个环绕声道，Dolby Digital Surround EX（扩展型杜比数字环绕声）在 Dolby Digital 基础上加入了后中置环绕声道。这样，Dolby Digital Surround EX 就具有左、中置、右、左环绕、右环绕、后中置环绕一共 6 个声道，加上独立的低频增强（LFE）声道，就从原来的 5.1 声道变成了 6.1 声道。

新的 Dolby Digital Plus（杜比数字+，简称 DD+）环绕模式提供了数码率和通道的扩展性。Dolby Digital Plus 是以 7.1 声道为起点的，而它的数码率会从原来 Dolby Digital 的 96~640kbit/s 扩大到 32kbit/s~6.144Mbit/s 的范围。换言之，这使得 Dolby Digital Plus 的应用范围更广，也确保了 Dolby Digital Plus 既可以应用于要求"无损"级别的数字环绕声系统，同现在一般的 DVD 环绕声音质相比也会有更进一步的提高空间。

除此之外，Dolby Digital Plus 也可以应用在较低质量的数字环绕声系统中，这是基于 Dolby Digital Plus 的一种重新优化的编解码标准。在高数码率的 Dolby Digital Plus 之中的音效将会用于以蓝光光盘（BD）为存储介质的电影中，而数码率相对较低的 Dolby Digital Plus 音效则将会用在电视台的电视信号传输中。尽管如此，即使低数码率的 Dolby Digital Plus 音效也可以具备极强的音质表现。这是因为 Dolby Digital Plus 在 32kbit/s~6.144Mbit/s 之间的数码率比传统的 Dolby Digital 的 96~640kbit/s 的数码率范围仍要宽广得多。因此，使 Dolby Digital Plus 当中的 32kbit/s 的声音依然可以相当于现在 Dolby Digital 的 96kbit/s 的音质。

这种全新的 Dolby Digital Plus 格式可以支持多达 13.1 声道的环绕声，而至少也能够支持当前主流的 7.1 声道规格。尽管新一代 Dolby Digital Plus 依然是以 7.1 声道为起点，然而这个标准的订立是面向最大 13.1 声道的数字环绕声的。由于它是以数字电影院规格"D-Cinema"为基础的，也即表明了 Dolby Digital Plus 的环绕声不再如当前的多声道只可以在一个平面发声的模式，而是可以提供具备垂直地面、实现指向性向上空间的方位增强扬声器。通过增加这些方位增强扬声器，能够使整个环绕音场从过往简单"平面"跃升到"立体"的层次，声效会产生明显的上下之分的感觉，而当中的空间加强扬声器是可以为 1 路或者 2 路、甚至更多的搭配，从而令层次感比以往更加强烈。我们知道"D-Cinema"数字电影的标准是最大为 16 路音频的设计，当中两路为"听觉残障者用途声道"和"视觉残障者用途声道"，因此 Dolby Digital Plus 就能够以 13.1 路环绕声为标准了。

另外，Dolby Digital Plus 也为 5.1 声道以外的离散通道，诸如 7.1 声道的环绕声提供了解决方案。Dolby Digital Plus 最大的特点是能够支持多达 13.1 声道的环绕音效，同时为了兼容 5.1 声道的音效，Dolby Digital Plus 采用了强制解码功能，将 5.1 声道虚拟成能够为其所用的 7.1 声道，并且能够保证数码率最高为 6Mbit/s。如果用户只有两只音箱的话，Dolby Digital Plus 还可以把多声道声音混为 2 声道输出。

除了应用在蓝光光盘（BD）中外，Dolby Digital Plus 也会出现在与之对应的 A/V 接收器（俗称 AV 合并功放）以及数字机顶盒中，虽然真正带有环绕声的数字电视节目目前在国内还很少见到，但相信随着高清电视的逐渐普及，多声道环绕的电视节目很快会出现在我们的身边。Dolby Digital Plus 的 LOGO 标志及应用领域如图 3-37 所示。

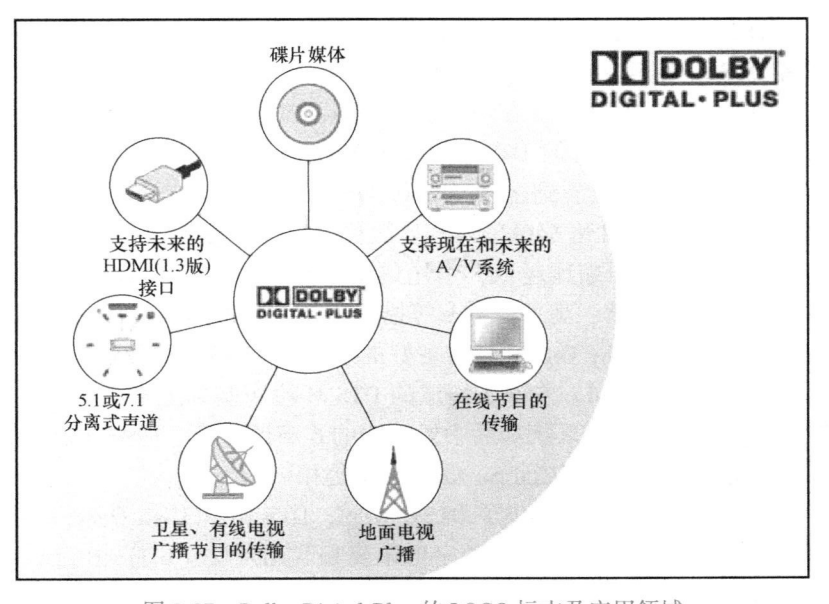

图 3-37　Dolby Digital Plus 的 LOGO 标志及应用领域

3.8.2　Dolby TrueHD

　　Dolby TrueHD（杜比真高清）是杜比公司于 2005 年 9 月 8 日推出的一种针对高清光盘格式开发的新一代无损音频编码格式，可为听众提供相当于高分辨率录音棚母版的音响效果。与 Dolby Digital Plus 相比最大的区别是它采用 MLP 无损压缩技术，最高数码率可达 18Mbit/s，支持 7.1 声道，最高可达 13.1 声道，扩展了元数据功能，使创作者可以对音频播放过程进行更高级的控制，保证各种聆听环境都能带来最佳的音乐表现。Dolby TrueHD 的 LOGO 标志如图 3-38 所示。

　　MLP 无损压缩技术首次应用于 DVD-Audio 中。Dolby TrueHD 在此基础上将数码率提高到 18Mbit/s，支持多达 8 个分离式 24bit/96kHz 全频带声道。它采用声道间的相关性、预测编码及 Huffman 编码等

图 3-38　Dolby TrueHD 的 LOGO 标志

技术，依据信号特性来动态地改变数码率。Dolby TrueHD 通过互动模式与音频声道互换混音模式的设计，由内含 Dolby TrueHD 多声道解码的播放器来还原高音质规格，而不是由 AV 功放来负责解码。

　　Dolby TrueHD 采用子数据流结构，其优点是播放器只需解码需要的声道即可，也就是在 2 声道、5.1 声道、7.1 声道之间精确控制播放种类。此外由于 Dolby TrueHD 采用无损压缩技术，矩阵重组的方法也不会破坏不同重放形式的音质。由于 Dolby TrueHD 数据量较大，目前也采用 HDMI 进行传输。

3.8.3　DTS-HD

　　DTS 是 Digital Theatre System（数字影院系统）的缩写。美国 DTS 公司推出了多种声场

技术，其中 DTS Digital Surround 是最广为流传的一种，属于 5.1 声道系统，人们通常说的 DTS 技术，或者 DTS 环绕声，一般就是指 DTS Digital Surround。

DTS 分左、中置、右、左环绕、右环绕 5 个声道，加上低音效果（LFE）声道组成 5.1 声道，这一点和杜比数字相同。但 DTS 在 DVD 中的数码率为 1536kbit/s（又叫全数码率 DTS，以前在 HDTV 中我们还能看到很多 768kbit/s 的半数码率 DTS），而 Dolby Digital 的数码率是 384~448kbit/s，最高可达 640kbit/s，显然相比之下 DTS 具有更高的数码率，也就具有更低的数据压缩比。数据压缩比越低，占用的记录空间越大，但其重放音质就有可能越好。加之 DTS 采取高量化精度、高采样频率等措施，使之对原音重现的追求就更进了一步，因此 DTS 被很多人认为比 Dolby Digital 具有更好的效果。

DTS-ES（Extended Surround）在 5.1 声道的 DTS 环绕声基础上增加了后中置环绕声道，组成左、中置、右、左环绕、右环绕和后中置环绕的 6 声道系统，加上低音效果（LFE）声道，称之为 6.1 声道，和 Dolby Digital Surround EX 是相同的。

DTS 在 DTS-ES 6.1 声道之后也推出了 DTS++ 格式，DTS-HD（High Definition）就是 DTS++ 的正式注册商标名称，目前已用于新一代数字电影院和蓝光光盘（BD）上。

与 Dolby TrueHD 目前尚只有一个主体规范不同，DTS-HD 能编码和解码的 DTS 格式有三种：DTS-HD Master Audio（大师级音频），DTS-HD High Resolution Audio（高分辨率音频）和 DTS-HD Digital Surround（数字环绕声），以适应多种最新的娱乐要求。

DTS-HD Master Audio 的特点是包括音频的全部信息，DTS 宣称它是"bit for bit"的完整再现录音母带效果，也就是完全无损压缩。DTS-HD Master Audio 采用 MLP 无损编码技术，使用可变数码率的方式，在蓝光光盘（BD）中最高数码率可达 24.5Mbit/s；在 HD DVD 光盘中数码率可达 18Mbit/s；对于采样频率为 96kHz、量化精度为 24bit 的信号，最高支持 7.1 声道；对于 7.1 声道的重放格式，有多种可选的扬声器摆位方式。而在兼容性方面，有两种选择：如果需要后向兼容，则数据结构包括核心和扩展模块；如果不需要后向兼容，则省掉核心模块，只保留扩展数据块，保证最高的音质表现。

DTS-HD High Resolution Audio 的特点是包括扩展数据，采用固定的数码率，对于蓝光光盘（BD），数码率在 1.5~6.0Mbit/s 范围内可选；对于 HD DVD 光盘，数码率在 1.5~3.0Mbit/s 范围内可选；对于采样频率为 96kHz、量化精度为 24bit 的信号，最高支持 7.1 声道；对于 7.1 声道的重放格式，有多种可选的扬声器摆位方式；能够附加第二音频或子音频数据流。

DTS-HD Digital Surround 的特点是包括 DTS 相干声学编码的核心数据，数码率提高到 1.5Mbit/s；对于采样频率为 48kHz、量化精度为 24bit 的信号，最高支持 6.1 声道；对于采样频率为 96kHz、量化精度为 24bit 的信号，最高支持 5.1 声道；可完全兼容目前的 DTS 音频重放系统。

DTS-HD 为了保证完全兼容 5.1 声道（44.1/48kHz）DTS 的环绕声格式，采用"核心+扩展"的数据结构，与 Dolby Digital Plus 的结构类似。所有 DTS-HD 碟片都带有一个 DTS 数字环绕声（DTS Digital Surround）核，核心数据模块包含相干声学编码的 5.1 声道数据，扩展数据模块包含增加声道或更高采样频率的数据。

DTS-HD 采用"核心+扩展"的数据结构，其音频流为一个单一的数据码流，但载有的核心数据和扩展数据是可以分开读取和使用的，其优点是能与现有的 DTS 解码器后向兼容。

所有的 DTS 解码器都可以对 DTS-HD 核心数据进行解码，但只有高档的解码器才能同时对核心数据和扩展数据进行解码。

此外，DTS-HD 优于 Dolby TrueHD 的一点就是能够提供多样化的 7.1 声道解决方案，具有更丰富的声场表现力。在家庭影院中，由于受到房间大小和家具摆放的限制，扬声器的摆位常常不同于录音室的标准摆位。对于 7.1 声道重放格式，DTS-HD Master Audio 和 DTS-HD High Resolution Audio 为用户提供了扬声器重映射功能，可以选择以下 7 种不同的扬声器摆位方式。

- 传统的扬声器布局。
- 全后方环绕声（Full Rear Surround）。
- 侧面提高（Side High）。
- 前方展宽（Front Wide）。
- 前方提高（Front High）。
- 头顶中置（Center Over-Head）。
- 中置提高（Center High）。

拓展阅读：杜比全景声 7.1.4 声道家庭影院系统中各个音箱的作用

3.9　小结

本章首先介绍了数字音频压缩编码的基本知识和基本原理、音频编解码器的性能指标及其评价方法、数字音频编码技术的分类。然后具体介绍了线性预测编码、矢量量化、CELP 编码及子带编码等常用的数字音频编码技术。对于各种不同的压缩编码方法，其算法的复杂度、重建音频信号的质量、压缩效率（压缩比）、编解码延时等都有很大的不同，因此其应用场合也各不相同。接着介绍了一些利用感知编码技术的多声道音频编码标准，如 MPEG-1、Dolby AC-3、MPEG-2 AAC、MPEG-4 AAC、Enhanced aacP1us 和 DRA 多声道数字音频编解码标准。最后介绍了新一代环绕多声道音频编码格式的两个大阵营，即杜比环绕声和 DTS 环绕声技术，还分别介绍了具有代表性的 Dolby Digital Plus 和 Dolby TrueHD 以及 DTS-HD 的关键技术及特性。

3.10　习题

1. 音频信号的相关性主要来自哪些方面？
2. 音频编码通常分为哪几类？它们各有什么优缺点？
3. 音频质量的主观评定法和客观评定法各有哪几种？
4. 音频编解码器的主要性能指标有哪些？这些指标相互之间有何关系？
5. 说明感知编码的基本原理。

6. 子带编码的基本思想是什么？进行子带编码的好处是什么？

7. 声音压缩的依据是什么？MPEG-1 音频编码利用了听觉系统的什么特性？

8. 什么叫作 5.1 声道环绕立体声？

9. MPEG-1 音频比特流数据帧中的比例因子起什么作用？

10. MPEG-4 音频编码有何特点？简述 MPEG-4 音频的编码方法。

11. 简述谱带复制（SBR）技术的工作原理。

12. Dolby TrueHD 与 Dolby Digital Plus 相比，有哪些优点？

13. DTS-HD 的特点是什么？

第4章 信道编码与调制技术

本章学习目标:
- 熟悉数字音频信号的处理流程。
- 熟悉信道编码的基本概念和分类,掌握差错控制的基本原理。
- 了解 RS 码、CIRC 码、RSPC 码、警哨 (Picket) 码、卷积码和 LDPC 码的基本原理。
- 熟悉数字信号的基本调制方式及作用。
- 了解 EFM 编码、EFM+编码、17PP 调制码、OFDM 的基本原理。

4.1 数字音频信号的处理流程

在具体讲解本章内容之前,先大致说明一下数字音频信号的处理流程。如图 4-1 所示,数字音频信号经过信源压缩编码后,还要进行以下几个环节的处理。

1) 信道编码:数字信号在记录或传输过程中会产生误码,为了提高传输的可靠性或者能从光盘、磁盘等存储媒介中读出正确的数据,必须进行信道编码。信道编码也称差错控制编码。

2) 附加子码:附加上包含有曲目号、时间码等信息的子码。

3) 调制:在记录或传输音频码流之前,将其码型变换成适合于信道传输的形式。

4) 附加同步信号:为了便于对误码进行纠错,采用将连续的码流分割成一定长度的码组,并附加上校验码的方法,这种码组称为帧。为了明确各帧的分界线和获得比特同步,每帧都加有同步信号,以便掌握各帧的数据应该从哪里开始、到哪里为止,并且即使在发生了丢失同步信号的情况下,也可以由下一个同步信号来加以恢复。

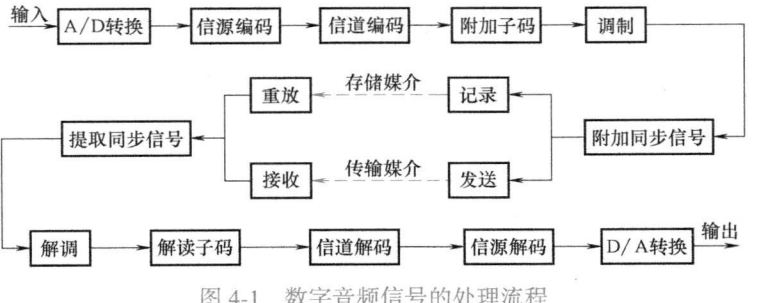

图 4-1 数字音频信号的处理流程

经过上述环节处理的数字音频信号,在实际中被记录到 DAT、CD 或 DVD 上,或者是像数字音频广播那样通过无线电波发射出去。进行重放或接收时,数字音频信号所要经历的是与上述相反的处理过程。

4.2　信道编码

4.2.1　误码产生的原因及特点

在数字音频录放系统中，误码产生的原因主要有以下几种。

1）记录载体存在缺陷。对磁带来说，存在由于磁粉材料的性能及生产工艺造成磁层表面有污物或损伤、磁粉脱落、磁带变形或有皱褶等缺陷。对 CD 唱片来说，存在生产过程中带入的灰尘或损伤、信号坑点成型不良、透明基片的光折射率不均匀、铝反射膜不良等缺陷。

2）记录载体在使用过程沾上的指纹、灰尘以及划伤等造成的载体缺陷。

3）重放机构的变动和不稳，使磁头偏离信号磁迹、CD 唱片播放时激光聚焦、循迹等伺服不良，使重放信号电平波动。

4）重放信号时间轴上的抖动超出了窗口裕度导致误码。

5）录放中的噪声及码间干扰导致误码。

产生的误码有许多种形式。如果每个码元独立地按一定的概率出现差错，而与其前、后码元是否出现差错无关，则称之为随机误码；如果码元的差错成串成群出现，即在短时间内出现大量误码，则称之为突发误码。上面所列原因中前三项主要引起突发误码，后两项主要引起随机误码。实际上误码是上述原因中几项因素综合作用的结果。

在数字音频广播系统中，按照噪声和干扰的变化规律，可把传输信道分为三类：随机信道、突发信道和混合信道。恒参高斯白噪声信道是典型的随机信道，其中误码的出现是随机的，而且误码之间是统计独立的。具有脉冲干扰的信道是典型的突发信道，误码是成串、成群出现的，即在短时间内出现大量误码。短波信道和对流层散射信道是混合信道的典型例子，随机误码和突发误码都占有相当比例。对于不同类型的信道，应采用不同的差错控制技术，否则就将事倍功半。

4.2.2　RS 码

RS（Reed-Solomon，理德-所罗门）码是一类非二进制 BCH 码（Bose-Chandhuri-Hoc-quenghem Code）。RS 码是在伽罗华域（Galois Field，GF）上构成的，所有的运算处理都在这个域上进行。在介绍 RS 码之前，先简要介绍一下本原多项式、本原多项式的根以及伽罗华域等概念。

1. 本原多项式

通常把不能再进行因式分解的多项式称为既约多项式。本原多项式首先必须是既约多项式。先说明一下多项式指标的概念。所谓多项式指标 "e" 是指能被多项式 $P(x)$ 除尽的 $x^e + 1$ 中最小的 e 值，表示为

$$x^e + 1 = P(x)Q(x) \tag{4-1}$$

例如，设 $P(x) = x^3 + x + 1$，则有下式存在：

$$x^7 + 1 = (x^3 + x + 1)(x^3 + x^2 + 1)(x + 1)$$

这时，多项式 $P(x) = x^3 + x + 1$ 的指标就为 7。

所谓本原多项式，其特点是如果 x^e+1 能因式分解成 $P(x)Q(x)$，其中 $P(x)$ 或 $Q(x)$ 的最高次数 n 能满足 $e=2^n-1$，则 $P(x)$ 或 $Q(x)$ 即为本原多项式。

在上例中，$P(x)=x^3+x+1$，$n=3$，$2^n-1=2^3-1=7=e$，即此多项式满足上述条件，故为 3 次本原多项式。

综上所述，本原多项式首先应该是一个既约多项式，其次还应满足 $e=2^n-1$ 的条件，其中 e 为该既约多项式的指标，n 为该既约多项式的最高次数。

2. 多项式的根

与一般多项式的根一样，在模 2 多项式中也有根。不过模 2 多项式的根不像一般多项式的根，它无数值意义，我们只关心这些根的性质。

假设 α 为 $P(x)=x^3+x+1=0$ 的一个根，所以有 $\alpha^3+\alpha+1=0$。又因为是模 2 运算，故上式满足如下关系：

$$\begin{cases} \alpha^3+\alpha=1 \\ \alpha^3+1=\alpha \\ \alpha+1=\alpha^3 \end{cases}$$

由于 $P(x)=x^3+x+1$，其最高次数 n 为 3，所以也像一般多项式一样，它有 3 个根，除 α 之外，另外两个根是 α^2 与 α^4。

例如，将 $x=\alpha^2$ 代入 x^3+x+1，得

$$(\alpha^2)^3+\alpha^2+1=(\alpha^3)^2+\alpha^2+1=(\alpha+1)^2+\alpha^2+1=\alpha^2+1+\alpha^2+1=0$$

表明 α^2 也是 $P(x)=x^3+x+1=0$ 的一个根。

3. GF（2^m）域

先来看一下什么是域。实际上，域是大家非常熟悉的一个概念。例如，对实数进行加减乘除四则运算时得到的还是实数，于是全部实数的集合就在四则运算之下组成了一个域。由于全部实数的集合的元（元素，指每个实数）的数目是无限的，所以这个域属于无限域。如果构成一个域的集合只有有限个元，则这种域就是有限域或伽罗华域，记作 GF(p)，p 是元的数目。实际上，0 与 1 这个二元集合在二进制运算、布尔代数之下就组成了一个伽罗华域。这是因为不管怎样运算，得到的也只是 0、1。它记作 GF(2)，是世界上最小的伽罗华域。

CD 与 DAT 使用的是 GF(2^8)。这是由于它们是把 8bit 的数据作为 1 个码元来处理的缘故。元的数目是 $2^8=256$ 个，不过只凭普通的模运算是不能组成一个域的。域的定义中要求必须有乘法的逆元，而它则不存在这个逆元。为简单起见，下面以 GF(2^2) 为例来加以说明。事实上，{0，1，2，3} 这个 4 元集合就不能构成 GF(2^2)，因为无论如何也不能把 2 的逆元 2^{-1} 给造出来（不论是给 2 乘以 0、1、2、3 之中的哪一个，也不能得到 1）。

那么怎么办呢？这要求技巧。正像给实数域引进一个虚数 i 来把它扩展成复数域一样，是用再加一个本原多项式的根 α 的办法来对 GF(2) 加以扩展。总之，从 {0，1，α} 这个新的集合能够求出作为一个新的域所必需的一切的元，这称为域的扩张，通过扩张得出的伽罗华域称为扩张域。

GF(2^2) 可由 {0，1，α，α^2} 构成，表 4-1 给出了 GF（2）的加法表与乘法表，表 4-2 给出了 GF(2^2) 的加法表与乘法表。

表 4-1　GF（2）的加法表与乘法表

+	0	1
0	0	1
1	1	0

×	0	1
0	0	0
1	0	1

表 4-2　GF（2^2）的加法表与乘法表

+	0	1	α	α^2
0	0	1	α	α^2
1	1	0	α^2	α
α	α	α^2	0	1
α^2	α^2	α	1	0

×	0	1	α	α^2
0	0	0	0	0
1	0	1	α	α^2
α	0	α	α^2	1
α^2	0	α^2	1	α

而 GF(2^8)则可由 $\{0, 1, \alpha, \cdots, \alpha^{254}\}$ 构成，除 0、1 之外的 254 个元由本原多项式 $P(x)$ 生成，因此本原多项式也称为生成多项式，即

$$P(x) = x^8 + x^4 + x^3 + x^2 + 1 \tag{4-2}$$

而 GF(2^8)域中的本原元素为 $\alpha =$（00000010）。

那么如何通过 $P(x)$ 来生成其他的元 $\alpha, \cdots, \alpha^{254}$ 呢？下面以一个较简单的例子说明域的构造。

假定构造 GF(2^3)域的本原多项式为 $P(x) = x^3 + x + 1$，α 定义为 $P(x) = 0$ 的根，即有 $\alpha^3 + \alpha + 1 = 0$ 或 $\alpha^3 = \alpha + 1$。

GF(2^3)中的元可通过模运算的方法得到。

$0 \bmod (\alpha^3 + \alpha + 1) = 0$

$\alpha^0 \bmod (\alpha^3 + \alpha + 1) = \alpha^0 = 1$

$\alpha^1 \bmod (\alpha^3 + \alpha + 1) = \alpha^1$

$\alpha^2 \bmod (\alpha^3 + \alpha + 1) = \alpha^2$

$\alpha^3 \bmod (\alpha^3 + \alpha + 1) = \alpha + 1$

$\alpha^4 \bmod (\alpha^3 + \alpha + 1) = \alpha^2 + \alpha$

$\alpha^5 \bmod (\alpha^3 + \alpha + 1) = \alpha^2 + \alpha^1 + 1$

$\alpha^6 \bmod (\alpha^3 + \alpha + 1) = \alpha^2 + 1$

用二进制数表示域元素，得到如表 4-3 所示的对照表。

表 4-3　GF（2^3）域中的元素与二进制代码对照表

域 元 素	二进制代码
0	000
α^0	001
α^1	010
α^2	100
α^3	011
α^4	110
α^5	111
α^6	101

这样一来就建立了 GF(2^3) 域中的元素与 3 位二进制数之间的一一对应关系。用同样的方法可建立 GF(2^8) 域中的 256 个元素与 8 位二进制数之间的一一对应关系，如表 4-4 所示。

表 4-4　GF（2^8）域中的元素与二进制代码对照表

以幂表示的域元素	以多项式表示的域元素	二进制代码
0	0	00000000
α^0	1	00000001
α^1	α^1	00000010
α^2	α^2	00000100
α^3	α^3	00001000
α^4	α^4	00010000
α^5	α^5	00100000
α^6	α^6	01000000
α^7	α^7	10000000
α^8	$\alpha^4+\alpha^3+\alpha^2+1$	00011101
$\vdots$		$\vdots$
α^{254}	$\alpha^7+\alpha^3+\alpha^2+\alpha$	10001110

4. RS 的编码算法

RS 的编码就是计算信息码元多项式 $M(x)$ 除以校验码生成多项式 $G(x)$ 之后的余数。在介绍之前需要对码元做一些说明。在 GF(2^m) 域中进行 RS(n,k) 编码时，输入信号被分成 $k×m$ 比特为一组，每组包括 k 个码元，每个码元由 m 个比特组成，而不是前面所述的二进制码元由 1bit 组成。一个纠 t 个差错码元的 RS 码有如下参数：

n：表示码组长度，$n=2^m-1$ 个码元。

k：表示码组中的信息码元长度。

$K=n-k=2t$：表示校验码的码元数。

t：表示能够纠正的差错数目。

例如，RS(28,24)码表示码组长度共 28 个码元，其中信息码元的长度为 24，校验码有 4 个监督码元。在这个由 28 个码元组成的码组中，可以纠正在这个码组中出现的两个分散的或者两个连续的码元差错，但不能纠正 3 个或者 3 个以上的码元差错。

对一个信息码多项式 $M(x)$，RS 校验码生成多项式的一般形式为

$$G(x) = \prod_{i=0}^{K-1} (x - \alpha^{K_0+i}) \tag{4-3}$$

式中，K_0 是偏移量，通常取 $K_0=0$ 或 $K_0=1$，而（$n-k$）$\geq 2t$（t 为要校正的差错码元数）。

下面用两个例子来说明 RS 码的编码原理。

【例 4-1】　设在 GF（2^3）域中的元素对应表如表 4-3 所示。假设 RS（6，4）码中的 4 个信息码元为 m_3、m_2、m_1 和 m_0，信息码多项式 $M(x)$ 为

$$M(x) = m_3 x^3 + m_2 x^2 + m_1 x + m_0 \tag{4-4}$$

并假设 RS 校验码的两个码元为 Q_1 和 Q_0，那么

$$\frac{M(x)x^{n-k}}{G(x)} = \frac{M(x)x^2}{G(x)}$$

的余式 $R(x)$ 为

$$R(x) = Q_1 x + Q_0$$

如果 $K_0 = 1$，$t = 1$，则由式（4-3）导出的 RS 校验码生成多项式为

$$G(x) = \prod_{i=0}^{K-1}(x - \alpha^{K_0+i}) = (x - \alpha)(x - \alpha^2) \tag{4-5}$$

根据多项式的运算，由式（4-4）和式（4-5）可以得到

$$m_3 x^5 + m_2 x^4 + m_1 x^3 + m_0 x^2 + Q_1 x + Q_0 = (x - \alpha)(x - \alpha^2)Q(x)$$

当用 $x = \alpha$ 和 $x = \alpha^2$ 代入上式时，得到下面的方程组：

$$\begin{cases} m_3 \alpha^5 + m_2 \alpha^4 + m_1 \alpha^3 + m_0 \alpha^2 + Q_1 \alpha + Q_0 = 0 \\ m_3(\alpha^2)^5 + m_2(\alpha^2)^4 + m_1(\alpha^2)^3 + m_0(\alpha^2)^2 + Q_1 \alpha^2 + Q_0 = 0 \end{cases}$$

经过整理可以得到用矩阵表示的 RS（6，4）码的校验方程组

$$\begin{cases} \boldsymbol{H}_Q \times \boldsymbol{V}_Q^T = 0 \\ \boldsymbol{H}_Q = \begin{bmatrix} \alpha^5 & \alpha^4 & \alpha^3 & \alpha^2 & \alpha^1 & 1 \\ (\alpha^2)^5 & (\alpha^2)^4 & (\alpha^2)^3 & (\alpha^2)^2 & (\alpha^2)^1 & 1 \end{bmatrix} \\ \boldsymbol{V}_Q = \begin{bmatrix} m_3 & m_2 & m_1 & m_0 & Q_1 & Q_0 \end{bmatrix} \end{cases}$$

求解方程组就可得到监督码元

$$\begin{cases} Q_1 = m_3 \alpha^5 + m_2 \alpha^5 + m_1 \alpha^0 + m_0 \alpha^4 \\ Q_0 = m_3 \alpha + m_2 \alpha^3 + m_1 \alpha^0 + m_0 \alpha^3 \end{cases}$$

在读出时的校验子可按下式计算：

$$\begin{cases} s_0 = m_3 \alpha^5 + m_2 \alpha^4 + m_1 \alpha^3 + m_0 \alpha^2 + Q_1 \alpha + Q_0 \\ s_1 = m_3(\alpha^5)^2 + m_2(\alpha^4)^2 + m_1(\alpha^3)^2 + m_0(\alpha^2)^2 + Q_1 \alpha^2 + Q_0 \end{cases}$$

【例 4-2】 在例 4-1 中，如果 $K_0 = 0$，$t = 1$，则由式（4-3）导出的 RS 校验码生成多项式就为

$$G(x) = \prod_{i=0}^{K-1}(x - \alpha^{K_0+i}) = (x - \alpha^0)(x - \alpha^1) \tag{4-6}$$

根据多项式的运算，由式（4-4）和式（4-6）可以得到下面的方程组：

$$\begin{cases} m_3 + m_2 + m_1 + m_0 + Q_1 + Q_0 = 0 \\ m_3 \alpha^5 + m_2 \alpha^4 + m_1 \alpha^3 + m_0 \alpha^2 + Q_1 \alpha^1 + Q_0 = 0 \end{cases}$$

方程中的 α^i 也可看成码元的位置，此处 $i = 0, 1, \cdots, 5$。

求解方程组可以得到 RS 校验码的 2 个码元为 Q_1 和 Q_0，即

$$\begin{cases} Q_1 = \alpha m_3 + \alpha^2 m_2 + \alpha^5 m_1 + \alpha^3 m_0 \\ Q_0 = \alpha^3 m_3 + \alpha^6 m_2 + \alpha^4 m_1 + \alpha m_0 \end{cases} \tag{4-7}$$

假定 m_i 为下列值：

$$m_3 = \alpha^0 = 001$$

$$m_2 = \alpha^6 = 101$$

$$m_1 = \alpha^3 = 011$$
$$m_0 = \alpha^2 = 100$$

代入式（4-7）可求得监督码元

$$Q_1 = \alpha^6 = 101$$
$$Q_0 = \alpha^4 = 110$$

5. RS 码的译码算法

RS 码的差错纠正过程分三步：

1）计算校验子。

2）计算差错位置。

3）计算错误值。

现以例 4-2 为例介绍 RS 码的纠错算法。校验子使用下面的方程组来计算：

$$\begin{cases} s_0 = m_3 + m_2 + m_1 + m_0 + Q_1 + Q_0 \\ s_1 = m_3\alpha^5 + m_2\alpha^4 + m_1\alpha^3 + m_0\alpha^2 + Q_1\alpha + Q_0 \end{cases} \quad (4\text{-}8)$$

为简单起见，假定存入光盘的信息码元 m_3、m_2、m_1、m_0 和由此产生的监督码元 Q_1、Q_0 均为 0，读出的码元为 m_3'、m_2'、m_1'、m_0'、Q_1' 和 Q_0'。

如果计算得到的 s_0 和 s_1 不全为 0，则说明有差错，但不知道有多少个错，也不知道错在什么位置和错误值。如果只有 1 个差错，则问题比较简单。假设差错的位置为 α_x，错误值为 m_x，那么可通过求解下面的方程组：

$$\begin{cases} s_0 = m_x \\ s_1 = m_x\alpha_x \end{cases}$$

得知差错的位置和错误值。

如果计算得到 $s_0 = \alpha^2$ 和 $s_1 = \alpha^5$，可求得 $\alpha_x = \alpha^3$ 和 $m_x = \alpha^2$，说明 m_1 出了错，它的错误值是 α^2。校正后的 $m_1 = m_1' + m_x$，本例中 $m_1 = 0$。

如果计算得到 $s_0 = 0$，而 $s_1 \neq 0$，则基本可断定至少有两个差错，当然出现两个以上的差错不一定都是 $s_0 = 0$ 和 $s_1 \neq 0$。如果出现两个差错，而又能设法找到出错的位置，那么这两个差错也可以纠正。如已知两个差错 m_{x1} 和 m_{x2} 的位置 α_{x1} 和 α_{x2}，那么求解方程组

$$\begin{cases} m_{x1} + m_{x2} = s_0 \\ m_{x1}\alpha_{x1} + m_{x2}\alpha_{x2} = s_1 \end{cases}$$

就可知道这两个错误值。

CD-ROM 中采用的 CIRC（Cross Interleaved Reed-Solomon Code，交叉交织理德-所罗门码）以及 DVD 中采用的 RSPC（Reed-Solomon Product Code，理德-所罗门乘积码）就是采用上述方法导出的。

4.2.3　CIRC 纠错技术

光盘存储器和其他的存储器一样，经常遇到的差错有两种。一种是由于随机干扰造成的差错，这种差错称为随机差错。它是随机的、孤立的，干扰过后再读一次光盘，差错就可能消失。另一种差错是连续多位出错，或连续多个码元出错，如盘片的划伤、沾污或盘本身的缺陷都可能出现这种差错，一错就错一大片。这种差错称为突发差错。CIRC 码综合了交织、

延时交叉交织、交叉交织等技术，不仅能纠随机差错，而且对纠突发差错也特别有效。

1. 交织技术

对纠错来说，分散的差错比较容易得到纠正，但出现一长串的差错时，就比较麻烦。正如人们读书看报，如果文中个别地方出错，根据上下文就很容易判断是什么错。如果连续错很多字，就很难判断该处写的是什么。

把这种思想用在数字记录系统中对突发差错的更正非常有效。在光盘上记录数据时，如果把本该连续存放的数据错开放，那么当出现一片差错时，这些差错就分散到各处，差错就容易得到纠正，这种技术就称为交织（Interleaving）技术。

从原理上看，交织技术并不是一种纠错编码方法。在发送端，交织器将信道编码器输出的码元序列按一定规律重新排序后输出，进行传输或存储；在接收端进行交织的逆过程，称为去交织。去交织器将接收到的码元序列还原为对应发送端编码器输出序列的排序。交织器、去交织器与信道的关系如图 4-2 所示。

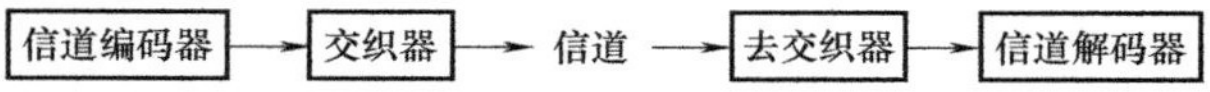

$$\boxed{\text{信道编码器}} \longrightarrow \boxed{\text{交织器}} \longrightarrow \text{信道} \longrightarrow \boxed{\text{去交织器}} \longrightarrow \boxed{\text{信道解码器}}$$

图 4-2 交织器与去交织器在传输系统中的位置

图 4-3 说明了一种简单的块交织方式的原理。输入码元序列以逐列顺序存储到一个存储器阵列中，该阵列有 M 列、N 行。每个存储器单元存储一个码元 a_{ij}，其中 i 为行号，j 为列号。因此输入码元序列的排序为 $a_{11}a_{21}\cdots a_{N1}a_{12}a_{22}\cdots a_{N2}\cdots$ $a_{1M}a_{2M}\cdots a_{NM}$。当存储器阵列存满后，从左上角存储器单元开始，以逐行顺序从存储器阵列中读出码元输出，即输出码元序列为 $a_{11}a_{12}\cdots a_{1M}a_{21}a_{22}\cdots a_{2M}\cdots a_{N1}a_{N2}\cdots a_{NM}$。可见交织器输出码元序列按 $N×M$ 的大小分成块（或称为帧），并将块中码元排序按上述方法改变后输出。同样，去交织也在块内进行。

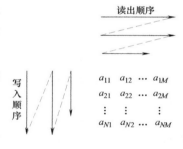

图 4-3 块交织示意图

在块交织器和去交织器中，必须确定块的起始码元（图 4-3 中的 a_{11}）才能正确还原为纠错编码器输出序列的码元排序。为此，通常以块起始码元为同步字，在去交织之前据此进行块同步，找出块的起始码元。

根据以上块交织方法，交织器输入码元序列中间隔小于 $N-1$ 个码元的两个码元（包括不在同一块中的），在交织后输出码元序列中至少间隔 $M-2$ 个码元。如图 4-3 中 a_{12} 和 a_{21} 在输入序列中间隔 $N-2$ 个码元，它们在输出序列中间隔 $M-2$ 个码元。这意味着长度小于等于 M 的单个突发差错在去交织后被分散开，相邻差错码元的间隔至少为 $N-2$。因此，若 N 个码元为一个码字，采用块交织可使长度小于等于 M 的单个突发差错分散到若干码字中，每个码字最多有一个码元差错。若编码能纠正码字中的一个差错，则用块交织技术可纠正任何长度小于等于 M 的单个突发差错；若编码能纠正码字中的 t 个差错，则采用交织技术可纠正任何长度小于等于 tM 的单个突发差错或纠正 t 个长度小于等于 M 的突发差错（均指在一个块大小内的突发差错数）。

应用交织技术，除了在发送端和接收端分别增加交织器和去交织器所需存储器外，还增加了传输时延。在块交织中，由交织器和去交织器产生的总时延为 $2×N×M$ 个码元的传输时间。块中各个码元在交织器中和在去交织器中产生的时延都互不相同，但是交织器和去交织器产生的总时延对各个码元是相同的。

2. 交叉交织技术

交叉交织（Cross-Interleaving）技术是交织技术的进一步强化，它采用了双重编码和交织技术的结合，这种编码技术用了两个编码器 C_1 和 C_2。这样可以进一步提高纠错能力。例如，先用（5，3）码编码器 C_2 对原数据进行编码，生成 4 个码字，然后对这 4 个码字组成的块进行交织后，再用（6，4）码编码器 C_1 生成 5 个码字，再进行交织。其过程说明如下。

1）用（5，3）码编码器 C_2 生成的 4 个码字为

$$A_1 = (a_2 a_1 a_0 P_1 P_0)$$
$$A_2 = (b_2 b_1 b_0 Q_1 Q_0)$$
$$A_3 = (c_2 c_1 c_0 R_1 R_0)$$
$$A_4 = (d_2 d_1 d_0 S_1 S_0)$$

2）进行块交织后用（6，4）码编码器 C_1 生成的 5 个码字为

$$B_1 = (a_2 b_2 c_2 d_2 T_1 T_0)$$
$$B_2 = (a_1 b_1 c_1 d_1 U_1 U_0)$$
$$B_3 = (a_0 b_0 c_0 d_0 V_1 V_0)$$
$$B_4 = (P_1 Q_1 R_1 S_1 W_1 W_0)$$
$$B_5 = (P_0 Q_0 R_0 S_0 X_1 X_0)$$

3）再进行块交织，交织块的大小可以是 2、3、4 或 5 个码字。以交织两个码字为例，生成的码元序列为

$$a_2 a_1 b_2 b_1 c_2 c_1 d_2 d_1 T_1 U_1 T_0 U_0 a_0 P_1 b_0 Q_1 c_0 R_1 d_0 S_1 \cdots$$

4）最后一个码字不配对，可以和下一个码块的码字配对交织。

3. 延时交叉交织技术

在实际应用中，可对前面介绍的交织技术略加修改，采用延时交叉交织技术实现交织。延时交叉交织技术的原理示意图如图 4-4 所示。设有两个编码器 C_1 和 C_2，C_2 为（5，3）编码器，C_1 为（7，5）编码器，如图 4-4a 所示。假设以"$\cdots b_{-4,0} b_{-4,1} b_{-4,2} \cdots b_{-1,0} b_{-1,1} b_{-1,2} b_{0,0} b_{0,1} b_{0,2} b_{1,0} b_{1,1} b_{1,2} \cdots$"为例构成一个编码阵列，如图 4-4b 所示，其编码过程如下。

1）先对每一行用 C_2 编码器进行编码，生成 Q 监督码元。

2）对 C_2 编码器输出的 5 个码元 $b_{i,0}$、$b_{i,1}$、$b_{i,2}$、$Q_{i,3}$、$Q_{i,4}$ 分别做 0、1、2、3、4 个时间单位的延时，从而实现交叉交织。

3）对经延时交叉交织后的码元用 C_1 编码器进行编码，生成 P 监督码元。

4. CIRC 纠错技术

CIRC 纠错技术是以延时交叉交织为中介、对 RS 码进行双重编码的技术。

CIRC 编码器首先应用在激光唱盘系统中。该编码器采用双重 RS 编码器，C_2 是 RS（28，24）编码器，C_1 是 RS（32,28）编码器。音频信号的采样率为 44.1kHz，每次采样值有两个，一个来自左声道，一个来自右声道，每个样本值用 16bit 表示，称为一个字，每个字又分为 2B，每个字节用 $GF(2^8)$ 域中的一个元表示。因此，每次采样共有两个字、4B，用 $GF(2^8)$ 域中的 4 个码元表示。为了纠正可能出现的差错，每 6 次采样共 24 个码元构成 1 帧，称为 F_1 帧。用 C_2 编码器对这 24 个码元产生 4 个 Q 监督码元：Q_0、Q_1、Q_2 和 Q_3。24 个

声音数据加上 4 个 Q 监督码元共 28 个码元。再用 C_1 编码器对这 28 个码元产生 4 个 P 监督码元：P_0、P_1、P_2 和 P_3。28 个码元加上 4 个 P 监督码元共 32 个码元构成的帧称为 F_2 帧。F_2 帧加上 1 个字节（即 1 个码元）的子码共 33 个码元构成的帧称为 F_3 帧。

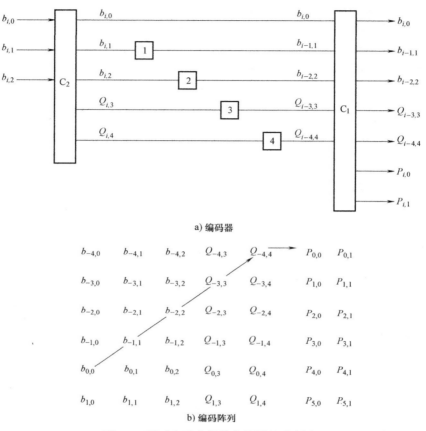

a) 编码器

b) 编码阵列

图 4-4　延时交叉交织技术的原理示意图

在实际应用中，可对前面介绍的交织技术略加修改，执行交织时不是交织包含有 k 个校验符的码块，而是交织一个连续序列中的符号，这种交织技术称为延时交织。延时交织之后还可用交叉技术，称为延时交叉交织技术。CD 存储器中的 CIRC 编码器采用了 $4×F_1$ 帧的延时交织方案。1 帧延时交织可纠正连续 $4×F_1$ 帧的突发差错。$4×F_2$ 帧的延时交织可纠正连续 $16×F_1$ 帧的突发差错，大约相当于 $14×F_3$ 帧的突发差错。$1×F_3$ 帧经过 EFM 编码后产生 588 位通道位。1 位通道位的长度可折合成 $0.277μm$ 的光道长度。$14×F_3$ 帧的突发差错长度相当于 $[（16×（24+4））/33]×588×0.277μm≈2.2mm$。换句话说，CIRC 能纠正在 2.2mm 光道上连续存放的 448 个错误符号，相当于连续 224 个汉字错误可以得到纠正。

4.2.4　RSPC 码

RSPC 是 Reed-Solomon Product Code（理德–所罗门乘积码）的缩写。所谓乘积码就是将两种 RS 码进行纵横组合。

在 DVD 中，用户数据是按扇区组织，但这些数据并不是直接记录到盘片上的，而是需要经过一系列步骤的处理，最后经过调制之后得到通道码才被记录到盘片上。按照其组成方式和数据处理阶段的不同，一个扇区的形成可能需要经过用户扇区、数据扇区、记录扇区和物理扇区等几个步骤。纠错码（Error Correction Code，ECC）编码是形成记录扇区过程的重要一步，由于 ECC 编码与其之前的一些处理步骤之间存在比较大的联系，因此从用户扇区开始介绍。

用户扇区中包括 12B 的扇区头（包括 4B 的扇区标识码 ID、2B 的 ID 检错码 IED、6B 的复制保护信息 CPR）、2048B 的用户数据、4B 的检错码（Error Detection Code，EDC），一共 2064B。将这 2064B 组成一个 12 行×172 列的块，而块中的 2048B 的用户数据还要再经过扰频处理，才能得到数据扇区，如图 4-5 所示。

图 4-5　数据扇区的构成

连续的 16 个数据扇区（共 16×2064B = 33024B）组合在一起，形成一个 192 行×172 列的 ECC 数据块，对该 ECC 数据块进行 RSPC 编码。对这 172 列的每一列进行 RS 编码，得到一个 16B 的外部校验 RS 码（Outer Parity Reed-Solomon Code，PO）。再将得到的 PO 数据附加在对应列的末尾，即数据块新增 16 行，从原来的 192 行变为 208 行。然后再对这 208 行的每一行进行 RS 编码，得到一个 10B 的内部校验 RS 码（Inner Parity Reed-Solomon Code，PI）。再将得到的 PI 数据附加在对应行的末尾，即数据块新增 10 列，最后得到一个 208 行×182 列的 ECC 块，如图 4-6 所示。

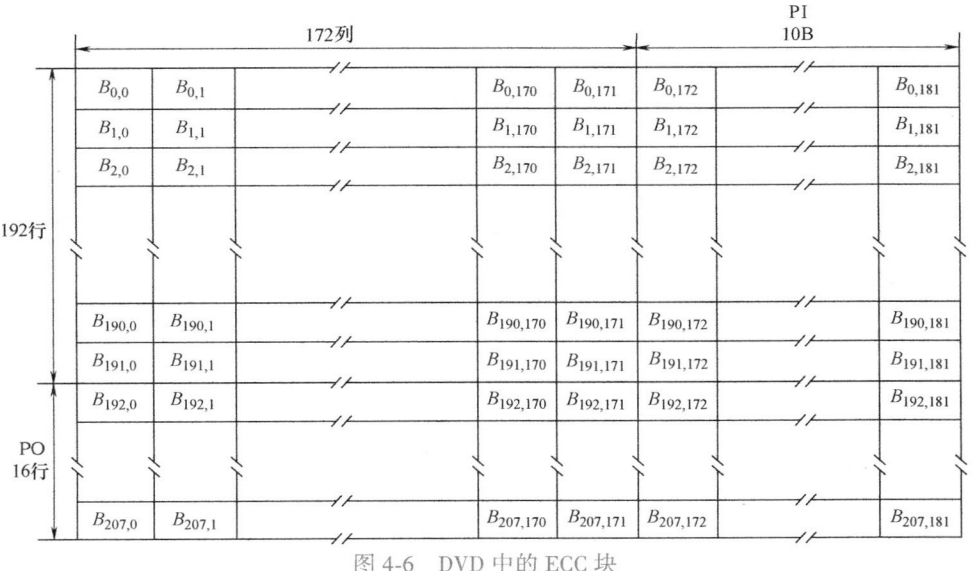

图 4-6　DVD 中的 ECC 块

然后，对这个 ECC 块要进行一次分拆：对前 192 行，按每 12 行组成 1 块，共分拆成 16

块；对后 16 行（PO 数据），将每一行按顺序附加到前述 16 个小块中。最后得到的是 16 个 13×182B＝2366B 的小块，这就是记录扇区。记录扇区经过调制编码，转化为物理扇区记录在盘片上。

在 DVD 数据中，每个记录扇区的大小为 2366B，其中 2048B 是真正有用的用户数据，除了 10B 用作扇区标识和复制信息保护外，其他的 308B 用于误码的检测和纠正，包括扇区数据中 6B 的检错码和 302B 的 RS 码校验字（12 行的末尾每行 10B 共 120B，172 列的末尾每列 1B 共 172B，最后 1 行和最后 10 列的交叉区域共 10B）。因此，为达到所需的纠错效果，所付出的代价就是 308/2366≈13% 的数据冗余。

DVD 纠错码中采用的这种 RSPC 码的纠错能力是相当强大的，其最大可纠错长度为 2800B，在 DVD 盘片上的物理长度大约为 6mm。与此对照，CD 纠错码采用的 CIRC 方式，最大可纠错长度约为 500B，对应物理长度约为 2.4mm。当然，由于 RSPC 纠错码以行列组成块的方式进行编码和译码，需要的系统开销和缓冲区比较大。但是由于电子技术的迅猛发展，编译码成本急剧下降，这已经不再是一个问题了。

4.2.5 警哨码

在分析 DVD 系统采用的 RSPC 纠错码的实际作用后发现，RSPC 码中水平校验码的主要作用是纠正随机错误和指出突发错误的位置，垂直校验码的作用就是根据已标记的错误位置纠正突发错误。水平校验码的纠错任务较轻，其纠错能力略有剩余，而垂直校验码的纠错任务较重。为此，在蓝光光盘（BD）系统中采用了一种称为警哨码（Picket Code）的纠错方案，它取消了水平校验码，代之以垂直方向上的 LDS（Long Distance Subcode）码和 BIS（Burst Indicator Subcode）码。BIS 码是具有高度冗余的校验码，纠错能力非常强，用来放置重要的地址和控制信息。而通过 BIS 纠错过程得到的错误位置作为"警哨"（Picket），指示纠错能力较低的 LDS 码更好地纠正数据中的错误。

在蓝光光盘系统中，数据按 64KB 为一组进行记录。在数据编码的过程中，需要经过以下阶段：数据帧（Data Frame）的构成、数据扇区（Data Sector）的构成、ECC 扇区（ECC Sector）的构成、ECC 簇（ECC Cluster）的构成、BIS 簇（BIS Cluster）的构成、物理簇（Physical Cluster）的构成和记录帧（Recording Frame）的构成。下面逐步介绍从用户数据到物理簇的编码过程。

一个数据帧由 2052B 组成，其中包括 2048B 的用户数据（编号为 d_0，d_1，$\cdots$，d_{2047}）和 4B 的检错码 EDC（编号为 e_{2048}，e_{2049}，e_{2050}，e_{2051}）。将这 2052B 数据看作连续的比特流，以用户数据的最高位开始，以 EDC 的最低位结束。

一个数据扇区由两个数据帧（A，B）构成。将两个数据帧的 4104B 数据逐列填入一个 216 行×19 列的矩阵中，先填入数据帧 A 的数据 $d_{0,A}$，$d_{1,A}$，$\cdots$，$e_{2050,A}$，$e_{2051,A}$，后填入数据帧 B 的数据 $d_{0,B}$，$d_{1,B}$，$\cdots$，$e_{2050,B}$，$e_{2051,B}$，最后构成一个 4104B 的数据扇区，如图 4-7 所示。

在一个数据扇区的下部按照一定的纠错规律添加校验码，构成一个 ECC 扇区。首先要对数据扇区中的字节进行一次新的编号，每一列的字节按从上到下的顺序编号依次为 $d_{L,0}$，$d_{L,1}$，$\cdots$，$d_{L,215}$，其中 $L=0$，1，$\cdots$，18 为列号。注意这里的编号方式是列号在前，行号在后，与常见的矩阵元素编号正好相反。编号完成后，对每一列的数据用 RS(248,216) 码计算出 32B 的校验码 $P_{L,216}$，$P_{L,217}$，$\cdots$，$P_{L,247}$，并附加在原数据列之后。这样每列的 248B 构成一个 LDS 码字，19 列 LDS 码字构成一个 ECC 扇区。一个 ECC 扇区共包含 19×248B＝4712B，如图 4-8 所示。

$d_{0,A}$	$d_{216,A}$	...	$d_{1944,A}$	$d_{108,B}$	...	$d_{1836,B}$
$d_{1,A}$	$d_{217,A}$	...	$d_{1945,A}$	$d_{109,B}$	...	$d_{1837,B}$
$\vdots$	$\vdots$	$\vdots$	$\vdots$	$\vdots$	...	$\vdots$
$\vdots$	$\vdots$	$\vdots$	$d_{2047,A}$	$\vdots$	...	$\vdots$
$\vdots$	$\vdots$	$\vdots$	$e_{2048,A}$	$\vdots$	...	$\vdots$
$\vdots$	$\vdots$	$\vdots$	$\vdots$	$\vdots$	...	$\vdots$
$\vdots$	$\vdots$	$\vdots$	$e_{2051,A}$	$\vdots$	...	$\vdots$
$\vdots$	$\vdots$	$\vdots$	$d_{0,B}$	$\vdots$	...	$\vdots$
$\vdots$	$\vdots$	$\vdots$	$d_{1,B}$	$\vdots$	...	$\vdots$
$\vdots$	$\vdots$	$\vdots$	$\vdots$	$\vdots$	...	$d_{2047,B}$
$\vdots$	$\vdots$	$\vdots$	$\vdots$	$\vdots$	...	$e_{2048,B}$
$\vdots$	$\vdots$	$\vdots$	$\vdots$	$\vdots$	...	$\vdots$
$d_{215,A}$	$d_{431,A}$	...	$d_{107,B}$	$d_{323,B}$	...	$e_{2051,B}$

图 4-7　数据扇区（216 行×19 列）的构成

19列						
	0	1		L		17	18

（216行数据）

$d_{0,0}$	$d_{1,0}$	$\vdots$	$d_{L,0}$	$\vdots$	$d_{17,0}$	$d_{18,0}$
$d_{0,1}$	$d_{1,1}$	$\vdots$	$d_{L,1}$	$\vdots$	$d_{17,1}$	$d_{18,1}$
$d_{0,2}$	$\vdots$	$\vdots$	$\vdots$	$\vdots$	$\vdots$	$\vdots$
$d_{0,3}$	$\vdots$	$\vdots$	$\vdots$	$\vdots$	$\vdots$	$\vdots$
$\vdots$	$\vdots$	$\vdots$	$\vdots$	$\vdots$	$\vdots$	$\vdots$
$\vdots$	$\vdots$	$\vdots$	$\vdots$	$\vdots$	$\vdots$	$\vdots$
$\vdots$	$\vdots$	$\vdots$	$\vdots$	$\vdots$	$\vdots$	$\vdots$
$d_{0,215}$	$d_{1,215}$	$\vdots$	$d_{L,215}$	$\vdots$	$d_{17,215}$	$d_{18,215}$
$P_{0,216}$	$P_{1,216}$	$\vdots$	$P_{L,216}$	$\vdots$	$P_{17,216}$	$P_{18,216}$
$\vdots$	$\vdots$	$\vdots$	$\vdots$	$\vdots$	$\vdots$	$\vdots$
$\vdots$	$\vdots$	$\vdots$	$\vdots$	$\vdots$	$\vdots$	$\vdots$
$\vdots$	$\vdots$	$\vdots$	$\vdots$	$\vdots$	$\vdots$	$\vdots$
$\vdots$	$\vdots$	$\vdots$	$\vdots$	$\vdots$	$\vdots$	$\vdots$
$P_{0,247}$	$P_{1,247}$	$\vdots$	$P_{L,247}$	$\vdots$	$P_{17,247}$	$P_{18,247}$

216行数据　　32行校验码

图 4-8　ECC 扇区的构成

在构成 ECC 扇区后，将 16 个连续的 ECC 扇区组合成一个 496 行×152 列的 ECC 簇。一个 ECC 簇共包含 496×152B = 75392B。整个构造过程比较复杂，需要经过几次合并、交织、重编号等操作。首先，将 16 个连续的 ECC 扇区排在一起。然后将两个连续的 ECC 扇区（例如扇区 0 和扇区 1）合并成块 0（248 行×38 列 = 9424B），16 个 ECC 扇区则合并成 8 个块。接着对每块的连续两列（例如块 0 的第 0 列和第 1 列）做一次交织合并，按照列的方向重新安放数据，即首先放置原块第 0 列第 0 行的字节，再在列方向上的下一个位置放置原块的第 1 列第 0 行的字节，再放置原块第 0 列第 1 行的字节，如此填满 1 列（496 行），再对剩下的列做类似操作，这样最后即可形成一个新的块（496 行×19 列 = 9424B）。接着将每两个连续的块再次合并，形成 4 个 496 行×38 列的新块（这样合并的目的是在块之间插入 BIS 码）。对这些字节按照行的顺序进行一次重新编号，即为 C_0，C_1，…，C_{75391}。最后对 ECC 簇中的数据进行一次移位交织。交织规则是每两行一起，依次左移 3 列，从左侧移出的数据添加到本行右侧空出的对应位置。至此，一个 ECC 簇就构造完成了。

与 ECC 簇的构成类似，BIS 簇的构成也需要经过添加校验码、交织、重编号等多个步骤。BIS 簇中放置的是重要的地址和控制数据，包括逻辑地址和控制数据（18B/数据帧×32 数据帧 = 576B），以及物理地址（9B/物理扇区×16 物理扇区 = 144B），共 720B。这些数据排列成 30 行×24 列的矩阵，并编号为 $b_{0,0}$，$b_{0,1}$，…，$b_{0,29}$，$b_{1,0}$，$b_{1,1}$，…，$b_{23,0}$，$b_{23,1}$，…，$b_{23,28}$，$b_{23,29}$（下标中列号在前，行号在后），再对每一列的 30B 数据按 RS（62，30）码计算出 32B 的校验码，并附加在本数据列的下方，这样每列的 62B 构成一个 BIS 码字，24 个 BIS 码字构成一个 BIS 块（62 行×24 列 = 1488B），如图 4-9 所示。BIS 块中的 1488B 需要经过一次交织，排列到一个 496 行×3 列的矩阵中，所得的矩阵就是 BIS 簇。

24列

	0	1		c		22	23
30行数据	$b_{0,0}$	$b_{1,0}$	⋮	$b_{c,0}$	⋮	$b_{22,0}$	$b_{23,0}$
	$b_{0,1}$	$b_{1,1}$	⋮	$b_{c,1}$	⋮	$b_{22,1}$	$b_{23,1}$
	⋮	⋮	⋮	⋮	⋮	⋮	⋮
	⋮	⋮	⋮	$b_{c,n}$	⋮	⋮	⋮
	⋮	⋮	⋮	⋮	⋮	⋮	⋮
	$b_{0,29}$	$b_{1,29}$	⋮	$b_{c,29}$	⋮	$b_{22,29}$	$b_{23,29}$
32行校验码	$P_{b0,30}$	$P_{b1,30}$	⋮	$P_{bc,30}$	⋮	$P_{b22,30}$	$P_{b23,30}$
	⋮	⋮	⋮	⋮	⋮	⋮	⋮
	⋮	⋮	⋮	⋮	⋮	⋮	⋮
	$P_{b0,61}$	$P_{b1,61}$	⋮	$P_{bc,61}$	⋮	$P_{b22,61}$	$P_{b23,61}$

图 4-9　BIS 块（包括 24 个 BIS 码字）

64KB 的数据和相应的地址、控制数据分别经过 LDS 和 BIS 编码，构成一个 ECC 簇和一个 BIS 簇，再经过一次交织合并，与同步位一起形成一个物理簇。一个 ECC 簇为 496 行×152 列，将每连续的 38 列划分为一组，一共可划分为 4 组。一个 BIS 簇为 496 行×3 列，将这 3 列分别插入到 ECC 簇的组与组之间，就构成了一个 496 行×155 列的矩阵，再加上开头部分的同步位，就构成了一个物理簇。物理簇中的每一行（155B+同步位）称为一个记录帧，每连续的 31 行构成一个物理扇区。因此 1 个物理簇包含 16 个物理扇区或 496 个记录帧。记录时逐帧进行，由于用户数据等都是按列排列的，这样就可以将数据进行分散，以减小突发错误的影响。

由于 LDS 码和 BIS 码的每个码字含有相同数量的校验码元，因此只需要一个 RS 解码器即可完成上述两种码的解码。与 DVD 系统采用的 RSPC 码相比较，警哨码将冗余的校验码元全部放置在列方向上，利用具有强大纠错能力的 BIS 码来保证重要的地址和控制数据，并指示可能的突发错误位置，LDS 码根据已指示的位置进行纠错。因此，警哨码的纠错能力得到了很大的提升。

4.2.6 卷积码

分组码是把 k 个信息码元的序列编成 n 个码元的码组，每个码组的 $(n-k)$ 个监督码元仅与本组的 k 个信息码元有关，而与其他各组码元无关，也就是说分组码编码器本身并无记忆性。为了达到一定的纠错能力和编码效率，分组码的码组长度一般都比较大。编译码时必须把整个信息码组存储起来，由此产生的译码延时随 n 的增加而线性增加。

卷积码是另外一种得到广泛应用的前向纠错码，它也是将 k 个信息码元编成 n 个码元的码组，但 k 和 n 通常很小，特别适合以串行形式进行传输，时延小。与分组码不同，卷积码编码后的每个 (n, k) 码段（也称子码）内的 n 个码元不仅与本码组的 k 个信息码元有关，而且还与前面的 m 个码段的信息码元有关。卷积码常用符号 (n, k, m) 表示，通常称 m 为编码存储。卷积码的编码效率（码率）$R=k/n$。

卷积码的纠错性能随 m 的增加而增大，而差错率随 m 的增加而指数下降。在编码器复杂性相同的情况下，卷积码的性能优于分组码。

$(2, 1, 2)$ 卷积码编码器的原理框图如图 4-10 所示，它由移位寄存器、模 2 加法器及开关电路组成。

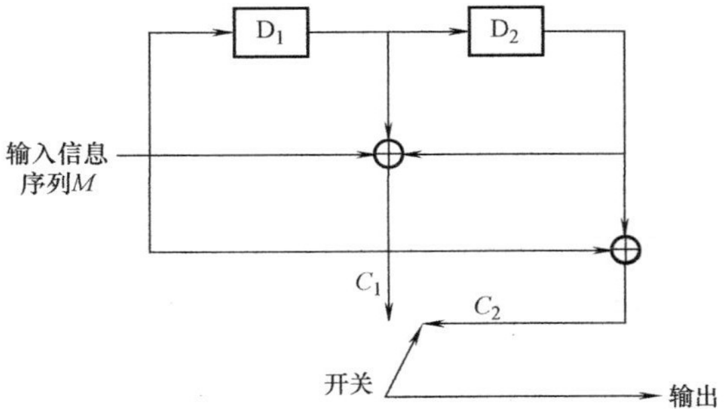

图中 D_1、D_2 为两级移位寄存器，信息序列 M 由左边输入。每一单元时间输入编码器一个信息码元。例如第 j 时间单元输

图 4-10 $(2, 1, 2)$ 卷积码编码器

入 m_j，下一时间单元输入 m_{j+1}，…，依此类推。移位寄存器 D 将数据延时 1 位。在输入信息为 m_j 的第 j 时刻，D_1 的输出为 m_{j-1}，D_2 的输出为 m_{j-2}，则编码器输出的两个码元分别为

$$C_{j, 1} = m_j \oplus m_{j-1} \oplus m_{j-2}$$
$$C_{j, 2} = m_j \oplus m_{j-2}$$

(4-9)

在输出端，由旋转开关选择输出序列，每一时间单元旋转一周，输出一个子码。第 j 时间单元输出的子码是 $C_j = (C_{j,1}, C_{j,2})$。

第 $j+1$ 时间单元，输入信息码元为 m_{j+1}，编码器输出的两个码元分别为

$$C_{j+1,\,1} = m_{j+1} \oplus m_j \oplus m_{j-1}$$

$$C_{j+1,\,2} = m_{j+1} \oplus m_{j-1}$$

(4-10)

输出的相应的子码是 $C_{j+1} = (C_{j+1,1},\ C_{j+1,2})$。

第 $j+2$ 时间单元，输入信息码元为 m_{j+2}，编码器输出的两个码元分别为

$$C_{j+2,\,1} = m_{j+2} \oplus m_{j+1} \oplus m_j$$

$$C_{j+2,\,2} = m_{j+2} \oplus m_j$$

(4-11)

输出的相应的子码是 $C_{j+2} = (C_{j+2,1},\ C_{j+2,2})$。

第 $j+3$ 时间单元，输入信息码元为 m_{j+3}，编码器输出的两个码元分别为

$$C_{j+3,\,1} = m_{j+3} \oplus m_{j+2} \oplus m_{j+1}$$

$$C_{j+3,\,2} = m_{j+3} \oplus m_{j+1}$$

(4-12)

输出的相应的子码是 $C_{j+3} = (C_{j+3,1},\ C_{j+3,2})$。依此类推。在每一时间单元，送至编码器 k 个信息码元（本例 $k=1$），编码器就输出相应的 n 个码元（本例 $n=2$）组成一个子码。

由上面的分析可知，第 j 时间单元输入的信息码元 m_j，不但参与确定本子码 C_j 的编码，而且还参与确定后续子码 C_{j+1} 和 C_{j+2} 的编码。这就是说，信息码元使前后相继的子码之间产生约束关系。m_j 将 C_j、C_{j+1} 和 C_{j+2} 这 3 个子码联系在一起，同样，m_{j+1} 将 C_{j+1}、C_{j+2} 和 C_{j+3} 联系在一起，依此类推。

卷积码各子码之间的约束关系如图 4-11 所示。即子码之间的约束关系，在一个虚线方框内表示出来，每个虚线方框内的子码数都是相同的，这里用 N 来表示，并称为编码约束度。上例中，（2，1，2）卷积码的编码约束度 $N=3$，即任一个信息码元关联了 3 个子码。

那么信息码元是如何使 N 个子码发生关联的呢？由图 4-10 编码器的工作过程可知，该编码器是由串联的移位寄存器组成。串联的移位寄存器的数目以 m 表示，m 称为编码存储，表示输入信息码元在编码器中需存储的单位时间，它说明每个子码中的码元不仅与本时刻的信息码元有关，还与前 m 个时刻的信息码元有关。这里 $m=2$，所以 $N=m+1=3$。

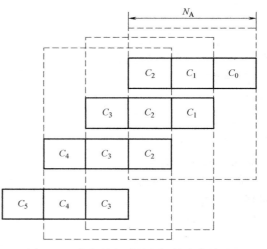

图 4-11　卷积码各子码之间的约束关系

另外，在图 4-11 虚线框内的码元数称为约束长度 N_A。由于编码约束度为 N，每个子码的码元数为 n，所以 $N_A = N \times n = (m+1) \times n$。$N_A$ 是表示卷积码编码器复杂性的重要参数。

由图 4-11 可看出，一个子码 C_j 既与其前面 m 个子码发生关联，也与后面的 m 个子码发生关联，这样一环扣一环就组成了卷积码的一个码序列。因此，卷积码也称为连环码。

综上所述，对应于每段 k 个码元的输入序列，输出 n 个码元。n 个输出码元不仅与当前的 k 个输入信息码元有关，还与前面 mk 个信息码元有关。

4.2.7 低密度奇偶校验码

低密度奇偶校验（Low Density Parity Check，LDPC）码的发展颇具几分传奇色彩。麻省理工学院的 Robert Gallager 于 1962 年首次提出 LDPC 码，但由于当时超大规模集成电路（VLSI）技术尚未成熟，LDPC 码由于其难以逾越的复杂程度而被束之高阁，逐渐被人淡忘。1993 年法国人 Berrou 等提出了 Turbo 迭代译码后，人们研究发现 Turbo 码其实就是一种 LDPC 码。1996 年，Mackay 的研究成果促使 LDPC 码的价值被重新挖掘，成为当前编码领域的热点之一。中国移动多媒体广播（China Mobile Multimedia Broadcasting，CMMB）系统就采用了 LDPC 码作为信道纠错编码方案。

LDPC 码是很长的线性分组码，它的校验矩阵 $\boldsymbol{H}_{(n-k)\times n}$ 是一个稀疏矩阵，每个码字满足一定数目的线性约束，而约束的数目通常是非常小的，易于译码。

LDPC 码将要发送的信息 $U=\{u_1, u_2, \cdots, u_m\}$ 转换成被传输的码字 $V=\{v_1, v_2, \cdots, v_n\}=UG$，$n>m$，$n$ 表示分组的长度，n 的取值范围通常从数千到几十万。与生成矩阵 $\boldsymbol{G}$ 相对应的是一个校验矩阵 $\boldsymbol{H}$，$\boldsymbol{H}$ 满足 $\boldsymbol{HV}^{\mathrm{T}}=0$，$\boldsymbol{H}$ 是一个几乎全部由 0 组成的稀疏矩阵，每行和每列中 1 的数目都很少。

Gallager 定义的（n，p，q）LDPC 码是码长为 n 的码字，在它的校验矩阵 $\boldsymbol{H}$ 中，每一行和每一列中 1 的数目是固定的，其中每一列中 1 的个数是 p，每一行中 1 的个数是 q，$q\geqslant 3$，列之间 1 的重叠数目小于等于 1。如果校验矩阵 $\boldsymbol{H}$ 的每一行是线性独立的，那么编码效率为 $(q-p)/q$，否则编码效率就是 $(q-p')/q$，其中 p' 是校验矩阵 $\boldsymbol{H}$ 中行线性独立的数目。

由 Gallager 构造的一个 LDPC 码（20，3，4）的校验矩阵如图 4-12 所示，它的 $d_{\min}=6$，设计编码效率为 1/4，实际编码效率为 7/20。

$$
\begin{array}{c}
 \\ m_1 \\ m_2 \\ m_3 \\ m_4 \\ m_5 \\ \cdots \\ \cdots \\ \\ \cdots \\ \cdots \\ \cdots \\ \cdots \\ \cdots \\ \cdots \\ \cdots
\end{array}
\begin{array}{l}
n_1\ n_2\ n_3\ n_4 \cdots\cdots n_{20} \\
\left[\begin{array}{cccc:cccc:cccc:cccc:cccc}
1&1&1&1&0&0&0&0&0&0&0&0&0&0&0&0&0&0&0&0\\
0&0&0&0&1&1&1&1&0&0&0&0&0&0&0&0&0&0&0&0\\
0&0&0&0&0&0&0&0&1&1&1&1&0&0&0&0&0&0&0&0\\
0&0&0&0&0&0&0&0&0&0&0&0&1&1&1&1&0&0&0&0\\
0&0&0&0&0&0&0&0&0&0&0&0&0&0&0&0&1&1&1&1\\
\hdashline
1&0&0&0&1&0&0&0&1&0&0&0&1&0&0&0&0&0&0&0\\
0&1&0&0&0&1&0&0&0&1&0&0&0&0&0&0&1&0&0&0\\
0&0&1&0&0&0&1&0&0&0&0&0&0&1&0&0&0&1&0&0\\
0&0&0&1&0&0&0&0&0&0&1&0&0&0&1&0&0&0&1&0\\
0&0&0&0&0&0&0&1&0&0&0&1&0&0&0&1&0&0&0&1\\
\hdashline
1&0&0&0&0&1&0&0&0&0&0&1&0&0&0&0&0&1&0&0\\
0&1&0&0&0&0&1&0&0&0&1&0&0&0&0&1&0&0&0&0\\
0&0&1&0&0&0&0&1&0&0&0&0&1&0&0&0&0&0&1&0\\
0&0&0&1&0&0&0&0&1&0&0&0&0&1&0&0&1&0&0&0\\
0&0&0&0&1&0&0&0&0&1&0&0&0&0&1&0&0&0&0&1
\end{array}\right]
\end{array}
$$

图 4-12　LDPC 码（20，3，4）的校验矩阵

这种校验矩阵每行和每列中 1 的数目固定的 LDPC 码，称为规则 LDPC 码（Regular LDPC Code），由规则 LDPC 码的校验矩阵 $\boldsymbol{H}$ 得到如图 4-13 所示的双向图（Bipartite Graph）。

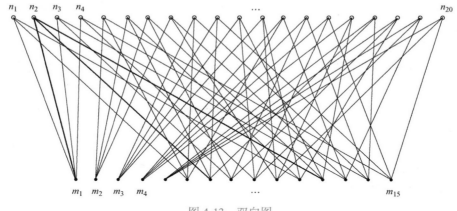

图 4-13　双向图

在图的上方每一个节点代表的是信息位，下方代表的是校验约束节点。把某列 n_i 与该列中非零处的 m_j 相连，例如对于 n_2 列，这列中 3 个 1 分别对应于 m_1、m_7 和 m_{12} 行，这样就把 n_2 与 m_1、m_7 和 m_{12} 连接起来。从行的角度考虑，把某一行 m_j 中非零点处的 n_i 相连，得到同一个双向图。在规则 LDPC 码中，与每个信息节点相连的线的数目是相同的，校验节点也具有相同的特点。与这两种节点相连的线的数目称为该节点的度。在译码端，把与某一个校验节点 m_j 相连的 n_i 求和，结果若为 0，则无错误发生。

Gallager 对规则 LDPC 码译码采用的迭代概率译码算法称为可信传播（Belief Propagation）。

与规则 LDPC 码相对应的是非规则 LDPC 码（Irregular LDPC Code），其校验矩阵 $\boldsymbol{H}$ 中，每行中 1 的个数不同，每列中 1 的个数也不一样。其编码方法与规则 LDPC 码基本相同，非规则双向图中信息节点之间、校验节点之间的度有可能不同。因此，对于非规则图构造的 LDPC 码，它的校验矩阵 $\boldsymbol{H}$ 的列重量不相同，是一个变化的值，这是非规则码与规则码之间的重要区别。

非规则码的性能要好于规则码。最近几年的研究表明，对于在 GF（8）构造的非规则码，其性能要比 Turbo 码还好，非常接近于香农限，能够显著提高码字性能，目前非规则码已经成为 LDPC 码的研究热点。

非规则的译码可以采用可信传播迭代译码算法，也可以采用序列译码和并行译码算法等。

4.3　数字调制

4.3.1　调制的概念和目的

1. 调制的概念

将模拟音频信号进行取样、量化、编码之后，我们已把连续的模拟信号用 1 和 0 所组成的二进制码来表示，在电信号上就是由代表 1 和 0 的脉冲序列来表示。但是这样的脉冲序列信号还不能直接用来传输或记录，需要将它变换成适宜传输和记录的形式，以达到预期的效果，也就是说必须规定这些 1 或 0 对应什么样的波形，这种规定就叫调制。调制是一种对信号进行变换的处理手段，经调制将信号变换成适合于传输和记录的形式。

在模拟音频领域，调制的概念大家已非常熟悉，调幅（Amplitude Modulation，AM）广播所采用的振幅调制，就是将音频信号转换成高频信号，使其能够从天线辐射出去的一种调制方法。其他调制方式还有调频（Frequency Modulation，FM）、调相（Phase Modulation，PM）以及高频脉冲载波的脉宽调制（Pulse Width Modulation，PWM）等。在数字音频领域，对 PCM 信号进行调制的方法大致有两类：一类是用 1 和 0 去调制（改变）载波的某项参数，另一类是根据 PCM 信号原来的波形（称为基带波形）按某种规则来进行变换，以改变基带波形。属于第一种类型的有数字信号的幅移键控（Amplitude Shift Keying，ASK）、频移键控（Frequency Shift Keying，FSK）、相移键控（Phase Shift Keying，PSK），以及由这三种基本调制方式派生出来的形式，如广泛使用的正交幅度调制（Quadrature Amplitude Modulation，QAM）等。属于第二种类型的有 8-10 调制编码、8-14 调制（EFM）编码、EFM+编码、17PP 调制码等。

2. 调制的目的与要求

数字音频信号经过一系列的数字化处理后，最终需要记录到 DAT、CD、硬盘等各种存储媒介上或者通过信道进行传输。调制的目的是要使 PCM 信号变换成适宜传输和记录的形式。所谓适宜传输，一方面是要求能快速正确地传送更多的信息；另一方面，在传输信道中总会混进一些噪声，在接收端导致信号质量下降，因此要考虑能减小或克服噪声的影响，改善通信质量。因此，在对数字音频信号进行记录存储或传输之前，需要对之进行调制，以适应不同存储媒介或传输信道的特性。

通常数字传输或存储系统所采用的调制方式应满足以下要求。

（1）容易提取比特同步信息

在没有可靠的时间基准时，为了能从接收或重放信号中提取读出信息所需的时钟信号，要求传输或记录的数码流不应出现过长的连 0 或连 1。

（2）不易受直流截止特性的影响

在像磁性记录那样的由微分信号检出的重放系统中，传输直流信号是很困难的。另外，有时要求传输信道中叠加直流分量。因此，我们希望调制后的信号不包含直流分量，或直流变化要小。

（3）所需的传输带宽要窄

由于记录、重放系统和传输信道的传输特性，一般是频率越高衰减越大，因而希望已调信号的带宽要尽量窄。

（4）能抗噪声和抖动

由于传输或记录存储系统会产生噪声和时基的偏移抖动，因此，希望使用能使解调具有一定裕度的调制方式。

记录数字音频信号的媒介有 DAT、CD、硬盘等，声音数据可作为信息记录存储在 CD、DAT 上，DAT 将声音数据转换成用 1 和 0 表示的数字信号之后，并不是直接把它们记录到盘上。物理盘上记录的数据和真正的声音数据之间需要做变换处理，这种处理统称为码型变换。码型变换不只是用于光盘记录，凡是在物理线路上传输的数字信号都需要进行码型变换。采用码型变换的目的主要有两个，一是为了改善信号质量，使得读出信号的频带变窄；

二是为了在接收端能够从信号本身提取出自同步信号。

通常把能够直接用于存储媒介上的代码称为通道码。考虑到存储媒介的特性不同，对磁带和光盘分别需从磁特性和光特性来考虑码型变换。DAT 数字磁带录音采用 8-10 调制（由 8bit 变换成 10bit），CD 激光数字唱片系统采用 EFM 调制（由 8bit 变换成 14bit）。而在数字音频广播中，通常采用编码正交频分复用（COFDM）技术。

4.3.2　8-10 调制

8-10 调制用于磁记录的数字磁带录音机（DAT），为满足数码流记录在磁带上，要求如下。

1）记录的数码流不应有长时间为同一电平的情况。若用零电平来表示数字"0"，则意味着"0"比特连续的时间不应过长；同样，"1"比特连续的时间也不能过长，以利于提取读出信息所需的时钟信号。

2）对于磁记录，要求记录的数码流不含直流或少含直流分量，即数码流中的"1"、"0"比特应以相同数目翻转。

3）小型化的 DAT 数字磁带录音机不具备抹音磁头，再次写入时直接写在原记录的信号上。对于这种做法需要记录的数字信号应满足下列条件。

① 数字信号的最大波长与最小波长之比要尽量小。在磁带上记录信号，高频信号（短波长）记录在磁带表面，随着频率的降低，向纵深发展，导致低频信号难以抹去。20Hz～20kHz 音频信号以模拟信号记录在磁带上，记录的磁化深度要相差近 1000 倍。这对于模拟录音机影响不大，因为在录音前先经过抹音磁头。对于不具备抹音磁头的 DAT 只有减少磁化深度差才有利于抹去以前的信号。

② 选用短波长的数字信号进行记录，磁化深度浅，趋于表层，有利于将原记录的信号抹去。

具体实施时，是将原 8bit 数据转换成 10bit 的通道码。8bit 数据有 256 个代码，10bit 通道码有 1024 个代码。从这 1024 个代码中寻找出符合要求的 256 个代码与之对应。在接收端，通过解调恢复原 8bit 数据。

4.3.3　EFM 编码

EFM 是 8bit 到 14bit 调制（Eight to Fourteen Modulation）的简称，用于 CD 激光数字唱片系统。这种码型变换的含义就是把一个 8bit（即 1B）的音频数据在记录到 CD 激光唱盘前首先变换成 14bit 的通道码。

那么为什么不能把 8bit 的数据直接记录到 CD 盘上呢？大家知道数字信号是以 0 和 1 记录信息，由于 CD 盘上信号的存储采用光刻的方法，在光盘上形成凹凸的信号坑。凹坑的跳变沿（前沿和后沿）代表 1，凹坑和凸面的平坦部分代表 0，凹坑的长度和凸面的长度代表有多少个 0。读出数据是利用激光束照射凹凸信号坑形成强度不同的反射光，经光电转换而形成电信号，以此来恢复 1 和 0 信号。

在数字记录中要进行码型变换的主要原因有两个，一是为了改善读出信号的质量，二是为了在记录信号中提取同步信号。例如，有连续多个字节的全 0 信号或者全 1 信号要记录到盘上，如果不做码型变换就把它们记录到盘上，读出时的输出信号就是一条直线，电子线路就很难区分有多少个 0 或者多少个 1 信号。而对于没有规律的数字信号，读出时的信号幅度和频率的变化范围都很大，电子线路很难把 0 和 1 区分开，读出的信息就很不可靠。因此通俗说来，码型变换实际上就是要在连续的 0 中插入若干个 1，而在连续的 1 之间插入若干个 0，并对 0 和 1 的连续长度数目即"游程长度"加以限制。

　　理论分析和实验证明，根据 20 世纪 70 年代的技术水平，如果把 0 的游程长度最短限制在两个，而最长限制在 10 个，则光盘上的信号就能够可靠读出，也就是说，两个 1 之间至少要有两个 0，最多不超过 10 个 0，称这样的码为游程长度受限（Run Length Limited，RLL）码，并用 RLL（2，10）表示。大家知道，8bit 二进制数有 256 种组合代码，14bit 通道码有 16384 种组合代码。通过计算机的计算，在这 16384 种组合代码中有 267 个代码能够满足 0 游程长度的要求。在这 267 个代码中，有 10 个代码在合并通道码时限制游程长度仍有困难，舍去后剩下 257 个代码，再去掉任意一个代码，就得到了与 8bit 二进制数相对应的 256 种通道码。在实际的 EFM 编码中，可以通过查表法把 8bit 数据变换成 14bit 的通道码。表 4-5 列出了部分 EFM 编码表。

表 4-5　部分 EFM 编码表

十 进 制 数	二 进 制 数	EFM 编码
0	00000000	01001000100000
1	00000001	10000100000000
2	00000010	10010000100000
3	00000011	10001000100000
4	00000100	01000100000000
…	…	…
10	00001010	10010001000000
…	…	…
128	10000000	01001000100001
129	10000001	10000100100001
…	…	…
255	11111111	00100000010010

　　此外，当通道码合并时，为了满足游程长度的限制要求，在两个通道码之间要再加上 3bit 合并位，以确保读出信号的可靠性，于是在激光唱盘中 8bit 的数据就转换成了 17bit 的通道码。激光唱盘上的数字音频的调制过程如图 4-14 所示。

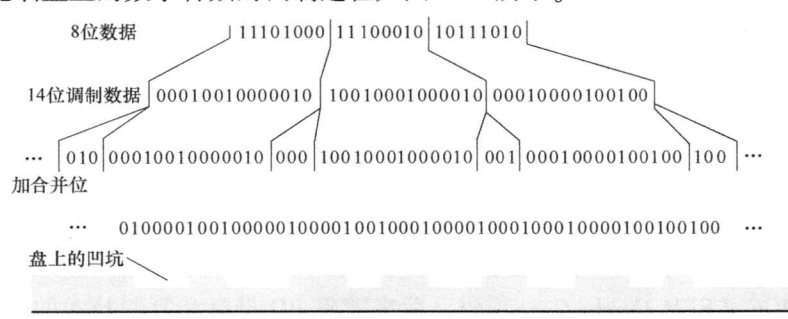

图 4-14　激光唱盘上数字音频的调制过程

4.3.4 EFM+编码

EFM+应用于 DVD 系统。EFM+和 EFM 相似，不同的是把 3bit 合并位改成 2bit，并把它们直接插入到重新设计的码表中，这样 1B 的数据就转换成 16bit 的通道码，从而提高了 DVD 的存储容量。

在设计调制方式时，最重要的问题是，应使低频成分和时钟同步等重要参数不劣化。EFM+调制的具体方法是采用一种（2~7）游程长编码，即在两个 1 之间的 0 的个数不是 2~10，而是 2~7。仍然是电平由高变低或由低变高的瞬间，对应数码 1。除此之外，不论是高电平时还是低电平时，均代表 0。在 EFM+中，和 EFM 一样，通过选择码使有凹坑的部分和凸面（或称镜面）部分的长度刚好相等，这有利于伺服系统的工作。由 8bit 数据转换为 16bit 通道码后，可使 0 和 1 的个数相等，而 EFM 则不可能，因为它经调制后转变为 17bit 的通道码。

EFM+编码器可以使用有限个状态设备来描述，每个信源码要求下一个信源码必须有特定的状态。输入信源码为 8bit，输出通道码为 16bit，都是由具有离散时间函数的 4 个状态组成。经过 EFM+编码后，根据计算，EFM+的码字共有 351 种。但是编码器仅需要 256 个码字，另外的 95 个码字可供控制低频功率等使用。在 EFM+解码器内，可将 16bit 的通道码再恢复为 8bit 的信源码。这时，只看 16bit 码字还不能决定原来的信源码，还必须查看下一个符合状态要求的码字。因此，由通道码变换为信源码时，需要利用阵列 PLA（程序逻辑矩阵）来完成解码。与 EFM+解码器相比，EFM 解码器的解码工作比较简单，只需要看其 17bit 通道码中的前 14bit 码。由于 EFM+比 EFM 调制少 1bit，因此记录密度可提高 6%，这样有利于 DVD 在 12cm 碟片上记录 133min 时长的节目。

4.3.5 17PP 调制码

一般来说，在光存储系统中采用的调制码均为游程长度受限（Run Length Limited，RLL）码，如用于 CD 的 EFM 和用于 DVD 的 EFM+。设计 RLL 码主要考虑以下两方面的限制。

1）确定合适的最小游程 d 和最大游程 k。参数 d 限制信号的最高跳变频率，控制相邻跳变之间的干扰。参数 k 控制最低的跳变频率，保证参考时钟的正确恢复。

2）直流平衡（DC-free），即编码本身在频率 $f=0$ 处无信号分量。

根据编码理论，限制编码后序列的游程数字和（Running Digital Sum，RDS）有界即可。如果调制码的频谱在频率 $f=0$ 处无信号分量，则在整个低频段的分量也会较低。而在光盘系统中，数据信号的频率较高，干扰信号（指纹、划伤等）和伺服信号（聚焦和跟踪信号）的频率较低，这样可以通过一个高通滤波器将低频信号滤除，得到较为"干净"的高频数据信号。

BD 光盘采用了名为"17PP"的调制码，编码后的序列满足最小游程长度 $d=1$、最大游程长度 $k=7$ 的限制，即任意两个码元 1 之间至少要有 1 个 0，最多有 7 个 0，因此 BD 盘片上的最小记录坑点（或岸）的长度为 $2T$，其中 T 为通道位长度。17PP 码是在早期研究可擦写 BD 光盘时提出来的，与最小游程长度 $d=2$ 的调制码相比，17PP 码的检测窗口较大，并且在高速记录时可以使用较低的信道时钟频率。但是，17PP 码对应的最小记录坑点较小，这会增加母盘刻录和转印坑点时的难度。为此，Philips 公司曾针对 BD-ROM 格式提出了一种 $d=2$ 的 EFMCC（EFM Combi-Code）码，后来随着 BD 母盘和复制技术的发展，将 17PP 码用于 BD-ROM 光盘已经不成问题，现在所有规格的 BD 光盘统一采用 17PP 码。

17PP 码具有以下特点。

（1）较长的通道位长度和较高的码率

最小游程长度 $d=1$ 和最大游程长度 $k=7$ 的限制表明实际记录坑点的游长在 $2T\sim8T$ 之间，其中，T 为通道位长度；与采用最小游程长度 $d=2$ 的调制码相比，通道位长度增加了约 24.6%（按一个包含 155B 和 31bit 同步位的记录帧计算），从而降低了通道位对抖晃的敏感性。另外，理论上最小游程长度 $d=1$ 和最大游程长度 $k=7$ 的码容量为 0.6793，设计中取码率为 2/3。与此对照，最小游程长度 $d=2$ 和最大游程长度 $k=10$ 的码容量为 0.5418，而 EFM 码的码率为 8/17，EFM+的码率为 8/16=1/2。因此 17PP 码具有较高的效率，增加了记录容量。

（2）极性保持（Parity Preserve）特性

所谓极性保持，就是源数据比特中 1 的个数和调制后码字比特中 1 的个数同为奇数，或同为偶数。例如，在 17PP 码中，2bit 组合"01"对应的码字是"010"，"10"对应的码字是"001"，其中"1"的个数同为奇数；而"11"对应的码字为"000"或"101"，其中"1"的个数同为偶数。利用极性保持特性，可以有效控制调制后记录信号的直流（DC）分量。与 EFM 及 EFM+中直流分量控制位添加在通道位码流中不同，17PP 码的直流分量控制位添加在源数据的比特流中，其开销比较小，约为 2.2%。

（3）最小跳变游程重复控制特性

在 17PP 码中，最小跳变游程是 $2T$。最小跳变游程重复控制（Prohibit Repeated Minimum Transition Run-length，Prohibit RMTR）特性将调制后连续出现 $2T$ 的次数限制为 6。这是因为在所有的 $2T\sim8T$ 的长度中，$2T$ 对抖晃最为敏感。连续出现的 $2T$ 对切向倾斜（Tangential Tilt）造成的抖晃更敏感，容易造成记录或者读取过程错误。Prohibit RMTR 特性可以提高系统容差，降低对抖晃的敏感性。

4.3.6 OFDM 和 COFDM 技术

在地面无线电广播中，由于城市建筑群或其他复杂的地理环境，发送的信号经过反射、散射等传播路径后，到达接收端的电波不仅有直射波，还有一次或多次反射波。这些经不同路径到达接收端的电波之间会有较大的时延差，造成多径干扰。如果反射信号接近一个周期或在多个周期中心附近，会给信号判决带来严重的符号间干扰，引起误码。采用正交频分复用（Orthogonal Frequency Division Multiplexing，OFDM）技术可以有效地克服多径干扰和移动接收衰落问题。

在过去的几十年中，OFDM 作为高速数据通信的调制方法，在数字音频广播（DAB）、DVB-T、无线局域网 802.11 和 802.16 等方面得到了实际的应用。

1. OFDM 工作原理

OFDM 调制器的原理图如图 4-15 所示。OFDM 实际上是一种多载波调制技术，其基本思想是：在频域内将给定信道分成 N 个正交子信道，在每个子信道上使用一个子载波进行调制，而且各子载波并行传输。具体的实现方法是：首先，将要传输的高速串行数据流进行串/并转换，转换成 N 路并行的低速数据流，并分别用 N 个子载波进行调制，每一路子载波可以采用 QPSK 或 MQAM 等数字调制方式，不同的子载波采用的调制方式也可以不同。然后将调制后的各路已调信号叠加在一起构成发送信号。值得注意的是，这里的已调信号叠加与传统的频分复用（FDM）不同。在传统的频分复用中，各个子载波上的信号频谱互不重叠，以便接收机能用滤波器将其分离、提取。而 OFDM 系统中的子载波数 N 很大，通常可达几百甚至几千，若采用传统的频分复用方法，则复用后信号频谱会很宽，这将降低频带利用率。因此在 OFDM 系统中，各个子载波上的已调信号频谱是有部分重叠的，但保持相互正交，因此称为正交频分复用。在接收端通过相关解调技术分离各个子载波。由于串/并转换后，高速串行数据流变换成了低速数据流，所传输的符号周期增加到大于多径延时时间后，可有效消除多径干扰。

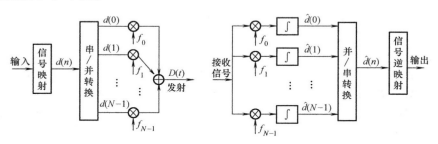

图 4-15　OFDM 调制器的基本原理

值得指出的是，在 OFDM 调制信号的形成过程中，信号不是以比特流的形式变换到每一子载波上的，而是以符号形式变换的。码流通过某种关系映射为符号，这种映射关系如 QPSK、16-QAM、32-QAM 等实际上是信号对每一子载波的真正调制方式。

为保证接收端能从重叠的信号频谱中正确解调各个不同子载波上的信号，必须保证各个子载波上的调制信号在整个符号周期内相互正交，即任何两个不同子载波上的调制信号的乘积在整个符号周期内的平均值为零。实现正交的条件是各子载波间的最小间隔等于符号周期倒数（$1/T_s$）的整数倍。为了实现最大频谱效率，一般选取最小载波间隔等于符号周期的倒数。

可以证明，在理想信道和理想同步下，利用子载波在符号周期 T_s 内的正交性，接收端可以正确地恢复出每个子载波的发送信号，而不会受到其他载波发送信号的影响。

OFDM 多载波调制信号的频谱示意图如图 4-16 所示。由图可见，虽然各个子载波上的调制信号频谱互有重叠，但任何一个子载波上的调制信号的频谱均为 $\sin x/x$ 形，在其他子载波频率位置上的值正好对应于函数 $\sin x/x$ 中的零点，解调时利用正交性可正确解调出每个子载波上的调制信号。

当传输信道中出现多径传播时，在接收子载波间的正交性将被破坏，使得每个子载波上的前后传输符号间以及各子载波之间发生相互干扰。为解决这个问题，就在每个 OFDM 传输符号前插入一个保护间隔，它是由 OFDM 符号进行周期扩展而来。只要多径时延不超过保护间隔的时间，多径干扰就不会带来符号间的干扰。

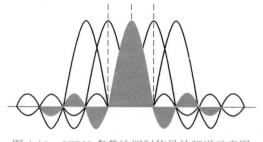

图 4-16　OFDM 多载波调制信号的频谱示意图

2. 利用 DFT 实现 OFDM 调制

在 OFDM 系统中，子载波的数量通常可达几百甚至几千，因此需要几百甚至几千个既存在严格频率关系又有严格同步关系的调制器，这在实际应用中是不可能做到的。1971 年，Weinstein 等人提出了一种用离散傅里叶变换（Discrete Fourier Transform，DFT）实现 OFDM 的方法，简化了系统实现，才使得 OFDM 技术得以实用化。

OFDM 系统可以用如图 4-17 所示的等效形式来实现。其核心思想是将通常在载频实现的频分复用过程转化为一个基带的数字预处理，在实际应用中，DFT 的实现一般可运用快速傅里叶变换（Fast Fourier Transform，FFT）算法。经过这种转化，OFDM 系统在射频部分仍可采用传统的单载波模式，避免了子载波间的交调干扰和多路载波同步等复杂问题，在保持多载波优点的同时，使系统结构大大简化。同时，在接收端便于利用数字信号处理算法完成数据恢复，这是当前数字通信接收机发展的必然趋势。

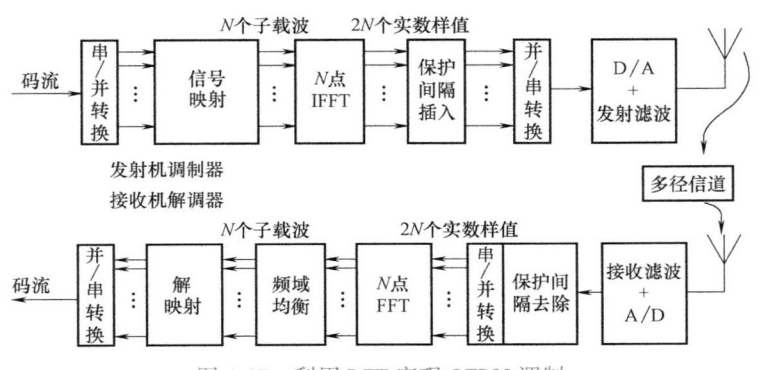

图 4-17　利用 DFT 实现 OFDM 调制

输入的比特流经串/并转换变为 N 路并行的分组，每组 x 比特（x 的取值为 2、4 或 6，视所采用的为 QPSK、16-QAM 或 64-QAM 调制而定）。在信号映射中，每组的 x 比特映射成相应星座图中的复数 $c_n = a_n + \mathrm{j}b_n$ 序列，在快速傅里叶逆变换（Inverse Fast Fourier Transform，IFFT）中经变换处理后得到由 N 个复数组成的矢量 $\boldsymbol{D} = (D_0 D_1 \cdots D_{N-1})$，这里

$$D_m = \mathrm{IFFT}\{c_n\} = \sum_{n=0}^{N-1} c_n \mathrm{e}^{-\mathrm{j}2\pi f_n t_m} \tag{4-13}$$

式中，$f_n = \dfrac{n}{NT_s}$，为第 n 个子载波频率；T_s 是 c_n 的符号周期；t_m 为第 m 个采样时刻。D_m 的实数部分是

$$R_m = \sum_{n=0}^{N-1} (a_n \cos 2\pi f_n t_m + b_n \sin 2\pi f_n t_m) \qquad m = 0,\ 1,\ \cdots,\ N-1 \tag{4-14}$$

使这些实数分量通过并/串转换器和低通滤波器，就得到 OFDM 信号，即

$$u(t) = \sum_{n=0}^{N-1} (a_n \cos 2\pi f_n t + b_n \sin 2\pi f_n t) \qquad 0 \le t \le NT_s \tag{4-15}$$

$u(t)$ 送入频率转换器，转换成射频信号 $S(t)$，进入规定的频道上。

3. 保护间隔

采用多载波调制时，由于输入串行数据流被分成 N 个并行数据流，经分流后的每路数据传输速率将降低到原来的 $1/N$，于是每个子载波上的调制信号的符号周期比单载波调制扩大了 N 倍，这有利于降低符号间串扰（Inter-Symbol Interference，ISI），但是仍然不能完全消除多径衰落的影响。在多载波系统中，多径回波不仅使同一载波的前后相邻符号互相叠加，造成符号间串扰（ISI），而且还会破坏子载波间的正交性，造成载波间串扰（Inter-Carrier Interference，ICI）。这是因为多径回波使子载波的幅度和/或相位在一个积分周期 T_s 内发生了变化，致使接收信号中来自其他载波的分量在积分以后不再为 0 了。解决这一问题的方法是在每个符号周期上增加一段保护间隔（Guard Interval）时间 Δ。此时实际的符号传输周期为 $T'_s = T_s + \Delta$。如图 4-18 所示，如果保护间隔大于信道冲激响应的持续时间（即多径回波的最大延时），那么根据卷积的性质可知，前一符号的多径延时完全被保护间隔吸收，不会涉及当前符号的有用信号周期 T_s 内。在接收端只需仍在有用信号周期 T_s 内进行积分就可以了。

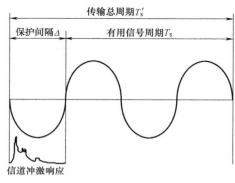

图 4-18　OFDM 的保护间隔

对于 OFDM 系统的 DFT 实现形式来说，上述方法等效于在发射端 N 个 IDFT 样点（称为一个 OFDM 周期或 OFDM 符号）前增加 M 个样点的保护间隔，这 M 个样点通常采用 OFDM 周期的循环扩展。在接收端先要去除保护间隔，再对有用信号进行 DFT 变换。

4. OFDM 子载波数 N 的选取

与冗余码元一样，保护间隔的引入必然会降低实际系统的频谱效率。对于一个确定延时的多径信道，系统的实际频谱效率为

$$\eta_{实际} = \eta_{理想} \frac{T_s}{T_s + \Delta} \tag{4-16}$$

因此，为了在保持信息速率的前提下提高系统的频谱效率，就必须增加 T_s，也就是增加子载波数 N。但是，子载波数也不是越多越好。因为除了 DFT 的计算复杂度和硬件资源的消耗会随 N 值增大而迅速增加以外，限带系统的子载波间隔与 N 值成反比，而子载波间隔越小，对时间选择性衰落和多普勒效应造成的频谱扩展以及载波相位噪声越敏感，越容易失去正交性。因此在工程应用中，需要在这一对矛盾间折中考虑。

此外，选择的 N 值还应该能够分解成小基数的乘积，以便采用 FFT 蝶形算法。

5. OFDM 调制的优缺点

OFDM 调制具有如下的优点。

- 抗多径干扰。
- 支持移动接收。

- 构建单频网（Single Frequency Network，SFN），易于频率规划。
- 陡峭（高效）的频谱，好的频谱掩模。
- 便于信道估计，易于实现频域均衡。
- 灵活的频谱应用。
- 有效的实现技术，利用 FFT 算法用单载波调制实现 OFDM。
- 易于实现天线分集和多输入多输出（Multiple-Input Multiple-Output，MIMO）系统。
- 实验室和场地测试表现良好。
- OFDM 在众多新制定的国际标准中得到采用，是未来宽带无线通信的主流技术。

OFDM 调制具有如下的缺点。

（1）对频率偏移和相位噪声敏感

这是一个接收机的实现问题，对于 OFDM 调制技术，需要更好的调谐器，以及更好的定时和频率恢复算法。

相位噪声的影响可以模型化为两部分。一是公共的旋转部分，它引起所有 OFDM 载波的相位旋转，容易通过参考信号来跟踪。二是分散的部分，或者载波间干扰部分，它导致类似噪声的载波星座点的散焦，补偿困难，将稍微降低 OFDM 系统的噪声门限。

（2）峰均功率比较高

峰均功率比（Peak to Average Power Ratio，PAPR）是指发射机输出信号为非恒包络信号时，其峰值功率和平均值功率的比值。对单载波调制系统来说，PAPR 值主要由频谱成型滤波器的滚降系数决定。而对于多载波的 OFDM 调制系统来说，由于 OFDM 信号由一系列相互独立的调制载波合成，根据中心极限定理，OFDM 的时域信号在 N 比较大时是接近于高斯分布的统计概率。一般而言，当 $N>20$ 时，OFDM 信号的峰均功率比的分布就很接近于高斯分布了，而在一般的 OFDM 系统中，N 都可达几百以上。所以从理论上讲，OFDM 信号的峰均功率比的分布与高斯分布信号的是极为相似的。

多个子载波叠加的结果有时会出现较大的峰值。

决定 OFDM 信号峰均功率比的因素有两个。一是调制星座的大小，另一个是并行载波数 N。调制星座越大，峰均功率比就可能越大，这与串行传输方式时是相同的。

OFDM 的 PAPR 比单载波高 2.5dB 左右，这意味着需要更大的发射机动态范围，或者功率回退，以避免进入发射机的非线性区，并且需要更好的滤波，以减少邻频道干扰。

减少 PAPR 是当前的研究热点之一。近年已提出了一些行之有效的技术，例如用非线性失真减少峰值幅度，又不引起 ISI。另外，OFDM 高 PAPR 的缺点只影响数量少的发送端，不影响数量巨大的接收用户。而且采用单频网时，由于发射机功率小，PAPR 将不会成为问题。

（3）插入保护间隔降低了约 10% 的有效传输率

人们正在积极寻找方法克服此问题。例如在保护间隔中插入 PN 序列，来代替 OFDM 常用的循环前缀方式，用于系统定时、同步和信道估计均衡等。

6. 编码的正交频分复用

正交频分复用（OFDM）对多径干扰引起的传输信道频率选择性衰落有较好的适应能力，但对于传输信道的时间选择性衰落，即对各个子载波幅度受到的时变平坦性衰落，还不能够克服。为此，需要先对数据流进行信道编码及交织处理后，再做 OFDM 调制。这就是

OFDM 加 "C" 而成为 COFDM 的原因。

COFDM 具有以下主要的技术特征。

1）对 FEC 纠错编码后的数据进行 OFDM 调制。

2）OFDM 保护间隔中插入的是循环前缀，即把每个 OFDM 符号的最后一部分复制到保护间隔中。如果在每个符号间插入保护间隔，则只要多径延时不超过保护间隔的长度，多径传输就不会带来符号间的相互干扰，只能是在符号内部相互叠加或相互削弱，这种特性可以表示为信道的传输函数。

3）在 OFDM 符号中插入导频信号，使用这些导频信号可以在接收端得到相应的传输函数，从而可以正确恢复符号的原始值。

由于 COFDM 可以有效地克服多径传播中的衰落，消除符号间干扰，且具有频谱利用率高、实现简单、成本低等优点，因此已被广泛应用于数字音频广播（DAB）、数字调幅广播 DRM 和中国移动多媒体广播（CMMB）等系统中。

4.4 小结

数字音频信号经过信源编码后，通常需要通过某种传输媒介才能到达用户接收机。传输媒介可以是广播系统（如地面广播系统、卫星广播系统），也可以是电信网络系统，或存储媒介（如磁盘、光盘等），这些传输媒介统称为传输信道。通常情况下，编码码流是不能或不适合直接通过传输信道进行传输的，必须经过某种处理，使之变成适合在规定信道中传输的形式。这种处理称为信道编码与调制。其中信道编码的目的是进行差错控制，负责误码的检测和校正，提高传输的可靠性。调制的作用是负责信号码型的变换和频带搬移。

本章在介绍信道编码与调制技术的基本概念及相关术语的基础上，详细介绍了在数字音频记录重放系统及数字音频广播系统中用到的信道编码与调制技术。如在 CD 中采用的 CIRC 纠错技术及 EFM 编码技术，在 DVD 中采用的 RSPC 及 EFM+编码技术，在蓝光光盘（BD）中采用的警哨（Picket）码及 17PP 调制码技术，以及在数字音频广播（DAB）、数字调幅广播 DRM 系统中采用的卷积码及 COFDM 调制技术等。

拓展阅读：为什么 OFDM 调制有利于消除多径干扰？

4.5 习题

1. 信道编码的作用和一般要求是什么？

2. 何为 RS 码的本原多项式？何为多项式的根？

3. 以 GF（2^3）为例说明伽罗华域内的加法运算和乘法运算。

4. 设 RS 码的每个符号由 8bit 组成，若要实现纠 16 个差错，求 RS 码的码长 n、信息长度 k 和编码效率 R。

5. （2，1，2）卷积码编码器的生成多项式为 $g_1(x) = x^2 + 1$，$g_2(x) = x^2 + x + 1$，设输入信息序列 $M = 1011$，求其输出码序列。

6. 目前 CD 中使用的 CIRC 编码技术能够纠正突发差错的最大长度是多少（按汉字字符数估算）？

7. 简述警哨（Picket）码的编码原理。

8. EFM 的含义是什么？请简述激光唱盘上数字音频的调制过程。

9. 17PP 调制码具有什么特点？

10. 何为 COFDM 调制？其基本原理是怎样的？结合调制器原理框图做出说明。

11. COFDM 调制的具体实施方法是什么？试说明利用 IFFT 运算实现 COFDM 调制的概念。

第 5 章 光盘存储技术

本章学习目标：

- 熟悉光盘存储技术原理。
- 了解光盘存储器的分类、特点以及发展概况。
- 熟悉激光唱盘（CD）的数据记录和读出原理、CD-DA 的存储格式。
- 了解超级音频 CD（SACD）和 DVD-Audio。
- 了解蓝光光盘（BD）的物理格式与技术特点。

5.1 光盘存储器概述

5.1.1 光盘存储技术的原理

光盘存储技术就是用激光照射介质，通过激光与介质的相互作用使介质发生物理、化学变化，将信息存储下来的技术。它的基本物理原理是：存储介质受到激光照射以后，介质中存储单元的某种性质（如反射率、反射光极化方向等）发生改变，而介质中这种性质的改变可以反映被存储的数据。在读取数据时，光检测器检测出存储单元性质的变化，从而读出存储在介质上的数据。

在实际操作中，一般用计算机来处理信息。由于计算机只能识别二进制数据，所以要在存储介质上面存储数据、音频和视频等信息，首先要将信息转化为二进制数据。CD、DVD 等光存储介质，与软盘、硬盘相同，都是以二进制数据的形式来存储信息的。写入数据时，主机送来的数据经编码后送入光调制器，使激光源输出强度不同的光束，调制后的激光束通过光路系统，经物镜聚焦后照射到介质上，存储介质经激光照射后被烧蚀出小凹坑，所以在存储介质上，存在被烧蚀和未烧蚀两种不同的状态，这两种状态对应着两种不同的二进制数据。光盘就是依靠这些凹凸不平的刻槽来记录数据的，利用凹坑的跳变沿（前沿和后沿）来记录"1"，而凹坑和凸面的平坦部分记录"0"。

光盘上的数据要用光盘驱动器来读出。光盘驱动器由激光读写头、聚焦伺服系统、径向光道跟踪伺服系统、光盘转速控制系统等组成。其中，激光读写头是最核心的部件，它由激光器（一般采用激光二极管）、准直透镜、反射镜、聚焦物镜、偏振光束分离器、光检测器（光检测二极管）等元件组成，如图 5-1 所示。

砷化镓激光器（激光二极管）产生的一束激光束首先通过准直透镜变成平行光束，经过分光棱镜、反射镜后，由物镜将激光束聚焦在盘片的凹坑上。由于激光的相干性和凹坑的衍射特性，在凹坑处的反射光变弱，而凸面区是高反射区，从而形成反射光的差异。从光盘上反射回来的激光束沿原光路返回，由分光棱镜转向光检测器（光检测二极管），由光检测二极管将光信号转换为电信号输出。对输出的电信号经过解调和纠错处理，即可获得光盘上的数据。

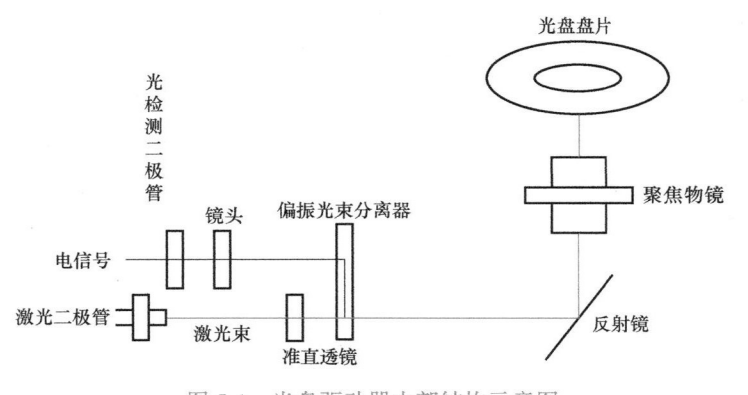

图 5-1　光盘驱动器内部结构示意图

　　为了使激光能准确地聚焦在光盘上，并实现光道跟踪，光盘驱动器还应对光点进行聚焦和跟踪处理，其中聚焦伺服系统、径向光道跟踪伺服系统、光盘转速控制系统和激光读写头起着关键作用。

　　聚焦伺服系统使控制读数据的激光束的焦点准确地落在光盘的信息面上，并且保持激光焦点的直径约小于 $1\mu m$。聚焦伺服系统中的光检测器可测出激光读写头离光盘的距离，从而得到离标准距离的误差，利用误差信号控制激光读写头中的伺服电动机，以带动物镜移动，从而使激光束准确地定位在光盘的信息面上。

　　径向光道跟踪伺服系统控制激光的径向移动，保证激光始终定位于光盘的光道上。由于光盘的光道很密，当激光读写头激光束从一个光道移到另一个光道读数据时，有可能使激光束移到光道间，所以必须有这个径向光道跟踪伺服系统，才能使得激光束始终定位在光道上。

　　光盘转速控制系统用来控制光盘的转速。

　　这里要说明的是，读取数据时的光束强度要比写入数据时的光束强度弱，以免破坏原来写入的信息。一般说来，设备在生产过程中已经保证了这一点，所以不需要用户在使用过程中再调节。

　　无论是写入数据还是读出数据，都是靠光盘高速旋转来完成激光束对光盘面的扫描。光道间距、凹坑的最小尺寸和其他一些参数取决于激光的波长。波长越短，存储密度就越高。另外，增大聚焦物镜的数值孔径（Numerical Aperture，NA）也是提高存储密度的条件之一。NA 值越大，激光束的聚光光斑就会越小。但也不是 NA 值越高越好，因为这样做，光盘的容许俯仰角与光轴之间的倾斜度就会变小，对光盘变形的要求就越苛刻，而且聚焦物镜的价格也越高。CD、DVD 和 BD 等光盘，都采用了同样的光存储原理，只是它们所用的激光波长不同，在具体参数和技术细节上也有所差别。

　　光盘存储的基本特点是用激光引导测距系统的精密光学结构取代硬盘驱动器的精密机械结构。由于激光的对准精度高，所以写入数据的密度要比硬磁盘高得多。

5.1.2　光盘存储器的类型

　　根据不同的存储介质和使用性能来分类，常用的光盘存储器可分为只读型、一次写入多次读出型和可重写（可擦写）型三大类。

1. 只读型光盘存储器

只读型光盘包括 LV（Laser Video Disc，激光视频盘）、CD-DA、CD-ROM（Compact Disc-Read Only Memory，光盘只读存储器）和 DVD-ROM 等。

这类光盘由工厂在制造时写入数据，数据永久保存在光盘上，并且是不可更改的。用户只能从只读型光盘上读取数据，而不能往盘上写数据。只读型光盘常用于存储固定的软件、数据和多媒体演示节目。

2. 一次写入多次读出型光盘存储器

这类光盘原则上属于读写型光盘，可以由用户写入数据，写入后可以直接读出。但是，它只能写入一次，写入后就不能擦除、修改，因此称它为一次写入、多次读出（Write Once Read Many，WORM）型光盘存储器，也简写为 WO。如 CD-R（CD-Recordable，可刻录 CD 光盘，也称 CD-WO）、DVD-R 都属于这类光盘。

如果要修改某些信息，则需在刻录软件的控制下，开辟一个未曾写过的空白记录区来记录修改后的信息，原来的信息则依然保留，只是盘片的当前目录被刷新，"删除"后的内容不被导入更新后的目录中。WORM 型光盘的这些特点使它在不经常更改文件档案的应用领域获得市场。目前，微机上配置的 CD 刻录机，可将信息写入 CD-R 光盘。CD-R 所使用的盘片的几何尺寸、信息记录的物理格式和逻辑格式与 CD-ROM 一样，因而可在普通 CD-ROM 驱动器上读出信息。数据可以分多次（Multi-Session）写入 CD-R 盘片中。

3. 可擦写型光盘存储器

可擦写型光盘也就是可重写（Rewritable）型光盘，它能够像硬盘一样任意读写数据。也就是说，对于存储在光盘上的信息，操作者可以根据需要而自由更改、读出、拷贝、删除。我们熟悉的可擦写型光盘有 CD-RW（CD-ReWritable）、DVD-RW。可擦写型光盘目前主要有两种类型：磁光（Magneto-Optical，MO）型和相变（Phase Change）型。

（1）磁光型光盘

磁光型光盘，简称 MO 磁光盘，是根据磁光效应来存储信息的。磁光材料在常温下需要较强的磁场才能改变磁畴的取向，但当温度升高到 150°C 时，其矫顽力几乎为零，在外加磁场作用下就很容易改变磁畴取向而把二进制信息记录下来。

当要进行数据重写时，需经过"擦"和"写"两步。先利用中功率激光照射介质段区中的所有数据，使段区中的数据点都沿着与介质表面垂直的方向均匀磁化，即通过写入"0"来抹去原有数据；然后再根据要求用高功率激光在"0"位置写入数据"1"，这样就完成了数据的重写。

MO 磁光盘读出信息时是利用克尔（Kerr）磁光效应来完成的。原理是：偏振光照射在磁光型光盘表面后，由于表面磁化方向的不同，反射光的偏振面会在不同方向上偏转，因此利用检偏器就能把二进制数据检测出来。即通过分析反射回来的偏振光的偏振面方向是顺时针还是逆时针，来确定读取的数据是"1"还是"0"。

（2）相变型光盘

相变型光盘是一种纯光存储介质，它利用不同功率强度的激光束改变相变材料（碲合金材质）的结晶或非结晶状态，来实现写入数据和擦除数据的功能。写入数据时，高功率强度的激光束脉冲以较高的温度加热晶态介质，晶态将快速转变成具有低反射率的非晶态，称之为写入状态；擦除数据时，功率强度较低的激光束加热非晶态介质，以恢复到具有较高反射率的晶态，称之为擦除状态。理想的相变材料在晶态与非晶态时，其反射率差可高达一倍以上，所以用相变记录材料具有很高的信噪比。

在相变光盘中，通过改变激光束的功率强度就可实现数据的写入、擦除和读取功能，结构简单。但由于利用相变材料的"二态"转变，存在材料的热疲劳问题，其有效擦写次数比 MO 磁光盘低。

5.1.3　光盘存储系统的性能指标

光盘存储系统的性能指标主要包括数据传输速率、存储容量、平均存取时间、缓冲存储区容量、误码率和平均无故障时间等。

1. 数据传输速率

数据传输速率是光驱最基本的性能指标参数，指光驱每秒能读取的最大数据量。具体来讲，是指光盘上的数据起始位置找到后，把数据从光盘上读出的速率。这个速率是连续的数据传输速率，而不是突发的数据传输速率。该数值与光盘转速和存储密度有关。

CD-ROM 驱动器的基本传输速率为 150KB/s，这就是常说的单速光驱。现在的光驱数据传输速率便以此为基准来衡量，通常以 "40×" "52×" 等分别表示 40 倍速、52 倍速等。

2. 存储容量

存储容量是指能存储在光盘中的数据容量。光盘的存储容量因种类的不同而有所差别。此外，光盘的存储容量还可进一步分为格式化容量和用户数据容量。

格式化容量是指按某种光盘标准进行格式化后的容量。采用不同的光盘标准就有不同的存储格式，容量也不同。如果改变每个扇区的字节数，或采用不同的驱动程序，都会较大地改变格式化容量。

用户数据容量是指盘片格式化后允许对盘片执行读写操作的容量。由于格式、错误校正、检索等需要占用一定的存储空间，因此用户数据容量小于格式化容量。

通常一张 CD-ROM 光盘的容量约为 650MB，大约可存储 30 万页的文本数据。单面双层的 BD 光盘存储容量可达 50GB。

光盘正朝着高密度、大容量和高速化的方向发展。

3. 平均存取时间

平均存取时间是指光驱的激光读写头从原来的位置移动到一个新的数据块位置，并开始读取该数据块上的数据这个过程中所花费的时间。它包括以下三个时间段。

- 寻道时间——激光读写头定位到包含信息的光道所花费的时间。
- 稳定时间——激光读写头稳定在光道上的时间。
- 旋转延时——激光读写头从稳定在光道上开始，到旋转到包含数据的扇区所花费的时间。

4. 缓冲存储区容量

由于 CD-ROM 驱动器的读盘速度远低于硬盘驱动器，因而一般在 CD-ROM 驱动器中都设置了高速缓冲存储区。CD-ROM 驱动器首先将读出的数据存放在高速缓冲存储区中，当缓冲存储区存满时，可立即输出到计算机的内存储器中，然后继续向缓冲存储区写入数据，这样可以大大加快 CD-ROM 的数据读取速度。对于光驱来说，缓冲存储区容量越大，光驱连续读取数据的性能越好，在播放视频影像时的效果越明显，也能够保证良好的刻录性能。

目前，一般 CD-ROM 的缓冲存储区容量设置为 128KB，DVD-ROM 的缓冲存储区容量设置为 512KB，刻录机的缓冲存储区容量一般设置为 2~4MB，个别为 8MB。

5. 误码率

指读盘时的出错率。采用纠错编码可以纠正一些因盘面不洁而导致的读数据错误。不同的应用对误码率的要求不同。存储数字或程序对误码率的要求较高，存储图像或声音数据对误码率的要求较低。CD-ROM 要求的误码率为 $10^{-16} \sim 10^{-12}$。

6. 接口方式

光盘驱动器与计算机的接口主要采用 IDE（Integrated Drive Electronics，电子集成驱动器，其本意是指把"硬盘控制器"与"盘体"集成在一起的硬盘驱动器）接口和 SCSI（Small Computer System Interface，小型计算机系统接口）。

目前常用的内置式驱动器多为 IDE 接口，它可以直接连在硬盘驱动器使用的 IDE 接口上。也有个别的内置式驱动器采用 SCSI。外置式 CD-ROM 驱动器一般采用 SCSI 方式，它们需要专用的 SCSI 卡。SCSI 卡也可以连接其他多种设备，如硬盘驱动器、磁带机、扫描仪等。

7. 音频输出

在 CD-ROM 驱动器上一般都配备有音频输出接口用来播放 CD 唱片。音频信号线可以直接和声卡相连，从而能够直接欣赏光驱上的 CD 唱片。

8. 兼容性

当前的 CD-ROM 光驱都支持 CD-ROM/XA 规格（CD-ROM 的扩展），也支持 CD-DA 规格。所以，CD-ROM 光驱既可以用来读取光盘上的多媒体数据文件，又可以播放 CD 音乐唱片和 VCD 影碟。

9. 平均无故障时间

所谓平均无故障时间，即两次故障发生之间的平均间隔时间，一般要求达到 25000h 以上。

拓展阅读：光盘存储技术的发展简史

5.2 激光唱盘（CD）

5.2.1 CD 系列产品简介

CD 原来是指激光唱盘，即 CD-DA（Compact Disc-Digital Audio），用于存储数字化的音频数据，主要是音乐节目。由于 CD-DA 能够记录数字信息，所以人们很自然就会想到是否也能开发出其他 CD 产品来存储计算机数据和数字视频信号。经过科研人员的不断努力，目前市场上已推出了一系列 CD 产品，所记录的信息可以是声音、图像、图文、数据和视频，根据应用场合不同可分为十多个规格品种。为了存储不同类型的数据，分别制定了相应的标准，各种标准的文本一般采用彩色封皮包装，所以也被称为彩皮书。表 5-1 列出了部分 CD 产品的名称及发布的标准。

表 5-1　部分 CD 产品的名称及发布的标准

名　称	发布的标准	应　用	存储容量/MB
CD-DA	Red Book	存储音乐节目	747
CD-ROM	Yellow Book	存储计算机数据和数字化的文本、图像、声音、视频等多媒体节目	650
CD-I	Green Book	存储数字化的文本、图像、声音、视频等多媒体节目	760
CD-Video	Red Book+	存储模拟视频信号和数字音频信号	
CD-MO	Orange Book Part Ⅰ	读/写计算机数据和数字化的文本、图像、声音、视频等多媒体节目	650~700
CD-R	Orange Book Part Ⅱ		
CD-RW	Orange Book Part Ⅲ		
Photo CD	CD-Bridge	存储数字化的静态照片	
Video CD（VCD）	White Book	存储影视节目	650~740

现在，通常把表 5-1 所列的产品统称为 CD。尽管 CD 系列的产品很多，但是它们都采用 CD-DA 盘片结构，所以它们的大小、重量、材料、制造工艺和设备等都是相同的，只是根据不同的应用目的存放不同类型的数据而已。下面以 CD-DA 为例来介绍 CD 的工作原理、存储格式。

5.2.2　CD 的数据记录和读出原理

1. CD 盘片结构

标准的 CD 盘片是单面盘，在盘片的第一层（印有商标和产品名称的一面）是涂漆保护层，第二层是铝反射层，当驱动器读光盘时，用来反射激光光束，第三层是用聚碳酸酯压制成型的透明衬垫，同时压制出的预刻槽用来对光道径向定位，信息通常存储在光道上。CD 盘片的分层结构如图 5-2 所示。

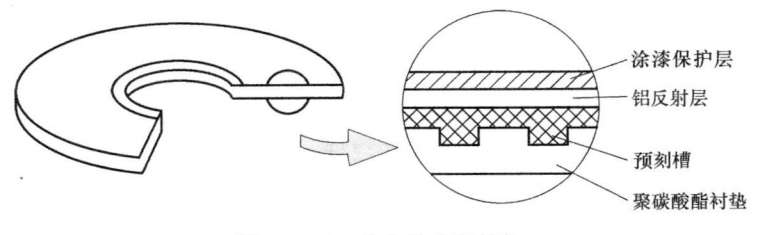

涂漆保护层
铝反射层
预刻槽
聚碳酸酯衬垫

图 5-2　CD 盘片的分层结构

CD 盘上有一层铝反射层，看起来是银白色的，所以俗称为"银盘"。还有一种正在大批量进入市场的盘称为 CD-R（CD-Recordable）盘，它的反射层是金色的，所以又称这种盘为"金盘"。

根据尺寸的不同，CD 盘分为 4.75in（约 120mm）盘和 3.15in（约 80mm）盘两种。国内常见的一般是 4.75in 盘，其外径为 120mm，质量为 14~18g。激光唱盘分三个区：导入区、导出区和声音数据记录区，如图 5-3 所示。

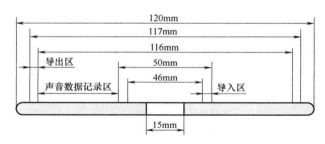

图 5-3　CD 盘的尺寸和分区结构

2. CD 盘的数据记录

只读型光盘，如 CD-DA、CD-ROM、VCD 等，由工厂在制造时写入数据，数据永久保存在光盘上，并且是不可更改的。只读型光盘上的数据是用压模（Stamper）冲压而成的，而压模是用原版盘（Master Disc）制成的。在制作原版盘时，是用编码后的二进制数据去调制聚焦激光束的。如果写入的数据为 0，就不让激光束通过；写入 1 时，就让激光束通过，或者相反。在制作原版盘的玻璃盘上涂有感光胶，曝了光的地方经化学处理后就形成凹坑（Pit，也称沟槽），没有曝光的地方保持原样，二进制数据就以这样的形式刻录在原版盘上。在经过化学处理后的玻璃盘表面上镀一层金属，用这种盘去制作母盘（Mother Disc），然后用母盘制作压模，再用压模去大批量复制。成千上万的 CD 盘就是用压模压出来的，它们利用盘面上凹凸不平的刻槽来记录数据，利用凹坑的跳变沿（前沿和后沿）来记录 1，而凹坑和凸面的平坦部分记录 0，凹坑的长度和凸面的长度都代表有多少个 0。

对于可擦写型光盘，用户可以使用 CD 刻录机来实现数据的擦、写功能。

3. CD 盘的数据读出

CD 盘的读出原理示意图如图 5-4 所示。光盘的光学表面是由一些凹凸不平的刻槽构成的螺旋线形光道。这些凹坑或凸面（Land，也称平台或岸台）对光线具有不同的反射率。当激光束照射到这些凹坑或凸面上时，其反射光线的强弱与该点所记录的数据相对应。光盘信号的读出过程，就是利用光盘上凹凸面结构的不同部位对入射的激光束有不同的反射光强，将其变化值变换成电信号，经处理后变成 EFM 调制码，然后经解调后输出存储的二进制数据。

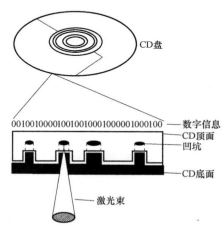

图 5-4　CD 盘的读出原理示意图

在读取 CD 盘数据时，激光读写头（简称激光头）与盘片之间是不接触的，因此不必担心激光读写头和盘片之间的磨损问题。

这里需要强调的是，凹坑和凸面本身不代表 1 和 0，而是凹坑端部的前沿和后沿代表 1，凹坑和凸面的长度代表 0 的个数。这些位就是前面介绍的"通道位"。利用这种方法比直接用凹坑和凸面代表原始二进制数据的 0 和 1 更有效，可以更充分地利用光盘表面积，以提高存储容量。此外，采用这种方法也很容易从读出信号中提取有用的同步脉冲信号。

4. 光盘读取技术

对于软磁盘而言，存放数据的磁道是同心环。磁盘片转动的角速度是恒定的，通常用 CAV（Constant Angular Velocity，恒定角速度）表示，但在两条不同的磁道上，磁头相对于磁道的速度（称为线速度）是不同的。采用同心环磁道的好处之一是控制简单，便于随机存取，但由于内、外磁道的记录密度（bit/in）不相同，外磁道的记录密度低，内磁道的记录密度高，外磁道的存储空间就没有得到充分利用，因而存储器没有达到应有的存储容量。

而 CD 盘光道的结构与磁盘磁道的结构不同，它的光道不是同心环光道，而是螺旋形光道。CD 盘的读取采用了 CLV（Constant Linear Velocity，恒定线速度）技术，即激光读写头相对于盘片运动的线速度是恒定的，而转动的角速度在光盘的内外区是不同的。由于采用了恒定线速度，所以内外光道的记录密度（bit/in）可以做到一样，这样盘片就得到充分利用，可以达到它应有的数据存储容量，但随机存储特性变得较差，控制也比较复杂。

从 CAV 到 CLV，光盘存储器工业花了 30 多年的时间才得以实现。现在不仅 CD-ROM 存储器，而且磁光盘存储器也开始采用 CLV。

5.2.3 CD-DA 标准摘要

CD-DA 的标准定义在 1982 年发布的红皮书（Red Book）中，规定了 CD-DA 的盘片尺寸、物理特性、数字化格式、纠错方式及调制方式等方面的技术规范。1987 年又在红皮书的基础上建立了 CD-DA 系统的国际标准 ISO/IEC 908。这是所有其他 CD 产品标准的基础。现将它的部分内容汇总在表 5-2 中供查阅。

表 5-2　CD-DA 标准摘要

名　称	技 术 指 标
播放时间	74min
旋转方向	顺时针（从读出表面看）
旋转速度	1.2~1.4m/s（恒定线速度）
光道间距	1.6μm
盘片直径	120mm
盘片厚度	1.2mm
中心孔直径	15mm
记录区长度	46~117mm
数据信号区长度	50~116mm
材料	折射率为 1.55 的任何材料
最小凹坑长度	0.833μm（1.2m/s）~0.972μm（1.4m/s）
最大凹坑长度	3.05μm（1.2m/s）~3.56μm（1.4m/s）
凹坑深度	0~0.11μm
凹坑宽度	0~0.5μm

（续）

名　称	技　术　指　标
光学系统	
激光波长	780nm（7800 Å）
聚焦深度	± 2μm
信号格式	
声道数	2 个
量化	16 位线性量化
采样频率	44.1kHz
通道传输速率	4.3218Mbit/s
数据传输速率	1.9409Mbit/s
数据∶通道位	8∶17
错误校正码	CIRC
调制方式	EFM

5.2.4　CD-DA 的物理格式

　　CD 格式包含物理格式和逻辑格式。物理格式规定数据如何放在光盘上，这些数据包括物理扇区的地址、数据的类型、数据块的大小、错误检测和校正码等。各种 CD 盘的格式被详细记载在其对应的标准文件中，理解 CD 格式对于设计和使用 CD 产品都有很大帮助。DVD 和 BD 等光盘都采用了与 CD 类似的物理格式。下面简单介绍 CD-DA 盘的物理格式。

　　Red Book 是 Philips 和 Sony 公司为 CD-DA 定义的标准，也就是人们常说的激光唱盘标准。这个标准是整个 CD 工业最基本的标准，所有其他的 CD 标准都是在这个标准的基础上制定的。

　　通常，激光唱盘上存有许多首歌曲，一首歌曲安排在一条光道（Track）上。在 CD-DA 中的物理光道是螺旋形的，因此可以说一个 CD-DA 盘片只有一条物理光道。而这里所指的光道应该理解成逻辑光道。一条 CD-DA 光道由多个扇区（Sector）组成，扇区的数目可多可少，而光道的长度可长可短。通常一个扇区由 98 帧（Frame）组成。帧是激光唱盘上存放声音数据的基本单元。CD-DA 盘声音数据的基本结构如图 5-5 所示。

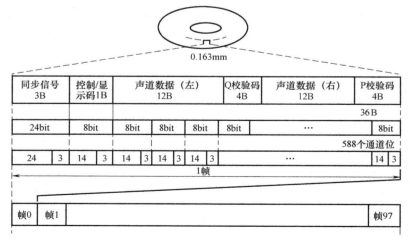

图 5-5　CD-DA 盘声音数据的基本结构

1. 同步位（SYNC）

每帧的开头都有 24bit 同步位。这 24bit 同步位不经 EFM 调制，本身就是通道码。具体的码字是 1000000000001000000000010。任何数据经 EFM 调制后都不会出现与同步码字相同的比特组合。

2. 控制/显示

每帧都有这样的一个字节。在 CD-DA 中称为控制/显示字节，也称子码（Subcode），在 CD-ROM 中称为控制字节。这一字节主要提供盘片地址信息。

3. 声道数据（Audio Data）

在 CD-DA 中，立体声有两个声道，每次采样有两个 16bit 的样本，左、右声道的每个 16bit 数据分别组成 2B 的数据。6 次采样共 24B，左右声道各 12B。24B 的左右声道数据、3B 的同步信号、1B 的控制/显示码、4B 的 EDC（Error Detection Code，检错码）和 4B 的 ECC（Error Correction Code，纠错码）组成一帧。CD 盘上的 98 帧组成一个扇区。光道上 1 个扇区有 3528B，其组成如表 5-3 所示。

表 5-3　CD-DA 的扇区组成

3528B				
同步字节	用户数据	第二层 EDC/ECC	第一层 EDC/ECC	控制字节
98×3B=294B	98×（2×12）B=2352B	98×4B=392B	98×4B=392B	98B

激光唱盘上声音数据的采样频率为 44.1kHz，每次对左、右声通各取一个 16bit 的样本，因此 1s 的声音数据就为 44.1×1000×2×16/8B/s=176400B/s。

由于 1 帧存放 24B 的声音数据，所以，1s 所需要的帧数为

（176400/24）帧/s=7350 帧/s

而 98 帧构成 1 个扇区，所以 1s 所需要的扇区数为

（7350/98）扇区/s=75 扇区/s

故整个 CD-DA 光盘中共有 333000 扇区（74min×60s/min×75 扇区/s）=333000 扇区。根据上述参数，可以推出

- CD-DA 的音频数据传输速率=75 扇区/s=75×2352B/s≈172.3KB/s
- CD-DA 的音频数据量=333000 扇区×2352B/扇区≈747MB

由于在 CD-ROM 格式中，3528B 的一个扇区只能存放 2048B（2KB）的有效数据，所以由上面这些数据，可以得出

- CD-ROM 的数据传输速率=75 扇区/s=75×2KB/s=150KB/s
- CD-ROM 的容量=333000 扇区×2KB/扇区≈650MB

4. P 校验码和 Q 校验码

由于 CD-DA 盘的原始误码率较高（约 10^{-4}），因此需要采用纠错能力很强的交叉交织里德-所罗门码（Cross Interleaved Reed-Solomon Code，CIRC）进行纠错。因此，每帧有 2×4B 的错误校验码分别放在中间和末端，称为 Q 校验码和 P 校验码，P 校验码是由 RS（32，28）码生成的校验码，Q 校验码是由 RS（28，24）码生成的校验码。

5. 通道位的容量

在 CD-DA 中，采用了第 4.3.3 节介绍的 EFM 调制方式。此外，当通道码合并时，为了

满足游程长度受限的要求，在两个通道码之间要再加上 3bit 合并位，来确保读出信号的可靠性，于是在 CD-DA 中 8bit 的数据就转换成了 17bit 的通道码。

一帧数据的通道位数如表 5-4 所示。

表 5-4 　一帧数据的通道位数

编　　号	字 段 名 称	通道位数/bit	小　　计
1	同步位（SYNC）	24+3	27
2	子码（Subcode）	1×（14+3）	17
3	数据（Data）	12×（14+3）	204
4	Q 校验码	4×（14+3）	68
5	数据（Data）	12×（14+3）	204
6	P 校验码	4×（14+3）	68
合计			588

由表 5-4 可知，一帧数据的通道位数为 588bit，由此可计算出一个 CD-DA 扇区的（通道位）大小为（98×588/8）B ＝7203B。由上面这些数据，可以得出

- CD-DA 通道位的数据传输速率＝75 扇区/s＝75×7203B/s ≈528KB/s
- CD-DA 通道位的容量＝333000 扇区×7203B/扇区≈2287MB

可见，CD-DA 的通道位的数据传输速率和容量要远远大于 CD-DA 音频数据和 CD-ROM 中的有效数据。

5.3　超级音频 CD（SACD）

CD 在 1982 年刚问世时，被认为是可以记录巨大数据量的媒介。然而，随着时间的推移，CD 的 650MB 的存储空间显得越来越小，尤其对于一些庞大的文件和需要高数码率和高采样率的音频文件来说，CD 的容量显得十分不足。1999 年，Philips 和 Sony 公司提出了高密度超级音频 CD（Super Audio CD，SACD）标准。SACD 通过专有的 1bit 直接流数字（Direct Stream Digital，DSD）编码的方法，支持双声道和多声道音频记录。SACD 格式允许光盘包括一个高密度（HD）数据层（包括 5.1 声道混音和立体声混音）或者与红皮书（44.1kHz/16bit）兼容的 CD 数据层。SACD 标准有时也称为深红皮书标准。其他的数据格式（如文本、图像）也可以存储在 SACD 盘上。这些内容遵循蓝皮书的"增强 CD"标准。

SACD 主要应用了以下 5 种新技术。

1）1bit DSD 编码技术。它代表 2.8224MHz 采样、1bit 编码的声音波形。这使得 SACD 在模拟和数字音频领域，能够达到很好的声音质量。

2）比特映射直接下变换技术，它使得在传统的 CD 播放机上也可以听到 DSD 质量的声音。

3）两层混合光盘技术，一层为 CD 层，另一层为高密度（HD）层。这使得 SACD 光盘可以在 CD 和 SACD 播放机中兼容播放。

4）DST（Direct Stream Transfer，直接流传送）无损压缩技术，它增加了 SACD 光盘的数据容量，可以提供 2 声道声音、6 声道声音，还可附加灵活的文本、图形和图像信息。

5）应用可见和不可见水印技术，更好地防止了盗版。

5.3.1 SACD 的物理格式

SACD 盘片与普通 CD 唱片的尺寸一样，直径为 12cm，厚度为 1.2mm，分为单层、双层和双层混合三种类型。最早上市的 SACD 盘片是一种双层混合盘片。混合结构中一层为红皮书规定的 CD 格式，该层可以在普通的 CD 唱机中播放；另一层是高密度（HD）层，可以在 SACD 播放机上播放。HD 层的采样频率为 2.8224MHz，是传统 CD 的采样频率（44.1kHz）的 64 倍，容量为 4.38GB。该层采用 DSD 技术，其音频信号通过 $\Sigma-\triangle$ 调制和噪声整形技术以 1bit 脉冲密度方式进行编码，在记录过程中不需要滤波器也不需要进行量化，而是保持原始的采样频率，将 1bit 的数据直接记录在盘片上。从理论上讲，重放端仅需要一个 RC 积分电路就可高保真地还原音频模拟信号，而无须使用过采样滤波器，减少了数码处理过程中的失真。还原的信号具有极高的音频质量，频率响应从 DC 到 100kHz，而动态范围大于 120dB。HD 层也可用来存储文本、图片和视频信息，在播放时重现多媒体的形式。对于混合结构的盘片，分别用波长为 650nm 和 780nm 的激光来读取 SACD 和 CD 数据。

这种混合结构双层 SACD 盘片实质上是将两片不同格式的光盘叠合在一起，因此具有良好的双向兼容性。CD 机可以播放 SACD 盘片，读 CD 层上的信息，还原出 CD 品质的声音。CD 唱片也可以放入 SACD 播放机中播放，像 DVD 播放 CD 一样，放出的也是 CD 品质的声音。这样做的目的无非是想让 SACD 能方便地进入市场。但显然两片"贴"在一起的兼容并不经济，于是厂商们又推出了不兼容 CD 的单层型 SACD 盘片和容量能与双层单面型音频 DVD 匹敌的双层型 SACD 盘片。单层型 SACD 盘片仅包括一个高密度层（容量为 4.7GB）。双层型 SACD 盘片也从一面读取信息，它有内、外两个 HD 层（两层的容量为 8.5GB）。内层为一个透明半反射层（反射率为 0.2~0.4），约 0.05μm 厚；外层为全反射的金属层（反射率不低于 0.7），约 0.05μm 厚，该层由厚度约为 10μm 的聚丙烯层和印刷标签保护。

SACD 沿不同的半径分配不同的数据，靠中心的部分包括光盘的主目录表（TOC），包括有关轨迹和定时的信息，以及关于题目和艺术家的文本数据。下一个半径区的内容是 2 声道的记录，再下一个区的内容是多声道（最多 6 声道）记录。半径最外面记录的是一些额外的信息，如文本、图形、视频等。在数据表面的每个区域都有 TOC 区。SACD 标准允许最多有 255 个轨迹。

5.3.2 1bit DSD 编码技术

传统的 PCM 数据采用 16bit 量化，而 1bit 声音在很高的采样频率下对信号进行 1bit 的量化。人们对于在声音重建时减少失真的需求变得越来越迫切，在 16bit 量化的情况下，生产设计出低失真率的 D/A 转换器几乎是不可能的。然而，在 12bit 声音格式下，生产设计出低失真率的 A/D 转换器和 D/A 转换器是很容易的。最典型的数字声音产生的过程是，先通过高质量的 A/D 转换器产生 12bit 声音数据，然后下变换到 44.1kHz/16bit 格式存储到 CD 中。

对声音信号进行 1bit 量化，是非常粗的量化，必定会产生大的量化噪声。因此，唯有提高采样频率，才能降低量化噪声。在 SACD 中，采样频率为 64×44.1kHz = 2.8224MHz，是 CD 的 64 倍。过采样技术使这样高的采样频率成为可能。此外，应用简单的数字滤波器和信号处理过程，就可以方便地把 1bit 声音信号转换为 44.1kHz/16bit 的格式，这使得 1bit 声音的应用更为方便、广泛。

1bit A/D 转换器和 D/A 转换器的原理请参见第 2.4 节。

5.3.3　DST 无损压缩算法

综上所述，SACD 中高的采样频率会导致高的数码率。以双声道信号为例，数码率为 44.1kHz×64×1bit×2= 5.6448Mbit/s。这样高的数码率显然是不能满足要求的，因此就要对数据进行压缩。SACD 中采用 DST 无损压缩方法，对数据进行无损失压缩。它包括成帧、预测和熵编码三个步骤。

1. 成帧

将输入的 DSD 码流分为每 37632bit 一组的帧，对于 2.8224MHz 的采样频率，一帧的时间为 37632/2822400s = 1/75s。编码器对每帧独立编码。这样就可以对任意一帧进行播放，或对声音数据进行编辑。因此帧长的选取不宜太长，在一帧内，声音信号被认为是稳定的。

2. 预测

由于成帧后的数据序列之间存在着相关性，若直接进行熵编码，并不能达到很好的压缩效率，因此要在熵编码之前加入一个预处理过程，来消除信源的统计相关性。这个处理过程就由预测器来完成。预测滤波器采用线性预测方法，选用 k 阶 FIR 结构。对于预测滤波器的阶数 k，当然是 k 越大，预测器越准确。但是既然要传送预测器系数，那么预测器系数就必然要占据一部分存储空间，这就要增加系统的开销，因此，预测器的阶数 k 不能过大。最佳预测阶数 k 的选择，根据不同的帧而有所不同，通常取 k 小于 128。因为当 k 大于 128 时，预测器的性能和压缩比没有明显的改善，却会增加存储空间。

3. 熵编码

熵编码包括 Huffman 编码、算术编码等，SACD 中对预测器的输出采用算术编码。

解码过程相反，将编码输出和预测器系数一起送入解码器进行解码。

SACD 格式采用 DST 的无损算法，通过使用自适应预测滤波器和编码算法，有效地使光盘的容量加倍。在 4.7GB 的数据层上，8 个 DSD 信道可以播放 27.75min。如果带有 DST，则可以存储播放 74min 的音频数据。

5.3.4　版权保护技术

为了防止盗版和非法复制，对版权进行保护，所有的 SACD 都在光盘的基片上嵌入一个不可见水印。这种水印是不可以复制的，它可以提供播放机和光盘之间的认证。播放机将会拒绝所有带有非法水印的盘。同时，在盘的单侧还有以模糊图像和文字形式存在的可见水印。使用可以控制凹坑排列宽度的凹坑信号处理（Pit Signal Processing，PSP）技术，可以产生可见和不可见的水印。

5.3.5　SACD 播放机

SACD 播放机可以播放 SACD 盘和 CD 盘，它的设计与 CD 播放机很相似。由于要在 SACD 的 650nm 和 CD 的 780nm 两个波长上工作，因此需要两个激光读写头。在一些播放机的设计中，需要一个能够接收来自两个激光读写头、经过放大的射频（RF）信号的处理器，再在提取时钟信号后进行同步，对 CD 和 SACD 的信号进行解调和纠错。一个伺服芯片控制着激光读写头和监视系统。CD 的数据传送到数字滤波器，而 SACD 的数据送到 DSD 解码器。该电路先读不可见的水印，然后断续的数据按主时钟的控制在缓存中重新排序。该芯片同样读取子码数据，包括 TOC 信息，如轨迹数、时间和文本信息等。数据按照 1bit 信号以 2.8224MHz 的频率输出，然后送到脉冲密度调制处理器中产生补偿信号，如果是"1"则产生宽脉冲，是"0"则产生窄脉冲。接着由电流脉冲 D/A 转换器将电压脉冲转换为电流脉冲。该脉冲信号经过一个模拟低通滤波器产生模拟音频信号。在一些设计中，3dB 带宽为 50kHz。SACD 盘可以包括文本、图像、视频和其他数据。这些附加的内容可以根据蓝皮书的标准进行编码。带有 DSD 编码的 SACD 标准与 DVD 音频标准及其 PCM 编码不兼容，但是播放机可以通过使用解码器来兼容该格式。

5.4　数字通用光盘（DVD）

DVD 原名是 Digital Video Disc，中文意思是数字视频光盘或数字影盘。由于 DVD 不仅可以用来存储视频内容，也可以用来存储其他类型的数据，因此，后来把 Digital Video Disc 更名为 Digital Versatile Disc，中文意思是数字通用光盘。

5.4.1　DVD 简介

MPEG-1 视音频编码技术的成熟促成了 VCD 的诞生、产业的形成和市场的成熟，但 MPEG-1 编码的 VCD 视频质量只和家用录像机（Video Home System，VHS）播放的视频质量相当，无法满足人们对高质量视频的需求。而 MPEG-2 编码的视频质量与广播级的质量相当，但其数据量要比 MPEG-1 编码的数据量大得多，而 VCD 的存储容量满足不了存放 MPEG-2 视频节目的要求。为了解决 MPEG-2 视频节目的存储问题，就促成了 DVD 的问世。

1994 年 12 月，以 Sony 和 Philips 公司主导的企业集团推出 MMCD（Multimedia Compact Disc）。1995 年 1 月，以 Toshiba 和 Time Warner Entertainment（时代华纳娱乐）公司主导的企业集团推出 SD（Super Density Disc）。SD 和 MMCD 格式很类似，但互不兼容。1995 年 10 月，在社会各界的压力下，两大集团终于同意盘片的设计按 SD 方案，而存储在盘上的数据编码则按 MMCD 方案，从而推出统一标准的 DVD。

DVD 集计算机技术、光学记录技术和影视技术等为一体，其目的是满足人们对大存储容量、高性能的存储媒体的需求，主要用于存储多媒体软件和影视节目。

从外观和尺寸来看，DVD 盘与 CD/VCD 盘没有什么差别，直径均为 120mm（4.75in），厚度为 1.2mm。所以，DVD 播放机能够播放现有的 CD 激光唱盘上的音乐和 VCD 上的影视节目。

DVD 系统仍以传统的 CD 光盘制造技术为基础，其工作原理基本上与 CD 系统相同，但为了提高存储容量，DVD 盘片在以下几方面做了改进。

1）为了把光道间距和记录信息的凹坑的长度和宽度做得更小，DVD 刻录机和播放机采用波长更短的激光源，这是因为激光读写头的分辨率和激光波长成正比。常规的 CD 播放机和 CD-ROM 驱动器采用波长为 780nm 的不可见红外光来读出盘上的信息，而 DVD 系统使用波长为 635~650nm 的激光源来代替 CD 驱动器中使用的 780nm 红外光激光源。此外，在 DVD 中将聚焦物镜的数值孔径（NA）由 CD 播放机中的 0.45 加大到 0.6，这样可以产生直径比较小的聚焦激光束。使用短波长的激光源和数值孔径比较大的光学元件之后，最小凹坑的长度可以从 0.834μm 减小到 0.4μm, 而光道间距从 1.6μm 减小到 0.74μm, 如图 5-6 所示。

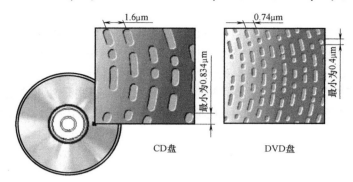

图 5-6　DVD 盘和 CD 盘的凹坑和光道间距的差别

2）加大盘片的数据记录区域也是提高存储容量的有效途径。DVD 盘的记录区域由 CD 盘的 86.0 cm² 增加到 87.6 cm²，如图 5-7 所示。

3）DVD 信号的调制方式和纠错编码也做了相应的修正以适合高密度的需要。CD 光盘采用 EFM 加 3 位合并位的调制方式，而 DVD 则采用效率比较高的 EFM+调制方式，这是为了能够和现有的 CD 盘兼容，也为了和将来的可重写的光盘兼容而采用的方式。CD 光盘采用 CIRC 纠错码，而 DVD 采用更可靠的 RSPC 纠错码。此外，在 CD 盘上有许多 EDC 和 ECC 信息位，采用新的算法之后这些信息位的数目可以减小，也就相当于增加 DVD 盘的容量。

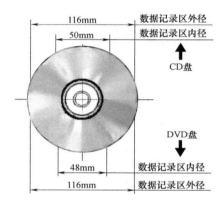

图 5-7　DVD 盘与 CD 盘的数据记录区面积比较

表 5-5 是 DVD 和 CD 的技术参数对照表。

表 5-5　DVD 和 CD 的技术参数对照表

技术参数	DVD	CD
盘片直径/mm	120	120
盘片厚度/(mm/层)	0.6×2	1.2
激光波长/nm	635~650	780~790
数值孔径	0.6	0.45
光道间距/μm	0.74	1.6
最小凹坑长度/μm	0.4	0.834
有效数据记录区域面积/cm²	86.0	87.6
纠错码	RSPC	CIRC
调制码	EFM+	EFM
每个扇区字节数/(B/扇区)	2048/2060	2048/2352
数据层数	单面单层–双面双层	单面单层
存储容量	4.70~17.08GB	650MB

4）提高 DVD 存储容量的另一个重要措施是使用盘片的两个面来记录数据，以及在一个面上制作多个记录层。目前，DVD 盘片按单/双面与单/双层结构的各种组合，可以分为单面单层、单面双层、双面单层和双面双层 4 种物理结构，存储容量分别高达 4.70GB、8.54GB、9.40GB 和 17.08GB，组成了标称容量为 5GB、9GB、10GB、18GB 的 DVD-5、DVD-9、DVD-10、DVD-18 的光盘系列。表 5-6 列出了直径为 120mm（4.75in）的各种 DVD 盘的存储容量。

表 5-6　DVD 盘的存储容量

DVD 盘的类型	别　名	存储容量/GB	MPEG-2 压缩视频的播放时间/min
单面单层（只读）	DVD-5	4.70	133
单面双层（只读）	DVD-9	8.54	240
双面单层（只读）	DVD-10	9.40	266
双面双层（只读）	DVD-18	17.08	480
单面单层（DVD-R 1.0/ DVD-R 2.0）		3.95/4.7	107/133
双面单层（DVD-R 2.0）		9.40	266
单面单层（DVD+R）		4.70	133
单面双层（DVD+R）		8.54	240
单面单层（DVD-RAM 1.0/ DVD-RAM 2.0）		2.58/4.70	73/133
双面单层（DVD-RAM 1.0/ DVD-RAM 2.0）		5.16/9.40	147/266
单面单层（DVD-RW）		4.70	133
单面单层（DVD+RW）		3.0/4.70	85/133

单面 DVD 盘可能有一个或两个记录层。与 CD 一样，激光器从盘的下面读取单面盘上的数据。无论是单层盘还是双层盘都由两片基底组成，每片基底的厚度均为 0.6mm，因此 DVD 盘的厚度为 1.2mm。对于单面盘而言，只有下层基底包含数据，上层基底没有数据。

双面 DVD 盘上的数据分别存放在盘的上、下两面。有以下两种方法可读取双面盘上的数据。

1）在播放完盘上第一面的节目后，将盘从播放机中取出，翻面后再放入播放机中继续播放第二面上的节目。

2）在播放机中装两个读激光器，分别从盘的上、下两面读取数据，或者在播放机中只装一个读激光器，但在读完盘的第一面后可以自动地跳到盘的另一面继续播放。如果采取后一种方案，则读完盘的第一面后不需要将盘取出、翻面。

DVD 盘片的物理结构与记录层示意图如图 5-8 所示。

DVD 格式标准由 DVD 论坛（DVD Forum）制定。DVD 格式包括视频格式、音频格式和计算机应用格式，有以下 6 种格式标准。

- Book A——DVD-ROM，用于存储计算机数据的只读光碟。
- Book B——DVD-Video，用于家庭的影像光碟。
- Book C——DVD-Audio，用于音乐碟片。
- Book D——DVD-R（或称 DVD-Write-Once），用于限录一次的 DVD。

- **Book E——DVD-RAM，随机存取存储器。**
- **Book F——DVD-RW，用于可重复擦写的光碟。**

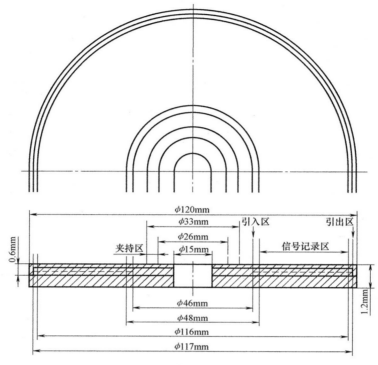

a) 盘片的物理结构

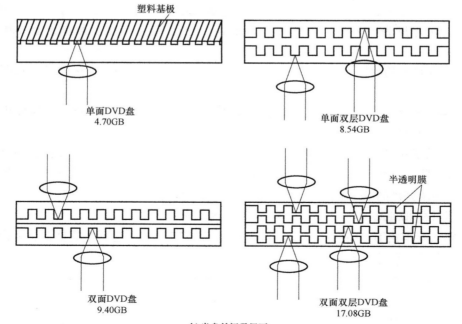

b) 光盘的记录层面

图 5-8　DVD 盘片的物理结构与记录层示意图

5.4.2　DVD-Audio

1. 概述

DVD 标准的 DVD-Audio 部分定义了一种高质量音频存储格式，它可提供范围很广的声道、采样频率、字长及其他参数。尽管只是一个音频标准，但它还提供了与视频及其他方面的协作。DVD-Audio 标准的 1.0 版于 1999 年 2 月公布。DVD-Audio 产品于 2000 年初上市。在该标准的制定中接受了国际立体声协会 ISC 的建议，对 DVD-Audio 提出了 15 条标准，如高质量声音、多声道音频、可变参数、CD 兼容、长播放时间、可选视频内容、简单的或基于菜单的光盘导航和版权保护等。

DVD-Audio 有两种光盘类型：一种是 Audio-Only（纯音频）盘，它只包含音乐信息，但可以有静止图片（每轨一张）、文本信息和可视菜单；另一种是 Audio with Video（AV 非纯音频）盘，包含运动视频信息，其格式为 DVD-Video 格式的子集。

DVD-Audio 有以下特点。

1）大容量。一张单面单层 DVD-Audio 光盘可以存储 400min 的 44.1kHz/16bit 的立体声 CD 音质声音。如果用线性 PCM 96kHz/24bit 的 6 声道格式，或是 192kHz/24bit 的 2 声道格式，则存储时间为 74min。为了增大容量，DVD-Audio 还提供 MLP（Meridian Lossless Packing）无损压缩音频数据，可在单层数据面上存储超过 74min 的高质量多声道音乐。

2）DVD-Audio 采样频率可高达 192kHz，样本量化精度为 24bit。虽然只有少数人可以听到 24~26kHz 的声音，但高的采样频率可以提高空间印象，再现演奏现场的真实感。

3）DVD-Audio 音质的动态范围最大为 144dB，而 DVD-Video 音质的动态范围仅为 120dB。

4）DVD-Audio 不同声道的采样精度和采样频率可单独设定。例如，前面的左、中、右声道设为 96kHz/24bit，而后面的环绕声道可设定为 48kHz/16bit。这为原创者、制作者及生产者创造了崭新的空间，他们的艺术天赋才可以在 DVD-Audio 上真实地表现出来。

5）DVD-Audio 充分利用 DVD 格式可记录巨大信息量的特点，可在光盘上添加图像信息，如照片、歌词、注解、静态图像、动画等，使人们在聆听美妙音乐的同时，还可以欣赏到静态图像，并且了解到专辑名称、歌曲曲目、演员资料、网页地址等各种信息，甚至能与网络相连。

6）DVD-Audio 与其他 DVD 光盘格式兼容，与 CD 格式向后兼容。为了有更好的灵活性以及与现有的 DVD-Video 播放机兼容，DVD-Audio 光盘也可使用含有 Dolby AC-3、数字影院系统（Digital Theater System，DTS）或 LPCM 音频的视频节目。

7）DVD-Audio 采用严格的反盗版措施。

2. 编码和声道选项

DVD-Audio 格式支持多种不同的编码方式和记录参数（见表 5-7），线性 PCM 音道在所有光盘上都有。与 DVD-Video 一样，可选的编码方式包括 MLP、Dolby AC-3、MPEG-1 或无扩展数据流的 MPEG-2、带扩展数据流的 MPEG-2、DTS、DSD 以及 SDDS。DVD-Audio 是可扩充的、开放的，并可以应用未来的编码技术。所有的 DVD-Audio 播放机必须支持 MLP 编码。DVD-Audio 是一个范围广泛的格式，给制造商提供了相当大的灵活性。当使用线性 PCM 时，所有的声道数（1~6）、量化精度（16bit、20bit、24bit）、采样频率（44.1kHz、48kHz、88.2kHz、96kHz、176.4kHz 或 192kHz）都允许。在最高采样频率（176.4kHz 或 192kHz）

时只能播放两个声道。另外，对不同的声道可设置不同的音频参数，如采样频率、量化精度等。

表 5-7　DVD-Audio 标准支持的编码方式

编码方式	采样频率/kHz	量化精度/bit	声 道 数
LPCM	192/176.4	16, 20, 24	2
	96/88.2/48/44.1	16, 20, 24	1~6
MLP	192/176.4	16, 20, 24	2
	96/88.2/48/44.1	16, 20, 24	1~6
Dolby AC-3	48	16, 20, 24	1~6
DTS	48/96	16, 20, 24	1~6

不同的编码选项、采样频率范围、量化精度、声道数（立体声或多声道）使播放时间很不相同。另外，光盘的层数也决定了播放时间。例如，在不同的记录参数下，一个立体声 LPCM 节目在具有一个数据层的光盘上可能播放 422min 或 65min。MLP 无损压缩使播放时间变长。MLP 的压缩比取决于被编码的音乐，一般的压缩比为 1.85∶1，几乎能使数码率减半，在不影响音频质量的情况下使播放时间加倍。

DVD-Audio 光盘可提供一种或几种编码选择，这取决于制造商。例如，一种光盘可能包含一个 LPCM 编码选择，各种播放机都可以播放。另一种光盘可能有两个选择，一个是 LPCM 多声道编码，另一个是 LPCM 立体声编码，生产商可选择两者的顺序，只有具有多声道能力的播放机才能播放多声道选项。还可以包含一个 LPCM 立体声和一个可选的格式，如 Dolby AC-3，可选格式选项只能在装有相应电路的播放机上播放。将 Dolby AC-3 音轨置于光盘上是有益的，这样就可以在 DVD-Video 播放机上播放。一张简单的盘可能包括 24bit/96kHz 的 6 声道 DVD-Audio（由 MLP 压缩）、立体声 PCM 流、杜比 5.1 声道流，甚至可能有一个 16bit/44.1kHz 的红皮书 CD 层流。

DVD-Audio 光盘上的其他附加内容包括艺术家名字、歌名、注释、艺术家说明、传记、视频以及因特网主页。非实时的信息（如注释）记录在信息区，而实时的信息（如抒情诗）记录在数据区。DVD-Audio 支持两个字符集，对欧洲语言为 ISO8859-1，对日语为 Music Shift JIS，并可支持多种语言。在每一个磁道上可附加一幅静止图像，在播放音乐时可以产生像幻灯片一样的效果。文本和声音效果可以实时播放。其他的信息对光盘是可选项（如果是一些文本信息则必须有磁道名），而通用的播放机则必须能对它们解码。在一些情况下，播放机使用文本信息来构成一个文本菜单。

活动图像信号也可以作为一个独立的视频部分加入到 DVD-Audio 光盘（AV 盘）中，它被定义成 DVD-Video 标准的一个子集。其限制条件是最多有两个音频流，其中至少有一个为 LPCM，LPCM 流最多只能有 6 个声道，并有严格的声道指定。在 DVD-Video 中，PCM 音频不是必需的，必需的是 Dolby AC-3。

与其他 DVD 光盘一样，DVD-Audio 使用 RSPC 纠错码。光盘损坏可能导致数据部分读不出来，播放机对此的响应与导航器的设计有关。如果导航器试着重新阅读损坏的扇区，它的成功与否将与数据传输速率的高低有关。如果数据传输速率较低，播放机可能会有时间去读取，保持输出数据不被中断；如果数据传输速率较高，当接近最大的 9.6Mbit/s 时，可能就没有时间去读，数据输出就会中断。

3. MLP 编码

MLP（Meridian Lossless Packing）是英国 Meridian 公司提出的一种无损压缩的音频编码算法，主要是为 DVD-Audio 格式设计的。MLP 可减少平均和最高音频数码率，并减少对存储容量的要求。与有损的感知编码方法不同，MLP 可精确地保存每一位原始音频信号。当然，MLP 的压缩率比有损压缩要低，而且压缩率与信号内容有关。另外，MLP 编码的输出数码率随信号内容的变化而变化，但它可以提供一个固定数码率模式。DVD-Audio 标准将 MLP 规定为必有的编码选项，这表示所有的 DVD-Audio 播放机必须支持 MLP 解码（与 PCM 解码一起），但光盘是否使用 MLP 由制造商决定。另外，在同一光盘中，可以是一些磁道使用 MLP 而另一些磁道不用。

MLP 支持所有的 DVD-Audio 采样频率，并且 MLP 量化精度可以从 16bit 到 24bit 逐位选择。MLP 可以同时编码立体声和多声道信号。压缩率与音乐数据自身特点有关，例如不压缩时，96kHz/24bit 的音频需要每声道 2.304Mbit/s 带宽，6 个声道就需要 13.824Mbit/s 带宽，超过了 DVD-Audio 的 9.6Mbit/s 实时带宽极限，因此 LPCM 不能在此配置之下。即使这种高数码率的音乐可以被记录，4.7GB 的单层 DVD-Audio 光盘也只能播放 45min。相反，MLP 允许 6 声道、96kHz/24bit 的记录，可达到 38%～52% 的压缩率，带宽被压缩到 6.6～8.6Mbit/s，使 DVD-5 光盘可播放 73～80min。在 2 声道立体声最高质量条件（192kHz/24bit）下，MLP 提供的播放时间为 117min，而 PCM 编码仅为 74min。

一般而言，在 96kHz 和 192kHz 的高采样频率下可得到更高的压缩率，而在 44.1kHz 的低采样频率下，压缩率要低一些。MLP 在编码中不丢弃数据，而是更有效地压缩数据。MLP 在这方面与 Zip 等计算机程序相类似，只减小文件尺寸而不改变其内容，但 MLP 在算法上与这些程序很不相同。

一个 MLP 编码器，可以将一固定速率的位流重新打包成一个可变数码率的流，也可以相反，这需要重新编码或解码。当数据以 MLP 格式打包时，可以进行编辑，MLP 解码器能自动识别 MLP 数据并将其转换成 LPCM。同一光盘上的不同磁道可以混合 MLP 和 LPCM 编码。另外，MLP 是可串联的，可以将文件迅速地串联起来进行编码和解码，而不影响原来的内容。

4. 版权保护

为了防止非法复制，DVD-Audio 格式使用了一个可选的内容保护机制，它采用加密并嵌入水印的技术。保护系统为制造商提供了一些选项，例如，用户对原始内容的记录每次只能有一个 CD 质量的数字复制，其他相关内容如文本及图像不能复制。制造商还可以根据不同的质量水平允许不同份数的复制，包括原始 DVD-Audio 声道的最高质量。DVD-Audio 中使用的加密技术可使得在 IEC-958 接口上进行 CD 质量的双声道实时复制。它还允许在 IEEE1394 接口上进行多声道、CD 质量或更高音质的高速复制。记录器接收原始数据与复制数据允许信息描述，如允许多少份复制。此加密系统比在 DVD-Video 格式中使用的加密更有力，当有人试图破解时，它能自动废止或重新加密钥。

水印是通过未加密的数字（或模拟）连接来对内容进行识别的。不同于高速加密连接，它是检查未加密信号的复制状态。水印被嵌入到音频信号中，并且设计成对模拟信号以及在数据压缩过程中都是不可觉察的。水印操作与数字领域的 SCMS 类似，但它是在模拟信号上或者是在未加密的数字信号上起作用。复制默认为允许，当执行复制时，嵌入的水印信号被修改，将该复制标为第二代，记录器会在复制前检查该标记。也可用水印来标记制造商、艺术家、版权所有者及其他人。加密与水印技术是相互独立的，例如，在加密的光盘中，水印是可选的。与 DVD-Video 一样，复制保护的 DVD-Audio 只能被授权的播放机播放。

5.5　蓝光光盘（BD）和中国蓝光高清光盘（CBHD）

蓝光光盘（Blu-ray Disc，BD）利用波长为 405nm 的蓝色激光读取和写入数据，并因此而得名。而传统 DVD 需要激光读写头发出红色激光（波长为 650nm）来读取或写入数据。通常来说，波长越短的激光，能够在单位面积上记录或读取更多的信息。因此，蓝光极大地提高了光盘的存储容量，对于光存储产品来说，蓝光提供了一个跳跃式发展的机会。

5.5.1　BD 的发展简史

2002 年 2 月 19 日，以 Sony、Philips、Panasonic 为核心的 9 家公司（包括 Hitachi、Pioneer、Samsung、LG、Sharp 和汤姆逊）聚集在日本东京，共同发布了 0.9 版的 Blu-ray Disc 的格式标准。Blu-ray 是 Blue Ray（蓝光）的意思，这标志着蓝光光盘的诞生。

2002 年 5 月，上述 9 家公司成立了 BD 创始人组织（Blu-ray Disc Founders，BDF），后来三菱、Dell、HP 和 TDK 公司依次加入了 BDF，将 BDF 的成员数量扩大到 13 家。

2002 年 6 月，可刻录型蓝光光盘 BD-RE 标准的 1.0 版本率先发布，标志着 BD 格式标准的正式确立。

2002 年 8 月 29 日，Toshiba 联合 NEC 向 DVD 论坛提交了新一代 DVD 光盘规格，当时命名为 AOD（Advanced Optical Disc，高级光盘）。AOD 采用波长为 405nm 的激光和 0.65 的 NA 值，盘片结构与传统 DVD 相同（由两片 0.6mm 盘片黏合而成），存储容量为单面单层 15GB，单面双层 30GB。AOD 格式曾两次遭到 DVD 论坛理事会的否决，原因是该格式未能获得规定数量的赞成票。2003 年 11 月底，DVD 论坛理事会最终批准了由 Toshiba 和 NEC 公司联合提出的新一代的 DVD 标准，并正式把它命名为"HD DVD"，不过当时仅批准了其中的播放专用光盘规格"HD DVD-ROM"。

为了扩大 BD 的影响力，加快 BD 的普及速度并与 HD DVD 阵营相抗衡，BDF 于 2004 年 5 月进行了重组，并成立了一个更为庞大的推广组织——蓝光光盘协会（Blu-ray Disc Association，BDA）。BDA 的成员企业根据所获权限和活动范围分为三个等级，即 Board of Directors（理事会）、Contributors（贡献者）和 General Members（普通成员）。理事会负责 BDA 的所有决策；贡献者则参与到联合技术委员会（Joint Technical Committee），其制定的规格最终经过理事会的批准成为正式标准；普通成员参加 BDA 举办的蓝光光盘推广活动，并可以了解 BDA 内部讨论的部分内容。BDA 认为产业界的广泛支持是 BD 格式能否成功的关键所在，因此竭尽全力吸纳全球范围内的各大消费类电子制造商、IT 公司和电影公司加入 BDA。

2004 年 6 月，只读型 BD-ROM 标准的 1.0 版正式发布，涵盖了单面单层 25GB 和单面双层 50GB 的 BD-ROM 光盘技术规格。

2005 年年底，包括一次写入型 BD-R 在内的所有 BD 光盘标准制定完毕。2006 年 1 月 5 日，BDA 宣布所有 BD 光盘规范已经完成，并准备开始对 BD-ROM、BD-RE 和 BD-R 进行授权。

2006 年年初，蓝光光盘播放机全球发售。

2006 年 6 月，蓝光光盘协会在国际消费电子展（CES）发布蓝光光盘相关产品。

2006 年 7 月 19 日，BenQ 公司首先在中国市场推出了其成型的蓝光光驱产品 BR1000。

2006 年 10 月 14 日，Sony 公司推出全球首部配载蓝光光盘播放机的笔记本电脑 "VAIOA" 系列。

2007 年 8 月，中国华录集团正式向蓝光光盘协会提案，希望将中国自主研发的 DRA 技术融入蓝光光盘音频标准。

2007 年 8 月 24 日，Pioneer 公司正式在中国推出蓝光播放机 BDP-LX70。

2007 年年底，Sony 公司在中国推出第一款蓝光光盘播放机 BDP-S300/BM。

2008 年 1 月 4 日，华纳兄弟娱乐（Warner Bros. Entertainment）公司表示，只支持蓝光光盘作为影盘格式。

2008 年 1 月 5 日，时代华纳（Time Warner）附属的新线影业（New Line Cinema）表示支持蓝光。

2008 年 1 月 9 日，时代华纳另一附属公司 HBO 也表示将会支持蓝光影盘的发行。

2008 年 1 月 28 日，英国 Woolworths Group PLC 宣布全线商店即日开始只出售蓝光光盘的影盘。

2008 年 2 月 11 日，美国大型连锁零售商 Best Buy 宣布全线商店即日开始全力支持蓝光光盘的播放机、影盘及相关产品。同日，在线影片租赁提供商 Netflix 也做出同样的决定。

2008 年 2 月 15 日，美国最大型的连锁零售商沃尔玛（Wal-Mart）宣布，全线商店由 6 月开始只出售蓝光光盘的播放机、影盘及相关产品。

2008 年 2 月 19 日，Toshiba 社长西田厚聪宣布，公司决定停止所有 HD DVD 播放机及录像机的开发，同时立即停产计算机及游戏用 HD DVD 光盘机。随着 HD DVD 领导者的退出，持续多年的新一代光盘格式之争正式画上句号，最终由蓝光光盘胜出。

2008 年 7 月，北京赛西科技有限责任公司（CESI）被指定为中国首家蓝光光盘产品测试中心，为中国的蓝光光盘制造商提供在国内进行产品检测的选择。

2009 年 1 月 20 日，上海新索音乐有限公司建立了蓝光光盘复制生产线。

2009 年 3 月 18 日，蓝光光盘协会、中国华录集团、广州广晟数码技术有限公司在京联合宣布：DRA 技术已经作为蓝光光盘格式的可选编解码技术，被写入 BD-ROM 格式的 2.3 版本。

2009 年 7 月，中国有 25 家厂商获得了 FLLA（蓝光光盘格式与标识授权协议）授权。

2009 年 8 月 10 日，Toshiba 申请加入蓝光光盘协会（BDA）。

2009 年 9 月 2 日，蓝光光盘协会（BDA）宣布了其将 3D 技术融入蓝光光盘（BD）格式的计划。

2009 年 12 月 18 日，蓝光光盘协会（BDA）正式宣布完成 Blu-ray 3D™标准的制定，并发布规格书。

5.5.2 BD 的物理格式与技术特点

蓝光光盘的直径为 12cm，和 CD、DVD 的尺寸一样。与 DVD（采用波长为 650nm 的红色激光、数值孔径 NA=0.60）不同，BD 采用了波长为 405nm 的蓝紫色激光和更大的物镜数值孔径（NA=0.85），其聚焦光斑大小不到 DVD 光斑的 1/5，因此能够获得 5 倍以上的存储容量。此外，蓝光的盘片结构中采用了 0.1mm 厚（在单面双层的盘片中覆盖层厚度只有 75μm）的覆盖保护层，并且覆盖层的厚度偏差不超过 3μm。如此薄的覆盖层是 BD 光盘生产所面临的关键技术难题之一。为了确保 BD 光盘数据的安全，要求其覆盖层具有非常好的抗磨损性。因此 BD 的生产工艺将比 DVD 复杂得多，现有的 DVD 盘片生产线需要经过大幅改造才能用于 BD 盘片生产。

目前的 BD 光盘格式规范主要定义了单层和双层的 BD 光盘。单面单层的 BD 光盘存储容量达到 25GB，能够满足记录超过 2h 的 MPEG-2 编码的高清视频节目的需要。单面双层的 BD 光盘存储容量可达 50GB。但是这并不是最终目标，为了提高存储容量、扩展应用领域，很多公司开展了多层光盘的研发与生产。在 2003 年的 ODS 会议上 Pioneer 和 Hitachi 化学公司相继发表了 100GB 的 4 层 BD-R 光盘技术。在 2004 年的 ISOM 会议上，Sony 宣布开发出 200GB 的 8 层 BD-ROM 光盘。在 2006 年的 ODS 会议上，TDK 报告开发出了 6 层 BD-R 光盘。在 2008 年的 ISOM 会议上，Pioneer 公司宣布开发出 16 层的 BD-ROM，容量达到 400GB，同时也论证了 20 层 500GB 的存储容量的可行性。尽管由于技术的成熟度等原因，4 层以上的光盘还没有商业化，但是随着超高清视频技术的进步，对更高容量的光存储要求也越来越迫切。在大容量化的同时，光盘在性能上还要求高速化。存储容量越大，读/写速度就越重要。在 BD 光盘中，BD-R 和 BD-RE 的规格相同，1 倍速的光驱数据传输速率是 36Mbit/s，2 倍速的光驱数据传输速率是 72Mbit/s。

与 DVD 相比，BD 光盘采用了很小的激光坑点、薄的覆盖层以及高数值孔径的聚焦物镜，这使得 BD 光盘对因灰尘、油污、指纹、划伤等引起的突发错误更为敏感，因此必须针对 BD 光盘设计具有强大的纠正突发错误能力的纠错编码方案。在分析 DVD 系统采用的 RSPC 纠错码的实际作用后发现，RSPC 码中水平校验码的主要作用是纠正随机错误和指出突发错误的位置，垂直校验码的作用就是根据已标记的错误位置纠正突发错误。水平校验码的纠错任务较轻，其纠错能力略有剩余，而垂直校验码的纠错任务较重。为此，在 BD 光盘系统中采用了警哨码（Picket Code）的纠错方案。另外，BD 光盘采用了 17PP 调制码，编码后的序列满足最小游程长度 $d=1$ 和最大游程长度 $k=7$ 的限制。

5.5.3 徐端颐教授与 CBHD 的研发

徐端颐，清华大学教授，博士生导师，长期从事光信息存储及光学微加工技术的研究。1960 年毕业于清华大学留校任教，在高密度光信息存储的研究中，提出利用光的频率维扩大信息存储容量的基础研究，建立了以光学多阶编码代替传统二进制编码的数字式光盘存储数学模型，并将以上两种技术结合，开辟了以多波长多阶存储技术为核心的进一步提高光盘存储密度的新途径。此外，他还开展光盘存储系统结构模块化、标准化设计及超大容量光盘存储系统集成的应用研究，将脉宽调制与光束展宽长度调制相结合，解决了用同一结构光学系统读写不同特性记录介质的光盘兼容问题，以及超大容量光存储系统中数据结构标准、高速数据存取、数据安全性与信息资源多用户共享问题，完成了多种型号的光盘机、光盘库、光盘塔、光盘阵列、光盘拷贝机、光盘测试系统、光盘文档管理系统、光盘医学图像系统、中国学术期刊光盘存储系统等产品的研制与开发。

早在 20 世纪 60 年代末，徐端颐在做实验时发现，利用光束通过高质量的聚焦成像系统，可以得到十分精细的能量分布，用光束能获得极小的空间尺寸或形貌的改变，而在不同条件下，这种变化竟还是可逆的！虽然当时他还不知道这个发现所具有的重大意义，但他对此做了详细的记录。他通过各种渠道搜集资料，在实验室里反复进行试验，渐渐地对利用激光技术进行信息存储的原理有了一些了解。比如所谓"可录"，是指用激光"烧孔"进行录入，但不能再抹掉；"擦除改写"则是用激光将记录介质加热到居里点，使其矫顽力达到最小值，外加磁场使之磁化；利用磁路的正反向代表 0 或 1 的数字，实现数据再记录。徐端颐将这种磁光（Magnetic Optical）光盘原理与自己的发现进行反复比较后，认为这种既要用磁又要用光的技术结构，肯定要比单纯用光的技术结构复杂得多。于是他决定另辟蹊径，走一条自己的光盘技术之路。虽然不知道将会遭遇怎样的挫折和磨难，但他相信自己的判断。

随着试验的步步推进，徐端颐发现光盘存储技术不仅存储容量大，而且复制方便，成本低廉，具有巨大的市场潜力。徐端颐在清华大学做了一场"关于国际光学存储技术发展情况"的报告，与会的专家和领导对此都很感兴趣，支持他做进一步的研究，但那时的清华大学缺少科研经费。在这一困难时期，是他妻子坚定地支持了他。夫妻俩商定：自己贷款研发光盘！但到银行贷款，需要有房产等不动产做抵押。此时徐端颐一家住的还是学校分配的员工宿舍，没有属于自己的只砖片瓦，哪有什么"不动产"。无奈之下，徐端颐只好硬着头皮去找其他项目的负责人借钱。1991 年，经校财务处协调批准，徐端颐从科研处借到了必须归还的 60 万元人民币作为研发经费。那时，徐端颐的月工资约 800 元，他妻子的月工资还不到 500 元，两个孩子在上学，还有老人需要赡养。为省钱，他妻子连公交车都舍不得坐，每天都是骑自行车上下班。在如此窘迫的生活境况下，徐端颐借贷 60 万元研制光盘，不少同人都为他捏了一把汗。

经历了无数个日夜，耗费了无尽的心血，光盘研发项目终于在 1993 年获得了成功。徐端颐按时还清了借款，并将专利所带来的全部收入捐给了清华大学，感谢清华大学的领导、同人对他的信任和支持。1994 年，清华大学建立"清华大学光盘国家工程研究中心"，徐端颐被任命为该中心的主任。

徐端颐首创的"多波长多阶光存储"技术，业界称之为"彩色多阶存储技术"。此项技术在国际上居于领先地位，从原理结构到调制编解码，全部拥有我国自主知识产权，在国际上被称为"中国蓝光高清光盘"（CBHD）。国家相关机构授权徐端颐组建成立"中国光盘标准化技术委员会"，并任命他为该委员会的主任委员。作为国际光盘标准化委员会委员，徐端颐还参与了国际光盘标准的制定。

CBHD 拥有多项自主核心技术专利，如物理格式的 FSM（Four to Six Modulation，4bit 到 6bit 调制）、符合 AVS 标准的音视频编解码等。其相关技术标准，是围绕我国下一代光盘产业而自主制定的。这意味着我国碟机企业今后缴纳的专利费将大幅低于 DVD 时代，有利于我国光盘产业的持续发展。据了解，在不考虑其他专利持有者的前提下，在 DVD 时代，我国每生产一台播放机在物理格式和应用格式上的专利费就达到 13.1 美元，我国每年消费的光驱和播放机达两三千万台，仅专利费就达 4 亿美元。高额的专利许可费使我国 DVD 产业的发展十分被动。CBHD 避免了重蹈 DVD 的覆辙，拥有更具竞争力的产品价格，更适合我国消费者的需求。

5.6 小结

光盘存储技术是指用光学方法在存储介质（俗称光盘或光碟）上读/写数据的一种技术。光存储器通常称为激光存储器。自 20 世纪 60 年代发明了半导体激光器后，激光存储技术获得了迅猛发展。

激光技术可将光束聚焦成高度集中的极小光点，使光盘存储器具有存储密度高、存储容量大、数据传输速率高、可随机读取数据和快速检索、可实现非接触读写、存储数据可无限期保存、盘片便于更换、价格便宜等非常优秀的特性。所以，光盘存储器在存储介质中占有非常重要的地位。现在，光盘已经发展成为一系列产品，包括 CD、VCD、DVD 和蓝光光盘（BD）等。

信息技术的发展对光盘存储系统的容量和数据传输速率提出了越来越高的要求。传统光存储受到光学衍射极限的限制，采用缩短激光波长和增大数值孔径（NA）的方法来提高存储密度，由此增加的空间非常有限。为了进一步提高光盘的存储容量和数据传输速率，人们还需要做不断的努力和探索，目前已提出的解决方案可大体归纳为以下三个方面：减小信息符的尺寸、提高存储的维数和采用多阶存储技术。

5.7 习题

1. 只读光盘是如何记录 "0" 和 "1" 的？
2. 试说明光盘存储器的特点、分类。
3. CD-DA 音乐信号的采样频率为什么选择 44.1kHz？
4. 激光唱盘音乐信号的量化精度是 16bit，它的信噪比是多少？如果量化精度提高到 20bit，它的信噪比是多少？
5. CD 系列产品有哪些？它们分别应用于什么方面？
6. 光盘的光道结构与磁盘的磁道结构有什么不同？CAV 与 CLV 的含义是什么？
7. 给出激光唱盘的主要参数（激光波长、容量、播放时间、声道数、采样频率、量化精度、数据传输速率）。
8. CD-ROM 的容量是如何确定的？
9. 数据光盘的文件目录为什么要使用路径表？
10. 与 CD 相比，DVD 是如何提高光盘容量的？DVD 与 CD 在通道编码上有什么不同？
11. CD 和 DVD 采用了哪些错误检测和校正编码？
12. DVD 系列产品有哪些？它们分别与 CD 的哪些产品相对应？
13. 试比较 DVD-Audio 与 SACD 的异同。
14. 给出 BD 和 HD DVD 的英文全称和中文译文。
15. CD、DVD、BD 所使用的激光的波长各是多少？它们的存储容量各是多少？
16. 中国蓝光高清光盘（CBHD）拥有哪些自主技术？我国推广 CBHD 有什么现实意义？

第6章　电子乐器数字接口

本章学习目标：
- 理解 MIDI 的概念以及与数字音频处理技术的不同之处。
- 掌握频率调制（FM）合成法、波形表合成法的合成器原理。
- 了解 MIDI 系统中的 MIDI 消息输入设备、音序器、音源等设备配置和连接。
- 理解 SMPTE 时间码、MTC 时间码以及 MIDI 设备同步的概念。
- 了解常见的 MIDI 应用软件。

6.1　电子乐器数字接口概述

6.1.1　MIDI 的概念

数字音频实际上是一种数字式录音/重放的过程，需要很大的数据量。波形声音也可以表示音乐，但我们并没有将它看成音乐。由于音乐是完全可以用符号来表示的，所以音乐可看作是符号化的声音媒体。在音乐的制作中还有一项重要技术，它完全不同于原来的录音技术，而是直接通过计算机合成的方式来创作音乐，这就是电子乐器数字接口（Musical Instrument Digital Interface，MIDI）技术。MIDI 是用于在电子乐器（即 MIDI 设备）之间、电子乐器与计算机之间交换音乐信息的一种标准协议。由于 MIDI 技术也是利用计算机来处理信息并产生音乐的一种技术，所以，MIDI 技术与数字音频技术是两种非常容易被混淆的技术，但实际上这是两种不同的技术。

MIDI 技术产生声音的方法与数字音频技术将模拟声音信号进行数字编码处理的方法有很大不同。MIDI 文件不是声音信息的数字化记录，而是把 MIDI 音乐设备上产生的每个动作记录下来。比如在电子键盘上演奏，MIDI 文件记录的不是实际乐器发出的声音，而是记录弹奏时按的是哪个键、力度多大、持续时间多长、键释放等控制信息。这些记录的参数叫 MIDI 消息（Message）或指令。MIDI 消息不能通过 D/A 转换直接转换成声音，只能通过 MIDI 音源来读取，然后根据这些控制信息去控制发声电路，最后转换成声音输出。多媒体计算机按照 MIDI 文件中的指令，通过内部合成器或连接到计算机的外部 MIDI 设备播放 MIDI 文件。

图 6-1 和图 6-2 示出了数字音频技术和 MIDI 技术在产生声音上的不同之处。

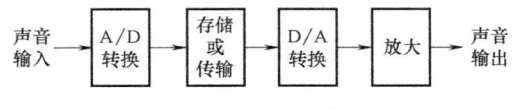

图 6-1　数字音频技术的处理流程

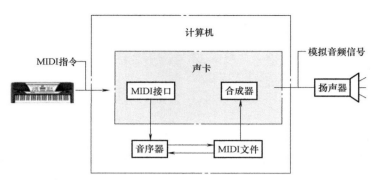

图 6-2　MIDI 音乐的产生过程

从灵活性角度看，MIDI 技术比数字音频技术更灵活。在数字音频系统中，可以通过改变录、放速度来改变声音的音调和语速，通过剪辑来改变录音内容的顺序，也可以通过改变混响来改变声音所处的环境效果，但是对于录音的内容，数字音频技术的作用有限。比如，它不可能把录音中的钢琴声变为小提琴的音色。而 MIDI 技术则不同，它非常适于音乐作品的创作过程。一个熟练的键盘手，可以通过多轨录音的手法，把代表各种乐器的键盘信息送到计算机中，可以任意指定某一音轨为某种乐器的声音，可以任意地修改已输入的信息，改变音色、节奏、和弦……从而达到预期的音响效果。

6.1.2　MIDI 相关术语

在介绍 MIDI 技术之前，先了解一下常用的一些基本术语。

1. MIDI 消息（Message）**或指令**

MIDI 消息（也称指令）是对乐谱的数字描述。乐谱由音符序列、定时和合成音色的乐器定义组成。当一组 MIDI 消息通过音乐合成器演奏时，合成器解释这些字符，并产生音乐。MIDI 消息是 MIDI 设备之间的通信协议，是乐谱的一种记录格式，相当于乐谱语言。

2. MIDI 键盘（Keyboard）

MIDI 键盘就是能输出 MIDI 信号的键盘。它是一种类似于钢琴键盘的设备，它的键上装有电子传感器，当人们按动 MIDI 键盘时，它本身并不发出声音，而是把按键的信息（键号、力度、持续时间等）转变为 MIDI 消息，用来控制虚拟乐器或其他电子乐器发出声音。

输入 MIDI 消息除使用 MIDI 键盘之外，还可以使用计算机键盘、带有 MIDI 的电子琴键盘等。

3. 乐音合成器（Synthesizer）

乐音合成器是利用数字信号处理器（DSP）或其他集成电路芯片来产生乐音或声音的电子装置。典型的合成器由微处理器、键盘、控制面板、存储器等组成。廉价的合成器集成在计算机的声卡中。合成器产生并修改正弦波形，然后通过声音产生器和扬声器发出特定的声音。不同的合成器根据 MIDI 乐谱指令产生的音色和音质都有可能不同，其发声的质量和声部取决于合成器能够同时播放的独立波形的个数、控制软件的能力以及合成器电路中的存储空间大小。合成器的播放效果丰富，并且播放时合成的乐器声音可以与弹奏时的乐器不同。

4. 复音（Polyphony）

复音也称复调，是指合成器同时演奏若干音符时发出的声音。如钢琴、吉他等乐器可以同时演奏几种音符，而双簧管就不能。复音着重于同时演奏的最多音符数，如钢琴的和弦音符。

早期的合成器是单音调的，即一次只能演奏一个音，任凭用户在键盘上按多少键。一个 24 音符复音合成器能一次演奏 24 个音符，相当于用户在钢琴键盘上同时按下 24 个键。

5. 音色（Timbre）

音色取决于声音的频谱结构。在非正式的用法中，相当于与特定乐器相关的特定声音，如低音提琴、钢琴、小提琴的声音均有各自的音色。多音色指同时演奏几种不同乐器时发出的声音。它着重于同时演奏的乐器数。例如，具有 6 音符复音的 4 种乐器合成器，可以同时演奏 4 种不同乐器的 6 个音符，如 3 个钢琴和弦音符、1 个长笛音符、1 个小提琴音符和 1 个萨克斯管的音符。要改善合成音乐的真实感，必须把许多合成器连接起来，以产生复调声音和多音色声音。

6. MIDI 电子乐器

MIDI 电子乐器是能产生特定声音的合成器，如电子键盘、吉他、萨克斯管等。但它并不是特指某一架电子乐器硬件，而是指合成器可以根据指令合成出许多不同音色的声音。不同的合成器，音色号不同，声音的质量也不同。

7. 通道（Channel）

合成器的通道是一个独立的信息传输通路。MIDI 将单个物理通道（可以理解为数据传输电缆）分成 16 个逻辑通道，每个逻辑通道相当于一个独立的逻辑合成器，可以当作一种乐器，如图 6-3 所示。在 MIDI 消息中，用 4bit 二进制数来表示这 16 个逻辑通道。MIDI 键盘可设置在这 16 个通道之中的任何一个，而 MIDI 合成器可以被设置在指定的 MIDI 通道上接收 MIDI 消息。

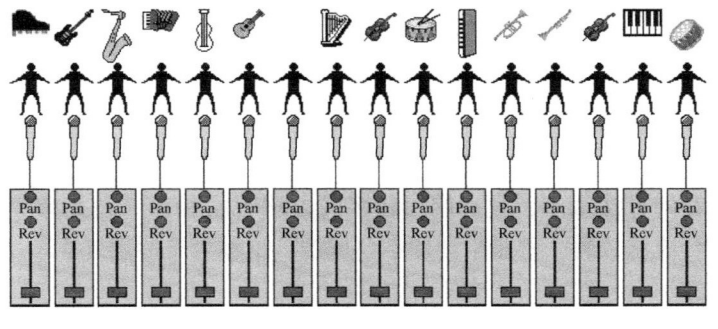

图 6-3　MIDI 通道的示意图

8. 音序器（Sequencer）

音序器也称为时序器，俗称编曲机，是 MIDI 消息的编辑和控制单元，用来记录、编辑和播放 MIDI 音乐数据。其功能是把 MIDI 键盘（或 MIDI 控制器）输出的 MIDI 消息分轨地记录下来，把一首曲子所需的音色、节奏、音符等乐音要素按照一定的序列组织起来，使得音源能够实现同步播放。音序器可以是专门制成的硬件设备，也可以是基于个人计算机的音序器软件。硬件音序器是一种非常复杂的设备，所以在一般应用中，软件音序器被普遍使用。

9. 音轨（Track）

音轨借用了分轨录音机中的磁性记录轨的概念。录音机中分轨录音的方法通常是指对一个多声部的乐曲，按照声部或乐器分别对应录音磁带上一个磁迹进行录制的方法。比如录制一首钢琴、小提琴、大提琴三重奏，可以先把钢琴的声部录制在一个音轨上，然后再按钢琴给出的节奏分别把小提琴和大提琴的声部分别录制在不同的音轨上。分别录制完成后，再进行并轨，变成一个音轨或两个音轨（立体声），我们听到的就如同这三个声部同时进行的演奏。这种录制手法的好处在于可以多次对某一个声部进行录制，也可以对某一个声部的音量大小、音色进行处理，可以弥补由于现场录音时，某一环节出现问题给整个乐曲带来整体的影响。

MIDI 中的音轨是一种用通道把 MIDI 数据分割成单独组、并行组的文本概念。音序器像磁带记录声音那样将接收到的 MIDI 文件录在文件的不同位置，这些位置就称作音轨。通常，每个通道是一个单独的音轨。

10. MIDI 文件

MIDI 文件是存储 MIDI 消息的标准文件格式，其扩展名为 mid。这是一种二进制的文件，不能直接打开和编辑。MIDI 文件中包含音符、定时和多达 16 个通道、256 个音轨的演奏定义。文件包括每个通道的演奏音符信息：键、通道号、音长、音量和力度（击键时，键达到最低位置的速度）。

11. 通道映射

通道映射把发送装置的 MIDI 通道号变换成适当的接收装置的通道号。例如，编排在 10号通道的鼓乐，对于仅接收 6 号通道的鼓来说，就被映射成 6 号通道。

拓展阅读：MIDI 的发展简史

拓展阅读：除了 MIDI 键盘，还有什么 MIDI 设备

6.2　MIDI 乐音合成器原理

产生 MIDI 乐音的方法很多，现在用得较多的方法有两种：一种是频率调制（Frequency Modulation，FM）合成法，另一种是乐音样本合成法，也称为波形表（Wave Table）合成法。

6.2.1　频率调制合成法

20 世纪 60 年代，乐音合成器的先驱 Robert Moog 采用模拟电子器件生成了复杂的乐音。20 世纪 80 年代初，美国斯坦福大学的一名研究生 John Chowning 发明了一种产生乐音的新方法，这种方法称为数字式频率调制（Frequency Modulation）合成法，简称为 FM 合成法。他把几种乐音的波形用数字来表达，并且用数字计算机而不是用模拟电子器件把它们组合起来，通过数/模转换器（DAC）来生成乐音。斯坦福大学得到了发明专利，并且把专利权授给 Yamaha 公司，该公司把这种技术应用于集成电路芯片里，成了市场上的热门产品。FM合成法的发明使电子合成音乐工业发生了一次革命。

FM 乐音合成器生成乐音的基本原理如图 6-4 所示。它由 5 个基本模块组成：数字载波器、调制器、声音包络发生器、数字运算器和数/模转换器。

- 数字载波器：用于产生数字载波，使用音调、音量和波形 3 个参数。

● 调制器：用于调制波形，使用频率、调制深度、波形类型、反馈量、颤音（Vibrato）和音效（Effect）6 个参数。

● 声音包络发生器：乐器声音除了有波形参数外，还有比较典型的声音包络线，声音包络发生器用来调制声音的电平，这个过程也称为幅度调制，并且作为数字式音量控制旋钮，它的 4 个参数是 Attack（音量提升速度）、Decay（音量下降速度）、Sustain（乐音维持强度）和 Release（声音回零速度），缩写成 ADSR，这条包络线也称为音量升降维持释放包络线。

● 数字运算器：用于组合数字载波和调制器波形参数进行数字运算。

● 数/模转换器：将数字信号转换成模拟声音信号。

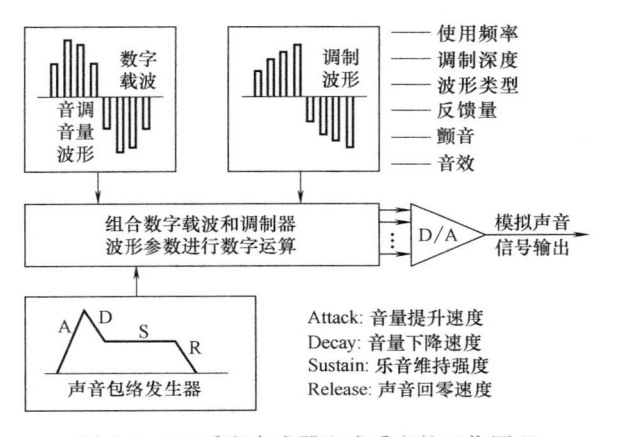

图 6-4　FM 乐音合成器生成乐音的工作原理

在乐音合成器中，数字载波波形和调制波形有很多种，不同型号的 FM 乐音合成器所选用的波形也不同。图 6-5 是 Yamaha OPL-Ⅲ数字式 FM 乐音合成器采用的波形。

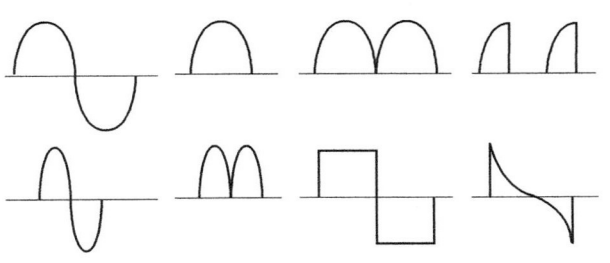

图 6-5　FM 乐音合成器采用的波形

各种不同乐音的产生是通过组合各种波形和各种波形参数，并采用各种不同的方法实现的。用什么样的波形作为数字载波波形、用什么样的波形作为调制波形、用什么样的波形参数去组合才能产生所期望的乐音，这就是 FM 乐音合成器的算法要解决的问题。

通过改变图 6-4 中所示的参数，可以生成不同的乐音，例如：

1）改变数字载波的频率可以改变乐音的音调。

2）改变数字载波的幅度可以改变乐音的音量。

3）改变波形的类型，如用正弦波、半正弦波或其他波形，会影响基本音调的完整性。

4）快速改变调制波形的频率（即音调周期）可以改变颤音的特性。

5）改变反馈量，就会改变正常的音调，产生刺耳的声音。

6）选择的算法不同，载波器和调制器的相互作用也不同，生成的音色也不同。

FM 乐音合成器的 13 个声音参数和 1 种算法共 14 个控制参数以字节的形式存储在声卡的 ROM 中。播放某种乐音时，计算机就发送一个信号，这个信号被转换成 ROM 的地址，从该地址中取出的数据就是用于产生乐音的数据。FM 合成器利用这些数据产生的乐音是否真实，它的真实程度有多高，取决于可用的波形源的数目、算法和波形的类型。

6.2.2　波形表合成法

使用 FM 乐音合成法来产生各种逼真的乐音是相当困难的，有些乐音几乎不能产生，因此人们又提出了乐音样本合成法。乐音样本合成法把真实乐器发出的声音以数字的形式记录下来，其样本的采样值通常存储在 ROM 中，播放时以查表的方式输出，所以这种方法也称波形表（Wave Table）合成法。

波形表合成法是当今使用最广泛的一种乐音合成技术。波形表可形象地理解为把声音波形排成波的一个表格，这些波形实际上就是真实乐器的声音样本。例如，钢琴声音样本就是把真实钢琴的声音录制下来存储成波形文件，如果需要演奏"钢琴"音色，合成芯片就会把这些样本播放出来。由于这些样本本来就是真实乐器录制成的，所以效果也非常逼真。一个 MIDI 设备通常包含多种乐器的声音，而一个乐器又往往需要多个样本，所以把这些样本排列起来形成一个表格以方便调用。这就称之为波形表，简称为波表。

乐音样本的采集相对比较直观。音乐家在真实乐器上演奏不同的音符，按 CD-DA 的质量（选择采样频率为 44.1kHz、量化精度为 16bit）把不同音符的真实声音记录下来，这就完成了乐音样本的采集。

播放时，当一个音符被调用时，便将其采样值读出并放入随机存储器（RAM）中，供数字信号处理器（DSP）进行处理，在这里可以加上音效，同时改变播放速度，从而改变音调周期，生成各种音阶的音符，然后送往 D/A 转换器将合成的数字信号变成模拟音频，以便送入后续放大器推动扬声器发音。波形表合成器的工作原理如图 6-6 所示。

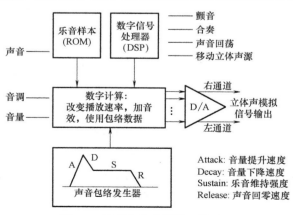

图 6-6　波形表合成器的工作原理

波形表合成器所需要的输入控制参数比较少，可控的数字音效也不多，大多数采用这种合成方法的声音设备都可以控制声音包络的 ADSR 参数，产生的声音质量比 FM 合成方法产生的声音质量要高。

在实际中，大家常听说"软波表"和"硬波表"之称谓。其实，"波表"本无软硬之分，之所以这样分是有一定历史原因的。在个人计算机的整体性能（特别是 CPU 速度）还不够高时，波表技术只能够通过专门的 DSP 芯片来完成。这些专门的 DSP 芯片就构成了那些专业硬件设备，如音源、合成器等。而当个人计算机的处理速度已经足够快，可以实时处理波表数据时，就出现了靠计算机的 CPU 来运算的"软波表"。软件波表，顾名思义就是用软件来模拟硬件波表合成器，它的原理跟硬波表完全一样，只不过硬波表是把乐音样本的波形存放到 ROM 里，在需要的时候直接调用；而软波表是把乐音样本的波形存到硬盘上的某一个文件里，在需要的时候通过 CPU 运算调用。所以，软波表会占用比较多的 CPU 资源。著名的软波表有 Yamaha 公司的 S-YXG 系列和 Roland 公司的 VSC 系列，还有韩国 CO-WON 公司的 JET-MIDI。

由于硬波表价格高，并且不易升级，于是就有了价格便宜的 DLS（Downloadable Sound Modules）波表合成技术。它介于硬波表和软波表之间，能把波表存储在硬盘上，使用时再调入内存然后通过声卡上的专用音效芯片来处理。

波形表合成法的主要技术指标包括：

（1）最大复音数

复音（Polyphony）是指合成器同时演奏若干音符时发出的声音。它着重于同时演奏的音符数。最大复音数直接由计算机的处理能力来决定，以现在计算机的处理速度来说，32 甚至是 64 复音数是没有多大问题的，这对于普通的 MIDI 文件来说也是足够了。

（2）波形容量

波形容量就是所有波形样本的总容量大小。很明显，波形容量越大，所容纳的波形样本也就越多，所模仿的乐器音色也就越真实。通常，软波表的波形容量为 4~8MB。

（3）波形的采样质量

波形的采样质量即录制样本所采用的数字录音格式。一般的专业设备，选择采样频率为 44.1kHz（或 48kHz）、量化精度为 16bit 的采样质量，即相当于普通 CD 的质量。

6.3 通用 MIDI 标准

1991 年制定的通用 MIDI 标准（General MIDI System Level 1）的作用就是规定了一份标准 MIDI 乐器应当遵从的音色排序表，共有 128 种音色，包含了常用的乐器及一些音效，并规定了 47 种打击乐器在键盘上的对应位置。乐器音色的排序是按乐器的种类分为 16 个组，每组定义了 8 种乐器音色。当 MIDI 合成器接收到乐器音色编号的 MIDI 消息时，就会产生相应音色的乐音。通用 MIDI 标准还规定了打击乐器使用第 10 通道，而旋律乐器使用第 1~9 通道和第 11~16 通道，这是使用者要特别注意的。

6.3.1 MIDI 消息格式

按照 MIDI 标准的规定，所有 MIDI 设备均使用预先定义好的一系列 MIDI 消息（MIDI Messages）。这些 MIDI 消息是告诉音乐合成器如何动作的指令，是乐谱的一种记录格式，而不是实际的乐音样本。

一个 MIDI 消息一般由 3 个字节组成：1 个字节的状态码并通常跟着 2 个字节的数据码。状态码就是命令字，表明其后所跟数据的种类。在状态码中，最高有效位设置成"1"，低 4 位用来表示这个 MIDI 消息是属于哪个通道，这 4 位共可表示 16 个可能的通道，而其余 3 位的 8 种可能取值，用来表示这个 MIDI 消息是什么类型的消息。MIDI 协议规定，状态码总是不小于 0x80，而数据码总是小于 0x80。状态码一般用十六进制数表示，数据码可以用十六进制或十进制数表示。

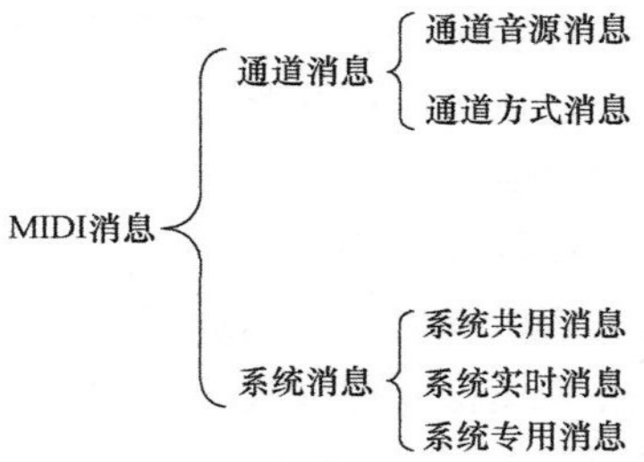

MIDI 消息可分成通道消息（Channel Messages）和系统消息（System Messages）两大类，如图 6-7 所示。

其中，通道消息又可分为以下两种：

- 通道音源消息（Channel Voice Messages）：它携带着演奏数据。
- 通道方式消息（Channel Mode Messages）：表示合成器响应 MIDI 数据的方式。

系统消息则可分为以下三种：

- 系统共用消息（System Common Messages）：这类消息将发给系统中所有的 MIDI 设备，它们与通道没有关系。
- 系统实时消息（System Real-time Messages）：用于使系统中所有的 MIDI 设备进行同步。
- 系统专用消息（System Exclusive Messages）：它由制造商专用，其第一个字节的数据码为制造商识别码，后续字节可有任意多个，由制造商来定义数据码的含义。

表 6-1 列出了 MIDI 事件表。

图 6-7　MIDI 消息分类

表 6-1　MIDI 事件表

MIDI 事件	状 态 码	数 据 码	数据码的参考说明
音符关	1000 mmmm	0nnn nnnn 0kkk kkkk	音符编号（0~127） 释放键力度（0~127）
音符开	1001 mmmm	0nnn nnnn 0kkk kkkk	音符编号（0~127） 按键力度（0~127），0 表示音符关
复音按键后	1010 mmmm	0nnn nnnn 0kkk kkkk	音符编号（0~127） 按键后持续压力（0~127）
控制信息	1011 mmmm	0ccc cccc 0kkk kkkk	控制号（0~121） 控制值（0~127）
通道方式	1011 mmmm	0ccc cccc 0kkk kkkk	控制号为 122~127 时为通道方式 控制值（0~127）
切换音色	1100 mmmm	0ppp pppp	音色编号（0~127）
通道触后压力	1101 mmmm	0kkk kkkk	按键后通道持续压力（0~127）
弯音变换	1110 mmmm	0kkk kkkk 0kkk kkkk	低 7 位弯音变换值 高 7 位弯音变换值
系统专用	1111 0000	0xxx xxxx ……	制造商标识码 可跟任意多字节数据，由制造商定义

（续）

MIDI 事件	状 态 码	数 据 码	数据码的参考说明
系统共用	1111 0010	0111 1111	乐曲位置指针（SPP）的低 7 位
		0hhh hhhh	乐曲位置指针（SPP）的高 7 位
	1111 0011	0sss ssss	选择的乐曲号
	1111 0110	无	调谐要求
	1111 0111	无	系统共用结束
系统实时	1111 1000	无	时钟（需要同步时使用）
	1111 1010	无	启动当前的音序器
	1111 1011	无	停止音序器
	1111 1100	无	继续被停止的音序器
	1111 1110	无	活动检测
	1111 1111	无	系统复位

表 6-1 中的 mmmm 表示通道值，实际的通道号为其值加 1，如 0000 为第 1 通道。

状态码和数据码由空格隔开，在十六进制表示中，其格式一般是：

xm nn kk（3 个字节，后 2 个字节为数据码）

其中，xm 是命令字节，每个命令字节又分为两部分，高 4 位 x 代表命令的种类，低 4 位 m 一般代表命令作用的通道号（系统消息除外）。由于规定了高 4 位的最高有效位必须是 1，所以状态码总是不小于 0x80；低 4 位 m 有 0～F 共 16 个不同的可取值，代表了 16 个 MIDI 通道。

例如，"0x95 64 67" 命令表示第 6 通道的音符开，音符编号为 64，按键力度为 67。"0x85 61 68" 命令表示第 6 通道的音符关，音符编号为 61，按键力度为 68，此时的按键力度值可被忽略。另一个关闭第 6 通道音符的方法是使用命令 "0x95 61 0"，在这个命令中，按键力度为 0，也相当于音符关闭，它与 "0x85 61 68" 命令的效果一样。但采用 "0x95 61 0" 这种形式关闭音符时，MIDI 命令的状态码未变，可以省略相邻的相同的命令字节，即省略掉后面的 "0x95"，这样可以有效地降低 MIDI 消息的传送密度，MIDI 文件常采用这种形式。

再如，切换音色（Program Chang）命令用于改变某通道的音色，每个通道的默认音色为大钢琴音色，可通过切换音色命令更换为其他音色，共有 128 种音色可供选择，编号为 0～127。例如，命令 "0xC3 42" 表示将第 4 通道切换音色为第 42 号音色。在标准 MIDI 音色表中，42 是大提琴音色编号。

6.3.2 MIDI 系统消息

MIDI 系统消息是针对某一个"特定通道"的。而 MIDI 系统消息则是需要发送给"全体通道"的，因此它们不包含通道值，有些还只有状态码，没有数据码。

系统实时消息用于使系统中所有的 MIDI 设备进行同步。它包括同步时钟设置，以及开始、停止、继续音序器的工作等命令。

系统专用消息由制造商专用，其第一个数据码为制造商识别码，后续字节可有任意多个，由制造商来定义数据代码的含义。用乐队做比喻的话，系统专用消息相当于是整个乐队的设置、用多少乐器、用哪些乐器、每个乐器的位置怎样摆放等。

自 20 世纪 90 年代后期以来，电子乐器的结构变得相当复杂，一个乐器中实际包含了许多不同乐器的功能，尽管制造商在出厂时作了标准的配置，但是使用者在创作富有特色的乐曲时常常需要改变这些配置，而且很可能每一首乐曲都要求电子乐器有不同的配置。这些配置往往很繁杂，如果都要依靠临时用手拨动按钮，那是很麻烦的事。而通过使用"系统专用消息"，把不同乐曲对于电子乐器的不同配置记录在 MIDI 文件之中，则在播放 MIDI 乐曲的时候，首先发送的"系统专用消息"，会使计算机音乐系统中所有的电子乐器瞬间按要求完成配置。

6.4 MIDI 系统中的设备配置

MIDI 设备的主要功能是制作和播放 MIDI 乐音。配置一个基本 MIDI 系统所需要的设备应包括 MIDI 消息输入设备、音序器和音源。

一套传统的 MIDI 系统中包括合成器、鼓机、音序器等，由于数字技术和声卡技术的发展和多媒体计算机的广泛应用，现在更多的 MIDI 硬件设备已经软件化，移植到计算机的软件程序中，如音序器已更多地被音序器软件所取代，音源也可使用各式各样的软音源。音序器软件除了支持 MIDI 键盘的输入以外，还允许使用者通过其他编辑窗口输入 MIDI 消息，如常用的钢琴卷帘窗、五线谱窗等，或者利用由软件模拟的虚拟键盘来输入，这时使用者只要使用计算机的鼠标或者键盘就能完成 MIDI 消息的输入，从而省去硬件 MIDI 键盘。在少量的音乐制作时不妨采用这种方法。现在的计算机高质量声卡上一般配置有质量不错的波形表音源，因此在非专业环境下，还可以省去外置音源，使系统进一步简化。所以，一台多媒体计算机，配上相关的音乐制作软件和监听装置，就构成了一个 MIDI 应用系统，这大概也是未来 MIDI 系统家庭化、个人化最简易的组成结构。

目前，专业的 MIDI 制作系统往往还使用着大量的专用设备。例如，作为输入设备的各种 MIDI 控制器（键盘/乐器/鼓机）、高档的音源、音序器、调音台、采样器、信号处理器（效果器、均衡器、压限器等）以及优质的监听设备等。其中 MIDI 音源一般不止使用一台，以便扩展音色选择范围；采样器相当于是可以灵活改变的音源，使用它能够实时地采集到更多的音色种类，增加了修改、控制音色的能力。

所以，目前常见的 MIDI 系统的配置如下：

- 简单配置：多媒体计算机、声卡、音序器软件。
- 基本配置：多媒体计算机、声卡、音序器软件、MIDI 键盘（合成器）。
- 中级配置：多媒体计算机、声卡、音序器、MIDI 键盘、效果器、音源、其他音频制作软件。
- 高级配置：多媒体计算机、声卡、音序器、MIDI 键盘、效果器、采样器、音频工作站、舞曲编辑机。

配置一个 MIDI 系统所需要的设备应包括三大功能模块，即输入模块、编辑模块和合成模块。其中，输入模块主要是 MIDI 键盘、MIDI 控制器，编辑模块是音序器或音序器软件，而合成模块为音源、合成器或采样器。

以下分别简要介绍 MIDI 系统中常用的设备。

6.4.1　MIDI 消息输入设备

输入设备主要有 MIDI 键盘、含有 MIDI 键盘的设备以及其他具有 MIDI 消息输入功能的设备。

MIDI 键盘是一种类似于钢琴键盘的设备，它的键盘上装有电子传感器。当人们按动 MIDI 键盘时，它并不发出声音，而是把按键的信息（音高、按键力度、持续时间等）转变为 MIDI 消息传送到 MIDI 接口，供音序器使用，最后通过音源的支持进行播放。以 MIDI 键盘为主而制成的 MIDI 控制器，除了 MIDI 键盘外，往往还有许多其他输入 MIDI 消息的手段，比如与 MIDI 键盘一起连用的滑音轮、踏板等，可以增加 MIDI 消息输入的多样性。一些 MIDI 控制器还包括 MIDI 吹管、MIDI 吉他、MIDI 小提琴等，可以通过吹管、拨弦等手法输入 MIDI 消息，就像演奏传统的乐器一样。

应该指出的是，MIDI 键盘只是输入 MIDI 消息的众多设备中的一种。大家也可以利用计算机本身的键盘和鼠标器来输入 MIDI 消息。另一方面，MIDI 键盘的种类本身也是多种多样的。在许多电子琴中配有 MIDI 接口，就可以用电子琴来输入 MIDI 消息。普通的 MIDI 键盘的手感与电子琴一样，只是 MIDI 键盘一般不直接发出声音。

6.4.2　音序器

音序器（Sequencer）也称为时序器，俗称编曲机，是 MIDI 消息的编辑和控制单元。其功能是把 MIDI 键盘（或 MIDI 控制器）输出的 MIDI 消息分轨地记录下来，把一首曲子所需的音色、节奏、音符等乐音要素按照一定的序列组织起来，使得音源能够实现同步播放。MIDI 文件的本质内容实际上就是音序内容。作曲者可以在音序器中对这些分轨记录的 MIDI 消息进行编辑和修改。这里所说的"轨"是音轨（Track），是借用了分轨录音机中的磁性记录轨的概念。录音机中分轨录音的方法通常是指对一个多声部的乐曲，按照声部或乐器分别对应录音磁带上一个磁迹进行录制的方法。比如录制一首钢琴、小提琴、大提琴三重奏，可以先把钢琴的声部录制在一个音轨上，然后再按钢琴给出的节奏分别把小提琴和大提琴的声部分别录制在不同的音轨上。分别录制完成后，再进行并轨，变成一个音轨或两个音轨（立体声），我们听到的就如同这三个声部同时进行的演奏。这种录制手法的好处在于可以多次对某一个声部进行录制，也可以对某一个声部的音量大小、音色进行处理，以弥补由于现场录音时，某一环节出现问题给整个乐曲带来整体的影响。

MIDI 消息的编辑和控制单元可以是专门制成的硬件音序器（如 YAMAHA-QY300），也可以是基于个人计算机的音序器软件。随着计算机技术和软件开发技术的不断发展，人们越来越多地采用音序器软件来代替传统的音序器。音序器软件具有完备的录制、播放、编辑和同步功能，而且升级方便、界面友好。相对于硬件音序器而言，基于个人计算机的音序器具有若干优点，最明显的优点莫过于由于 PC 强大的数据处理和图表能力，使得所有的编辑过程变得直观和直接。对于标准的剪贴功能，运行非常简单，可以把一个乐音素材从一个音轨移到另一音轨，把一个片断剪贴到剪贴板上留供使用，或者在一轨中复制一个段落。另外，大屏幕显示和图形界面格式使得各种复杂的操作变得容易了。图表编辑模式允许用户通过鼠标的移动来改变音符的音高、开始和时间长度。随着笔记本电脑的普及，音序器软件已成为 MIDI 作曲者的主流产品。

常用的 MIDI 音序器软件有 Cakewalk Sonar、Cubase SX、Logic 等。这些软件已经不再仅限于 MIDI 音序器功能，正在转为能够同时处理 MIDI 信号和音频信号的数字音频工作站软件。

6.4.3　声卡

对 MIDI 信号而言，声卡是外围设备与计算机内部的软件音序器之间的桥梁，它负责将外部产生的 MIDI 信号输入计算机，在进行处理之后，输出给外部的发声设备进行播放，或者直接利用自身具有的 FM 合成器或者波表合成器播放。

FM 合成方式电路简单、生产成本低，不需要大容量存储器支持即可模拟出多种声音，因此早期的廉价声卡大多都只能进行 FM 合成。这些声卡中的振荡器相当少，受计算能力的限制，所能进行的频率调制也极其有限，因此它们回放 MIDI 信号的声音真实性较差。目前，声卡中运用得更为广泛的音色合成技术是波表合成技术。当需要某个乐器的某种音色发声时，计算机就发出相应的指令，将音色样本从内存或者硬盘里调出来，经过声卡上的音色合成芯片处理以后，就可以听到声音了。

普通的计算机声卡上通常有一个 15 针插座，是用来连接游戏杆或 MIDI 设备的，但并没有如图 6-8 所示的 5 针 DIN 连接器插座，因此为了与 MIDI 键盘或电子琴相连，需要一个 MIDI 转接器（MIDI Cable），将 15 针接口转接为标准的 5 针 DIN 接口。这种转接器的内部电路利用声卡上 15 针插座提供的+5V 电源工作，所以不再需要外接电源，如同一般的无源电缆一样使用方便。如果计算机声卡上没有 15 针游戏杆接口，则需用 USB-MIDI 转接器进行连接。这种转接器的内部电路利用计算机 USB 接口的+5V 电源工作，完成 USB 到 MIDI 串口的转换。如果是使用带 USB 接口的 MIDI 键盘，连接起来就会更简单一些。

6.4.4　音源

音源部分是系统的输出设备，音源可以是一块声卡。MIDI 消息并不是声音数据，不能直接播放，所有的 MIDI 消息只有通过音源设备才能转变为真正的声音。音源是一个装有很多音色的设备，所以是用来发声的。所谓装有很多音色是指在一个音源内部有很多不同音色的样本波形，比如有钢琴的音色样本、吉他的音色样本等。音源就是一个音色样本库，但是音源本身并不知道在什么时候该用什么音色发怎样的声音，这项任务是由 MIDI 制作的心脏——音序器来完成的。音源设备对 MIDI 系统的音质起着决定性的作用，音源档次的高低直接决定了输出乐音的质量。

需要注意的是，即使是符合 MIDI 标准规范的音源，由于不同产品的采样音色会有差别，所以名字相同的某一件乐器在不同的音源或合成器上发声，其音色也可能差异不小，因此应当用质量好的音源。

如今，音源也正在大量地软件化。早期的软音源也叫作软波表，能够将约 2~4MB 的波表以文件的形式存储在计算机的硬盘上，并利用计算机的 CPU 完成声音合成运算。软波表的出现为没有能力购买硬件音源或者波表合成声卡的用户提供了相对廉价的解决方案，但是其波表容量有限、声音质量较差，并且播放 MIDI 信号时会出现很大的时间延迟。

目前很多软音源的效果也可以和硬件音源相媲美。软音源主要分为综合型音源和单乐器音源两种。综合型音源包含乐队当中的各个乐器或者某一个乐器组中的所有乐器音色，宿主软件一般只需要调用 1~2 个这样的软件音源，基本上就可以满足 MIDI 重放的需要。综合型音源的波表容量通常在 30~300MB 之间，能够同时利用多条 MIDI 通道提供多种音色。而单乐器音源通常只含有某一种乐器的音色，但是它会将这种乐器当中的各种类型甚至各种演奏方式都做成预制文件，并且声音的逼真性也比多乐器音源当中对应的音色要强得多。这种音源通常会包含某一种乐器的不同类型的音色，或者不同演奏方式的音色。由于最大限度地追求音色的逼真性，因此单乐器音源的波表容量往往会比综合型音源的波表容量更大，有时能够达到几个 GB 甚至几十个 GB。

6.4.5　采样器

无论是波表合成器还是音源，它们的波表都是存储在内置的硬件存储器上的，一般不能够更换。在这种情况下，能够不断读取新的波表素材的工具诞生了，这就是采样器。采样器内部并没有记录波表数据的存储单元，但是它能够读取写有波表数据的光盘，这样用户就可以通过购买光盘的方法不断扩充自己的波表素材。另外，采样器还允许用户自己进行声音采样，以获取某些特殊的波表素材。采样器的功能是将自然界真实音响采集，并作为特定音色加入到音乐中。它能对音色库中没有的音色进行采样并添加到指定音色库中。硬件的采样器通常价格昂贵，常见的品牌有 AKAI、YAMAHA 等。

采样器软件化也成为趋势，软件采样器大多有独立的格式，如 Giga、AKAI、E-Mu、Roland 等。

6.4.6　MIDI 合成器

MIDI 合成器（Synthesizer）是指把 MIDI 键盘、音序器和音源合为一体的 MIDI 设备。具有 MIDI 端口的合成器可以连接在 MIDI 系统中。合成器也可以用软件来实现，利用软件算法实现声音合成的软件就称为软件合成器。

6.5　MIDI 系统连接

6.5.1　MIDI 端口

MIDI 规定合成器、音序器、MIDI 键盘等能通过一个标准的接口连接。每个符合 MIDI 规范的乐器通常包含一个接收器和/或一个发送器。接收器接收 MIDI 消息，并执行 MIDI 命令。它由光耦合器、通用异步接收发送器（UART）及其他必要的硬件组成。发送器以 MIDI 格式生成 MIDI 消息，并按照 UART 和总线驱动器格式发送 MIDI 消息。

MIDI 设备使用以下三类端口来互连：MIDI IN（输入口）、MIDI OUT（输出口）和 MIDI THRU（转发口）。

- MIDI IN（输入口）：MIDI 设备通过 IN 端口接收其他 MIDI 设备发出的 MIDI 消息。
- MIDI OUT（输出口）：MIDI 设备通过 OUT 端口向其他 MIDI 设备输出本设备的 MIDI 消息。
- MIDI THRU（转发口）：MIDI 设备通过 THRU 端口将从 IN 端口接收到的 MIDI 消息

转发到其他 MIDI 设备。THRU 端口是为有多台 MIDI 设备的 MIDI 系统而设计的，通过这种 THRU 端口，可以完成多台 MIDI 设备的菊花链式连接。

图 6-8　5 针 DIN
连接器

这里所说的 MIDI 设备，实际上是指配备了 MIDI 接口，可以接收和发送 MIDI 消息的设备。无论是 PC 还是合成器，只要配备了 MIDI 接口，它就成了一台 MIDI 设备。

MIDI 硬件规范要求采用 5 针 DIN 连接器，用于 MIDI IN、MIDI OUT 和 MIDI THRU 端口的引线面板安装，如图 6-8 所示。

6.5.2　连接方式

两台 MIDI 设备的连接是最简单的 MIDI 系统。图 6-9 为两台合成器的连接，把一台合成器的 MIDI 输出端口接到另一台合成器的 MIDI 输入端口。这样，一个简单 MIDI 系统的连接就完成了，每一台合成器键盘上的演奏，都能通过另一台合成器上的音源发出声音。这种简单 MIDI 系统可以把两台合成器组合为一体，让两个演奏者同时演奏。一个要求演奏技巧很高的乐曲，一个人来演奏或许有些困难，而如果分解为两个人的演奏则就比较容易完成。

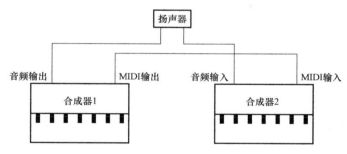

图 6-9　两台合成器的连接

在由两台 MIDI 设备构成的简单系统中，MIDI 设备可以没有主从之分，每台 MIDI 设备送出的 MIDI 消息，其目的地是明确且唯一的。而在一般的 MIDI 系统中通常由三台以上的 MIDI 设备构成，这时 MIDI 电缆线的连接，以及 MIDI 消息的分配则要复杂一些。三台以上的 MIDI 设备中，必须选定一台 MIDI 设备为主控设备（Master），它负责传送命令信息。其他 MIDI 设备为从设备（Slave），接受主控设备发出的命令信息。

主控设备一般是计算机，也可以是音序器、合成器。在硬件方面，它需要键盘或琴键；在软件方面，它必须配置能发出命令的相应软件。从设备可以向主控设备发送 MIDI 消息，这主要是键盘上的按键信息。这种较复杂的 MIDI 系统的连接方式有以下两种。

1. 菊花链式（Daisy Chain）连接

菊花链式连接方式如图 6-10 所示，这种方式连接的 MIDI 设备必须具备转发（THRU）端口。主控设备的 MIDI 消息通过 MIDI 输出（OUT）端口送到第 1 台从设备的 MIDI 输入（IN）端口，第 1 台从设备通过 MIDI 转发端口将 MIDI 消息转发到第 2 台从设备的 MIDI 输入端口，如果还有第 3 台从设备，则可以通过第 2 台从设备的 MIDI 转发端口将 MIDI 消息转发到第 3 台从设备的 MIDI 输入端口……按这种方式可以连接多台 MIDI 设备。

2. 星形连接方式

菊花链式连接中的 MIDI 设备必须具备转发端口，对于没有转发端口的设备，可以采用星形连接方式，如图 6-11 所示。星形连接方式需要配备一个 MIDI 转发盒。MIDI 转发盒有一个 MIDI 输入端口和若干个 MIDI 转发端口，其功能是把一路 MIDI 信号分配给多路 MIDI 信号线，以连接多个 MIDI 设备。

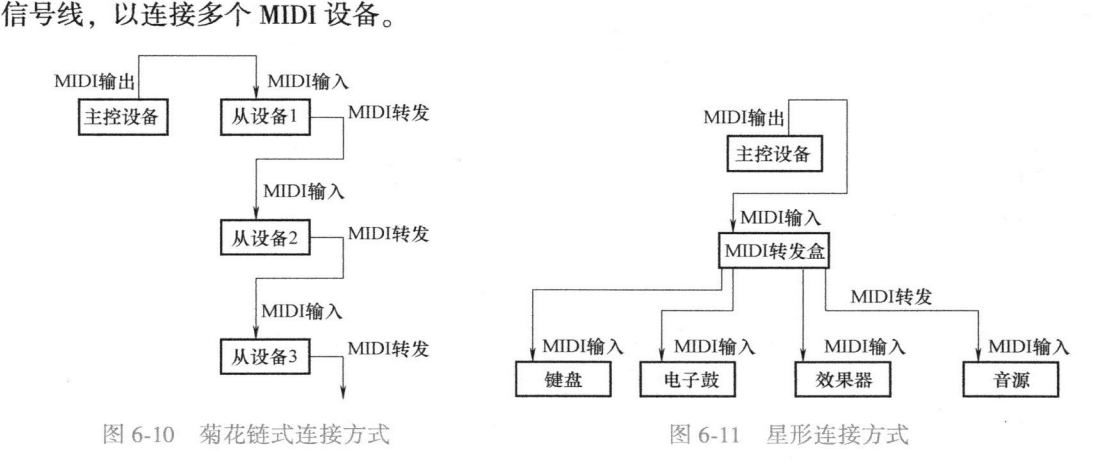

图 6-10　菊花链式连接方式　　　　　图 6-11　星形连接方式

这两种连接方式都只适合于主从控制方式，在一个系统中只有一个主控设备，可以发出命令。在主控设备发出的命令中，包括 MIDI 的通道信息，通道信息与 MIDI 的连接有关。

6.5.3　MIDI 的通道

当一个 MIDI 系统连接完成以后，无论采用菊花链式连接方式还是星形连接方式，都存在如何正确传送 MIDI 消息的问题。MIDI 设备的连接只是提供了 MIDI 消息传送的物理通道，MIDI 消息的正确传送还与 MIDI 通道的设置有关。MIDI 通道的设置信息用 4 位二进制代码来区分。4 位二进制代码可以区分 16 个通道。主控设备要发送信息给某台 MIDI 从设备，则需要通过一种代码来指定 MIDI 消息发送的目的地，这种代码就是通道设置信息。因此，MIDI 通道并不是指物理上的一根电缆线，而是 MIDI 消息中用来分配和安排 MIDI 数据流的一种逻辑通道。每个逻辑通道可指定一种乐器。

如果一个 MIDI 系统中只有两台 MIDI 设备：MIDI 设备 A 和 MIDI 设备 B，则 MIDI 通道信息的作用并不明显，MIDI 设备 A 的信息发送目的地是 MIDI 设备 B，而 MIDI 设备 B 的信息发送目的地是 MIDI 设备 A。如果一个 MIDI 系统中有 3 台 MIDI 设备：MIDI 设备 A、MIDI 设备 B 和 MIDI 设备 C，它们按如图 6-10 所示的菊花链式连接。设 MIDI 设备 A 是主控设备，它发出信息的目的地可以是 MIDI 设备 B，也可以是 MIDI 设备 C，MIDI 的通道设置信息就可以用来指定 MIDI 设备 A 的信息发送目的地。比如，通过 MIDI 设备 B 和 MIDI 设备 C 的面板把 MIDI 设备 B 设定为通道 1，把 MIDI 设备 C 设定为通道 2。当 MIDI 设备 A 同时给 MIDI 设备 B 和 MIDI 设备 C 发送 MIDI 消息时，首先把发送给 MIDI 设备 B 的信息放在通道 1，把发送给 MIDI 设备 C 的信息放在通道 2。MIDI 消息首先送到设备 B 的 MIDI 输入端口，MIDI 设备 B 把与自己所设通道号相同的信息接收下来，把与自己所设通道号不相同的信息通过 MIDI 转发端口送到设备 C 的 MIDI 输入端口。MIDI 设备 C 然后把与自己所设通道号相同的信息接收下来，把与自己所设通道号不相同的信息通过 MIDI 转发端口再转送出去。如果有更多的 MIDI 设备，可以依次转送。

一台 MIDI 设备并不是只能接收一个通道的数据，比如，一个音源可以同时接收多个通道的数据，同时演奏出多种乐器的声音。MIDI 设备 A 也可以把一组信息指定给一个通道，比如一组打击乐的演奏信息，包含各种的鼓乐，都指定给通道 10。

如果 MIDI 设备 B 或 MIDI 设备 C 要向 MIDI 设备 A 发送 MIDI 消息，是否也可以用这种方法呢？回答是否定的。因为这里假设 MIDI 设备 A 为主控设备，通道信息只能由主控设备发出，所以 MIDI 设备 B 和设备 C 不能发送通道信息。如果 MIDI 设备 B 或 MIDI 设备 C 要向 MIDI 设备 A 发送 MIDI 消息，则 MIDI 设备 A 中的 MIDI 接口必须有两个 MIDI 输入端口，分别与 MIDI 设备 B 和 MIDI 设备 C 的 MIDI 输出端口相连接。如果有更多的 MIDI 设备要向 MIDI 设备 A 发送 MIDI 消息，则要求 MIDI 设备 A 有更多的 MIDI 输入端口。

6.5.4 MIDI 系统连接实例

图 6-12 给出了一个典型的 MIDI 系统连接的例子，MIDI 键盘控制器对 MIDI 音序器来说是一个输入设备，而音序器的 MIDI OUT 端口连接了几个声音模块。专业用户（如作曲家）可以用这样的系统来创作由几种不同乐音组成的乐曲，每次在键盘上演奏单独的乐曲。这些单独的乐曲都由音序器记录下来，然后音序器通过几个声音模块一起播放。每首乐曲在不同的 MIDI 通道上播放，而声音模块可分别设置成接收不同的乐曲。例如，声音模块 1 可设置成播放钢琴声并在通道 1 接收信息，模块 2 设置成播放低音并在通道 5 接收信息，而模块 3 设置成播放鼓乐器并在通道 10 上接收消息等。

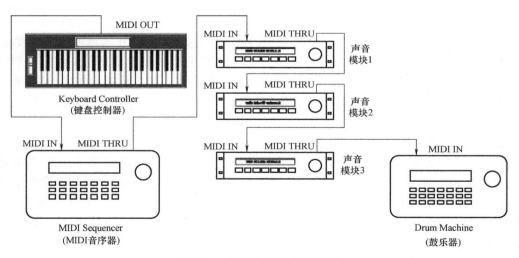

图 6-12　典型的 MIDI 系统连接

图 6-13 是基于 PC 平台的 MIDI 系统，该系统使用的声音模块是一种单独的多音色声音模块。在这个系统中，PC 使用内置 MIDI 接口卡，进行 MIDI 消息的发送和接收。一些诸如多媒体演示程序、教育或游戏软件等应用程序将信息通过 PC 总线发送到 MIDI 接口卡，再由该卡把信息转换成 MIDI 消息，然后发送到多音色模块，就能同时播放出许多不同的乐音。

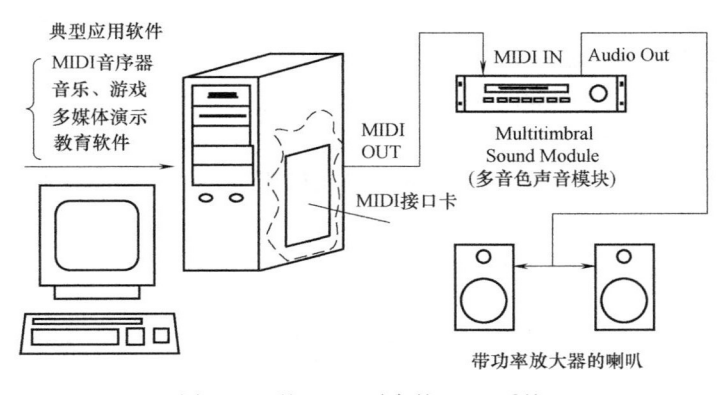

图 6-13　基于 PC 平台的 MIDI 系统

使用安装在 PC 上的高级 MIDI 音序器软件，用户可把 MIDI 键盘控制器连接到 MIDI 接口卡的 MIDI IN 端口，也可以实现相同的音乐创作功能。这样，PC 可通过音序器软件来采集 MIDI 键盘控制器发出的一系列指令。这一系列指令可记录到以 .MID 为扩展名的 MIDI 文件中。在计算机上音序器可对 MIDI 文件进行编辑和修改。最后，将 MIDI 指令送往音乐合成器，由合成器将 MIDI 指令符号进行解释并产生波形，然后通过声音发生器送往扬声器播放出来。

拓展阅读：电子琴与键盘合成器有什么区别？

6.6　MIDI 设备的同步

为了使不同的 MIDI 设备协同地工作，同步信息很重要，它不仅用于 MIDI 设备之间，也用于 MIDI 设备与音频设备的同步。

同步信息最早是被应用在电影工业中。在电影中，声音与画面的同步是依赖于胶片边缘的小孔提供的信息。在电视行业中，用录像带来进行拍摄、编辑和播放，为了解决影音的同步问题，就制定了用于同步的 SMPTE 时间码。

最早的 MIDI 定义了时钟信息以及停止、开始、继续，乐曲位置指针等信息，使两台音序器能够同步运行，MIDI 规定以 24PPQ（Pulse Per Quartnote）作为 MIDI 时钟系统的规格：即在每一个四分音符的时间内，MIDI 系统会发送出 24 个系统实时消息，因此音乐的速度决定了这些系统实时消息发送时间的快慢，比如音乐的速度为 80 拍/min，那么每秒将产生 32 个系统实时消息；当音乐的速度为 120 拍/min 时，那么每秒将产生 48 个系统实时消息，时钟信息是很简单的单字节标记，并不包含时间、位置等信息。

在 MIDI 同步系统中，必须选择一个带有时间性的 MIDI 设备作为主控制器，而其他设备为附属设备。将主控制器的时钟设置为 Internal（内部的），附属设备设置为 External（外部的）。这时附属设备的 Tempo（速度）将不起作用，只接收主控制器发出的系统实时消息，并调整为与主控制器一致的速度，从而实现了同步操作。

MIDI 同步系统除了能使不同的 MIDI 设备同步之外，还可以指定附属设备从哪一小节开始播放，这种指令依靠的是 MIDI 歌曲位置指示器（MIDI Song Position Pointer）的功能。

MIDI 同步系统的设计只适用于 MIDI 设备之间的连接，当与其他设备连接，如多轨录音机、视频编辑机等进行同步操作时，就需要使用别的同步信号。

6.6.1　SMPTE 时间码

SMPTE 时间码是 1967 年由美国电影电视工程师协会（Society of Motion Picture and Television Engineers，SMPTE）提出的用于对录像带进行编辑的一种绝对时间码。它记录在录像带上，与视频同步信号有严格的对应关系。SMPTE 时间码是一个高频电子数字信号，这个信号由一个时间码发生器产生的一些脉冲流组成。

SMPTE 时间码的记录格式为"时：分：秒：帧"，共 8 位数字，分别对应 0~23h、0~59min、0~59s 以及每秒内的第几帧，在监视器下方用××：××：××：××显示。1s 内的帧数取决于所用的电视制式，如 NTSC 制的帧频为 29.97 帧/s。帧数表示 1s 内播放的画面数。在声音后期合成中，SMPTE 时间码用于各种设备的同步启动及同步保持。

在处理音像系统的同步问题时，需要有一台同步器。然后在多轨录音机上录制一轨由同步器发送的 SMPTE 时间码。录制完成后，只要将 SMPTE 码回输至同步器，与同步器连接的设备或软件（如 Cool Edit、Cakewalk 等）接收到 SMPTE 时间码的信号就会带动整个系统同步工作。

现在许多品牌的 MIDI 接口都具有发送和接收 SMPTE 时间码的功能，如 MOTU、MIDI、MAN、MOTU MTP8 * 8MIDI 接口等。

SMPTE 时间码格式较多，但各有其应用场合，举例如下。

1. SMPTE 25 EBU 格式

这种格式规定播放速度为 25 帧/s，这是欧洲广播联盟（EBU）采用的格式，因为欧洲电视系统使用的帧速率是 25 帧/s 格式。

2. SMPTE 24 Film Sync 格式

该格式是以 24 帧/s 的速度播放，通常用于电影工业。

3. SMPTE 30 Non-Drop 格式

该格式适用于音频领域。因为在美国，电力系统采用 60Hz 的频率，而 30 帧/s 的速度播放是最合理的。Non-Drop 意为"无丢帧"；反之，Drop 为"丢帧"。对于大多数 MIDI/AUDIO 用户，这种格式是最为常用的。如果想通过 MIDI 音序软件来控制音频软件或硬件的工作方式，这就涉及同步信号传送和响应的问题。一般来说，就应注意它们的 SMPTE 格式是否统一。况且，目前 MIDI 应用已不仅局限在音乐制作方面。以 MIDI 信号控制灯光系统、音乐喷泉等，也屡见不鲜。

MIDI、音频和视频在同步处理时，共同采用 SMPTE 30 Non-Drop 格式，但视频是以 29.97 帧/s 的速度播放。问题就出来了，其中的区别在于 SMPTE 30 Non-Drop 和真 SMPTE 30 Drop，如果真的要做些有关视频的工作，可能根本不会用到 30 帧/s 的速度。随着 NTSC 制式彩色电视系统的问世，在帧的速率上发生了微小的量的变化，目的是排除音频信号和彩色电视信号间交叉干扰的可能性。即被称为 SMPTE Non-Drop 或 Drop，实际帧速度是 29.97 帧/s。然而，由此而来的问题是，由于 SMPTE 时间和日常生活的时钟时间两者不同，计数时其互相吻合的周期很长。正因为如此，在视频领域才有了 Drop 和 Non-Drop，用来解决这个问题。

在音频领域，一般把 30 Non-Drop 叫作 29.97 Non-Drop（因为事实上它的播放速度确实是 29.97 帧/s），以区别于"真"30 Non-Drop（30 帧/s）。在视频领域，同样地，将 30 Drop 叫作 29.97 Drop，以强调它是以 29.97 帧/s 运行。这也只是表达方式而已。应该知道，SMPTE 的 30 Drop 和 29.97 Drop 之间没有任何区别。

6.6.2 MTC 时间码

由于 MIDI Clock 只能用于 MIDI 设备间的连接，为了让 MIDI 设备能与其他设备同步连接，这种完全兼容 SMPTE 时间码的 MIDI 同步信号（MTC 时间码）就应运而生了。

MTC 时间码（MIDI Time Code）又称为 MIDI 时间码，这是 SMPTE 同步码在 MIDI 中的表现方法，它能够提供乐曲演奏的时间信息，但是不包含速度信息。与 SMPTE 时间码相同，MTC 的显示和记录方式也是"时：分：秒：帧"。MTC 沿用了 MIDI 的标准插头及连接口，要注意的是它只能应用于已配备 MTC 的设备上。

目前许多录音录像设备都具有 MTC 同步功能，MTC 在录音棚多轨同步、电影电视的后期制作中都是一个非常重要的功能。需要注意的是，如果两个用 MTC 同步的音序器工作在不同的速度，尽管有很好的同步，它们的音乐还是会逐渐岔开，因此互连设备的工作速度还是应当尽可能一致。

6.7 MIDI 2.0 规范简介

2020 年，MIDI 2.0 规范正式发布。MIDI 2.0 规范是对 MIDI 1.0 规范的全面提升，在 MIDI 1.0 的基础上增加了许多新的特性和功能，比如双向通信、更高的分辨率和属性交换。MIDI 2.0 可以让音乐设备之间的互动更加智能、灵活和富有表现力，也可以让音乐创作和演奏更加便捷和有趣。

与 MIDI 1.0 相比，MIDI 2.0 具有如下新特性。

1）双向 MIDI 对话：MIDI 2.0 设备可以相互通信和自动配置，也可以检测对方是否支持 MIDI 2.0，从而保持与 MIDI 1.0 的兼容性。

2）通用 MIDI 数据包（UMP）：MIDI 2.0 使用"通用 MIDI 数据包"格式，用于携带 MIDI 1.0 协议消息和 MIDI 2.0 协议消息，适用于高速传输 MIDI 数据，比如 USB、以太网、个人计算机操作系统内运行的应用程序之间传输。通用 MIDI 数据包支持 16 组 MIDI 消息，每组包含 16 个 MIDI 通道，共计 256 个通道。MIDI 2.0 的数据包大小也会影响传输速度，例如 UMP32 的数据包大小为 32bit，而 UMP64 的数据包大小为 64bit。一般来说，MIDI 2.0 的传输速度要比 MIDI 1.0 的传输速度快得多，因为它使用了更高效的编码和压缩技术。

3）高分辨率控制器：MIDI 2.0 提供了更高的控制器分辨率，从 MIDI 1.0 的 7bit（128 级）提升到 32bit（42 亿级）。这意味着 MIDI 2.0 设备可以更精确地控制音高、力度、音色等参数。

4）增强的表现力：MIDI 2.0 设备可以通过新的消息类型来实现更丰富的表现力。例如，新的音符消息可以携带音符开启速度、音符关闭速度、音符压力等信息。新的泛音消息可以让 MIDI 2.0 设备模拟真实乐器的泛音特征。

5）MIDI 能力查询（MIDI Capability Inquiry，MIDI-CI）：MIDI 2.0 由 MIDI 能力查询启动。MIDI 能力查询提供以下机制：当两个支持双向通信的设备互连后，先使用 MIDI 1.0 询问彼此的能力。如果两个设备均支持 MIDI 新特性，则使用 MIDI 2.0。如果其中一个设备不支持任何 MIDI 新特性，则两个设备一如既往地使用 MIDI 1.0 进行通信。MIDI 能力查询具有配置文件自动设置（Profile Configuration）、资源交换（Property Exchange）、通信协议协商（Protocol Negotiation）三个功能。

① 配置文件自动设置（Profile Configuration）：MIDI 2.0 的每个设备里都保存着一份 MIDI-CI 的配置文件（profile），当跟其他设备连接时，就会把这份配置文件传输给对方，这样设备就可以使用该功能自行配置其连接和相关设置。一个配置文件里定义了一系列的规则，比如一旦对方收到发来的 MIDI 消息必须如何给出反馈，来达到一个特定的目的或者操作一个指定的应用程序。除了定义如何回应 MIDI 消息以外，还可能会定义需要对方设备具备什么功能。

② 资源交换（Property Exchange）：这是 MIDI-CI 很重要的特色，两个设备互相连接后使用 MIDI-CI 定义的通用系统专用消息（Universal System Exclusive）所进行的一系列的发现、获取、设置设备属性的操作机制。这可以让 MIDI 2.0 设备更智能地适应不同的场景和需求。

③ 通信协议协商（Protocol Negotiation）：当两个 MIDI 设备（含计算机软硬件）连接起来（且通电）时，MIDI-CI 机制会先假设是双向通信，开始互相查询对方及回应，如果协商失败，就回退到安全的 MIDI 1.0 通信协议。

6.8 小结

数字音频技术是把原始声音以数字信号形式记录下来或进行传输，在重放时再通过 D/A 转换成模拟音频信号输出。在数字音频中保持声音的原始质量是主要的技术要求。

MIDI 技术则不同，它记录的是合成器键盘上的按键控制信息，实际上是一种乐器演奏指令序列，相当于乐谱。由于在 MIDI 文件中，只包含产生某种声音的指令，所以对于同一段乐曲而言，MIDI 文件所包含的数据量比起声音文件来要小得多，这一点在多媒体制作中非常有用，也很适合在网络上传输。另外，由于 MIDI 消息不包含声音数据，而真正用来发出声音的是音源，所以 MIDI 技术既具有灵活性，又具有对 MIDI 音源设备的依赖性。

综上所述，数字音频技术与 MIDI 技术主要存在以下几方面的不同：

（1）处理对象不同

数字音频技术的处理对象是原始的真实声音信息，而 MIDI 技术的处理对象是按键的控制信息。

（2）处理手段不同

数字音频技术的处理手段主要是数字滤波、数据压缩编/解码、信道编/解码等；而 MIDI 技术的处理手段是通过各种软件直接修改各种 MIDI 控制信息，来修改音符、音色、节奏等与乐曲有关的参数。

（3）重现声音的方法不同

数字音频技术重现声音比较方便，只要通过 D/A 转换和放大器即可，而 MIDI 消息只有通过专门的 MIDI 音源设备才能重现声音。

但从另一方面，也可以看到 MIDI 技术与数字音频技术之间的联系，MIDI 音源设备输出的声音信息，只有通过数字音频技术的处理后才会变成美妙动听的音乐。

6.9　习题

1. 什么是 MIDI？它有什么特点？
2. MIDI 技术与数字音频技术有什么不同？它们之间存在着什么样的联系？
3. 请解释 MIDI 通道的概念。
4. 常用的 MIDI 乐音合成法有哪些？请说明它们的基本原理。
5. 什么是音序器？其作用是什么？

第7章 数字音频文件格式

本章学习目标：
- 熟悉资源交换文件格式（RIFF）的结构。
- 熟悉 WAV 文件格式的一般结构。
- 了解 MP3、MIDI 文件格式及特性。
- 了解 RA、RM 、WMA、APE、AU 等音频文件格式。

7.1 资源交换文件格式

资源交换文件格式（Resource Interchange File Format，RIFF）是由 Microsoft 和 IBM 在 1991 年共同提出的一种媒体文件的存储格式，不同编码的音频、视频文件，可以按照它定义的存储规则保存、记录各自不同的数据，如：数据内容、采集信息、显示尺寸、编码方式等。在播放器或者其他提取工具读取文件的时候，就可以根据 RIFF 的规则来分析文件，合理地解析出音频、视频信息，正确进行播放。RIFF 是 Windows 环境下大部分媒体文件遵循的一种文件格式规范。所以，准确地说，RIFF 本身并不是一种特定的文件格式，而是对这一类文件类型总的定义，如 WAV 文件、AVI 文件等都遵循 RIFF 规范。

在 RIFF 的文件存储规则中，有几个重要的概念需要理解，它们是 FOURCC、Chunk、List。下面将对这几个概念进行解释。

RIFF 格式是一种树状的结构，其基本组成单元为 List（列表）和 Chunk（块），例树的节点和叶子。RIFF 格式也类似于 Windows 文件系统的组织形式，Windows 文件系统有文件夹和文件，分别对应 RIFF 中的 List 和 Chunk。Windows 文件系统中的文件夹可以包含子文件夹和文件，而文件是保存数据的基本单元，RIFF 也使用了这样的结构。在符合 RIFF 规范的文件中，数据保存的基本单元是 Chunk，可用于保存音、视频数据或者一些参数信息，List 相当于文件系统的文件夹，可以包含多个 Chunk 或者多个 List。

1. FOURCC

一个四字符码 FOURCC（Four Character Code）占 4 字节，一般表示 4 个 ASCII 字符。在 RIFF 文件格式中，使用 FOURCC 来表征数据类型，比如 ' RIFF '、' WAVE '、' AVI ' 等。FOURCC 一般是四个字符，如' RIFF '这样的形式，也可以三个字符包含一个空格，如 ' AVI ' 这样的形式。

注意，Windows 操作系统使用 little-endian（字节由低位到高位存储）的字节存储顺序，因此一个四字符码 'abcd' 的实际 DWORD 值应为 0x64636261。

2. Chunk（块）

Chunk 是组成 RIFF 文件的基本单元，它的结构如下：

```
structchunk
{
```

```
ChunkID;          /* 块标识 */
ChunkSize;        /* 块长度 */
ChunkData;        /* 块数据内容 */
};
```

ChunkID 是一个 FOURCC，标识该 Chunk 的名称，如：'RIFF'、'LIST'、'WAV'、'AVI'等，由于这种文件结构最初是由 Microsoft 和 IBM 为 PC 所定义的，RIFF 文件是按照 little-endian 字节顺序写入的。

ChunkSize 占用 4 字节，表示 ChunkData 部分的数据块长度，以字节为单位。ChunkID 与 ChunkSize 域的大小则不包括在该值内。

ChunkData 则是 Chunk 中实质性的内容，保存的是 Chunk 的具体数据内容。一个 Chunk 保存的数据可以是关于声音文件的编码方式、音视频采样等信息，也可以是音频或视频数据。具体表示哪类数据则通过 ChunkID 来标识。ChunkData 中所包含的数据是以字（WORD）为单位排列的，如果该数据结构长度是奇数，则在最后添加一个空（NULL）字节。

3. List（列表）

一个 List 数据块的数据结构如下：

```
structchunk
    {
        'LIST';       /* 块标识 */
        ListSize;     /* 块长度 */
        ListType;     /* 类型 */
        ListData;     /* 块数据内容 */
    };
```

'LIST' 也是一个 FOURCC，而且是固定的，每个 List 都是以 'LIST' 为开头。

ListSize 占用 4 字节，表示 ListType 和 ListData 两部分加在一起的长度。

ListType 是一个 FOURCC，是对 List 具体包含的数据内容的标识。

ListData 则是该 List 的数据内容区，由 Chunk 和子 List 组成，它们的个数和组成次序可以是不确定的。

4. RIFF 文件的结构

一个 RIFF 文件的数据结构如下：

```
structchunk
    {
        'RIFF';       /* 块标识 */
        FileSize;     /* 块长度 */
        FileType;     /* 类型 */
        FileData;     /* 块数据内容 */
    };
```

'RIFF' 也是一个 FOURCC，用于标识该文件是一个 RIFF 格式的文件。

FileSize 是一个 4 字节的数据，给出文件的长度，但仅包括 FileType 和 FileData 两部分。

FileType 是一个 FOURCC，用来说明文件类型，如 'WAV'、'AVI'等。

FileData 部分表示文件的具体内容，可以由若干个 List 和 Chunk 组成，而 List 的 ListData

又可以由若干个 Chunk 和子 List 组成，且 List 是可以嵌套的。

7.2 WAV 文件格式

WAV 文件格式是 Microsoft 和 IBM 公司开发的一种波形（Waveform）音频文件格式，符合 RIFF 文件规范，被 Windows 平台及其应用程序所广泛支持，是目前 PC 上广泛流行的音频文件格式。几乎所有的音频编辑软件都可直接播放 WAV 格式文件。WAV 格式文件所存储的音频数据是对声音模拟波形进行采样所得的 PCM 样值数据，因此也称为波形文件。WAV 格式文件存放的是未经压缩处理的音频数据，音质好，但是占用的存储空间大。

WAV 文件占用的存储容量=采样频率×量化比特数×声道数×时间/8

例如，用 44.1kHz 的采样频率对声波进行采样，每个采样点的量化比特数选用 16bit，则录制 1min 的立体声音频，其 WAV 格式文件需占用的存储容量约为 10MB。当然，如果对声音质量要求不高，则可以通过降低采样频率，采用较少的量化比特数或利用单声道来录制 WAV 格式文件，此时的 WAV 文件大小可以成倍地减小。实践表明，用 22.05kHz 采样频率和 8bit 的量化精度，可取得较好的音质，其效果可以达到相当于调幅（AM）广播的音质。

7.2.1 WAV 文件的结构

WAV 文件符合 RIFF 文件规范，每个 WAV 文件的头 4 个字节便是'RIFF'。WAVE 文件由文件头和文件体两大部分组成。其中文件头又分为 RIFF WAVE 文件标识块（RIFF WAVE Chunk）和声音数据格式说明块（Format Chunk）两部分。

块（Chunk）是构成 WAV 文件的基本单元。WAV 文件由若干个 Chunk 组成，按照 Chunk 在文件中的顺序排列，依次是 RIFF WAVE Chunk、Format Chunk、Fact Chunk（可选）和 Data Chunk，如表 7-1 所示。

表 7-1 WAV 文件的结构

RIFF WAVE Chunk	ID ='RIFF'
	RIFFType = 'WAVE'
Format Chunk	ID ='fmt'
Fact Chunk（可选）	ID = 'fact'
Data Chunk	ID ='data'

其中除了 Fact Chunk 外，其他三个 Chunk 是必需的。每个 Chunk 有各自的 ID，位于 Chunk 最开始位置，而且均为 4 字节。下面分别介绍这 4 类 Chunk 的结构。

1. RIFF WAVE Chunk 的结构

RIFF WAVE Chunk 的结构如表 7-2 所示。

表 7-2 RIFF WAVE Chunk 的结构

字段名称	偏移地址	长　度	数据类型	内容说明
ID	00H	4B	char	'RIFF'
Size	04H	4B	long	整个文件长度-8
Type	08H	4B	char	'WAVE'

RIFF WAVE Chunk 以 'RIFF' 作为标识；紧跟在 ID 后面的是 Size 字段，该 Size 是整个 WAV 文件长度减去 ID 和 Size 所占用的字节数，即整个文件长度-8；然后是 Type 字段，为 'WAVE'，表示是 WAV 格式文件。

RIFF WAVE Chunk 的结构定义如下：

```
typedef struct RIFF_HEADER
{
    char szRiffID [4];           //'R', 'I', 'F', 'F'
    DWORD dwRiffSize;
    char szRiffFormat [4];       //'W', 'A', 'V', 'E'
} RIFF_HEADER;
```

2. Format Chunk 的结构

Format Chunk 的结构如表 7-3 所示。

表 7-3　Format Chunk 的结构

字段名称	偏移地址	长度	数据类型	内容说明
ID	0CH	4B	char	'fmt'
Size	10H	4B	long int	数值为 16 或 18，若为 18，则最后多了 2 字节的附加信息
FormatTag	14H	2B	int	记录编码方式，如 PCM、ADPCM。目前取值为 0x0001，代表 PCM
Channels	16H	2B	int	记录声道数：0x0001 表示单声道；0x0002 表示双声道立体声
SamplesPerSec	18H	4B	long	记录采样频率
AvgBytesPerSec	1CH	4B	long int	记录每秒所需字节数。波形音频数据传送速率，其值为声道数×采样频率×每样本的数据位数/8。播放软件利用此值可以估计缓冲区的大小
BlockAlign	20H	2B	int	记录数据块对齐单位（每个样本需要的字节数）。数据块的调整数（按字节算的），其值为声道数×每样本的数据位数/8。播放软件需要一次处理多个该值大小的字节数据，以便将其值用于缓冲区的调整
BitsPerSample	22H	2B	int	记录每个样本所需的位数，表示每个声道中各个样本的数据位数。如果有多个声道，对每个声道而言，样本大小都一样
附加信息	24H	2B		可选，通过 Size 来判断有无

Format Chunk 以 'fmt' 作为标识。一般情况下 Size 为 16，此时最后没有附加信息；如果为 18 则最后多了 2 字节的附加信息。主要由一些软件制成的 WAV 格式中含有该 2 字节的附加信息。

Format Chunk 中包含了一个 PCMWAVEFORMAT 数据结构，该结构定义如下：

```
typedef struct WAVEFORMAT
{
    WORD    wFormatTag;          %记录着此声音的编码方式，如 PCM，ADPCM
    WORD    wChannels;           %记录声音的声道数
    DWORD   dwSamplesPerSec;     %记录每秒采样数（采样频率）
    DWORD   dwAvgBytesperSec;    %记录每秒的平均数据量
```

```
        WORD    wBlockAlign;              %记录数据块的对齐单位
    } WAVEFORMAT;


    typedef struct PCMWAVEFORMAT
      {
        WAVEFORMAT wf ;
        WORD    wBitsPerSample;           %记录每个样本所需的位数
    } PCMWAVEFORMAT;
```

3. Fact Chunk（可选）的结构

Fact Chunk 的结构如表 7-4 所示。

表 7-4　Fact Chunk 的结构

字 段 名 称	偏 移 地 址	长　　度	数 据 类 型	内 容 说 明
ID	24H（或 26H）	4B	char	'fact'
Size	28H（或 2AH）	4B	long int	数值为 4
Data	2CH（或 2EH）	4B		

Fact Chunk 是可选字段，一般当 WAV 格式文件由某些软件转化而成，则包含该 Chunk。
Fact Chunk 的结构定义如下：

```
    typedef struct FACT_BLOCK
      {
        char szFactID [4]; // 'f', 'a', 'c', 't'
        DWORD dwFactSize;
    } FACT_BLOCK;
```

4. Data Chunk 的结构

Data Chunk 的结构如表 7-5 所示。

表 7-5　Data Chunk 的结构

字 段 名 称	偏 移 地 址	长　　度	数 据 类 型	内 容 说 明
ID	24H（或 26H，或 32H）	4B	char	'data'
Size	28H（或 2AH，或 36H）	4B	long int	数据区长度
Data	2CH（或 2EH，或 3AH）以后	不定	long int	数据区，真正存储数据的地方

Data Chunk 是真正保存 WAV 格式文件数据的地方，以 'data' 作为该 Chunk 的标识，然后是数据区长度 Size 字段，紧接着就是 WAV 格式文件数据。

Data Chunk 头结构定义如下：

```
    typedef struct DATA_BLOCK
      {
        char szDataID [4]; // 'd', 'a', 't', 'a'
        DWORD dwDataSize;
    } DATA_BLOCK;
```

WAV 格式文件数据块包含以脉冲编码调制（PCM）格式表示的样本。Windows 定义了在 Data Chunk 中数据的存放情形，表7-6列出了4种不同声道数及采样所需的比特数以及比特位置的安排。其中：

对于 8bit 单声道，每个样本数据由 8bit 的短整数（short int，00H~FFH）表示。

对于 8bit 立体声，每个声道的数据由一个 8bit 数据表示，且第一个 8bit 数据表示 0 声道（左声道）数据，紧随其后的 8bit 数据表示 1 声道（右声道）数据。

对于 16bit 单声道，每个样本数据由 16bit 的整数（int）表示。

对于 16bit 立体声，每个声道的数据由一个 16bit 数据表示，且第一个 16bit 数据表示 0 声道（左声道）数据，紧随其后的 16bit 数据表示 1 声道（右声道）数据。

表 7-6 PCM 数据的存放方式

	样本 1（1字节）	样本 2（1字节）	样本 3（1字节）	样本 4（1字节）
8bit 单声道	0 声道	0 声道	0 声道	0 声道
8bit 立体声	0 声道（左）	1 声道（右）	0 声道（左）	1 声道（右）
	样本 1（2字节）		样本 2（2字节）	
16bit 单声道	0 声道低字节	0 声道高字节	0 声道低字节	0 声道高字节
16bit 立体声	0 声道（左）低字节	0 声道（左）高字节	1 声道（右）低字节	1 声道（右）高字节

7.2.2 写声音数据到 WAV 文件

在 Windows 编程中，WAV 文件是最常用的声音存储格式，以下内容主要说明了在 Visual C++中如何根据 WAV 文件格式标准，将声音数据写到一个 WAV 文件。

1. 创建一个空文件

用系统函数 CreateFile 创建一个空文件，其程序如下：

```
#include <windows. h>
FILE        * m_fp = NULL;          //文件句柄
DWORD     dwFileSize = 0;           //文件长度
DWORD     dwTotalAudioLength = 0;   //声音数据长度

HANDLE    OpenFileToWrite（LPCTSTR lpFileName）
    {
    SECURITY_ATTRIBUTES sa;
    sa. nLength = sizeof（SECURITY_ATTRIBUTES）;
    sa. lpSecurityDescriptor = NULL;
    sa. bInheritHandle = FALSE;
    return CreateFile（lpFileName, GENERIC_WRITE, 0, &sa,
            CREATE_ALWAYS, FILE_ATTRIBUTE_NORMAL, NULL）;
    }
```

2. 写 WAV 文件头

首先，要得到声音采样数据的相关信息，通常这些信息存储在一个 WAVEFORMATEX 结构中，用系统函数 WriteFile 将文件头信息写入新创建的文件。其程序如下：

```
BOOL WriteWaveFileHeader（char *DesFilename, WAVEFORMATEX wfx）
    {
    long cbFmtChunk, cbDataChunk;
    m_fp = fopen（DesFilename, "w+b"）;                      //m_fp 在前面已定义过
    if（! m_fp）return FALSE;                                //打开文件出错
    cbFmtChunk = sizeof（WAVEFORMATEX）+wfx.cbSize;          //WAVEFORMATEX 结构长度
    dwFileSize = 46;                                        //46 为文件头的长度
    dwTotalAudioLength = 0;
    cbDataChunk = dwTotalAudioLength;
    fwrite（"RIFF", 1, sizeof（DWORD）, m_fp）;              //RIFF 标识符（占 4 字节）
    fwrite（&dwFileSize, 1, sizeof（DWORD）, m_fp）;         //文件长度（占 4 字节）
    fwrite（"WAVE", 1, sizeof（DWORD）, m_fp）;              //WAVE 标识符（占 4 字节）
    fwrite（"fmt ", 1, sizeof（DWORD）, m_fp）;              //fmt 标识符（占 4 字节）
    fwrite（&cbFmtChunk, 1, sizeof（DWORD）, m_fp）;  //WAVEFORMAT 结构的长度（占 4 字节）
    fwrite（&wfx, 1, cbFmtChunk, m_fp）;                    //WAVEFORMAT 结构的内容（占 18 字节）
    fwrite（"data", 1, sizeof（DWORD）, m_fp）;             //data 标识符（占 4 字节）
    fwrite（&cbDataChunk, 1, sizeof（DWORD）, m_fp）;       //声音数据长度（占 4 字节）
    return TRUE;
    }
```

3. 写声音数据

将给定缓冲区中声音数据写入 WAV 文件，其程序如下：

```
BOOL WriteWaveFileData（LPBYTE lpBufferData, DWORD dwDataSize）
    {
    if（dwDataSize == 0）
      return FALSE;
    else
      fwrite（lpBufferData, 1, dwDataSize, m_fp）;
    dwFileSize+= dwDataSize;                                //文件长度随着增加
    dwTotalAudioLength = dwTotalAudioLength+ dwDataSize;   //声音数据长度随着增加
    return TRUE;
    }
```

4. 结束写声音数据并关闭文件

最后，结束写声音数据并关闭文件，其程序如下：

```
BOOL WriteWaveFileEnd（void）
    {
    //在记录文件长度的位置写入文件大小，该位置在"RIFF"标志后
    fseek（m_fp, 4, SEEK_SET）;                             //设置文件指针
    fwrite（&dwFileSize, 1, sizeof（DWORD）, m_fp）;        //写入文件长度
    fseek（m_fp, 42, SEEK_SET）;                            //设置文件指针
    fwrite（&dwTotalAudioLength, 1, sizeof（DWORD）, m_fp）; //写入声音数据长度

    fclose（m_fp）;                                         //关闭文件
```

```
        m_fp = NULL;
        return true;
    }
```

7.3 MP3 文件格式

7.3.1 概述

MPEG（Moving Picture Experts Group，活动图像专家组）音频压缩标准使用了高性能的感知编码（Perceptual Coding）方案。按照压缩质量（每比特的声音效果）和编码方案的复杂程度的不同分为 3 层：Layer Ⅰ、Layer Ⅱ、Layer Ⅲ，分别对应 MP1、MP2 和 MP3 这 3 种音频文件。所有这 3 层的编码采用的基本结构是相同的。它们在采用传统的频谱分析和编码技术的基础上还应用了子带分析和心理声学模型理论。也就是通过研究人耳和大脑听觉神经对音频失真的敏感度，在编码时先分析声音文件的波形，利用滤波器找出噪声电平，然后滤去人耳不敏感的信号，通过矩阵量化的方式将余下的数据每一位打散排列，最后编码形成 MPEG 的音频数据。MPEG 音频编码具有很高的压缩率，MP1 和 MP2 的压缩比分别为 4 : 1 和 8 : 1~6 : 1，而 MP3 的压缩比则高达 12 : 1~10 : 1。使用 MP3 格式压缩的个人计算机用户能够将一张普通的音乐 CD 的内容压缩到它原来大小的十分之一，而在音质上只有很小的损伤。这样，12 个小时的音乐可以存储在一张可录制的激光唱碟上，而且可以用一台 MP3 格式的 CD 播放器或一台普通的个人计算机来播放。

MP3 系统的参数指标是在 MPEG-1（ISO/IEC 11172-3）中规定的，采样频率可以选择 32kHz、44.1kHz 或 48kHz，采用 10 : 1~12 : 1 的压缩比，压缩数据率可选择 32kbit/s~384kbit/s。MP3 有 4 种不同的编码模式：单声道模式、双声道模式（两个独立的音频信号编在一个数据流内）、立体声模式（立体声的左、右声道编在一个数据流内）和联合立体声模式（带有与立体声不相关的左、右声道，且编在一个数据流内）。MP3 作为一种广泛应用的音频文件格式，以其高压缩比和低失真度得到广大用户的认可，应用范围越来越广。

7.3.2 MP3 文件的结构

MP3 文件大体分为三部分：TAG_V2（ID3V2）、帧（Frame）和 TAG_V1（ID3V1），如表 7-7 所示。

表 7-7　MP3 文件的结构

ID3V2	包含了作者、歌名、专辑名等信息，长度不固定，扩展了 ID3V1 的信息
帧	一系列的帧，帧数由文件大小和帧长决定 每一帧的长度可能不固定，也可能固定，由数码率（bitrate）和采样频率决定 每一帧又分为帧头和数据实体两部分 帧头记录了 MP3 的数码率、采样频率、版本等信息，每个帧之间相互独立
ID3V1	包含了作者、歌名、专辑名等信息，长度为 128B

1. MP3 帧的结构

每一个 MP3 帧都有一个帧头 FrameHeader，长度是 4B（32bit）。帧头后面可能有 2 字节的 CRC 校验字段，这 2 字节是否存在取决于 FrameHeader 中的 error protection 位，若该位为 0，则帧头后面无 CRC 校验字段；若该位为 1，则紧跟在帧头后面有 2 字节的 CRC 校验字段。MP3 帧的最后部分就是帧体数据。MP3 帧的结构如表 7-8 所示。

表 7-8　MP3 帧的结构

名　　称	长　　度
帧头（FrameHeader）	4B
CRC 校验字段（可选）	0B 或 2B
帧体数据（MAIN_DATA）	由帧头中的 bitrate_index 计算得出

帧头长 4 字节，对于固定数码率的 MP3 文件，所有帧的帧头格式都一样，其数据结构定义为

```
typedef FrameHeader {
    unsigned int sync: 11;                    //帧同步
    unsigned int version: 2;                  //MPEG Audio 版本
    unsigned int layer: 2;                    //层（Layer）
    unsigned int error protection: 1;         //差错保护
    unsigned int bitrate_index: 4;            //数码率索引
    unsigned int sampling_frequency: 2;       //采样频率
    unsigned int padding: 1;                  //帧长调节
    unsigned int private: 1;                  //保留字节
    unsigned int mode: 2;                     //声道模式
    unsigned int mode extension: 2;           //联合立体声声道模式扩展
    unsigned int copyright: 1;                //版权信息
    unsigned int original: 1;                 //原版标志
    unsigned int emphasis: 2;                 //强调模式
} FRAMEHEADER;
```

MP3 文件中的帧头结构的说明见表 7-9。

表 7-9　MP3 文件中的帧头结构说明

符　　号	位　数	内　容　说　明
sync	11	帧同步（Frame Sync），为二进制序列 11111111111
version	2	MPEG Audio 版本 00：MPEG-2.5（非 ISO 标准） 01：保留 10：MPEG-2（ISO/IEC 13818-3） 11：MPEG-1（ISO/IEC 11172-3）
layer	2	层 00：保留 01：Layer Ⅲ 10：Layer Ⅱ 11：Layer Ⅰ

（续）

符　号	位　数	内　容　说　明
error protection	1	差错保护 0：有 CRC 保护，紧接帧头后的 16 位为 CRC 保护 1：无 CRC 保护
bitrate_index	4	数码率索引，详见表 7-10
sampling_frequency	2	采样频率 对于 MPEG-1，　00：44.1kHz, 01：48kHz, 10：32kHz, 11：未定义 对于 MPEG-2，　00：22.05kHz, 01：24kHz, 10：16kHz, 11：未定义 对于 MPEG-2.5, 00：11.025kHz, 01：12kHz, 10：8kHz, 11：未定义
padding	1	该帧是否需要填充额外的数据位，以调整帧的长度 0：无额外的填充数据位 1：有额外的填充数据位
private	1	用途未知，可以在用户应用程序中使用该位，作为私有数据
mode	2	声道模式 00：立体声 01：联合立体声（Joint Stereo） 10：双声道 11：单声道
mode extension	2	用于联合立体声声道模式扩展 <table><tr><td></td><td>强度立体声</td><td>MS 立体声</td></tr><tr><td>00</td><td>off</td><td>off</td></tr><tr><td>01</td><td>on</td><td>off</td></tr><tr><td>10</td><td>off</td><td>on</td></tr><tr><td>11</td><td>on</td><td>on</td></tr></table>
copyright	1	版权信息 0：无版权 1：有版权
original	1	原版标志 0：非原版 1：原版
emphasis	2	强调模式，用于声音经降噪压缩后再补偿的分类，很少用到，今后也可能不会用 00：无 01：50/15ms 10：保留 11：CCITT J.17

表 7-10　数码率索引表

位数	MPEG-1 Layer Ⅰ	MPEG-1 Layer Ⅱ	MPEG-1 Layer Ⅲ	MPEG-2 Layer Ⅰ	MPEG-2 Layer Ⅱ	MPEG-2 Layer Ⅲ
0000	可变数码率	可变数码率	可变数码率	可变数码率	可变数码率	可变数码率
0001	32	32	32	32（32）	32（8）	8（8）
0010	64	48	40	64（48）	48（16）	16（16）
0011	96	56	48	96（56）	56（24）	24（24）
0100	128	64	56	128（64）	64（32）	32（32）
0101	160	80	64	160（80）	80（40）	64（40）
0110	192	96	80	192（96）	96（48）	80（48）
0111	224	112	96	224（112）	112（56）	56（56）
1000	256	128	112	256（128）	128（64）	64（64）
1001	288	160	128	288（144）	160（80）	128（80）
1010	320	192	160	320（160）	192（96）	160（96）
1011	352	224	192	352（176）	224（112）	112（112）
1100	384	256	224	384（192）	256（128）	128（128）
1101	416	320	256	416（224）	320（144）	256（144）
1110	448	384	320	448（256）	384（160）	320（160）
1111	禁用	禁用	禁用	禁用	禁用	禁用

2. ID3V1

MP3 帧头中除了存储一些像 private、copyright、original 的简单音乐说明信息以外，没有考虑存放歌名、作者、专辑名、出品年份等复杂信息，而这些信息在 MP3 应用中非常必要。1996 年，FricKemp 在 "Studio 3" 项目中提出了在 MP3 文件尾增加一块用于存放歌曲的说明信息，形成了 ID3 标准，至今已制定出 ID3V1.0、V1.1、V2.0、V2.3 和 V2.4 标准。版本越高，记录的相关信息就越详尽。

ID3V1.0 标准并不周全，存放的信息少，无法存放歌词，无法录入专辑封面、图片等。V2.0 是一个相当完备的标准，但给编写软件带来困难，虽然赞成此格式的人很多，但在软件中真正实现的却极少。绝大多数 MP3 仍使用 ID3V1.0 标准。

ID3V1 比较简单，它存放在 MP3 文件的末尾，共 128B，其数据结构定义如下：

```
typedef struct tagID3V1
    {
    char Header [3];          /*标签头必须是"TAG"，否则认为没有标签*/
    char Title [30];          /*歌名*/
    char Artist [30];         /*作者*/
    char Album [30];          /*专辑名*/
    char Year [4];            /*出品年份*/
    char Comment [28];        /*备注*/
    char reserve;             /*保留*/
```

```
char track；              /* 音轨 */
char Genre；              /* MP3 音乐类别，共 147 种 */
} ID3V1；
```

ID3V1 的各项信息都是顺序存放，没有任何标识将其分开，比如标题信息不足 30 个字节，则使用 '\0' 补足，否则将造成信息错误。

此标准是将 MP3 文件尾的最后 128 个字节用来存放 ID3 信息，这 128 个字节使用说明见表 7-11。

3. ID3V2

ID3V2 到现在一共有 4 个版本，但流行的播放软件一般只支持第 3 版，即 ID3V2.3。由于 ID3V1 记录在 MP3 文件的末尾，ID3V2 就只好记录在 MP3 文件的首部了。也正是由于这个原因，对 ID3V2 的操作比 ID3V1 要慢。而且 ID3V2 结构比 ID3V1 的结构要复杂得多，但比前者全面且可以伸缩和扩展。

每个 ID3V2.3 的标签都由一个标签头和若干个标签帧或一个扩展标签头组成。关于曲目的信息如标题、作者等都存放在不同的标签帧中，扩展标签头和标签帧并不是必要的，但每个标签至少要有一个标签帧。标签头和标签帧一起顺序存放在 MP3 文件的首部。

（1）标签头

在文件的首部顺序记录 10 个字节的 ID3V2.3 的标签头，其数据结构如下：

```
char Header［3］；       /* 必须为"ID3"，否则认为标签不存在 */
char Ver；              /* 版本号 ID3V2.3 就记录 3 */
char Revision；         /* 副版本号，此版本记录为 0 */
char Flag；             /* 存放标志的字节，这个版本只定义了 3 位 */
char Size［4］；         /* 标签大小，包括标签头的 10B 和所有的标签帧的大小 */
```

（2）标签帧

每个标签帧都由一个 10 字节的帧头和至少 1 个字节的不固定长度的内容组成。它们也是顺序存放在文件中，和标签头以及其他的标签帧之间也没有特殊的字符分隔。得到一个完整的帧的内容只有从帧头中得到内容大小后才能读出，读取时要注意大小，不要将其他帧的内容或帧头读入。

帧头的数据结构如下：

```
char FrameID［4］；      /* 用 4 个字符标识一个帧，说明其内容 */
char Size［4］；         /* 帧内容的大小，不包括帧头，不得小于 1 */
char Flags［2］；        /* 存放标志，这个版本只定义了 6 位 */
```

7.3.3 MP3 文件实例

在 VC++中打开一个名为 test. mp3 的文件，其内容如下：

```
000000   FF FB 52 8C 00 00 01 49 09 C5 05 24 60 00 2A C1
000010   19 40 A6 00 00 05 96 41 34 18 20 80 08 26 48 29
000020   83 04 00 01 61 41 40 50 10 04 00 C1 21 41 50 64
……
0000D0   FE FF FB 52 8C 11 80 01 EE 90 65 6E 08 20 02 30
0000E0   32 0C CD C0 04 00 46 16 41 89 B8 01 00 08 36 48
```

0000F0　33 B7 00 00 01 02 FF FF FF F4 E1 2F FF FF FF FF

......

0001A0　DF FF FF FB 52 8C 12 00 01 FE 90 58 6E 09 A0 02

0001B0　33 B0 CA 85 E1 50 01 45 F6 19 61 BC 26 80 28 7C

0001C0　05 AC B4 20 28 94 FF FF FF FF FF FF FF FF FF FF

......

001390　7F FF FF FF FD 4E 00 54 41 47 54 45 53 54 00 00

0013A0　00 00 00 00 00 00 00 00 00 00 00 00 00 00 00 00

......

0013F0　00 00 00 00 04 19 14 03 00 00 00 00 00 00 00 00

001400　00 00 00 00 00 00 00 00 00 00 00 00 00 00 00 00

001410　00 00 00 00 00 00 4E

该文件长度为 5142 字节（1416H），帧头为 FF FB 52 8C，转换成二进制为：
11111111 11111011 01010010 10001100

对照表 7-9 可知，test.mp3 文件帧头信息见表 7-11。

表 7-11　test.mp3 文件帧头信息

名　　称	比　特　值	说　　明
帧同步	11111111111	第 1 字节恒为 FF，11 位均为 1
MPEG Audio 版本	11	MPEG-1
层	01	Layer Ⅲ
差错保护	1	无 CRC 校验
数码率索引	0101	64kbit/s
采样频率	00	44.1kHz
帧长调节	1	调整，帧长是 210B
保留字	0	没有使用
声道模式	10	双声道
联合立体声声道模式扩展	00	未使用
版权信息	1	有版权
原版标志	1	原版
强调模式	00	无

第 1397H 字节开始的 3 字节是 54 41 47，存放的是字符"TAG"，表示此文件有 ID3 V1.0 信息。第 139AH 字节开始的 30 字节存放歌名，前 4 个非 00 字节是 54 45 53 54，表示"TEST"；第 13F4H 字节开始的 4 字节是 04 19 14 03，存放年份"04/25/2003"；最后 1 字节是 4E，表示音乐类别，代号为 78，即"Rock&Roll"；其他字节均为 00，未存储信息。

7.4　MIDI 文件格式

MIDI（Musical Instrument Digital Interface，电子乐器数字接口）是数字音乐/电子合成器

的统一国际标准，定义了计算机音乐程序、电子音乐合成器和其他电子音乐设备之间交换信息与控制信号的方式，还规定了不同厂家的电子乐器与计算机连接的电缆和硬件以及设备间数据传输的协议。MIDI 的目的是解决各种电子乐器间存在的兼容性问题。

MIDI 文件是用来记录 MIDI 音乐的一种文件格式，文件扩展名是 . mid 或者 . midi。这种文件格式非常特殊，其中记录的不是音频数据，而是 MIDI 消息，即演奏音乐的指令。MIDI 设备间传送 MIDI 消息是通过 MIDI 文件进行的，MIDI 文件类似于音乐的乐谱，MIDI 设备通过它来产生音乐。由于 MIDI 文件不是采样的音乐样本，而是相当于乐谱的一些数据，因此占用的存储空间很小，这是 MIDI 的主要优点。例如，若采样频率为 44. 1kHz，量化精度为 16bit，采样 1min 的声音约占用 5. 05MB 的存储空间。而产生 1min 声音的 MIDI 文件，仅占用 4KB 左右的存储空间。很显然，使用 MIDI 文件可大大节省存储空间，但解读和编写 MIDI 文件对不熟悉的人来说还是比较困难的。本节通过对 MIDI 文件格式的详细描述，使读者初步掌握 MIDI 文件的结构。

7. 4. 1 MIDI 文件的结构

一个标准的 MIDI 文件由数个块（Chunk）组成。其中第一个为头块（Header Chunk），紧接着跟有一个或多个音轨块（Track Chunk）。MIDI 文件的结构示意如图 7-1 所示。

Header Chunk	Track Chunk 1	Track Chunk 2	…

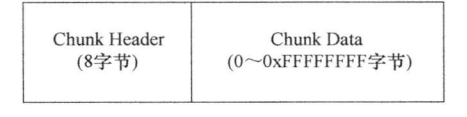

图 7-1 MIDI 文件的结构示意图

Chunk 是由若干个字节组成的、具有特定结构的数据块。一个 Chunk 由 Chunk Header（块头）和 Chunk Data（块数据）组成，其结构示意如图 7-2 所示。

若 Chunk Data 没有数据，则此 Chunk 仅包含 Chunk Header。

Chunk Header 由 ID（4 字节）和 Size（4 字节）两个字段共 8 个字节组成，其结构示意如图 7-3 所示。

Chunk Header (8字节)	Chunk Data (0～0xFFFFFFFF字节)

图 7-2 Chunk 的结构示意图

ID (4字节)	Size (4字节)

图 7-3 Chunk Header 的结构示意图

- Chunk Header-ID：用来说明此 Chunk 是一个什么类型的 Chunk。在 MIDI 文件中有两种类型的 Chunk，即头块（Header Chunk）和音轨块（Track Chunk）。Header Chunk 的 Chunk 标志为“MThd”，即其 ID 为 0x4D546864；Track Chunk 的 Chunk 标志为“MTrk”，即其 ID 为 0x4D54726B。
- Chunk Header-Size：指明 Chunk Header 后跟着的 Chunk Data 中有多少个字节。为 0 时则表示 Chunk Data 不包含任何字节。

Chunk Data 用来存储用户指定的数据，由若干个字节组成。Chunk Data 占有的字节数在 Chunk Header-Size 中指定。若 Chunk Header-Size 为 0，则此 Chunk Data 没有数据。由于我们是使用 Chunk 来存储数据到 Chunk Data 中的，因此实际使用中 Chunk Data 的长度一般都不为零。

7.4.2 MIDI 文件中的头块格式

头块（Header Chunk）中包含了曲目的信息，包括 MIDI 文件格式类型（MIDI Format Type）、音轨数（Number of Tracks）、分时信息（Time Division）。标准的 MIDI 文件中只有一个 Header Chunk，并且始终在文件最前。MIDI 文件中的 Header Chunk 格式如表 7-12 所示。

表 7-12 MIDI 文件中的 Header Chunk 格式

偏移	字段名称	长度	类型	内容
0x00	Header Chunk ID	4B	Char [4]	"MThd"（0x4D546864），说明这是一个 MIDI 文件的头块
0x04	Header Chunk Data Size	4B	Dword	指明了头块中 Chunk Data 部分的字节数，即其后面设置参数所用的字节数，在 MIDI 1.0 文件说明书中规定其值为 6，即 0x00000006
0x08	MIDI Format Type	2B	Word	0x0000、0x0001 或 0x0002
0x10	Number of Tracks	2B	Word	1 ~ 65535
0x12	Time Division	2B	Word	见下文

下面对 Header Chunk 中的各个字段作一简介。

1. Header Chunk ID

这是一个四字符码，其值为 0x4D546864，表示 4 个 ASCII 字符 "MThd"，说明这是一个 MIDI 文件的头块。

2. Header Chunk Data Size

这是一个 32 位二进制数，使用 big-endian（即 Most Significant Byte first，字节由高到低存储）的字节存储顺序。它指明了头块中 Chunk Data 部分的字节数，即其后面设置参数所用的字节数，在 MIDI 1.0 文件说明书中规定其值为 6。不过，考虑到将来的扩充，任何 MIDI 文件的作者能够应付更长的头块。

3. MIDI Format Type

这是一个 16 位二进制数，使用 big-endian 的字节存储顺序，指定 MIDI 文件的格式类型，有效值是 0x0000、0x0001、0x0002。

当其值为 0x0000 时，表明 MIDI 文件格式 0（单音轨）。MIDI 格式 0 文件包括一个 Header Chunk 和一个 Track Chunk，而这个 Track Chunk 包括所有的音符和节拍消息。

当其值为 0x0001 时，表明 MIDI 文件格式 1（多音轨，且同步）。MIDI 格式 1 文件包括一个 Header Chunk 和多个 Track Chunk，所有的 Track Chunk 同时播放。其中第一个 Track Chunk 是专用的，可看成 "Tempo Map"，它包括所有的 Meta-Event，即拍子记号、拍子、音序/Track 名称、音序号、标记、SMTPE 偏移量。

当其值为 0x0002 时，表明 MIDI 文件格式 2（多音轨，但不同步）。MIDI 格式 2 文件包括一个 Header Chunk 和多个 Track Chunk，每个 Track Chunk 表现出独立的播放次序。

4. Number of Tracks

这是一个 16 位二进制数，使用 big-endian 的字节存储顺序，指定 MIDI 文件中 Track

Chunk 的数量。

5. Time Division

这是一个 16 位二进制数，使用 big-endian 的字节存储顺序，可以定义两种时间格式类型。最高位（bit 15）的值为 0 或为 1 时代表两种不同的时间格式：最高位的值为 0 时代表类型 1，最高位的值为 1 时代表类型 2。

- bit 15 = 0 时：bit 14~bit 0 记录每一四分音符的 tick⊖数。
- bit 15 = 1 时：bit 7~bit 0 记录每个 SMTPE 帧的 tick⊖数；bit 14~bit 8 为负数，记录每秒 SMTPE 帧的数量。有效数应符合 MIDI Time Code Quarter Frame 消息的规定：
  - 24 表示 24 帧/s。
  - 25 表示 25 帧/s。
  - 29 表示"29 帧/s，drop frame"。
  - 30 表示"30 帧/s，non-drop frame"。

7.4.3 MIDI 文件中的音轨块格式

在 MIDI 文件中，音轨块（Track Chunk）是 MIDI 文件的第二个组成部分，由于 MIDI 事件是分成许多并行的数据进行记录的，因而可以形成并行的音轨。

1. 音轨块（Track Chunk）的格式

音轨块的标识符是"MTrk"，在 MIDI 文件的头块中，由 Number of Tracks 字段定义了该文件有多少个音轨块。通常，MIDI 文件头块后的第一个音轨块记录该文件的一些全局信息，如速度、节拍、调号等。如果整个文件只有一个音轨块，则这些全局信息之后就是该音轨发生的 MIDI 事件，而如果文件具有多个音轨块，则第一个音轨块记录全局信息，其他的音轨块记录该音轨所发生的 MIDI 事件。

MIDI 文件中的 Track Chunk 格式如表 7-13 所示。

表 7-13　MIDI 文件中的 Track Chunk 格式

偏移	字段名称	长度	类型	内容
0x00	Track Chunk ID	4B	Char［4］	"MTrk"（0x4D54726B），说明这是一个 MIDI 文件的音轨块
0x04	Track Chunk Data Size	4B	Dword	指明了音轨块中 Chunk Data 部分的字节数
0x08	Track Chunk Data	不定	可变长格式	\<Delta-time\> \<Event\>…\<Delta-time\> \<Event\>

在 Track Chunk Data 中存储了若干对［\<Delta-time\> \<Event\>］。其中\<Delta-time\>是必需的，它指的是当前事件\<Event\>相对于前一个事件的时间间隔（即时间差），单位为 tick。

2. 音轨块中的 Delta-time

\<Delta-time\>的值用可变长格式（Variable-Length Format）来表示。在可变长格式中，每

⊖ tick 为 MIDI 的最小时间单位，它决定了 MIDI 对于音符长度的分辨率（Resolution）。在 MIDI 编曲（Sequence）中，tick 是比一拍更小的单位。假设一拍能分割成 120 个 tick，则 60 个 tick 就代表半拍，30 个 tick 代表 1/4 拍（16 分音符）。一般 MIDI 编曲器中，可以自由指定每一拍可分割成几个 tick，这也就是所谓的分辨率。分割得越细，MIDI 音乐就能表现出越大的细腻度。单位是以 TPQN 来表示，也就是"Ticks Per Quarter Note"（每一四分音符包含的 tick 数）的意思。例如，若一台 MIDI 编曲机的规格写作"Resolution：480TPQN"，就表示它可以将一拍分割成 480 个 tick。

个字节的低 7 比特（bit 6~bit 0）存放数据数值，而最高比特（bit 7）用来标识此字节后是否还跟有字节。若最高比特（bit 7）置为 1，则标识后面还跟有数据字节；若最高比特（bit 7）为 0，则标识此字节是最后一个数据字节。

表 7-14 给出了实际数据与用可变长格式表示的结果的对照表。

表 7-14　实际数据与用可变长格式表示的结果

实 际 数 据			用可变长格式表示的结果	
十进制	十六进制	二进制	二进制	十六进制
0 ⋮ 127	00 ⋮ 7F	0000 0000 ⋮ 0111 1111	0000 0000 ⋮ 0111 1111	00 ⋮ 7F
128 ⋮ 16383	80 ⋮ 3F FF	0000 0000 1000 0000 ⋮ 0011 1111 1111 1111	1000 0001 0000 0000 ⋮ 1111 1111 0111 1111	81 00 ⋮ FF7F
65535	FF FF	1111 1111 1111 1111	1000 0011 1111 1111 0111 1111	83FF7F

从表 7-14 中给出的对照可以看出，比较小的数（0~127）可以用一个字节表示，而比较大的数也可以表示出来。MIDI 文件规定可变长格式最多可有 4 个字节，即 0xFF FF FF 7F 所表示的实际最大数值为 0x0F FF FF FF。下面对可变长格式的表示方法加以说明。

大家知道，一个字节有 8 位，而 MIDI 规定最高位作为标志位，这样就仅可使用 7 位，它可以表示 0~127 这 128 个数。如果要表示的数在 0~127 之间，则这个标志位为 0，这时，一个 7 位的字节可以表示 0~127。如果要表示的数超出了这个范围（如 240），则 1 个字节就不够了，需要 2 个字节来表示，此时把高字节标志位设置成 1，在该字节中记录下低 7 比特（bit 6~bit 0）的值，剩下的留给低字节即可。在此例中 240 可以分解成 128×1+112，这里的 1 就是高字节要记录的，加上标志位，应该为 10000001，即十六进制的 81，而余下的 112 是低字节要记录的，它的十六进制数为 70，所以要表示 240tick 这个时间，就要写成 81 70（tick）。同理，如果要表示 65535tick，则可以先计算出 $65535=128^2×3+128^1×127+128^0×127$，然后得出结果是 0x83 FF 7F（tick）。

注意，在 <Delta-time> 和 <Event> 之间，没有明确的分隔符。根据音轨块中 <Delta-time> 值的表示方法，也可以从已知的 MIDI 文件中获取音符时值信息，即只要发现标志位为 0 则表示该处为最低字节。例如，命令段…50 82 C1 05…中，05 即为最低字节，它前面的 0x82 和 0xC1 均大于 0x80，表明它们是 <Delta-time> 数据，再前面的 0x50 小于 0x80 是其他数据，此处不予理会，则可知 <Delta-time> 数为 0x82 C1 05，计算其值可得出 $128^2×2+128^1×65+128^0×5=41093$（tick）。如果基本时间为 120tick，则可知此音符长度为 41093/120，即约为 342 个四分音符。

3. 音轨块中的 Event

Event 是指要发生的事件，即指明要做什么事情。比如开启一个音符或关闭一个音符。Event 由若干个字节构成，取决于具体的事件。

音轨块中的 Event 除了包括表 6-1 所列的 MIDI 事件外，还包括 Meta 事件（Meta-Event）。Meta-Event 是用来表示像 track 名称、歌词、提示点等，其中它并不作为 MIDI 消息被发送，但是它仍然是 MIDI 文件有用的组成部分。

Meta 事件的基本格式为：0xFF xx nn dd，即 Meta 事件的标志是以 0xFF 开头，后面跟着命令 xx、长度 nn（也就是紧随其后的数据的字节数），以及实际的数据 dd。

- xx<命令>：这个字节描述 Meta 事件的类型，可能的取值范围是 00~7F。如果这里出现的值并不在这个范围之内，程序能够应付并忽略该值。
- nn<长度>：这个字节指的是紧跟其后的数据长度，用可变长度数来表示，0 是有效的长度值。
- dd<数据>：可以是 0 或者是更多字节的数据。

表 7-15 列出了所有的 Meta 事件，供需要时参考。

表 7-15　Meta 事件表

FF 00 02 ss ss	音序号	
	这是一个可选的事件，它只能产生在第一个音轨，并且在非零时刻之前 在格式 2 文件中，它用来识别每个音轨，如果忽略，这个音序号则用音轨出现的次序表示 在格式 1 文件中，该事件只能产生在第一个音轨	
	ss ss	用 16 位二进制数设定音序号
FF 01<长度> <文本>	文本事件	
	该事件是用来注释音轨的文本 独立的 8 位数据（其他的 ASCII 文本）也是允许的	
	<长度>	<文本> 的长度（用可变长格式表示）
	<文本>	<长度>个字节的 ASCII 文本或 8 位二进制数
FF 02<长度> <数据>	版本通告	
	该事件是用 ASCII 文本表示的版权通告 它采用规定的形式 "（C）1850J. Strauss" 该事件用于第一个音轨、第一个事件	
FF 03<长度> <数据>	音序或音轨名称	
	音序或音轨的名称	
FF 04<长度> <数据>	乐器名称	
	描述这个音轨使用的乐器 它用来详细地记述 MIDI 通道（Channel）在该音轨里使用的乐器	
FF 05<长度> <数据>	歌词	
	歌曲的歌词 通常每个音节都有自己对应的歌词	
FF 06<长度> <数据>	标记	
	通常处于格式 0 或格式 1 的第一个音轨 用来标记有意义的点（如："诗篇 1"）	

（续）

FF 07<长度> <数据>	提示点	
	用来表示舞台上发生的事情。如："幕布升起""退出，台左"等	
FF 20 01cc	MIDI Channel 前缀	
	关联紧跟的 meta-events 和 sysex-events 的 MIDI channel。直到下一个<midi-event>（必须包含 MIDI channel 信息）	
	cc	MIDI channel 1~16，取值范围为 00~0F
FF 2F 00	音轨结束	
	该事件是必需的，它用来结束定义的长度，它的本质信息是这个音轨是循环还是连接另一个音轨	
FF 51 03 tt tt tt	拍子	
	该事件设定 1/4 音符的速度，单位为微秒。它意味着改变一个 delta-time 的单位长度 如果没有指出，默认的速度为 120 拍/分，这相当于 tttttt = 500000	
	tt tt tt	用 24 位二进制数表示 1/4 音符的微秒数
FF 54 05 hh mm ss fr ff	SMTPE 偏移量	
	这是可选的事件，描述音轨开始时的 SMTPE 时间 该事件必须发生在非零 delta-time 之前，且在第一个事件之前 在格式 1 中，这个事件必须在第一个音轨中（the tempo map）	
FF 54 05 hh mm ss fr ff	SMTPE 偏移量	
	hh mm ss fr	小时/分/秒/帧 用 SMTPE 格式 它必须与消息 MIDI Time Code Quarter Frame 一致
	ff	帧的小数位，用 1 帧的百分数表示
FF 5804nn dd cc bb	拍子记号	
	拍子记号的形式为 nn/2^dd，例如，6/8 用 nn=6，dd=3 表示 参数 cc 是表示每个 MIDI 时钟的节拍器的 tick 数目 通常 24 个 MIDI 时钟为一个 1/4 音符。可是一些软件允许用户自己设置这个值 参数 bb 定义与 24 个 MIDI 时钟相对应的 1/32 音符的数目	
	nn	拍子记号的分子
	dd	拍子记号的分母，表示为 2 的（dd 次）幂。
	cc	每个 MIDI 时钟节拍器的 tick 数目
	bb	每 24 个 MIDI 时钟对应的 1/32 音符的数目（标准的数是 8）
FF 5902sf mi	音调符号	
	表示升调或降调的值，以及大调或小调的标志	
	sf	升调或降调的值，0 表示 C 调，负数表示"降调"，正数表示"升调"
	mi	0 表示大调 1 表示小调
FF 7F <len> <id> <data>	音序器描述 meta-event	
	在 MIDI 文件中等同于 sysex-events 在 MIDI 文件中用该事件表示制造商音序器统一化的描述	

（续）

	\<len\>	用可变长格式来表示\<id\>+\<数据\> 部分的长度
	\<id\>	用 1 或 3 个字节表示制造厂商 该值同样作为 MIDI 系统专用消息使用
	\<data\>	8 位二进制数

7.4.4 MIDI 文件实例

为了使读者对 MIDI 文件有一个更直观的理解，下面给出一个 MIDI 文件的实例加以说明。

一个 MIDI 文件如下：

内容：4D 54 68 64　　00 00 00 06　　00 00　　　00 01　　00 78　　4D 54 72 6B

注释：　MThd　　　　　长度　　　　格式 0　1Track　1/4 音符　　MTrk

内容：00 00 00 48　　　00　　FF 0308756E7469746C6564

注释：音轨块长度　\<delta-time\>　　　Track 的名称 untitled

内容：　00　　　FF 01 02 63 0A　　　00　　　FF 58 04 04 02 18 08

注释：\<delta-time\>　　作者名称　　\<delta-time\>　　　拍子记号

内容：　00　　　FF 59 02 00 00　　　00　　　FF 51 03 07 Al 20

注释：\<delta-time\>　　音调符号　\<delta-time\>　　音符速度

内容：　00　　　C0 38　　　00　　90 40 64　　3C　　40 00

注释：\<delta-time\> 通道 1 音色 56 \<delta-time\> 开 40 音 \<delta-time\> 关 40 音

内容：　00　　　40 64　　　3C　　40 00　　00　　43 64

注释：\<delta-time\>　开 40 音　\<delta-time\>　关 40 音　\<delta-time\>　开 43 音

内容：　78　　　43 00　　　00　　48 64　　81 70　　48 00

注释：\<delta-time\>　关 43 音　\<delta-time\>　开 48 音　\<delta-time\>　关 48 音

内容：　00　　　FF 2F 00

注释：\<delta-time\>　音轨结束

在上述 MIDI 文件中，为了方便阅读理解，对文件的每一行进行了注释，其中“内容”指的是该行 MIDI 文件的内容，“注释”则是对相应内容的解释，上下相对应。

可以看出，这个文件除了最前面为头块外，只有一个音轨块。一音轨块的全局信息包含在音轨块的前面部分，后面则是相应的 MIDI 事件。全局信息是以 FF 开头的元信息（Meta 事件），设置节拍、速度等。这里以速度设置为例再加以说明。先查 Meta 事件表，音符速度设置格式是 FF 51 03 tt tt tt，它设定 1/4 音符的时间，单位为 μs，其中 03 表示后面的时间参数为 3 个字节。本例音符的速度是 120 拍/分，相当于一个四分音符的时间是 0.5s，即 0.5×10^6 μs，对应的 tt tt tt 的十六进制数是 07A120，完整的命令就是“FF 51 03 07 A1 20”。这是事件部分，在其之前还应有个时间差参数\<delta-time\>，这个参数是一开始就应该设置的参数，因此时间差为 00。其他如设置作者名称、拍子记号等，与此类似，不再一一说明。

在全局信息之后，音轨块的数据部分都是由\<delta-time\> + \<event\>构成的。例子中有下画线的均为 Events（事件）。

7.5　其他音频文件格式

1. CD 文件格式

CD 是常用音频格式中音质最好的格式之一，它的声音基本上是忠于原声的，有"天籁之音"的美称，是音响发烧友的首选。几乎所有的媒体播放器都支持 CD 格式。标准的 CD 格式的量化精度是 16bit，最高可以达到 24bit。

CD 格式的音频文件的扩展名为 . cda。

2. WMA 文件格式

WMA（Windows Media Audio）是 Microsoft 公司开发的流式音频格式，其实它就是 ASF 格式的音频形式。WMA 格式的压缩率比 MP3 还高，一般都可以达到 18：1 左右，但音质要强于 MP3，因此，WMA 格式常常是网络电台的首选编码格式。另外，WMA 还支持数字版权管理（Digital Rights Management，DRM）方案，可以在 WMA 文件中加入防拷贝保护，这种内置的版权保护技术可以限制播放时间、播放次数甚至播放的机器等。

3. MP4 文件格式

由于 MP3 格式的开放性带来了一些音乐版权保护方面的问题，为此不少公司都在研究可以有效保护版权的新的音乐压缩格式，由 Global Music Outlet 公司设计开发的 MP4 格式就是其中一种。

MP3 和 MP4 之间其实并没有太多联系。首先，MP3 是一种音频压缩标准，而 MP4 却是一个商标名称；其次，二者采用的音频压缩技术也迥然不同，MP4 采用的是美国电话电报公司开发的以"感知编码"为关键技术的 a2b 音乐压缩技术（http：//www.a2bmusic.com），可将压缩比提高到 20：1～15：1，并且不影响音乐的实际听感。最关键的是，MP4 在加密和授权方面做了特别设计。

与 MP3 相比，MP4 的特点可概括如下：

1) 每首 MP4 乐曲就是一个扩展名为 . exe 的可执行文件，内部嵌入了播放器，可以直接运行播放。这看起来似乎是个优点，但也导致 MP4 文件容易感染和传播计算机病毒。

2) 文件更小，音质更好。由于采用了相对先进的 a2b 音频压缩技术，MP4 文件的大小仅为 MP3 文件的 3/4 左右，但音质并没有下降。

3) 独特的数字水印。MP4 采用了 SOLANA 数字水印技术，这有助于追踪和发现盗版发行行为，即使通过 FM/AM 广播播放 MP4 音乐，也能够检测出音乐的来源。而且，任何针对 MP4 的非法解压行为都可能导致 MP4 原文件的损毁。

4) 支持版权保护。MP4 在版权保护方面进行了很多新的尝试，如 MP4 乐曲内置了与作品版权持有者相关的文字、图像等版权说明。

5) 比较完善的播放功能。MP4 允许用户独立调节左右声道音量，内置波形/分频动态音频显示和音乐管理器，可支持多种彩色图像、网站链接及无限制的滚动显示文本。

4. OGG 文件格式

OGG 的全称是 OGG Vorbis，是一种新型的音频压缩格式。OGG 不像 MP3 那样有专利限制，它完全免费、开放。虽然 OGG 也属于有损压缩，但它采用了更加先进的声学模型以减少音质损失，同等编码数码率的 OGG 乐曲比 MP3 音质要好一些。

OGG 格式在设计上从一开始就立足于可以方便地进行流式处理。OGG 采用 VBR（可变数码率）编码方式，被设计为每声道能够以 16～128kbit/s 的数码率进行编码。另外，OGG 还有一个突出的特点是能够很好地支持多声道。

虽然目前 OGG 格式的音乐文件并没有大规模普及，但许多著名的音频播放器都直接支持 OGG 编码文件。OGG 格式的音频文件的扩展名为 . ogg。

5. APE 文件格式

APE 是 Monkey's Audio 公司于 2000 年提出的一种无损音频压缩格式，数码率高达800～1200kbit/s，接近于音乐 CD 的音质，远远高于 MP3 的音质。APE 的压缩比大约为2：1,生成的文件大小为源文件的 60% 左右，解压还原后可以得到与源文件一致的声音品质，因此获得了不少发烧友的青睐。Monkey's Audio 软件提供了 Windows Media Player 和 Winamp 的插件支持。

APE 格式的音频文件的扩展名为 . ape 或 . mac。

6. AIFF 文件格式

AIFF（Audio Interchange File Format，音频交换文件格式）是 Apple（苹果）公司开发的一种音频文件格式，属于 QuickTime 技术的一部分，主要用于 Macintosh 平台及其应用程序。这一格式的特点就是格式本身与数据的意义无关，因此受到了 Microsoft 公司的青睐，并据此提出了 WAV 格式。AIFF 虽然是一种很优秀的文件格式，但由于它是 Apple 计算机上的格式，因此在 PC 平台上并没有得到很大的流行。不过由于 Apple 计算机多用于多媒体制作出版行业，因此几乎所有的音频编辑软件和播放软件都或多或少地支持 AIFF 格式。只要 Apple 计算机还在，AIFF 就始终占有一席之地。AIFF 支持 ACE2、ACE8、MAC3 和 MAC6 压缩算法，支持 16bit、44. 1kHz 立体声。

AIFF 格式的音频文件的扩展名为 . aiff 或 . aif。

7. AU 文件格式

AU 格式是 SUN Microsystems 公司和 NeXT Computer 公司推出的一种声音文件存储格式，采用 8 位 μ 律编码或者 16 位线性 PCM 编码，主要应用于 UNIX 操作系统。这种格式的最大问题是由于它本身所依附的平台不是面向广大消费者的，所以知道 AU 格式的人并不多。但这种格式毕竟出现了很多年，所以许多播放器和音频编辑软件都提供了读/写支持。不过时至今日，这个文件格式对目前许多新出现的音频技术都无法提供支持，起不到类似于 WAV 和 AIFF 那种通用性音频存储平台的作用。目前可能唯一必须使用 AU 格式来保存音频文件的就是 JAVA 平台。

AU 格式的音频文件的扩展名为 . au。

8. VQF 文件格式

VQF 指的是 TwinVQ（Transform-domain Weighted INterleave Vector Quantization）技术，是日本电报电话（Nippon Telegraph and Telephone，NTT）集团属下的 Human Interface Laboratories 开发的一种音频压缩技术。该技术受到著名的 Yamaha 公司的支持。VQF 或 TVQ 是其文件的文件类型名。VQF 其实是一种比较先进的音频压缩技术，通常认为数码率96kbit/s 的 VQF 格式与数码率 128kbit/s 的 MP3 格式的音质相当。

VQF 在 Yamaha 公司的大力推动下也曾有相当的市场份额。不过时至今日，VQF 已经逐步淡出舞台。原因是多方面的。首先，VQF 是专门开发来用于低数码率情况的，对于录音室这种需要高保真的环境就无能为力了。换句话说，VQF 仅适合一般播放用途。这使得 VQF 的应用范围相对狭窄。其次，VQF 没有得到操作系统平台的直接支持，就像 mp3PRO 那样，Windows 自始至终都不支持直接播放 VQF 文件，使得 VQF 得不到大范围的推广。再次，VQF 是一种封闭的专利技术，导致市场上所有与 VQF 相关的编码器、播放器无一不是 Yamaha 和 NTT 的产物，这一点极大地妨碍了 VQF 的发展。最著名的一个例子就是一个曾经致力于推广 VQF 技术的网站：http：//www. vqf. com 宣布由于 VQF 的衰落而停止更新，等待高数码率（192kbit/s 或以上）的 VQF 格式出台后再作打算。虽然 Yamaha 公司已经成功地将 VQF 提交到了 MPEG 组织，并成为 MPEG-4 标准的一部分，但这些努力也是无济于事的。因为 MPEG-4 本来就是一个面向对象的大包容的平台，与 MPEG-1 和 MPEG-2 这样专门针对某种具体的技术而制定的标准已经不是一回事了。

要播放 VQF 文件，可以通过给 WinAMP 增加支持插件来实现，也可以使用 Yamaha 自己的 SoundVQ Player 播放器。编码软件可以使用 Yamaha SoundVQ Encoder 或者 NTT TwinVQ Encoder。后者的优化比较好，速度比前者快一些。

VQF 格式的音频文件的扩展名为 . vqf。

9. RealAudio 文件格式

RealAudio 文件格式是一种流式音频文件格式，用于传输接近 CD 音质的音频数据。现在的 RealAudio 文件格式主要有 RA（Real Audio）、RM（Real Media）两种，常用的文件扩展名为 . ra/. rm。它的最大特点就是可以根据网络数据传输速率的不同而采用不同的压缩率，在网络上"边下载边播放"（流式播放），播放时随网络带宽的不同而改变声音的质量，即使在网络传输速率较低的情况下，仍然可以较为流畅地播放，因此 RealAudio 主要适用于网络上的在线播放。对于 14. 4kbit/s 的网络连接，可获得调幅（AM）广播的音质；对于 28. 8kbit/s 的网络连接，可以获得 FM 广播的音质；如果拥有更高速率的网络连接，则可以达到 CD 音质。RealAudio 文件需要使用 RealPlayer 播放器播放。

7. 6　小结

在多媒体计算机、数字音频工作站以及网络广播等系统中，数字音频信号都是以文件的形式存储和传输的。数字音频文件的格式很多，通常分为两大类：波形音频文件和 MIDI 文件。波形音频文件指的是直接记录了原始真实声音信息的数据文件，它又进一步分为压缩格式与非压缩格式两类。常见的非压缩格式声音文件是 WAV 文件（ * . waw）；常见的压缩格式声音文件有 MP3 文件、RealAudio 文件（ * . ra/ * . rm）、WMA 文件等。而 MIDI 文件则是一种乐器演奏指令序列，相当于乐谱，因此又称之为非波形声音文件。

由于各种原因，其中有些音频文件格式非常流行，应用非常广泛；而有些音频文件格式则应用较少。如 Windows XP 中所捆绑的媒体播放器 Media Player，其默认的音频格式是 WMA 格式。WMA 编码格式在数据压缩方面有不少优点，能够将 CD 质量的音频文件压缩成为大约只有 MP3 文件一半大小的 WMA 格式文件，但现在网络传输上的音频文件大都仍然是 MP3 文件。另外还有各种其他的格式，每种格式都有自己的应用场合和特点。所以，在这样的情况下，对这些不同的音频文件格式进行较全面的了解是完全必要的。

7.7 习题

1. 什么是 RIFF？它起什么作用？
2. 数字音频文件的格式通常分为哪两类？它们各有什么特点？
3. 常见的非压缩格式音频文件有哪些，压缩格式音频文件有哪些？
4. MIDI 文件有什么特点？
5. 除了本章介绍的几种数字音频文件格式，您还了解哪些音频文件格式？

第8章 音频处理与控制设备

本章学习目标：
- 了解音响设备的分类。
- 熟悉压缩器、压限器、扩展器、噪声门、自动增益控制器的工作原理及特点。
- 了解均衡器的作用、种类、技术指标，理解图示均衡器的基本原理。
- 了解声反馈的产生原因及预防措施、声反馈抑制器的工作原理。
- 熟悉延时器、混响器、听觉激励器的作用及工作原理。
- 了解调音台的基本功能、基本构成及信号流程。

8.1 音响设备的分类

在自然界和日常生活中，充满着各种各样的声音，其中既有雷电声、风雨声、爆炸声、动物鸣叫声，也有各种乐器弹奏的音乐声和人们演唱的歌声等。这些声音依靠振源振动，通过介质（空气等）进行传播，由感觉器官（人耳）感知。利用拾音器件（如传声器）将声音转换成电信号，经过放大后记录在磁带、唱盘、电影胶片等存储媒介上，需要时通过播放设备重放出来，或直接进行扩音再现的声音称为音响。

凡是对再现的声音进行种种放大和加工处理的设备均为音响设备。音响设备通常分为以下三大类：

1）音源：产生声音信号的设备都可称为音源，许多娱乐场所的扩音声音均来自音源。音源包括各种传声器（俗称话筒）、电唱机（家用电唱机及机械摩盘机）、卡座（台式录音机）、激光唱机、录像机、VCD机、DVD机以及各类电子乐器等。

2）音频处理与控制设备：包括压限器、噪声门、均衡器、激励器、延时器、混响器、调音台等。

3）扩音设备：包括功率放大器、扬声器（音箱）、耳机等。

随着现代音频技术日新月异的发展，人们欣赏音乐的水平在不断提高，对录音师录制水平的要求也越来越高。在现代音乐的录制过程中，即使是在理想的录音棚环境中，单纯靠拾音技巧获取所需要的音量、音色等音效是很难的。因此，在后期制作中，录音师会运用各种各样的均衡器、压缩限幅器、混响器等设备进行声音处理，从而获得令人满意的高保真重放。

本章主要讨论音频处理设备和控制设备。在专业音响设备中，音频处理设备是指对音频信号进行修饰和加工处理的部件、装置或设备。它可以作为调音台、扩音机等设备内部的一个部件，例如调音台及扩音机内置的均衡电路或混响电路；也可以做成一台完整的独立设备，作为音响系统的组成部分，例如各种专业的图示均衡器、混响器等。在剧院、歌舞厅等场所的扩音系统中，大量使用着各式各样的音频处理设备，其中不少还进入民用音响领域，它们对声音信号的音质起着至关重要的作用。

调音台是调音控制台的简称，它是广播电台、电视台及音像出版部门进行节目录制和播出的核心控制设备。它不仅是声音信号的调度控制台，而且是各种警示信号、监听信号的控制台。通常所说的调音，其中一个主要步骤就是根据音源（或者说节目）的特点对调音台进行操作。

由于在专业音响系统中，音频处理设备通常是围绕调音台连接的，因此也将独立的音频处理设备称为调音台的周边设备，简称周边设备。

所有的音频处理设备都是通过改变相应的声音物理参量的方法来达到改变响度、音调和音色的。比如，均衡器和听觉激励器就是通过改变谐波成分与基波成分的相对幅度和谐波数目来改变音色；而压限器、噪声门就是通过改变声波的振幅来改变动态范围。

音频处理设备可以有多种分类方法。按照其处理信号的方式划分，可以分为模拟信号处理设备和数字信号处理设备两大类。前者出现较早，目前仍占多数，如常用的均衡器、压限器等。后者由于其性能优良，近年来发展很快，如数字式延时器、多效果处理器等。

按照处理设备的基本结构划分，可分为机械式信号处理设备和电子式信号处理设备。前者如钢板混响器、金箔混响器和弹簧混响器等。目前除少数有特殊用途和特殊效果要求的处理设备外，各种信号处理设备基本上都已实现了电子化，并且引入了电子计算机控制技术，使处理设备的自动化程度大大提高。

最常见的划分方法是按照信号处理设备的用途来划分。扩音系统中常用的有以下几类：

1）滤波器和均衡器：通过对不同频率或频段的信号分别进行提升、衰减或切除，以达到美化音色和改进传输信道质量的目的，并可以对扩音环境的频率特性加以修正。

2）压缩/限幅器和扩展器：这是一种其增益随着信号大小而变化的放大器。其作用是对音频信号进行动态范围的压缩或扩展，从而起到防止失真、降低噪声、保护后级设备等作用。

3）延时器和混响器：通过机械或电子的方法来模拟闭室内声音信号的延时和混响特性，使乐音更加丰富和亲切，并可制造一些特殊的音响效果。利用延时器和混响器并结合计算机技术，构成了具有多种特殊效果的多效果处理器。

4）听觉激励器：在原来的音乐信号中加入适当的谐波成分，以模拟现场演出时的环境反射，使信号更具有自然鲜明的现场感和细腻感，并使声音更具穿透力。

当前，音频信号处理技术已成为现代音响技术中最活跃的领域之一。国外各大音响公司都集中相当的力量进行这方面的研究和开发，从模拟设备到数字设备，新产品不断涌现。现代声学、电声学、心理声学、音乐声学和电子技术、计算机技术等科学的发展，更促进了音频信号处理技术的飞跃，甚至使人们在音响技术中的许多传统观念受到很大冲击。例如，对"失真"的概念就出现了很大的变化。传统的观点认为音响设备应该是"高保真"的，就是要求有平坦的频率特性，使重放的节目忠实地再现节目的原貌。但实践表明，各种优质均衡器的广泛使用，可以有意识地对音乐的某些频段进行提升或衰减，人为地创造一定程度的频率失真，可以获得意想不到的音响效果。例如提升钢琴的 2.5~5kHz 频段，可获得更加逼真的临场感，而提升小号的 120~240Hz 频段，能使号音的丰满度大大提高。更令人意想不到的是，非线性失真、谐波失真等这些历来被视为音响设备必须力求避免的缺点，随着人们对音乐声学、心理声学的深入研究发现，在音响作品中适当加入特定的谐波失真（主要是低电平的高中频成分），不但不会破坏乐曲的音质，反而听起来更感清晰、明亮且有穿透力，这就是近年来脱颖而出的所谓听觉激励器之类的音频处理设备的基本构思。至于利用延时器、混响器等组成的各种效果处理器，不但可以模仿各种声学环境（剧院、音乐厅、大厅、山谷回响等）的音响效果，而且能够"创造"出各种奇妙的"太空声""颤音"等自然界所没有的声音。并且还可以把一名演奏员或歌唱者的声音变成许多人的合奏或合唱的效果。

8.2　信号动态处理设备

信号动态处理通常指对全频段信号的幅度变动进行不同方式的处理，也就是根据信号电平大小的不同进行不同的处理，它往往不是针对某一或某些频率进行的。动态处理设备包括：压缩器、限幅器、压限器、扩展器、噪声门以及自动增益控制器。

8.2.1　压缩器

随着录音手段和制作方式的发展，演播室里出现了许多音频处理设备，而所有的音频处理设备都是通过改变声音物理参量来改变响度、音调和音色的。压缩器也不例外，它是一种振幅处理设备，可以对音频信号的动态范围进行处理。

音源的动态范围指的是在某一指定的时间内，音源产生的最大声压级（SPL_{max}）与最小声压级（SPL_{min}）之差。动态范围（DR）的表达式如下：

$$DR = SPL_{max} - SPL_{min} \tag{8-1}$$

压缩器对信号的动态范围进行压缩处理，使信号能满足记录和发送设备对动态范围的要求。因为设备的动态范围是指其最大不失真电平与其固有噪声电平之差，对于模拟的记录媒介与发送设备来说，它们的动态范围一般均比音源的动态范围要小。比如，专业模拟开盘录音机的动态范围为 67dB（不加降噪处理），调频广播的动态范围也只有 60dB 左右，而交响乐队的动态范围为 90dB 甚至更大。所以在记录或发送动态范围很大的节目时，为了避免高电平信号所引起的失真和低电平信号所出现的信噪比下降的情况，就必须对信号的动态范围进行压缩。随着数字化设备的应用，设备的动态范围基本上可以满足对未压缩节目动态范围的记录要求，因为数字设备的动态范围都在 90dB 以上。但是目前在演播室中仍广泛使用压缩器，这是从节目制作的需要考虑的。另一方面，利用压缩器改变声音的包络来改变音色，根据节目的需要充分表现各种乐器的形象特点，体现不同的音乐风格。下面首先从压缩的原理着手，分析一下它在动态控制以及音色调整方面是怎样发挥作用的。

压缩器是一个以增益为信号电平函数的放大器，在额定电平以下设置压缩器记录压缩状态的输入电平，即压缩门限或阈值电平（Threshold）。信号通过压缩器检测电路时，当输入信号电平高于压缩门限时，压缩器开始起压缩作用，压缩器增益就下降，即增益值小于 1，下降的幅度取决于压缩器的压缩比；当输入信号电平低于压缩门限时，压缩器相当于增益为 1 的放大器，压缩器不起作用。也就是说当分别设定了压缩器的压缩门限和压缩比之后，压缩器的增益值将随着输入信号电平的变化而改变，增益变化的快慢是由压缩器的启动时间（Attack Time）和恢复时间（Release Time）决定的。同时，压缩器的启动时间和恢复时间对声音也会产生一定的影响。

从压缩器的原理可以了解到压缩器的 4 个工作参量——压缩门限、压缩比、启动时间、恢复时间，都会使声音发生改变。下面结合实际操作分析一下这 4 个工作参量对声音的具体影响。

1. 压缩门限

所谓压缩门限就是指使压缩器进入压缩状态的输入电平，该参量表示压缩器产生压缩动作的电平条件。在理论上，压缩门限的设置与压缩比的选择是相互关联的。压缩门限、压缩比的确定是以处理后的信号电平为尺度，使其正好达到设备的最大动态范围。这样既可以充分利用设备的动态裕量，又可以达到限幅的目的。

在实际操作中，压缩门限的设置合适与否十分重要：如果压缩门限设置过低，输出会显得十分无力，并且信噪比也比较差；如果压缩门限设置过高，输出往往会产生调幅失真。一般，压缩门限的调整是以总动态范围为基准，如果峰值出现较多，压缩门限可以设置得低一些；如果峰值出现较少，压缩门限可以设置得高一些，这样当峰值出现时就不会过载失真。

图 8-1 所示是其他参量不变，只改变压缩门限时的输入/输出特性。

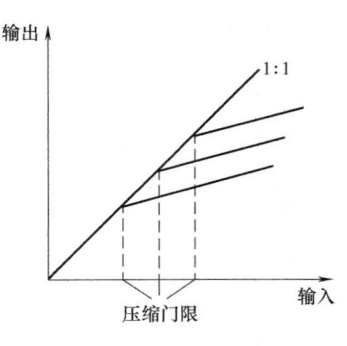

图 8-1　输入/输出特性与
压缩门限的关系

2. 压缩比

该参量表示对于超过压缩门限的信号的压缩能力大小。压缩比等于压缩器的输入信号动态变化的分贝（dB）数与压缩器输出信号动态变化的 dB 数之比。例如，输入信号动态变化 40dB，输出信号动态变化 20dB，则压缩比为 40∶20＝ 2∶1。

这里的动态变化 dB 数是一种相对量

$$输入信号的 dB 数 = 20\lg(U_{输入}/U_0) \tag{8-2}$$

式中，$U_{输入}$ 表示输入信号的大小，单位为 V 或 mV；U_0 表示以某一信号电压值为标准，单位也是 V 或 mV。

由此可见，dB 数是一种相对量，它的大小取决于标准的比较量的大小。标准的比较量越小，得到的信号 dB 数就越大。

大多数演播室采用的压缩器压缩比可以从 1∶1 至∞∶1 连续可调。1∶1 的压缩比，意味着压缩器是处于不压缩状态。在个别的压缩器中，设定有负的压缩比，如 -1∶1。负的压缩比意味着，当信号超过压缩门限值之后，输出信号不但不随输入的增大而增大，反而随着输入信号电平的增加而减小。压缩比为负值的压缩器称为增益衰减压缩器，常用于降噪系统，例如 Dolby（杜比）降噪器等。图 8-2 所示的是在其他参量不变的情况下，改变压缩比时的输入/输出特性。

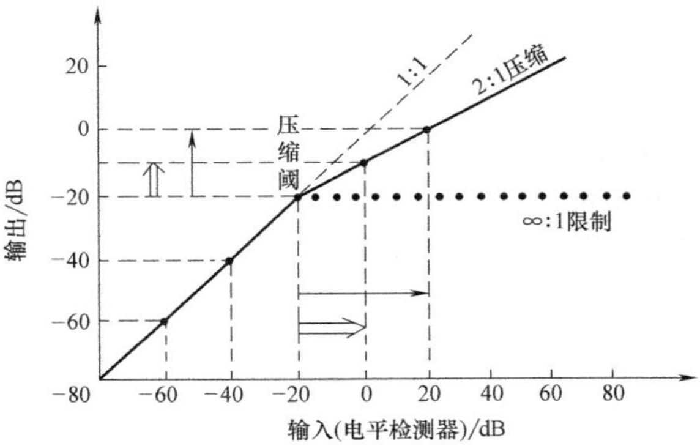

图 8-2　输入/输出特性与压缩比的关系

压缩比的调整应该从低比率开始，低比率属于软压缩，经压缩后信号线性好，失真小，压缩痕迹不易被察觉，听起来也比较自然。通常大的压缩比只有在动态范围很大，峰值电平很高的情况下才使用。由于大比率压缩属于硬压缩，经大比率压缩的声音听起来比较密集，平均响度增加，但线性较差，信噪比较低。例如在录制轻音乐、古典音乐、传统音乐时由于对音色要求相对严格，为保证压缩后对声音影响较小，可以选用压缩比为 2∶1 或 4∶1 的软压缩方式。在录制通俗音乐特别是摇滚乐时，将动态范围有效地控制在线性工作区域内就显得十分重要。应根据音乐响度，动态选取较大值的压缩比，通常在 3∶1～10∶1 之间选定。对于打击乐器，由于其动态范围较大，峰值相对比较突然，压缩处理以控制动态范围为主，所以通常选择较大的压缩比。

压缩器不仅可以用来控制动态范围，还可以用来进行音质处理。例如通俗唱法中气的声音有时多于唱的声音，听起来声音发虚、涣散，没有力度。为了改善这种状况，可以考虑用中、小压缩比以及低压缩门限进行压缩处理，并相应地将增益电平提升，使总工作电平尽量处在满刻度的地方。经过压缩处理的声音，由于动态范围减小，平均响度增强，会使得声音的密集感、力度感都有所增加，主观听起来声音更实，质感也更好。

3. 启动时间

该参量表示当检测输入信号超过压缩门限后，压缩器由未压缩状态转换到压缩状态的速度。一般该值是指压缩器增益开始下降到最终值（增益不再下降的增益值）的 63% 时所需的时间。大多数的专业压缩器可以从零点几毫秒至几百毫秒连续可调。

启动时间影响的是声音包络的音头，而声音的音头携带有反映声音明亮度和力度的中、高频成分。如果启动时间太短，那么信号电平一旦超过压缩门限，马上就会被压缩，这就使得声音信号的音头在很大程度上被抑制，声音的明亮度和力度被削弱了，主观听觉上感到响度不足。如果启动时间过长，在峰值信号到来时不能迅速进行压缩，使本该被压缩的信号在后面的时间才开始压缩，这样虽然保持了声音音头的明亮度和力度，但在输出上等于相对增强信号的起始部分，使得主观听觉上感到加强了音头的起始爆发力，声音听起来十分不自然。例如对大鼓进行压缩处理，通常要用较长的启动时间，这样使得大鼓听起来有力度和爆发力，有助于大鼓低音节奏的力度显现；相反，如果选用很短的启动时间，就会感到大鼓的音头被削平，响度不够，大大破坏了大鼓原有的声音形象。

4. 恢复时间

由于一般的节目信号电平是变化的，不可能总是在压缩门限以上，当信号电平降到压缩门限之下时，压缩器增益将提高，恢复到单位增益状态。恢复时间表示的是压缩器由压缩状态转变到不压缩状态的速度，一般恢复时间可以从几十毫秒到几秒连续可调。

恢复时间对声音包络的影响，主要表现在声音包络的衰减过程或音尾。通常恢复时间应稍长于音乐的自然衰减时间，这样有助于音乐的衔接。如果恢复时间短于音乐的自然衰减时间，听觉上就会感到音乐忽强忽弱，时断时续，也就是常说的"喘吸效应"。一般来说，在保证不出现"喘吸效应"的前提下，较长的恢复时间适用于舒缓的、节奏慢的音乐，这样在音量上不会给人以跳跃的感觉，并且可以保证音尾的完整性和丰满度。在实际操作中，还可以利用较长的恢复时间使波动较大的声音变得平滑一些，但一定要注意过长的恢复时间会使得声音浑浊不清。较短的恢复时间适用于快节奏的音乐，可以防止后面的脉冲受前一个脉冲增益衰减的影响。

总而言之，恢复时间应视不同的音乐节奏、速度等具体情况而定，以上是压缩器的 4 个工作参量对声音所产生的具体影响。在实际操作中，还应特别注意立体声节目在使用压缩器时可能出现的声像漂移问题。对于立体声的左、右通道信号，如果使用两个单独的压缩器分别进行处理，那么这两个压缩器在设置上的差异会造成原有立体声节目的左、右通道信号在强度上发生变化，使得该节目声像发生漂移。为避免这一情况发生，可以将两个压缩器的链接电路连在一起，使左、右两个通道的增益等量地变化，这样就可以避免立体声声像漂移的问题。

启动时间和恢复时间对信号包络的音头和音尾影响很大，因此要想获得好的动态处理效果，启动时间和恢复时间的设定就十分重要。

8.2.2 限幅器

限幅器（Limiter）通常是指能将瞬态电平和信号峰值控制在一定阈值以下的振幅处理器，又称削波器。限幅器的作用是把输出信号幅度限定在一定的范围内，即当输入信号幅度超过一定的限制门限后，输出信号幅度将被限制在某一电平（称作限幅电平），且不再随输入信号幅度变化。一般来说，需要被限幅的信号往往是那些包含很多尖锐的瞬变峰值的信号。这种信号较多地出现在军鼓、底鼓以及其他打击乐器的音轨中。此外，限幅器的另外一个重要的用途就是在母带处理期间提升音频的整体响度。

限幅器的可调参数一般来说比较少。其中，比较重要的几个参数分别是限制门限（Threshold）、上限（Ceiling）、输出增益（Out Gain）和恢复时间（Release）。一旦声音信号的电平超过了设定的限制门限，就会触发限幅器的工作。上限（Ceiling）也称限幅电平，上限的值通常大于或等于限制门限。输出增益（Out Gain）从整体上调节声音信号的电平。恢复时间（Release）决定了限幅器在启动之后再回到休眠状态的时间。这个参数一般建议谨慎设置，以防限幅器没有足够的时间在下一次启动前进入休眠状态，继而带来失真等负面影响。

拓展阅读：除了控制动态范围，压缩器还有什么功能？

8.2.3 压限器

压限器是压缩/限幅器（Compressor/Limiter）的简称，具有压缩和限幅两种功能。因为压缩器和限幅器有一个共同特点，即对于小的输入信号都是一样处理。而压缩器对于超过压缩门限的输入信号要按一定的压缩比进行动态压缩处理，压缩比越高，动态压缩越大，输出信号动态变化越小，当压缩比超过 10∶1 后，输出信号动态变化很小。当压缩比调在 ∞∶1 时，输出信号动态变化为零，压缩门限就变成了限制门限，压缩器也就成为限幅器了。所以，可以把压缩器和限幅器组合成压限器。

压限器的主要功能是对音频信号的动态范围进行压缩或限制，即把信号的最大电平与最小电平之间的相对变化范围加以减小，从而达到减小失真和降低噪声等目的。

音乐的动态范围很大，约为 120dB。如果一个动态范围为 120dB 的节目信号通过一个动态范围狭窄的系统放音（如广播系统），许多信息将在背景噪声中浪费掉。即使系统能有120dB 的动态范围可供使用，除非它是无噪声环境，否则不是弱电平信号被环境噪声淹没，就是强电平信号响得使人难以忍受，甚至于因过载而产生失真。虽然音响师可以通过音量控制调整信号电平，但是手动操作有时往往跟不上信号的变化。为了避免上述问题，必须将动态范围缩减至适合于系统与环境中能舒适地倾听的程度。

此外，压限器还能保护功率放大器和扬声器。当有过大功率信号冲击时，可以得到压限器的限制，从而起到保护功放和扬声器的作用。例如，传声器受到强烈碰撞，使音源信号发生极大的峰值，或者插件接触不良或受到碰击产生瞬间强大电平冲击，这都将威胁到功放和扬声器系统的高音单元，有可能使其受到损坏，使用压限器可以使它们得到保护。

拓展阅读：限幅器和压缩器有什么异同？

8.2.4　扩展器与噪声门

1. 扩展器

扩展器（Expander）是另一种调节声音信号动态范围的设备，也是一种增益随着输入电平不同而变化的特殊放大器，但其功能正好与压缩器相反。当扩展器功能被启动后，放大器的增益不是减小，而是增加了。

扩展器设有扩展阈、扩展比、启动时间和恢复时间等参数可供用户调节。扩展器的扩展阈是指扩展器有一可调节的门限电平。扩展比等于扩展器的输入信号动态变化的分贝（dB）数与扩展器的输出信号动态变化的 dB 数之比。例如，对于 1：2 的扩展比，输入信号动态变化 5dB 导致输出信号动态变化 10dB。扩展器的启动时间是指信号从输入开始到扩展到规定的扩展比所需要的时间，单位为 ms（毫秒）。恢复时间是指信号从扩展状态到离开扩展状态所需要的时间，单位为 s（秒）。

有两种比较典型的扩展器：一种是低电平扩展器，另一种是高电平扩展器。

所谓低电平扩展器，就是指当输入信号电平低于扩展阈时，增益按一定的扩展比（Expanding Ratio）进行扩展，当输入信号电平高于扩展阈时，扩展器不起作用，增益恢复为 1。

当低电平扩展器的扩展比为 1：∞时，扩展器便成为噪声门。低电平扩展器的工作特性如图 8-3 所示。

高电平扩展器则是用来解除"限幅"或"压缩"的一种扩展器。其特点是高于扩展阈的输入信号才被扩展。用它可以将先前被压缩了的高电平信号恢复到原来的电平，即恢复了信号的动态范围，这种系统多用于磁带放音系统。高电平扩展器的工作特性如图 8-4 所示。

还有一类特殊的扩展器，它在信号电平降低时减小增益，而在信号电平升高时增加增益。因此，这种扩展器能使响的信号更响，弱的信号更弱，从而大大增加了节目的动态范围，并使电平较低的噪声变得更弱。这种扩展器通常也被用做噪声门。

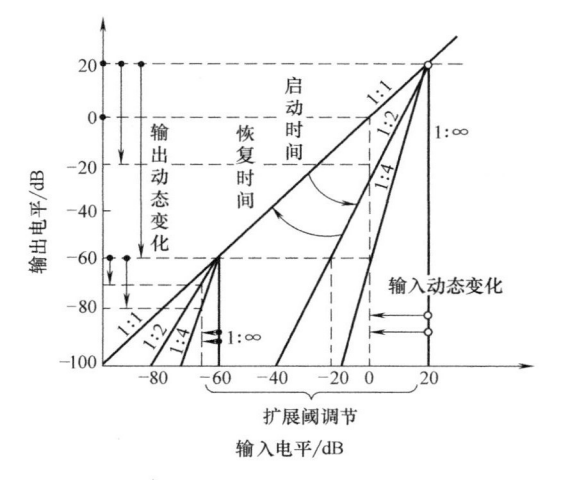

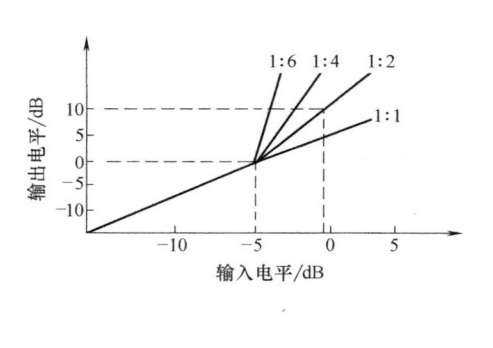

图 8-3 低电平扩展器的工作特性　　　　图 8-4 高电平扩展器的工作特性

2. 噪声门

噪声门是一种限制低电平噪声信号进入电路的声信号处理设备，它在扩声中用来切除噪声。利用噪声门对弱信号"关闭"的功能，可有效地防止传声器之间的串音。但需注意，噪声门只能降低或消除门限以下（可视为无信号状态）的噪声（信号），而不能提高门限以上有信号传输时的信噪比。噪声门是静态处理，不是以动态跟踪信号来降低噪声。所以，一般将噪声门的阈值电平设置在略高于本底噪声电平。

从原理上讲，噪声门可以看成是一种将扩展比调得较大的扩展器。尽管有的扩展器可作为噪声门来使用，但两者的内涵还是有差异的。

独立的噪声门设备是一个阈值电平可调的电子门限电路，只有输入信号电平超过阈值电平时，才能形成信号通路，否则电路不通，信号被拒之"门"外。

作为噪声门，必须满足以下两点要求：

1）电路启动快：因为有些乐音的始振特性会很快建立起来，并进入稳定状态，因此，电路动作要灵敏，以避免乐音产生始振特性失真。

2）关门时有延时：即保持声音关门时有自然的衰减，给人以舒服的感觉，因此要求噪声门启动快、有控制启动时间的旋钮，衰减时间亦可调、可控。

虽然理论上扩展器可作噪声门来使用，但实践中用扩展器作为噪声门来使用是不经济的。因为一台专用的噪声门设备常常会有五六个通道，而一台扩展器是不可能作为五六个噪声门来使用的。

拓展阅读：除了降噪，噪声门还有什么功能？

8.2.5　自动增益控制器

自动增益控制器实际上是动态处理器的一种，它的增益随信号幅度的变化而有所变化，在放大器的级与级之间采用了负反馈电路，输入的大信号经放大器放大后，在输出端可能会引起失真，采用负反馈可以使放大级的增益降低，输入的小信号为了在输出端获得比较好的信噪比，可以通过负反馈电路减弱负反馈量，使放大级的增益有所提升。为了改善放大器的频响曲线，在反馈支路上往往要增添补偿电感或电容，它们与电阻串联，使低频端和高频端的负反馈量变小，根据负反馈电路的特点，负反馈量减小，负反馈后的放大量将得到提升，从而改变了频响曲线低端和高端下降的现象。自动增益控制常用于无线电信号接收方面，无线电波在传播过程中，受地球电离层变化的影响，地面收到的无线电信号可能时强时弱，在高频段尤为明显。为了减弱这种影响，必须采用自动增益控制器。

8.3　均衡器

在音响扩音系统中，对音频信号要进行很多方面的加工处理，才能使重放的声音变得优美、悦耳、动听，满足人们的聆听需要。均衡器（Equalizer，EQ）是一种用来对频响曲线进行调整的音频处理设备。换句话说，均衡器能对不同频率的声音信号进行不同的提升或衰减。因此，它能补偿由于各种原因造成的信号中欠缺的频率成分，也能抑制信号中过多的频率成分。例如，均衡器可以抑制频率为 60~250Hz 的低频交流声，也可以抑制频率为 6~12kHz 的高频噪声。由于乐器发出的声音大多为复合音，即它们是由基波和谐波复合而成的，所以改变了各频段能量分布的相对大小，就相当于改变了基波与谐波之间的相对关系，从而导致人耳对声音频谱结构的听觉感受（即音色）发生了改变。因此，利用均衡器还可以进行音调调节和音色加工。

8.3.1　均衡器的作用

1. 改善声场的频率传输特性

改善传输特性是均衡器最基本的功能。任何一个厅堂都有自己的建筑结构，其容积、形状及建筑材料（不同的材料有不同的吸声系数）各不相同，因此构造不同的厅堂对各种频率的反射和吸收的状态不同。某些频率的声音反射得多，吸收得少，听起来感觉较强；某些频率的声音反射得少，吸收得多，听起来感觉较弱。这就造成了频率传输特性的不均匀，所以就要通过均衡器对不同频率进行均衡处理，才能使这个厅堂把声音中的各种频率成分平衡传递给听众，以达到音色结构本身完美的表现。

2. 对音源的音色结构加工处理

扩音系统中，音源的种类很多，不同的传声器拾音效果也不同，加之音源本身的缺陷，可能会使音色结构不理想。通过均衡器对音源的音色加以修饰，会得到良好的效果。例如，有时为躲避背景声和声染色，而不得不采用近距离拾音。但是，一支紧靠的传声器仅靠近乐器的一部分，这样会改变乐器的音色，而使用均衡则可部分补偿音色的变化。假如将传声器靠近原声吉他的发音孔拾音，由于声孔发出强烈的低频而使吉他声低音过重，这时可在调音台上将该音轨的低频衰减，使其恢复到原声平衡。

这种均衡的用法可对在现场音乐会录音时录得较差的声音效果进行补救。因为在音乐会场合，舞台监听的嘈杂声会进入录音/扩音用传声器，所以不得不采用近距离拾音以防止监听音响的窜入和回授。这种近距离传声器的摆放，或者监听音响的窜入，都会导致声音不自然。在这种情况下，均衡是最好的一种方法。

3. 创造一种音响效果

从高保真的意义讲，音响设备在重现音乐节目时应忠实地反映音乐原来的面目，对音色的任何"修饰打扮"都是一种失真。但实际上，每个人对音色的要求不同，青年人和中老年人之间的差别就更大。有了均衡器，使用者可根据音乐特点（风格、流派）的不同，以及个人的爱好，方便地对音色进行调节，以取得满意的聆听效果。

4. 改善音响系统的频率响应

音响设备是由电子线路构成的，而一个音响系统又是由许多音响设备组成的，音频信号在传输过程中会造成某些频率成分的损失，通过均衡器可以对其进行适当的弥补。均衡器还可以用来抑制某些频率的噪声或干扰，例如衰减 50Hz 左右的信号，可以有效地抑制市电交流干扰等。

5. 补偿"弗莱切·蒙松"效应

这是一种由弗莱切·蒙松发现的现象：人耳在小音量时对低音和高音的敏感度，要比在大音量时弱。所以，当对大音量乐器录音而在小音量电平下重放时，就会感到缺乏低音和高音。为此，在对摇滚乐录音时须提升低频（约 100Hz）及高频（约 4kHz）的频率分量。乐队的音量愈大，所需提升也愈多。在这种情况下，也可用一种具有近距效应（低音提升）和现场感强的心形传声器来补偿。

6. 降低噪声及声染色

声染色也称音染，是指由于室内（有时也指音响设备）频率响应变化，使原始声音信号被赋予外加频率，原信号频谱有了改变，某些频率的声音得到加强的现象。

使用均衡器可以降低低频噪声，诸如低音的声染色、空调的隆隆声、话筒座的咚咚声等。只要对所录乐器的频率范围的低端进行衰减即可。例如，小提琴的最低频率为 200Hz，可把均衡器频率范围调节到 40~60Hz 处加以衰减。因为这种衰减是在小提琴发声的低端频率之下，所以不会改变小提琴的音质。如果在缩混时进行滤波均衡处理，也能起到降低磁带咝声的作用。滤去大多数乐器在 100Hz 以下的频率分量，能降低空调的隆隆声和气流噗声。也可以对听（观）众区传声器的低端频率进行衰减，以防止低音部分含混不清。

8.3.2　均衡器的种类

均衡器的种类很多，但其基本的工作原理都是相同的。它们都是将音频信号的全频带（20Hz~20kHz）或全频带的主要部分，按一定的规律分成几个甚至几十个频率点（也称频段），再利用 LC 串联谐振电路的选频特性，分别进行提升或衰减，从而获得所希望的频响校正曲线。

根据均衡器所使用的电路不同，可分为有源均衡器和无源均衡器；根据中心频率不同，可分为低频均衡器、中频均衡器、高频均衡器和组合式均衡器；根据均衡参量是否可调，可分为参量均衡器和图示均衡器。

1. 参量均衡器

参量均衡器也称参数均衡器，可对均衡调整的各种参量分别加以调整。均衡器的可调参量包括频段（如低、中低、中高和高频等）或频率点（扫描式，可任意选择）、增益（提升/衰减量）和品质因子 Q（频带宽度）等。

参量均衡器的均衡特性如图 8-5 所示。其中，图 8-5a 是改变增益的均衡特性曲线；图 8-5b 是改变频率的均衡特性曲线；图 8-5c 是改变品质因子 Q 的均衡特性曲线。

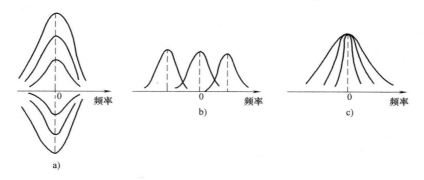

图 8-5　参量均衡器的均衡特性

参量均衡器可以美化（包括丑化）和修饰声音，使声音（或音乐）风格更加是鲜明突出、丰富多彩，达到所需要的艺术效果。所以，录音调音台的输入模块中都装有参量均衡器。

2. 图示均衡器

图示均衡器（Graphic Equalizer）也称图表均衡器，是组合均衡器中的一种。它把音频全频带或其主要部分，分成若干个频率点（中心频率）进行提升或衰减，各频率点之间互不影响，因而可对整个系统的频率特性进行细致调整。多频段均衡器普遍都使用推拉式电位器作为每个中心频率的提升和衰减调节器，各频率点的推拉键调节是独立的，每个中心频率的提升、衰减量范围通常为 ±12dB，在此范围内推拉键的位置不同，其提升衰减曲线也不同，如图 8-6a 所示。电位器放在中间"0"的位置时为 0dB，既不提升也不衰减。全频段声音信号通过各频率点的提升、衰减补偿，总的补偿曲线是各个独立频率补偿曲线的叠加，总体补偿曲线对应于各个推拉键的连线，如图 8-6b 所示。由于面板上的推拉键排列位置组成的形状可以直观地反映出所调出的均衡补偿频响曲线，因此称为图示均衡器。此类均衡器的最大特点就是非常直观，当音响师调整完毕后，各个频率的提升或衰减情况一目了然。

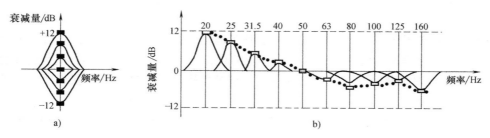

图 8-6　图示均衡器的均衡补偿曲线

图示均衡器体积比较大，通常安装在 19in 机架上或放在调音台旁边的桌子上，这样操作既方便又可一目了然。图示均衡器大多用于录音室监听系统与电影院还音系统。用来改善录音室监听扬声器的电声特性以及影片还音的频率特性与扬声器的电声辐射特性；另外，对礼堂、剧院、舞台等扩声系统也特别有用，不仅能够控制整个音响系统的频率特性，大大提高声音的清晰度，同时还能抑制声反馈引起的啸叫声。

由于图示均衡器主要用于室内听音补偿，弥补厅堂建筑声学特性的不足，也就是补偿房间频响曲线，使室内听音获得平衡，故有时又称为房间均衡器（Room Equalizer）。

8.3.3　均衡器的基本原理

均衡器是通过改变频率特性来对信号进行加工处理的，因此必须具有选频特性。可见多频段均衡器是由许多个中心频率不同的选频电路组成的，而且均衡器对相应频率点的信号电平既可以提升也可以衰减，即幅度可调。

图示均衡器面板上有多个频率点，为了使人的听音感觉与均衡器的调节相一致，这些频率点以倍频程（Octave）的关系分布。人耳可以听到的频率范围约为 20Hz ～ 20kHz。在声学测量中，不可能测量这个范围中的每一个频率，而总是在某一频率区间取特定值进行测量。这个频率区间称为频带。频带由上限频率 f_2 和下限频率 f_1 确定。f_1 和 f_2 的间隔可以用频率比或以 2 为底的对数表示，称为频程。若一个频带中，上限频率为下限频率的两倍，即 $f_2 = 2f_1$，则称其频带宽为倍频程。如果测量精度要求高，频带可以窄些，例如，在图示均衡器上常用到 1/3 倍频程、2/3 倍频程；在声学测量中常用到 1/6 倍频程。

上限频率和下限频率的一般关系为

$$f_2 = 2^n f_1 \tag{8-3}$$

式中，n 为倍频程的系数，或称倍频程数，它可以是分数或整数。例如，$n = 1/3$，即指 1/3 倍频程；$n = 1$，即指倍频程。

由上式可得

$$n = \log_2 \frac{f_2}{f_1} = 3.32\lg \frac{f_2}{f_1} \tag{8-4}$$

可见，按倍频程均匀划分频率区间时，相当于将频率按对数关系加以标度。频带的中心频率 f_c 是上、下限频率的几何平均，即

$$f_c = \sqrt{f_1 f_2} \tag{8-5}$$

相应于某一中心频率 f_c 的上、下限频率分别为

$$f_2 = \sqrt{2^n} f_c \tag{8-6}$$

$$f_1 = \frac{1}{\sqrt{2^n}} f_c \tag{8-7}$$

相应的频带宽为

$$\Delta f = f_2 - f_1 = \left(\sqrt{2^n} - \frac{1}{\sqrt{2^n}} \right) f_c = \beta f_c \tag{8-8}$$

图示均衡器的中心频率通常按 1/3 倍频程或 2/3 倍频程来设置。市场上专业图示均衡器通常有 2/3 倍频程 15 段或双 15 段与 1/3 倍频程 31 段或双 31 段等。图示均衡器的中心频率就是指衰减或提升频段的谷点频率或峰点频率。频段数越多，则频段分得越细，补偿修正功能精度越高。

15 段图示均衡器的中心频率一般设在 25Hz、40Hz、63Hz、100Hz、160Hz、250Hz、400Hz、630Hz、1kHz、1.6kHz、2.5kHz、4kHz、6.3kHz、10kHz、16kHz。

31 段图示均衡器的中心频率一般设在 20Hz、25Hz、31.5Hz、40Hz、50Hz、63Hz、80Hz、100Hz、125Hz、160Hz、200Hz、250Hz、315Hz、400Hz、500Hz、630Hz、800Hz、1kHz、1.25kHz、1.6kHz、2kHz、2.5kHz、3.15kHz、4kHz、5kHz、6.3kHz、8kHz、10kHz、12.5kHz、16kHz、20kHz。

这两类图示均衡器能够在整个音频范围（20Hz~20kHz）调节频率特性，根据需要，可以精确地提升与衰减增益，消除噪声，修饰音色，提高音质，校正房间声学特性，还能模拟一些特殊的声音效果。

均衡器的工作原理如图 8-7 所示。每个频率点有一个推拉键，推拉键的活动端串接了 LC 串联谐振回路，串联谐振频率为

$$f_0 = \frac{1}{2\pi\sqrt{LC}}$$

为了改变串联谐振的带宽，在此支路上接入一个可调电阻 R_0。当推拉键往上推时，运算放大器输出端的 f_0 成分被 LC 串联谐振电路短接，经 R_0 到地，f_0 成分负反馈到输入端的反馈量减小，根据放大器负反馈引入对放大量影响的公式

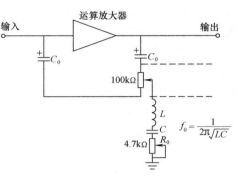

图 8-7　均衡器的工作原理

$$A = \frac{A_0}{1 + \beta A_0} \tag{8-9}$$

式中，A_0 为负反馈前的放大量；A 为负反馈后的放大量；β 为反馈系数。

由于负反馈量减小，βA_0 减小，A 得到增加，于是在运算放大器输出端的 f_0 成分得到提升。当推拉键往下拉时，运算放大器输入端的 f_0 成分被 LC 短接，经 R_0 到地，也就是在输入端 f_0 成分的输入阻抗减少，经过运算放大器后 f_0 成分得到衰减。利用不同支路配置不同的 LC，获得相应的频率刻度数的提升或衰减，31 段图示均衡器等于配置 31 个不同的 LC 串联谐振回路。如果把各支路上调节带宽的 R_0 放在机器的面板上供调节，音频频率按高频段/中频段/低频段区分，每个频段上的中心频率可调（采用可调电容或可调电感），这就构成了参量均衡器。

8.3.4　均衡器的技术指标

1. 中心频率

中心频率是指均衡控制电路中各谐振回路的谐振频率，即提升或衰减频段的峰点或谷点所对应的频率。图示均衡器的各中心频率是固定不变的，通常按 1/3 倍频程或 2/3 倍频程关系设置，而参量均衡器的中心频率是可调的。

2. 频带宽度

各段频带宽度是指以中心频率为中心，-3dB 点所对应的频带宽度。它与品质因子 Q 值有关，Q 值越大，频带越窄；Q 值越小，频带越宽。图示均衡器的各段频带宽度是固定不变的，而参量均衡器的各段频带宽度是可调的。

3. 最大提升/衰减量

均衡器调节钮在中心频率点对所对应音频信号能够提升或衰减的最大能力，用 dB（分贝）来表示。常见的有±6dB、±12dB、±15dB。

4. 频率响应

频率响应（Frequency Response）也称频率特性，通常是表示不同频率对某一参考电平的相对信号电平特性曲线图。在给定的频率范围内，若所有频率的信号具有均匀的电平，则称之为平坦的频率响应曲线。频率响应也可表示为电平偏差不超出某一分贝数值的频率范围。例如（20Hz~20kHz）±2dB，即为在此频率范围内，任何频率信号的相对幅度不会比理想的 0dB 点高或低 2dB 以上。

均衡器的频率响应指在音频频率范围内各频率点不提升也不衰减时的频率响应。此时的频率响应曲线越平坦越好。

5. 频率中心点误差

频率中心点误差是指各频率点实际中心频率与设定频率的相对偏移，通常用百分数表示。

6. 总谐波失真

总谐波失真是指信号通过均衡器以后，新增加的所有谐波成分的方均根值占基波信号的百分比。

7. 信噪比

信噪比是指音频信号电平与通过均衡器后产生的各种噪声电平的比值，用 dB 来表示。用于衡量均衡器的噪声性能，信噪比越大，说明均衡器噪声影响越小。

8. 最大输入电平

最大输入电平是均衡器输入回路所能接受的最大信号电平（平衡/不平衡）。

9. 输入阻抗

输入阻抗是指均衡器输入端等效阻抗。为了满足与前级设备的跨接要求，均衡器输入阻抗很大，并且有平衡和不平衡两种输入方式，平衡输入阻抗是不平衡输入阻抗的 2 倍。

10. 最大输出电平

最大输出电平是均衡器输出端能够输出的最大信号电平（平衡/不平衡）。

11. 输出阻抗

输出阻抗是指均衡器输出端等效阻抗。为了满足与后级设备的跨接要求，均衡器输出阻抗很小，并且有平衡和不平衡两种输出方式，平衡输出阻抗是不平衡输出阻抗的 2 倍。

8.4 声反馈抑制器

8.4.1 声反馈的产生原因及预防措施

传声器拾音后，经调音台、周边设备、功率放大器、音箱扩出声音，这种声音又通过直接辐射方式或声反射方式进入传声器，使整个扩音系统产生正反馈，引起振荡，在音箱中发出刺耳的啸叫声，这种现象称为声反馈。产生声反馈的原因可能是：

1）传声器直接放在音箱辐射区内，其正向直接对准音箱。

2）扩音环境太差，建筑声学设计不合理，声反射现象严重，四周及天花板没有采用吸声材料进行装修。

3）音响设备之间匹配不当，信号反射严重，连接线出现虚焊现象，声音信号流过时接触点时通时断。

4）扩声系统调试不好，有设备处于临界工作状态，稍有干扰就自激。

5）电声设备选择不当，比如所选传声器的灵敏度太高，指向性差等。

声反馈是扩音中的最禁忌的现象，其危害包括：

1）破坏了整个扩音环境的气氛，使演讲人或演唱者非常狼狈，使听众非常扫兴，甚至产生逆反心理。

2）声反馈可能导致扩音设备被烧毁，尤其对功率放大器或音箱的高频头影响很大，易使它们过载烧毁。

3）由于声反馈的存在，使整个扩音系统的传声增益和放音功率受到限制。

为了尽量避免声反馈，应采取如下一些措施：

1）避免将传声器放在音箱的辐射区内。

2）扩音环境应采用适当的吸声材料进行装修，尤其在放置传声器的附近空间，应尽量减弱声反射。

3）音响设备搭配适当，各设备能充分发挥作用，设备之间连接牢靠，避免虚焊现象。

4）调试设备必须进行统调，每种设备都不能处于临界工作状态，否则会出现信号不稳或振荡现象。

5）加入反馈抑制器，抑制、消除啸叫声。

8.4.2 声反馈抑制器的工作原理

在声反馈抑制器出现以前，调音员往往采用均衡器拉馈点的方法来抑制声反馈。扩声系统之所以产生声反馈现象，主要是因为某些频率的声音过强，将这些过强频率进行衰减，就可以解决这个问题。但用均衡器拉馈点的方法存在以下难以克服的不足：

1）对调音员的听音水平要求极高。出现声反馈后调音员必须及时、准确地判断出反馈的频率和程度，并立即准确无误地将均衡器的此频点衰减，这对于经验不丰富的调音员来说是难以做到的。

2）对重放音质有一定的影响。如 31 段均衡器的频带宽度为 1/3 倍频程，有些声反馈需要衰减的频带宽度有时会远远小于 1/3 倍频程，此时衰减时，很多有用的频率成分就会被滤除掉，使这些频率声音造成不必要的损失。

3）在调整过程中有可能因反应不及时而烧毁设备。用人耳判断啸叫频率是需要一定时间的，假如这个时间过长，设备就会由于长时间处于强信号状态而损坏。

声反馈抑制器就是针对解决以上这些问题而产生的一种采用自动拉馈点的设备，当出现声反馈时，它会立即发现和计算出其频率和衰减量，并按照计算结果执行抑制声反馈的命令。声反馈抑制器原理框图如图 8-8 所示。

进入声反馈抑制器的信号先被放大，然后再将放大后的模拟信号转换成数字信号，这时，检测器不断扫描，对声反馈信号进行捡拾（声反馈信号与音乐信号有不同之处，声反馈信号的特点是：开始时，幅度不断地增长，然后就保持一定电平），当这种信号找到以后，由中央处理器立即告知数字信号处理器去设定这一频率，并在数字滤波器中找到该频率点并给予数字衰减。其衰减量在-40dB 左右，滤波带宽可调，从 1/60 倍频程到 1/5 倍频程。声反馈抑制器使用得当，可使扩声设备的传声增益提高 6～12dB。

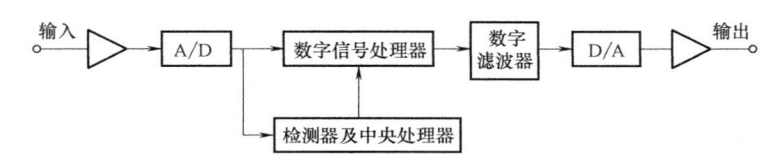

图 8-8　声反馈抑制器原理框图

在扩声系统中，声反馈抑制器通常连接在均衡器之后，这时均衡器可仅作为音质的均衡补偿，而声反馈抑制器用于啸叫声的抑制。在有些情况下，也可以把声反馈抑制器放在传声器的输入通道上。声反馈抑制器一般不要接在调音台的输入通道前，因为输入通道前的反馈啸叫信号比较小，声反馈抑制器不容易发现反馈啸叫信号。一旦发现，很可能扩音系统啸叫声已经出现。如果将声反馈抑制器的灵敏度调高，又容易误把音乐信号当成反馈啸叫信号进行抑制。

声反馈抑制器一般都具有多个抑制声反馈的通道，可消除多个反馈频率，从而使传声增益得到提高，使整个声场的声压级提高，声场响度增大。

8.4.3　FBX-901 型声反馈抑制器

下面以美国 Sabine（赛宾）公司生产的 FBX-901 型声反馈抑制器为例，来说明其操作功能键及调试过程。FBX-901 是一种单通道的数字反馈抑制器，其内部有 9 个滤波器（带宽为 1/10 倍频程），能在 0.4s 内检测到反馈点，同时迅速在共振频点上设置一个数字滤波器进行反馈抑制，并且根据该频点的电平自动设定滤波深度。该声反馈抑制器还针对反馈点有可能漂移的特点，设置了一组动态滤波器，随时检测频点的变化，并进行自动跟踪抑制。FBX-901 型声反馈抑制器的 6 个滤波器属于固定滤波器，用于抑制厅堂内固定频率的啸叫声。第 7、8、9 滤波器是动态滤波器，用于演员手持传声器表演动作、变动位置，当出现游动频率的啸叫声时，由第 7、8、9 动态滤波器去抑制。

FBX-901 型声反馈抑制器的面板图如图 8-9 所示。

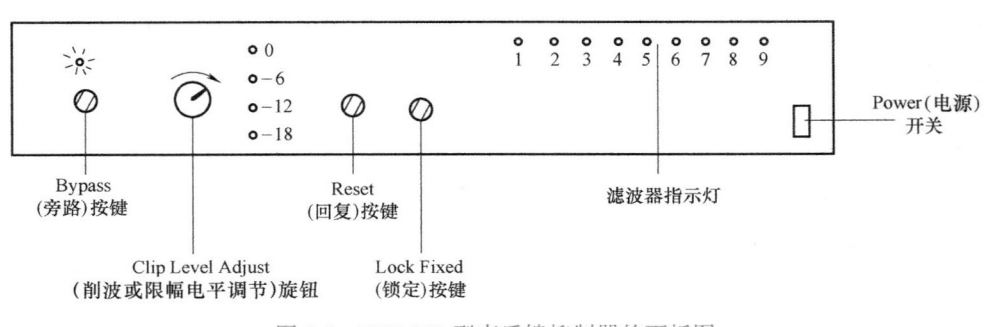

图 8-9　FBX-901 型声反馈抑制器的面板图

面板图中：

1）Bypass（旁路）按键：为选通/旁路按键，该机在旁路（发光二极管呈现红色）时，用硬件转接的办法将自动反馈处理系统从信号通道中切除，对信号无任何影响，做到了平衡入至平衡出。在选通（发光二极管呈现绿色）时，信号处理单元自动对反馈进行抑制。

2）Clip Level Adjust（削波或限幅电平调节）旋钮：调节削波电平旋钮时，右边的限幅指示二极管（LED）会间歇闪烁。电平过高会造成对音频信号的干扰，过低会使信噪比下降。

3）Reset（回复）按键：按下该键，保持 4s 时长，等发光二极管停止闪烁后，就可以对滤波器进行重新设定了。

4）Lock Fixed（锁定）按键：当按下该键时，发光二极管亮表示 FBX-901 已处于锁定状态下。锁定模式可在系统启动后的任何时候进入，并可保持到再次按下此键，这时发光二极管熄灭。在使用时，可以用"锁定"按键将固定的啸叫频率点存储起来，在以后使用中只需将声反馈抑制器的电源开关打开，便能自动抑制这些反馈啸叫频率点。

5）滤波器指示灯：该发光二极管分别指示 9 个滤波器的工作状态。当某一滤波器被激活选中时，相应的发光二极管（LED）就会点亮，闪烁的 LED 表明此滤波器是被新选中的。例如，第 1 个滤波器指示灯发亮，表示声反馈抑制器捕捉到第 1 个啸叫频率点。

6）Power（电源）开关：当打开电源时所有原设定的固定滤波器相对应的发光二极管会闪烁。

拓展阅读：如何抑制扩声系统中音响设备的啸叫？

8.5 效果处理器

众所周知，在音乐厅等专业场所欣赏音乐节目总是比在家庭、教室、会议室等普通房间里的效果好，这当然有多方面的原因，但声音的延时和混响等效果是重要的原因之一。

多年来，专业研究人员不断开发和改进各种音响设备，希望利用这些设备能够在多种场合重现在音乐厅演出的效果。效果处理器（简称效果器）是一种模拟各种声场效果，并对声音信号在时间和频率等多方面、多方位进行加工处理，以产生特殊音响效果的音频处理设备。效果处理器可以弥补自然混响的不足，以改变和美化音色，还可以产生各种特殊的音响效果，以增强音响艺术的感染力。效果处理器又分为延时效果器（以下简称延时器）和混响效果器（以下简称混响器）。前者主要处理各种环境下的回声效果，后者主要处理各种环境下的混响、立体声混响、多声道混响、动态环境声等。当然，效果处理器也能创作出其他效果声或非自然声。

8.5.1 室内声对调音的影响

在室内声场中，人们听到的声音的组成是十分复杂的，主要由直达声、近次反射声及混响声组成。

1. 直达声对调音的影响

直达声决定着声音的清晰度、临场感及亲切感。因此，一般对于各种会议或新闻播报等主要用于语言方面的扩声，在调音的过程中，应不用或少用混响，以增强听众与发言者之间的临近感，使发言者的声音听起来清晰和亲切。如果这时加入了太多的混响，就会使发言者与听众之间产生较强的距离感，会破坏发言者与听众之间沟通时的亲和力。而对于迪斯科或摇滚音乐会的调音，则对直达声的注重度会稍低一些，这时听众并不太要求声音有多么清晰，而是要求有较强的声压级和强烈的节奏，有被音乐厚重地包裹其中的感觉，有一种热烈的大场面感，因此，调音者这时应将声音的音量开得大一些（90dB 以上），并将混响也调得大一些（主要针对演唱话筒）。

2. 近次反射声对调音的影响

近次反射声是紧跟直达声后传入人耳的声音，因此，它对直达声有加重、加厚的作用，能使声音变得更加饱满，更加淳厚，更加动听。对调音者来说，由于室内声学环境已固定，他唯一能做的，就是通过效果处理器对近次反射声的大小进行控制，以得到较好的音效。在自然的情况下，近次反射声的幅度总是小于或近似等于直达声幅度。因此，在对效果处理器进行调整的时候，最好不要使近次反射声的幅度高于直达声的幅度。那么，究竟直达声与近次反射声的幅度比例关系为多少才是合理的呢？这要视实际情况而定，因为近次反射声主要还是受扩声环境的影响，环境不同，比例关系就会有差异，要耳听为主，看书为辅，自己凭感觉决定，调得好与不好，听力最关键。

3. 混响声对调音的影响

合适的混响声可以使声音具有环境感，有利于提高声音的丰满度，但过强的混响声会破坏声音的清晰度。混响声与直达声的比例，决定着听音时音源的距离感。混响声比例大时感觉音源距离较远，比例小时感觉音源距离较近。混响时间的长短直接影响人们的听音效果。若混响时间过短，声音发"干"，枯燥无味，不动听；若混响时间太长，声音混浊不清，破坏了音乐的层次感和清晰度。因而，对于特定的音乐节目，混响时间有一个最佳值。从大多数优质音乐厅场所观察，此值在 1.8~2.2s 之间。

由于音乐厅等演出场所充分考虑了声音的延时和混响等效果，因此人们在欣赏演出时可以充分感受到乐队演出的展开感、宽度感、听音的空间感和一定程度的乐音的包围感，也可以笼统地称之为临场感、现场感或自然感，所以十分优美动听。

8.5.2　延时器

延时器是一种人为地将音响系统中传输的音频信号延迟一定的时间后再送入声场的设备，是一种人工延时装置。延时器被广泛应用于厅堂扩音和电影、电视节目制作中，其作用主要表现在：

1）在扩音系统中，用来消除回声，提高扩音系统的清晰度。

2）模拟建筑声场中的近次反射声，改善厅堂的听音条件。

3）产生合唱效果。

4）对音频信号进行加工润色，改善其厚度和力度，使声音甜润悦耳。

5）与混响器结合组成立体混响系统，采用延时—混响方式模拟各种厅堂效果，并人为地制造一些特殊效果。

常见的延时器有弹簧延时器、BBD 式延时器和数字式延时器。弹簧延时器属于机械式，它依靠弹簧的扭动传递来延时，延时时间与弹簧的长度成正比。这种延时器的特点是简单、廉价，但体积大、功能少。而后两种属于电子式，把音频信号存储在电子元器件中，延迟一段时间后再传送出去，从而实现对声音的延时。BBD 式延时器主要是由双极晶体管或场效应晶体管组成的模拟移位寄存器，其结构简单，价格低廉，主要用于卡拉 OK 机等业余设备，但与数字式延时器相比，动态范围较小，音质效果欠佳。在各种专业音响设备或系统中普遍采用数字延时器，它是一种理想的延时处理设备。下面仅对数字延时器的工作原理进行介绍。

1. 数字延时器的基本原理

回声是一种反射声，反射声与直达声及反射声与反射声之间的时间间隔大于 50ms 时，人耳能清楚地分辨。它具有独立的反射音频谱结构及衰减特性，并且与周围的反射体及反射环境密切相关，与原来的直达声的频谱结构及衰减特性大不相同。它具有如下特点：

1）与直达声分开，分开的时间间隔大于 50ms，回声比较模糊，而且比原声小。

2）与直达声结合，使声音具有明显的层次感，层次分明。

3）具有很强的空间范围特性，改变延时时间等于改变反射空间的大小。

4）能反映音源的动感特性，通过回声能反映出发声体是否在运动，运动速度是快还是慢。

5）使声音变得层次分明、自然柔和、多姿多彩、余音缭绕、经久回荡。

延时器主要创作时间间隔大于 50ms 的反射声效果，也就是各种环境下的回声（Echo）效果。改变反射音频谱等于改变反射环境，改变延时时间间隔等于改变反射空间的大小，它在影视声音创作上起着重要作用，是录音师常用的设备。

数字延时器的工作原理框图如图 8-10 所示。

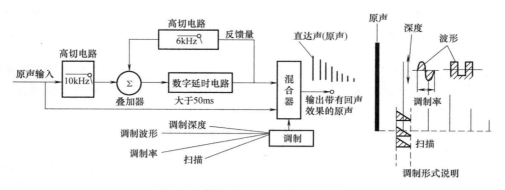

图 8-10　数字延时器的工作原理框图

输入的声音信号先经过高切电路（低通滤波器），按 12dB/倍频程切去 10kHz 以上的频率成分，模拟反射声中高频成分丢失，使反射声模糊。叠加器用于产生回声串，数字延时电路用于反射空间大小的调节。经延时后的输出信号一方面送入混合器与直达声混合，另一方面引入负反馈支路，通过反馈量调节和极性变化，改变回声层次。反馈支路上的高切电路按 6dB/倍频程的斜率切去 6kHz 以上的频率成分，然后将输出信号送入叠加器，并经过数字延时电路后送入混合器，另一方面又进入负反馈支路，如此形成回声串，在混合器里与直达声混合，于是从混合器输出的便是带有回声效果的原声。为了模拟各种环境下的回声，在回声串里加入甚低频调制，通过调制深度、调制波形、调制率的改变，产生出不同环境下的回声。为了反映复杂环境里的回声，对延时时间作扫描处理，使延时时间有一定的起伏变化。

数字延时电路是通过模/数（A/D）、数/模（D/A）转换方式实现的。即先将模拟音频信号通过 A/D 转换器转换成数字信号，存储在数字移位寄存器中，直到获得所希望的延时时间后，再取出数字信号，然后通过 D/A 转换器还原成模拟音频信号输出。此时的模拟信号就是原信号的延时信号。其原理框图如图 8-11 所示。

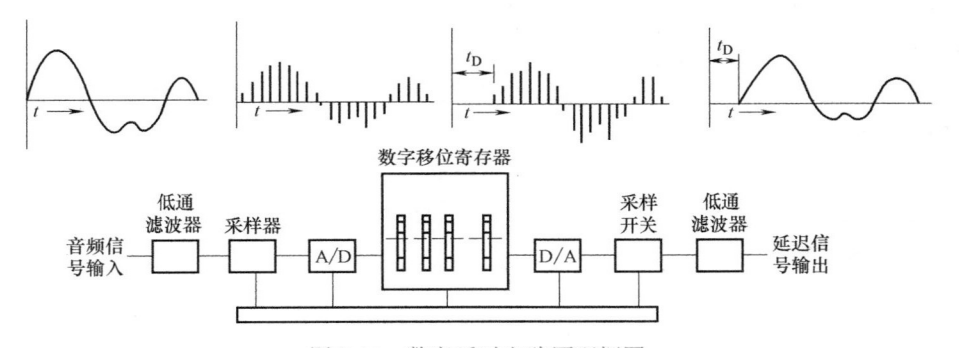

图 8-11　数字延时电路原理框图

图中，输入端的低通滤波器用来限制信号中的高频分量，以防止采样过程中的混叠效应。由 A/D 转换器输出的每一个数字信号依次进入长度与所需延时时间相当的串联移位寄存器中，这些移位寄存器使每个数字信号在采样时间间隔内移到下一级，直到经过所希望的延时时间。然后把信号从寄存器中取出并经 D/A 转换和低通滤波器平滑，还原为模拟信号送出。

2. 延时器的创作效果

延时器的创作效果可分为两大类，一类是长延时效果，这是主要的效果；另一类是短延时效果，这是次要的效果。

长延时效果主要有如下 8 种：

（1）Slap Echo（拍打回声）效果

其特点是回声短而且有力，保留了少量高频成分，中低频成分较多，反映了硬质表面的反射。适用于打击乐处理，处理后的声音厚实、饱满、清脆、透亮。

（2）Ambient Echo（环境回声）效果

其特点是具有浓厚的环境色彩，声音自然柔和，延时时间较短，所占比例小（10%）。适合处理弹拨乐和吹奏乐，处理后的声音悠扬高亢、耐人回味。

（3）Multi-Echo（多重回声）效果

其特点是回声层次多，延时时间长，所占比例大（20%以上）。适用于影视画面特写镜头中的声音创作与处理。

（4）Static Doubling（静态双声）效果

其特点是好像两个声部发声，又叫镶边声，声音自然柔和并且饱满。适合于二重奏的创作，可以将某种器乐的独奏创作成该器乐的二重奏。

（5）Dynamic Doubling（动态双声）效果

其特点是在静态双声基础上增加了动感，适合于二重唱的创作，将声乐单唱创作出声乐的二重唱。例如，男声独唱能通过这种效果处理形成男声二重唱，也可通过这种效果处理将女声独唱创作成女声二重唱。

（6）Long Echo（长回声）效果

其特点是延时时间长短能充分反映空间大小。适合于影视画面的画外空间扩展，画面难以表达的空间大小，能通过声音表现出来。

（7）Canon（卡侬）效果

这是人工创作的效果声，延时时间越长，重复的音节越多，反馈量越大，重复的次数越多。适合于广告声音创作，为品牌商品增加听音效果。

（8）Pitch Bending（变调）效果

其特点是使音调自然地上、下变动，利用了物理上的多普勒效应，使电子乐产生变奏效果，适用于新型电子乐创作。

由于有关的延时参数例如延时时间、延时声极性、反馈量、混合比例、反馈极性、调制深度、调制波形、调制速度、扫描大小等不同，便出现不同的长延时效果声。

短延时效果有如下三种：

（1）Flange（法兰）效果

法兰效果也称镶边效果。这种效果声是让声音信号通过具有梳状滤波特性的滤波器产生的。如果对移相效果中的延时时间进行调制，即让延时时间按照一定的规律变化，则梳状滤波器的频率特性将随调制信号规律而变化，峰点频率与谷点频率将在一定的范围内上、下变化。仔细选择延时时间及其变化规律，不仅可以使峰频间隔和谷频间隔等于音乐谐波的谱线间隔，还可以使某一瞬间奇次谐波增加约 6dB，偶次谐波衰减；而在稍后的另一瞬间，则奇次谐波衰减，偶次谐波增加约 6dB，如此往复循环，使音乐频谱结构不断变换，这种效果称为法兰效果。这是一种充满幻想色彩的效果声，音源不同，幻想色彩不同。根据不同的视觉环境，运用不同的音源，配有不同的法兰效果。它的声音离奇古怪，时而像山洞里的发声，时而像喷泉里的发声，中间还有模糊不清的交谈声，声音奇特、充满幻想色彩，适合在幻想环境里播放。

（2）简单的混响效果

将延时时间调至小于 50ms，这时便形成混响效果，原来的层次感变成延续感。

（3）Reinforcement（增声）效果

这是用于消除声音重叠现象的效果。在宽广的广场里扩声时，由于主扩声扬声器和辅助扩声扬声器的空间分布，造成声音重叠，出现听音不清的现象。为此，在辅助扩声的通道上串入延时效果器，使主扩声扬声器与辅助扩声扬声器在发声时有一定的延时，经过空间传播，到达听众耳朵的声音基本上同步，从而消除了声音重叠的现象。

当然还有其他短延时效果，如共振和弦效果及旋转扬声器效果等。

通常延时器只有一种操作方式，即参数方式，根据使用说明书上提供的各种效果的参数值，在延时器的面板上调节好，该类效果便会出现。延时器比混响器的操作方式少。

8.5.3 混响器

1. 混响的特点

混响是室内声音的一种自然现象。室内音源持续发声，当达到动态平衡时（室内被吸收的声能等于发射的声能时）关断音源，在室内仍留有余音，此现象被称为混响。混响是由于声波经界面（地面、墙面、顶面）多次反射，在某空间区域形成的声音延续现象，由直达声和反射声叠加而成。若没有声反射也就无混响可言，室内声的反射可分为：

（1）早期反射

早期反射也称轴向反射，经过一次反射便进入人耳的反射声，其幅度较大，对长方形的房间而言，多达 6 个早期反射声。它对声音的厚实产生影响。

（2）早中期反射

早中期反射也称切向反射，来自同一平面经过两次以上反射，才进入人耳的反射声，其幅度较早期反射声小。它的密度能反映空间大小，总体频谱结构及衰减特性与反射环境密切相关。

（3）后期反射

后期反射也叫倾斜向反射，来自各个反射面经过多次反射才进入人耳的反射声，其幅度更小、密度更高。

以上三种反射声组成了室内的混响，由于其相邻的反射声之间的时间间隔小于 50ms（50ms 为人耳区分两个声音的最小间隔，即人耳的时间分辨率），人耳区分不出到底有几种反射声，只觉得声音变得厚实、丰满、浑厚。

概括起来混响有如下特点：

1）与直达声分开，分开的时间间隔小于 50ms（人耳区分两个声音的临界阈），混响声较模糊。

2）与直达声结合，使声音具有延续感。

3）具有明显的环境特性。

4）反射声的密度能反映空间范围大小。

5）使原声变得浑厚、丰满、圆润、明亮、活泼。

2. 混响器的作用

混响器在音响系统中用来对信号实施混响处理，以模拟声场中的混响声效果，给发"干"的声音加"湿"，或者人为地增加混响时间，以弥补声场混响时间的不足。其作用有：

1）可以改变厅堂的混响时间，对较"干"的声音进行再加工，以增加空间感，提高音响系统的丰满度。

2）可以人为地制造一些特殊效果，如山谷、山洞的回声效果等。

3）通过调节混响声和直达声的比例，可以体现声音的远近感和深度感。

常用的混响器有机械式混响器（包括弹簧混响器、钢板混响器、箔式混响器和管式混响器等）、磁混响器、模拟电子混响器和数字混响器等四种。

机械式混响器由于功能比较单一，音质也不很理想，且存在因固有振动频率而引起的"染色失真"现象，因此目前很少使用。

模拟电子混响器以延时器为基础，通过对信号的延时而产生混响效果，它往往兼有延时和混响双重功能，混响时间连续可调，且功能较多，能模拟如大厅、俱乐部等多种声场，并能产生一些特殊效果，使用也十分方便。特别是以数字延时器为核心部件的数字混响器，具有频率范围宽、混响特性好、信噪比高、调节方便等优点，因此被广泛应用于专业音响系统中。

3. 数字混响器的工作原理

在室内形成的直达声、早期反射声和混响声中，除直达声外，早期反射声和混响声都经过了延时，而混响声的延时时间最长，并且是逐渐衰落的。为了模拟室内的音响效果，就需要产生上述不同的延时声，特别是混响声。因此首先要对主声信号进行不同的延时，然后将各信号进行混合，从而模拟出室内的音响效果。图 8-12 即为以数字延时器为基础的数字混响器原理图。

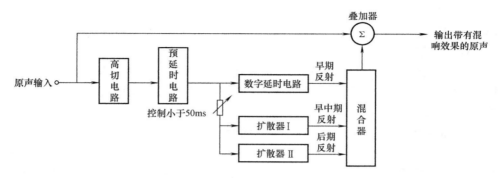

图 8-12　数字混响器的工作原理

原声输入先进入高切电路，切去原声中的高频成分，模仿反射声中高频成分丢失，使反射声模糊。然后经过预延时电路进行处理，一般预延时时间控制在 50ms 之内，使直达声与反射声之间的时间间隔小于 50ms。从预延时电路送出的信号分成三部分，数字延时电路产生早期反射声，扩散器 I 产生早中期反射声，扩散器 II 产生后期反射声，通过混合器产生出整体混响，然后与原声进行叠加，形成带有混响效果的原声。扩散器能模仿出各种环境下的反射音频谱结构（反射声中各种频率成分的强度分布）及其衰减特性（反射声随时间的衰减变化）。扩散器的输入信号幅度应比早期反射声小，所以加入可调音量的电位器，扩散器里采用了延时电路，其延时时间有所不同，从混合器送出的是各种环境下的混响。

从图 8-12 中可以看到，延时器起着非常重要的作用。经过较短延时的信号取出后作早期反射声。它通常与主声间隔小于 50ms。从经过多次不同延时的信号取出一部分混合成初始混响声（有时人们进一步把早期反射声和混响声之间的部分叫作初始混响声），它实际是声音的中期反射声，使声音有纵深感。将初始混响信号再经混响处理后就形成混响信号。这里的混响处理主要还是起延时作用。它将初始混响再进行适当延时，同时模拟混响声的衰落（即混响的持续时间）以及多次反射的高频丢失现象，由于低频信号有绕射现象，所以混响声中低频成分要多一些。混响声也可看成是声音的后期反射声，它使声音有浑厚感。最后将直达声、早期反射声、初始混响及混响信号混合，作为数字混响器的输出，这样就产生了模拟闭室声响的效果。也就是说，经数字混响器处理后，产生的混响声具有闭室混响声的特点：

1）混响声与主声分开，时间间隔在 50ms 以内，且逐渐衰落，余音弱而且模糊。

2）混响声与主声结合后产生延续感。

3）混响声能产生明显的空间纵深感和声场环境感。

4）混响声在主声之后，使声音变得丰满、圆润、浑厚、活泼。

4. 混响器的创作效果

一般的混响器能创作出四大类自然混响效果。

（1）Hall（厅堂）混响效果

该效果模拟各种大、中、小型音乐厅的空气吸声特性效果。它有相当低的初始回声密度，密度随时间增加逐渐建立，有心旷神怡的感觉。适用于古典音乐及其他需润色的音乐。

（2）Plate（板式）混响效果

该效果模拟各种金属板及木板的效果。具有较高的初始扩散和明亮度，有染色的金属声和明亮清脆的感觉。适用于人声、铜管乐器及流行音乐中的打击乐。

（3）Chamber（密室）混响效果

该效果模拟各类密闭室（包括地下室、车库、船舱）的声场效果。有较高的扩散和舒适感，适用于各种弦乐。

（4）Room（房间）混响效果

该效果模拟各种大、中、小型房间，木房及教室等效果。相当于厅堂效果有较高的扩散和流畅明快的感觉。适用于需附加上密度或声学空间感的声音。

另外，混响器还能创作出其他效果声以及非自然声，例如 Chorus（合唱）效果、Resonance Chords（共振和弦）效果、Multi-Band Rhythm（多重奏）效果、Flange（法兰）效果、Inverse Rev（逆式）混响效果、Gate Rev（选通）混响效果、Stereo Echo（立体回声）效果、Multi-Tap（多轨磁带）放音效果等。由于世界上生产混响器的厂家在电路设计上有差异，各个混响器创作出的效果并不完全相同，甚至同一厂家生产的不同系列的混响器在创作效果方面也不同。但是，通常混响器都应包含上面四大类自然混响效果。

5. 混响器的各项参数

（1）预延迟时间（Predelay）

在混响效果器的众多参数中，预延迟时间是一个比较重要的参数。所谓的预延迟时间，指的是到达人耳的直达声和第一次反射声之间的时间间隔。

在不同的混响类型中，预延迟时间的值都是有一个范围的。房间混响的预延迟时间范围在 10～30ms，厅堂混响的预延迟时间范围在 30～100ms，而板式混响的预延迟时间范围在 10～100ms。空间越大，反射声传播的距离就越长，预延迟时间就越长。

（2）混响时间（Reverb Time）

除预延迟时间之外，混响时间是另外一个极为重要的参数。所谓的混响时间，指的就是混响持续的时间。

房间、厅堂和板式三种不同类型的混响有不同的混响时间的取值范围。其中，房间混响的混响时间范围在 0.3～1s，厅堂混响的混响时间范围在 1.5～4s，板式混响没有特别明确的混响时间范围，但一般都应该小于厅堂混响的混响时间。

（3）建立时间（Build Up）

建立时间相当于压缩器中的启动时间（Attack），指的是混响达到最大强度所需的时间。一般来说，空间越大，建立时间就越长。现实生活中这个值不可能为零，但在混响效果器中这个值可以设置为零，也就是说一开始混响的强度就直接达到了最大值。

（4）空间大小（Size）

空间大小与混响器的混响类型有关。空间大小设置得较小时，混响类型偏向于房间混响，较大时则偏向于厅堂混响。

（5）早期反射声/后期反射声之比（ER/Tail）

整个混响的声音是由早期反射声和后期反射声共同构成的。早期反射声与后期反射声之比的选值不同会对混响的音色产生一定的影响。

6. 混响器的操作方式

完备的混响器一般有三种操作方式。

（1）预置方式

厂家在生产混响器时，预先作好许多节目效果供用户使用，不必调节。它采用的是只读存储器（ROM），这种存储器只能读取其中效果，不能抹除，也不能存入其他效果。

（2）参数方式

混响器里的许多节目效果参数可以根据具体的放声环境或创作上的需要，自行修改、调节，以达到创作目的，各种效果的参数并不相同。

（3）存储方式

用户可以将自己创作的各类效果参数存储起来，待以后调用，内装随机存储器（RAM），可以随时存储，也可以抹除，有的甚至可以保护起来。有些档次较高的混响器还增设了磁卡扩展插口，用于存储更多效果。

具有上述三种操作方式的混响器，给调音人员提供了极大的方便。目前市场上供应的混响器多种多样，有的只有预置方式而没有可供调节的参数，这种混响器价格便宜，但很难满足不同环境的最佳混响效果要求。有的具有预置方式和参数方式两种操作方式，没有存储方式，像这种混响器使用起来也不方便，因为所调参数容易被改变，尤其对需要细调参数的效果，检查起来很麻烦。

近些年来，国外一些音响设备公司开发出一种多效果处理器。这种设备不仅有上述延时和混响功能，还能制造出许多自然和非自然的声音效果。而且它利用计算机技术，将编好的各种效果程序存储起来，使用时只需将所需效果调出即可。特别是高档次设备，还可根据需要调整原有的效果参数，即进行效果编程，并将其存储，以获得自己想要的效果，使用更加方便，很受音响师们的青睐，现代音响系统普遍采用这种设备进行效果处理。

8.6 听觉激励器

听觉激励器（简称激励器）是一种用于补偿音色的音频处理设备。它依据"心理声学"理论，在音频信号中加入特定的谐波（泛音）成分，以达到增加重放声音的透明度和细腻感的目的，从而获得更动听的效果。

8.6.1 听觉激励器的作用

听觉激励器的作用如下：

1）提高声音的清晰度，增强声音的表现力，使声音更加悦耳动听、更富有艺术感染力，降低在听音过程中产生的疲劳感。

2）加强声音的分离度，使立体声放音效果更佳，改善声音的定位和层次感，降低了立体声放音对音箱摆放位置的要求。

3）提高重放声音的音质，明显改善声音的高频特性，又不会降低信噪比。

4）对乐器的声音进行处理，可以强化乐器音色特征，使该乐器声部更加突出。

8.6.2 听觉激励器的工作原理

任何音响系统都会使用多种设备，每种设备都有一定的失真，且这些设备级联之后，积累的失真相当可观。当声音最终由扬声器重放出来时，会失掉不少频率成分，其中主要是中频和高频中丰富的谐波成分。它虽然对信号功率几乎没有影响，但人耳的感觉却大不一样。主观感觉是缺少现场感和真实感，缺少穿透力和清晰度，缺乏高频泛音和细腻感等。

尽管利用均衡器可以对某些频率进行补偿，但它只能提升原信号所包含的频率成分，而听觉激励器却可以结合原信号再生出新的谐波成分，创造出原音源中没有的高频泛音。可见，听觉激励器是基于这样一种设计思想的：在原来的音频信号中加入适当的谐波成分，改变音响效果中的泛音结构，以恢复自然、清晰的现场感和真实感。

听觉激励器的工作原理如图 8-13 所示。声音信号输入分为两路，一路经 R_0 直接送出；另一路通过激励电平的调节送到高通滤波器上，在高通滤波器上用调谐旋钮对原声信号中的剩余高频成分给予调谐放大，放大后的信号到达同步谐波信号发生器，使谐波信号发生器输出的高频成分在相位上和幅度上与原声信号相关，经混音比例调节后送到原声信号中去，从而使其在高音和泛音上得到补偿。与此同时，还增加了低音动态处理电路，对低音作了补偿，这种低音补偿是靠低音保持和低音流量控制获得的，从而使低音更加浑厚、丰满。

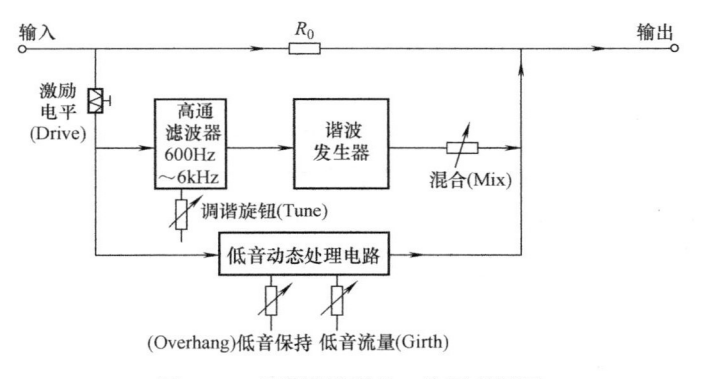

图 8-13　听觉激励器的工作原理框图

8.6.3　听觉激励器上的功能键及调试方法

本节以美国 Aphex 公司生产的 Aphex-C2 型激励器为例（它在歌舞厅里用得较多），介绍各功能键的作用和调试方法，其面板如图 8-14 所示。

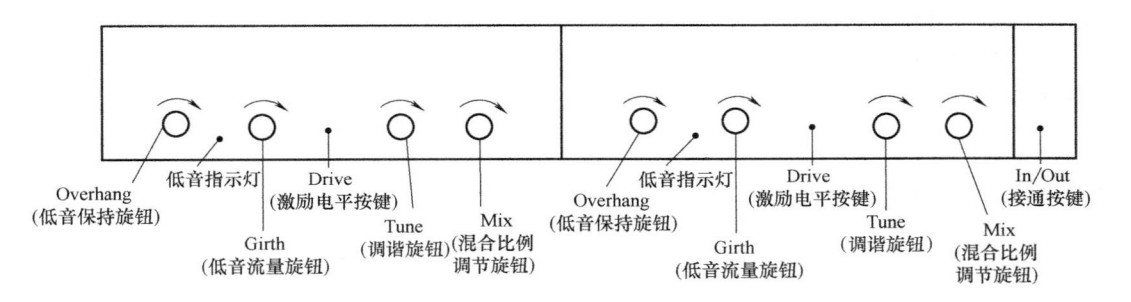

图 8-14　Aphex-C2 型激励器的面板图

1）In/Out：接通按键。按下状态，激励器处于工作状态；抬起状态，激励器处于旁路状态。

2）Drive：激励电平按键。此键弹出时为正常激励，按下时则为高电平激励。

3）Tune：调谐旋钮。用于调谐放大原声剩余高频成分的某一频率成分。

4）Mix：混合比例调节旋钮。调节高音和泛音的补偿大小。

5）Overhang：低音保持旋钮。调节低音的浑厚度。

6）Girth：低音流量旋钮。调节重低音加强效果的强弱。旁边有相应指示灯，指示预置流量的大小。

调试方法如下：

1）先关闭 Overhang 和 Girth 旋钮，以免在做高音和泛音补偿时，低音掩蔽高音。

2）按下 In/Out 按键，使激励器接入声音通道，并将 Tune 旋钮放在"12 点"位置。

3）从小到大调节 Mix 旋钮，边听边调，直到听见镶边声（二重声）为止。

4）再次调节 Tune 旋钮，使声音清晰、明亮。

5）将 Mix 旋钮调在稍低的位置，不出现镶边声。

6）打开 Girth 旋钮，调节 Overhang 旋钮，使低音浑厚又不浑浊。

7）调节 Girth 旋钮，使低音丰满动听。

8.6.4　听觉激励器的应用

在扩音系统中，听觉激励器通常是串接在扩音通道中的，一般接在功率放大器或电子分频器（如果使用的话）之前，其他信号处理设备之后，此时听觉激励器应按立体声设备使用，即其两个通道分别用作立体声的左/右声道。下面是听觉激励器在几个方面的应用。

1）在剧院、会场、广场、Disco 舞厅和歌厅等场合使用激励器可以提高声音的穿透力。虽然拥挤的人群有很强的吸音效果并产生很大的噪声，但激励器能帮助声音渗透到所有空间，并使歌声和讲话声更加清晰。

2）在现场扩音时使用听觉激励器，能使音响效果较均匀地分布到室内每一个角落。由于它可以扩大声响而不增加电平，所以十分适用于监听系统，可以听清楚自己的声音信号而不必担心回授问题。

3）有的演奏员、演唱者在演奏、演唱力度较大的段落时共鸣较好，泛音也较丰富。但在演奏（唱）力度较小的段落时就失去了共鸣，声音听起来单薄。这时通过调整激励器上的限幅器，使轻声时泛音增加；音量增大时，原来声音中泛音较丰富，因而在限幅器的作用下激励器不会输出更多的泛音。从而使音色比较一致，轻声的细节部分更显得清晰鲜明。

4）在流行歌曲演唱中使用激励器，可以突出主唱的效果，使歌词清晰，歌声明亮，又能保持乐队和伴唱的宏大声势。

5）一个没有经过专门训练的普通歌唱者，泛音不够丰富，利用激励器配合混响器，可以在音色方面增强丰满的泛音，使其具有良好的音色效果。

6）人对频率为 3~5kHz 段的声音最为敏感，而此段频率的声音对方向感和清晰度也最重要，使用激励器能产生声像展宽的效果。

7）现场录音时，在卡座前接入激励器，可以使音轨更加开放，空间感更强，各种乐器的音色更加清晰、突出，歌词更易听清楚，而且更具有真实感。此法用于磁带复制也具有非常好的效果，使复制带中的高频成分得到补充，复制出的磁带质量接近于原磁带。

当然，激励器也常用于乐曲制作等其他录音系统。

听觉激励器主要用来改善声音的音色结构，为其适当增加泛音，因此要求音响师要有音乐声学方面的知识，对音色结构有深刻理解，这样才能对激励器使用自如，否则就会适得其反，产生副作用。

拓展阅读：效果器有哪些连接方式？

8.7 调音台

调音台是调音控制台的简称，是录音、扩音、播音系统中使用的重要设备。在音频系统中，以调音台为中心，连接各种信号源设备和音频处理、输出设备，所以调音台被誉为专业音频系统的"心脏"。它可以接受多路不同阻抗、不同电平的输入音源信号，并对这些信号进行放大及处理，然后按不同的音量对信号进行混合、重新分配或编组，产生一路或多路输出（其中包括左右立体声输出、编组输出、混合输出、录音输出、监听输出以及各种辅助输出等）。通过调音台还可以对各路输入信号进行监听。

由于调音台在处理和加工声音方面具有强大的功能，因此在许多场合都得到了广泛应用。其中最为常见的应用场合是在音乐、影视制作的录音棚；电视台或无线电台的演播室；各种类型的歌舞厅、会议室、大众娱乐休闲室；礼堂、各种剧场以及体育实况转播；现场立体声制作及扩音；各种文艺演出、乐队演奏以及广告制作部门等。

8.7.1 调音台的基本功能

1. 信号电平放大及阻抗匹配

调音台作为音频系统的"心脏"，必须具备与其他音频设备方便连接的能力。调音台输入电平接口应满足不同设备（如传声器、电子乐器、电唱盘、卡座、CD 机等）输出灵敏度的配接，输入电路应具备电平调节的功能。通常，调音台的输入端有高电平（线路输入）和低电平（传声器输入）两个插口。线路输入的信号电平较高，通常可以无须放大直接送至后续电路进行音量平衡处理。低电平插口接受来自传声器等音源的微弱信号，经机内的前置放大器无失真地放大到额定电平，然后送到后续电路进行音量平衡处理。这种先将弱信号放大到足够的信号电平再进行电平调控的方式，有利于避免感应噪声，以保证最佳的信号信噪比。调音台的输入/输出与信号源、负载跨接，应具有良好的阻抗匹配，以保证信号高质量、高效率的传输。

若输入接口为平衡式卡侬口，可以直接连接专业低阻抗输出的传声器和电子乐器；若输入为平衡式高阻抗 6.25mm 三芯插口，可以连接平衡或非平衡的传声器和电子乐器，如采样器、合成器、鼓机等信号源。

2. 多路音频输入信号的混合与分配

调音台具有多个输入通道或输入端口，例如连接有线话筒的传声器（Mic）输入、连接有源音源设备的线路（Line）输入、连接信号处理设备的断点插入（Insert）和信号返回（Return）等。调音台将这些端口的输入信号进行技术上的加工和艺术上的处理后，混合成一路或多路输出。信号混合是调音台最基本的功能，从这个意义上讲，调音台又是一个"混音台"。

调音台通常都具有多个输出通道或输出端口。主要包括：单声道（Mono）输出，立体声（Stereo）主输出，监听（Monitor）、辅助（Aux）、编组（Group）输出等。调音台要将混合后的音频信号根据不同的要求分配给各电路或输出通道。例如，要检查各路信号是否符合要求，就要将信号分出，并馈送给"预听"（PFL）或"独奏"（Solo）电路。为保证信号分路输出后不影响主输出的音质，调音台中多采用低阻放大器和高阻输入端组成高阻分配电路。

3. 音量控制

由于调音台输入和输出都具有多个通道，因此需要对各通道信号进行音量控制，以达到音量平衡，这也是调音台的重要功能之一。在调音台中，音量控制器一般称作衰减器。现代调音台的衰减器通常采用线性推拉式电位器，俗称推子。

4. 频率均衡与滤波

由于录（扩）音环境（如建筑结构等）对不同频率成分吸收或反射的量不同，从而使传声器拾音或扩音系统放音出现"声缺陷"。有时，演员或乐器也可能因声部不同而对录（扩）音的要求各异，加之音响系统电声指标的不完善，影响节目的艺术效果，因此，调音台的每一个输入通道都设有均衡器或滤波器。均衡器用来补偿电声设备存在的或受拾音条件限制而造成的节目信号的频率损失；滤波器用来消除高、低频的噪声及有害的音频信号。此外，滤波器和均衡器还可以按照节目的内容要求，对声源的音色进行加工处理，创造特殊的音响效果。

5. 压缩与限幅

调音台输入音源的信号电平和动态范围各不相同，电声器件也会导致信号的非线性失真。因此，在调音台放大器电路上要采取相应措施，例如在线路放大器上采用扩展、压缩、限幅放大电路等。有些调音台还专门为了平衡动态范围而设置了"压缩/限幅器"（Compressor/Limiter）。现代音响设备中也有专门的压缩/限幅器、扩展器等设备供选择。

6. 声像定位

调音台各输入、输出通道都有一个用于声像方位（Panorama）选择的电位器，称为声像电位器或全景电位器。用它来调节信号在立体声左、右声道的立体声分配或制造立体声效果，使音源具有立体声方位感。

7. 信号传递

调音台的输出单元将混合的音频信号进行总音量调整，并按要求的电平和适当的阻抗及输出方式，将信号传递给录音机进行记录。也可将各输入单元的信号汇合到辅助输出母线上，然后经电平控制后输出，去激励延时器和混响器等设备。延时器和混响器返回的信号，可由专门设置的辅助输入通道，或输入单元的线路输入端输入，再与直接声相混合，以获得有人工延时和混响声效果的节目信号。

8. 信号显示

调音台上均设有音量表或数字化发光二极管指示光柱，以便调音师在监听的同时，可以通过视觉对信号电平进行监测。利用音量表或发光二极管的指示，并结合音量控制电位器的位置，以判断调音台内各部件是否正常工作。并可以观察按艺术要求对信号进行的动态压缩。

音量表一般采用准平均值音量表，即 VU 表，也有选用准峰值（PPM）表的。较高档的调音台还设有转换开关，可改变两种数值的显示。现代调音台，特别是高档产品，更多地使用数字化发光二极管指示光柱，使视觉监测更加方便。

9. 提供测试信号

为了检验音响系统的技术指标及工作状态，有些调音台内部设置了振荡组件作为测试音源，产生音频振荡信号供试机使用。一般调音台提供一个 1kHz 音源，高档调音台可提供 10kHz、1kHz、100Hz、50Hz 四个频率的音源，有些高档调音台甚至可以提供试机用的粉红噪声。

10. 通信与对讲

调音台上还专门设有一个通信传声器接口，可接入一个动圈式话筒，供音响操作人员与演出单位对讲使用。当开启调音台上的对讲开关时，除接通通信传声器外，同时将其他传声器从节目传送系统转接到通信对讲系统。

以上所述的各种基本功能，并非所有调音台都具备，而是根据调音台的档次不同及使用场合不同而定。例如，用于录音制作和剧院演出的大型专业调音台，其具备的功能较多，结构也较复杂，价格昂贵；而一般娱乐用调音台就相对简单一些。

8.7.2 调音台的分类

现在使用的调音台有多种类型，虽然它们的基本功能大致相同，但是根据信号处理方式及用途的不同，它们之间存在一定的差异，可作如下的分类。

1. 按信号处理方式分类

（1）模拟调音台

采用传统的模拟方式进行信号处理，通过台子上的旋钮、开关、推子，可直接调整输入的音频信号，技术成熟，成本低。

（2）采用数字控制的模拟调音台

输入音频信号的处理仍然采用模拟电路，但这些电路的控制部分实现了数字化，因此可实现调音台的小型化，而且可以记录和重现推子及调音台的几乎所有信息。

（3）全数字调音台

其控制电路和信号处理电路全部实现了数字化。调音台内的音频信号是数字化信号，可以方便地实现全自动化，总谐波失真和等效输入噪声均很低。常用于要求高的音响系统。

2. 按用途分类

（1）录音调音台

录音调音台是档次最高的调音台，具有极高的技术指标和丰富的功能，主要应用于电台、电视台、电影制片厂、唱片公司的录音棚的录音制作系统，进行高质量的多轨音乐节目录制。录音调音台的设计思想为，将一首乐曲的各声部，先分别录制在多轨录音机的不同音轨上，然后再进行缩混，以保证在缩混时可以通过反复试听，找出其最佳的响度平衡、声像定位及各种特殊效果的应用方案。

（2）扩音调音台

扩音调音台将各音源经合适的响度平衡、频率补偿、效果配置及声像定位等方面的调整后，混成一组立体声信号，送入功放进行扩音，一般用于舞台表演或广播发送等场合。较高档的扩音调音台也可用于录音棚。为了使演奏人员能监听到自己的演奏效果，扩音调音台一般都设置有单独的舞台监听系统。

就扩音调音台而言，按其功能和结构不同又可分为普通调音台、编组输出调音台、带混响和功放的调音台。普通调音台结构比较简单，通常只有立体声主输出、单声道输出和辅助输出等，均衡器段数也较少；编组输出调音台的结构相对较复杂，除具有上述输出外，还带有四个以上的编组输出或矩阵输出等，均衡器段数也较多且具有扫频功能；带混响和（或）功放的调音台一般是在普通调音台的基础上增加了混响器和（或）音频功率放大器，是一种混响和（或）功放一体化调音台。

迪斯科调音台（DJ 调音台）是一种专用的小型扩音调音台。

8.7.3 调音台的基本构成

调音台的种类不少，但从基本结构来看，各种调音台都是由三部分组成，即输入部分、母线部分和输出部分。通过母线部分把输入部分与输出部分联系起来。输入部分是由多个通道组成的，各种声音信号先进入输入部分，经过加工处理后送往不同的母线进行各种混合，混合后的声音信号通过输出部分放大或再混合、电平控制，再由输出端口送出，如图 8-16 所示。

调音台各单元组件均采用接插件式。信号通过插座与母线相接，而母线多制作在印制电路板上。新型调音台还采用无屏蔽扁平电缆，通过隔离电阻和面板的分配器与输入组件接通，可任意组合调音台的输入通道。各种功能的控制器（即各功能键钮）及接线端口都牢固地安装在面板上，操作轻便，易于观察和调整，并可通过接插件和电缆方便地与其他设备连接。

调音台的输入部分由 7 个组件构成：输入通道插口、放大组件、参量均衡器、辅助旋钮、声像调节旋钮、衰减（推子）、分配按键等。在这 7 个组件中，除声像调节旋钮和衰减（推子）组件外，其他组件依据调音台的类型不同而简繁不一。调音台输入通道的功能键安排如图 8-15 所示。

1. 输入部分

（1）输入通道插口

调音台输入通道插口一般有以下 3 种：

1）卡侬插口：是一种阴型三孔插口，每一端都有标记号即 1、2、3，以此来代表 1 端、2 端、3 端。2 端称热端 Hot（或高端），3 端称冷端 Cold（或称低端），这两端用于声音信号的传输。1 端为接地端，与机器外壳和屏蔽线相连。这是一种平衡传输插口，因为 2、3 端相对于 1 端的阻抗相同，并且属于低阻抗输入 Low-Z，所以抗干扰性强、噪声低，多数用于连接有线传声器。有些调音台上这种插口的标记为 "Mic." 意为传声器输入插口。

2）线路输入插口（Line）：这是一种大三芯插口，可使用

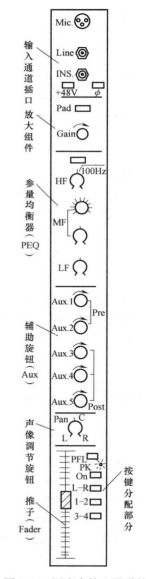

图 8-15　调音台输入通道的功能键安排

大三芯插头作平衡输入，其中芯（Tip）为热端，环（Ring）为冷端，套筒（Sleeve）为接地端。热、冷端接有大阻值的电阻（如 36kΩ），所以它们是高阻输入端 Hi-Z。也可以采用大二芯插头作非平衡输入，其中芯（Tip）为热端，套筒（Sleeve）为冷端。除传声器外，其他声音信号都由此插口进入调音台。

3）插入插口 INS.（Insert）：这是一种大三芯插口，也称又出又进插口（Send/Ret.）。这是一种特殊插口，进入调音台的声音信号经前置放大之后，由大三芯与套筒地线引出，给其他外部设备处理（放大、均衡、压缩等处理），然后，由此插口的环与套筒将处理的声音信号送回调音台。

有些调音台还有直接输出插口（Direct），有此插口的调音台多为实况转播用调音台，这是一种输出插口，可以从调音台的前置放大器之后输出，也可以在该路参量均衡器后输出，还可以是经过该路推子之后输出。

有些调音台还设有磁带信号输入的莲花插座，用于卡座（录音机）的信号输入。调音台的每一通道只能进一个音源，如果该路用了传声器插口，则线路输入插口便空着，否则两音源之间可能互相干扰、阻抗不匹配，造成声音失真。若在这部分装上了传声器输入和线路输入的切换开关，则允许接入两个音源，通过切换开关进入该路音源信号还是一种音源信号。另外，有些调音台在这部分装有+48V 按键，按这个按键可以给电容式传声器提供工作电压（幻象电源）。还有的调音台装有 ϕ 按键，它是倒相键，按下它可以将输入的声音信号倒相 180°。

（2）放大组件

调音台输入通道的放大组件中通常有两个功能键，它们是定值衰减按键（Pad）和增益调节旋钮（Gain）。

1）定值衰减按键（Pad）：按下它，可以将输入信号衰减 20dB（相当于 10 倍），有少量调音台的定值衰减为 30dB（32 倍）。

2）增益调节旋钮（Gain）：调节输入信号的放大量，放大量的范围为 10~60dB。

由于各种音源信号进入调音台大小不一，有的相差甚远，例如，传声器的输出信号幅度一般为 150mV，而 CD 机的输出信号幅度为 2~3V，为了让调音台的每一输入通道推子能直观地反映比例大小，就得要求进入各输入通道的信号大小基本一致。利用这两个功能键，使输入信号为大信号时，先衰减后放大，输入信号为小信号时，则不衰减而直接放大。

（3）参量均衡器

调音台的每个输入通道都配有均衡器，这种均衡器属于参量均衡器，起音质补偿和艺术加工处理的作用。当声音不清晰、不透彻、不明亮、没有活力、不丰满、不浑厚时，都可以通过有关的功能键进行补偿。还可以按主观上的需要及对听音的要求去加工声音，使之更富有艺术感染力。

扩音调音台的参量均衡器功能键的安排如图 8-15 所示。其中分为 3 个音频段，第 1 个旋钮为高频段（10~20kHz）的提（升）衰（减）量调节；第 2 个旋钮为中频段（150Hz~5kHz）中心频率调节；第 3 个旋钮为中频段中心频率的提（升）衰（减）量调节；第 4 个旋钮为 20~150Hz 的低频段提（升）衰（减）量调节。

有些音质补偿精细的高档调音台（如录音调音台和音乐调音台）的参量均衡器通常分为 4 个音频段，即高、中高、中低、低频段。每个频段都有不同的中心频率调节，相应于中心频率点的提（升）衰（减）量调节，以及品质因数 Q 值的调节。

（4）辅助旋钮

调音台输入通道辅助旋钮的数量有多有少，多的有十几个，少的只有两个，调节它等于调节该路声音信号送往相应辅助母线上的大小。有多少个辅助旋钮便知道调音台内部有多少根辅助用线。

有些辅助旋钮旁边还标有"Pre"（之前）和"Post"（之后），表示辅助旋钮的声音信号取自该路推子之前还是推子之后。若是"Pre"，则该辅助旋钮调节不受该路推子的影响；若是"Post"，则该辅助旋钮调节受该路推子的影响。

有的调音台输入通道上没有辅助旋钮（Aux.），而是 Effect（或 Rev、Fx）、Monitor、Foldback 旋钮，尤其老式调音台基本上是这些旋钮。Effect（或 Rev、Fx）旋钮是指该路声音信号送往效果母线大小的旋钮。调节 Monitor 旋钮是调节该路声音信号送往监听母线的大小，调节 Foldback 旋钮是调节该路声音信号送往返送母线的大小。其实这些部件内部连接是完全相同的，所以有些生产调音台的厂家用辅助旋钮"Aux. 1""Aux. 2"等代替它们，让调音师更灵活地掌握这些母线上的混合及其输出的应用。

（5）声像调节旋钮

调音台输入通道上的 Pan 旋钮称为声像调节旋钮，是用来调节该路音源左右分部的旋钮，若放在中心（C）位置，等于把该路音源放在听音范围的中央。如果左右声道输出送往左右声道的音箱放声，此时左右音箱音量相同，听音者感觉音源发声来自正中央。若把 Pan 旋钮放在左边（L），等于把该路音源放在听音范围的最左边。此时左音箱有声而右音箱无声，听音者感觉音源在自己的左边。若把 Pan 旋钮调在右边（R），等于把该路音源放在听音范围的最右边，此时左音箱无声，右音箱有声，听音者感觉音源在自己的右边。当然，还可以把 Pan 旋钮调在中间偏左或中间偏右的任何位置。

（6）推子

调音台输入通道上的推子的作用有两种：

1）调节该路声音信号送往有关母线的混合比例。若往上推，此路声音占的混合比例大，若往下拉，则占的混合比例小。

2）创作该路音源的远近深度分布。人耳听音时，若某声音大，感觉音源离听音者近；反之，则感觉音源离听音者远。

这一功能键与声像调节旋钮结合起来，便能将音源安排在某一空间的不同位置上发声。这两个功能键是调音台创作立体声输出功能键。

（7）分配按键

调音台输入通道的推子旁边通常安装有以下各种分配按键。

1）PFL 键：衰前监听键，PFL 为英文 Pre Fade Listen 的缩写。按下它，用耳机插入调音台上的耳机插孔 HeadPhone（HP）便能听见该路推子前（衰减器推子之前）的声音。

2）On 键：接通按钮。按下它，可以将输入的声音信号接入调音台。

3）L-R 键：左右声音信号分配键。按下它，可以将该路声音信号通过本路 Pan 旋钮调节后，送往左右声道母线。

4）编组 1-2 键：编组母线 1 和 2 分配键。按下它，可以将该路声音信号通过本路 Pan 旋钮调节后，送往编组母线 1 和 2。

5）编组 3-4 键：编组母线 3 和 4 分配键。按下它，可以将该路声音信号通过本路 Pan 旋钮调节后，送往编组母线 3 和 4。

6）Solo 键：独奏键。按下它，在调音台的输出端只出现这路声音信号。但是有些调音台把它当作衰前监听（PFL）键使用。

7）Mute 键：静音键。按下它，在调音台的输出端不出现这路声音信号。但是有些调音台把它当作接通（On）键使用。

8）Mix 键：混合键。其作用与 L-R 键相同。

9）Sub 1-2：分组键。其作用与编组 1-2 键相同。

10）Sub 3-4：分组键。其作用与编组 3-4 键相同。

2. 输出部分

调音台输出部分，除电源（包括幻象电源）之外，有主控输出（Master）（包括左右声道输出和编组输出）、辅助送出、监听输出、录音输出、混合单声输出、耳机监听、各种输出表头显示、对讲输入以及辅助返回、返回电平及声像调节等组件。如果是矩阵调音台，还有矩阵输出组件。

调音台输出部分功能键的安排一般都有如下规律：

1）有多少母线，就有多少输出插口，母线的数量完全可以从调音台的输入通道判断出来。例如，若有 5 个辅助旋钮，肯定就有 5 条辅助母线，若按键分配上有 L-R 按键（或混合键），一定就有左右声道母线。若有编组 1 和 2、编组 3 和 4 按键，一定就有 4 条编组母线。

2）每种输出插口一定装有旋钮或推子来控制其输出大小。

3）在控制输出大小的旋钮或推子旁边都装有监听键，是用推拉键控制输出大小的，多数是衰前监听键（PFL），用旋钮控制输出大小的，多数是衰后监听键（AFL）。

4）左右声道的输出之前或编组输出之前，多数都设置了 INS. 插孔，用于外部设备对输出的声音信号进行处理。

5）辅助返回（Aux. RET. 或 Aux. Return）的信号在进入有关母线之前，都安排有大小调节旋钮（Level）和声像调节旋钮（Pan）。

6）如果输出部分安排有对讲传声器（TB Mic.）和耳机插孔（HP），附近一定有大小调节旋钮（Level）。沿着以上的规律去找相应的功能键，输出部分功能键的作用便一目了然了。

8.7.4 调音台的信号流程

调音台具有多个输入通道和输出通道，而且它的基本功能之一就是要将多路输入信号混合后重新分配到各输出通道。因此，调音台的信号流程是多向的，如图 8-16 所示。

声音信号从传声器或线路输入插口进入调音台，经放大部分的定值衰减及增益放大后，进入参量均衡器（PEQ），从参量均衡器输出，送至推子，后接声像调节部分，由声像调节部分分出两路进入左右声道母线、编组母线 1 和 2、编组母线 3 和 4。在推子前后安排有辅助旋钮，有的在推子之前（Pre）引出声音信号经辅助旋钮送往相应的辅助母线，有的在推子后（Post）引出声音信号，经相应辅助旋钮送往相应的辅助母线。同时输入通道上的峰值指示灯是安装在推子之前，与推子推大推小无关。图中只画出了一路输入，调音台各路输入的流程完全相同。有的调音台的输入部分还有立体声输入通道，立体声输入通道的功能键比单声道输入通道的功能键简单，通道放大部分只保留一只按键，按下它则信号衰减 10dB，

PEQ 省略了中频段，辅助旋钮只保留一个，靠一只按键起两个辅助旋钮的作用，用平衡旋钮代替声像调节旋钮（Pan），用一个推子同时改变左右立体声混合比例。推子旁边的按键也有所简化，常用"弹出/按下"两种状态代替单一的功能按键。

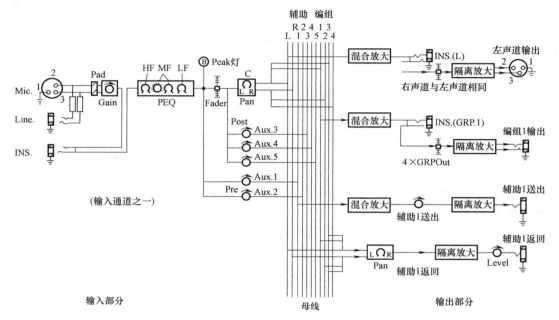

图 8-16　调音台的信号流程图

图 8-16 的右边为调音台的输出部分，各母线混合的声音信号送出去时，通常经过两级放大，即混合放大和隔离放大（或叫缓冲放大），改变输出信号大小的电位器都安排在两个放大器中间，隔离放大器的放大量很小，只有 1~2 倍，主要起隔离作用，使输出端的负载变动或短路时不影响前面母线上的混合信号。辅助返回可用于效果返回，也可接入其他采样声音信号或外部设备处理后的声音信号，送往左右声道母线或编组母线，进行叠加，再一起送出。

8.7.5　调音台的技术指标

作为音响系统的核心设备，调音台技术指标的好坏，直接影响着音质。不同的调音台，其产品说明书中可能会罗列多项指标，其主要技术指标有增益、频率响应、信噪比、非线性谐波失真、动态裕量、串音等。

1. 增益

通常，调音台不直接给出增益指标，而是通过输出电平和输入电平间接表示出来。增益定义为输出电压与输入电压之比值的对数值（dB），用 K 表示

$$K = 20\lg\frac{U_o}{U_i} \quad (\text{dB}) \tag{8-10}$$

调音台要有足够的增益，将传声器输出的低电平信号提高到放大器灵敏度电平，以保证放大器正常工作。调音台的增益是可调的，以满足各种传声器不同灵敏度的要求。当输入单

元置于最高灵敏度，分路和总路的衰减器留有一定裕量时，若输出达到额定电压，则此时的增益为额定增益。调音台的额定增益为 60~70dB 时，即可将最低灵敏度传声器的输出信号（约−70dBV）放大到功率放大电路的灵敏度电平（−10~0dBV）。较高档的调音台额定增益可达 80dB 以上。在线路输入时，调音台的增益通常为 0dB。

2. 频率响应

频率响应指在调音台的频率范围内输出电平的不均匀度，表明了调音台在均衡器和滤波器都不工作时对不同频率信号的放大性能。这项指标是在通道中所有均衡器和滤波器都不工作（即任何频段不提升也不衰减，滤波器断开不用）时进行测量所得的值。调音台的工作频率范围应能保证不小于传声器的工作频率范围，一般要求在 20Hz~20kHz，但也不宜太宽，否则会增加噪声能量，影响音质。调音台的频响不均匀度，在整个工作频率范围内约为±1dB。

3. 等效输入噪声和信噪比

调音台的输入通道一般都设有传声器输入和线路输入。衡量调音台噪声的大小，用传声器输入通道的等效输入噪声电平表示，即将输出端总的输出噪声电平折算到输入端时的电平值；对线路输入通道则用 0dB 增益时的信噪比表示，即

$$\text{等效输入噪声电平} = \text{输出端总的输出噪声电平} - \text{调音台增益(dBV)} \tag{8-11}$$

由于调音台噪声主要来自前置放大器，当它的增益一定时，噪声是恒定的。而调音台的音量衰减器是可调整的，这样测得的信噪比也就不一致。但是，输入端等效噪声电平却是不变的，这一指标能比较准确地表明"输入"前置放大器部件的噪声性能，故被采用。专业调音台的等效输入噪声电平通常在−126~−124dBV 以下。线路输入以信噪比表示其噪声指标，它是单独一路的输入/输出单元的质量指标，一般都在 80dB 以上。

4. 非线性谐波失真

非线性谐波失真指在额定输出电平时，在整个工作频率范围内的"总谐波失真"。专业调音台的非线性谐波失真一般应小于 0.1%。

5. 动态裕量

动态裕量也称电平储备量，指最大的不失真输出电平与额定输出电平之差，以 dB 表示。动态裕量越大，声音的自然度也就越好，不易出现峰值信号过荷失真的现象。通常，调音台的动态裕量至少应有 15~20dB，较高档的可在 20dB 以上。

6. 隔离度或串音

隔离度或串音指相邻通道之间的隔音度。串音越小（串音衰减越大），通道之间的隔离度越好。隔离度还与信号的频率有关，高频段的串音往往比中、低频严重。调音台相邻通道之间的隔离度一般要求在 60~70dB 以上。有些产品还标明母线之间的隔离度，它应比通道之间的隔离度更严格，一般应高于 70~80dB。

8.7.6 调音台使用中的注意事项

对于调音台的使用，不管简单复杂、高档低档，要充分发挥性能，必须掌握调音台的使用技巧并多积累调音经验。在使用调音台时需要注意以下几个方面。

1. 不要乱按按钮和乱调旋钮

调音台虽然有简有繁，路数（通道数）有多有少，在不熟悉该调音台或对现场系统接

法及使用要求不了解的情况下，切忌乱按按钮和乱调旋钮。调音台作为音响系统的核心设备，在不同的系统中有不同的接法。在系统调试完毕时，相关旋钮已经处于工作状态，如果贸然乱按、乱调，势必破坏了其工作状态，轻者会影响声音效果，重者可能造成无声、系统设备损坏。

2. 音质补偿

在调音台上进行音质补偿，首先要了解节目信号的声源特征，无论是语言、音乐，每种声音都具有独特的波形，它包含着不同频率随着时间变化的频谱，音质补偿就是运用均衡器与滤波器，调整各中心频率增益来改变声音的音质。调音台大多是三段式均衡器，即高频 12kHz，低频 80Hz，中频 200~7000Hz。一般低频段提升会使其音色浑厚有力，低频段衰减则音色单薄不够丰满；中频段提升则音色明亮，衰减则声音暗淡；高频段提升则音色透明且有色彩感。音质补偿时要遵循下述原则。

1）由于 800Hz 频段极易使音响产生狭窄、嘈杂的感觉，而 150Hz 附近，又易产生令人讨厌的低频"嗡嗡"声，因而须避开这两个频段。

2）声波引起的疲劳感有三个方面：一是 80Hz 附近频率所产生的听觉方面的疲劳感；二是 3400Hz 频率处所产生的听觉方面的疲劳感；三是 6800Hz 频率处所产生的音感方面的疲劳感。由于上述频段对音乐的表现比较重要，所以不能只是将其简单地衰减掉。

80Hz 附近的频段可产生震撼性的强刺激作用，所以可用它在节奏音响中创造出极强的动感效果，但 80Hz 频段的声波在响度很大时，不会像其他频段那样能给人以不舒服的感觉。在相同响度的条件下，80Hz 的声场刺激作用并不比其他频段的作用强烈，这就使得此频段上的声场必须是在一定响度时，才能产生相应的声场刺激效应，进而使此频段易于产生疲劳感；所以在音乐编配当中，还应注意避免在此频段上使听众负担过重。从这方面考虑，尽量选用发音较为短促的低频打击音响，并注意持续音型的低音声部的响度不宜过大，这样可明显地减轻听者的疲劳感。

3400Hz 是营造明亮感的主要频段，其响度如果过大，人耳最难以容忍。然而为减轻听觉方面的疲劳感而衰减 3400Hz 频段，其明亮感会受到损失。为兼顾到两方面的要求，一般要突出音色比较柔和的乐器演奏 3400Hz 频段。

在大响度扩声场合当中，此频段适当衰减是必要的，但在节目制作或转播发送等场合，此频段则不宜衰减过量，以不低于 4dB 为宜。

6800Hz 对乐曲层次感和清澈感的影响比较明显，但其响度过大时，就会产生令人难以忍受的尖啸刺耳的声响。因此，此频段上的乐器通常都处理成有一定纵深感或空间感的效果，并且其响度也不宜太高。

3）12kHz 以上的频段一般可在音感效果上给人以清新、宜人的声场刺激作用，并且由于其听觉敏感度较低，因而其频响可提升很高的量。

3. 音量调整与音量平衡

音量调整主要是控制声音信号的动态范围及各路信号间的比例关系，音量调整必须结合音质补偿同时进行，因为音量与频率是分不开的。因此，在调音之前对声源的动态电平、频率特性及各信号间的比例关系等都要非常熟悉，而且需要反复试听，同时还要考虑未来的重放环境和条件及所要获得的放音效果。

（1）音量调整

各种声源的动态范围大小不一，交响乐队可有 100dB 的动态范围，而语言的动态范围约 40dB。这些动态范围必须通过音量调整，把它控制在录放系统及载体动态范围之内，如录音、扩声或播音，上限受到满负荷电平的限制，下限受噪声的限制，一般录音载体最多有 60dB 的动态范围，下限要高出噪声 6dB 以上，上限要留有 6dB 的裕量，中间可用的只有 40dB 左右。

（2）音量平衡

音量平衡就是调整声音信号的比例关系，音量平衡具有两方面内容，一是技术要求，二是艺术需要。节目信号电平从技术上讲是很重要的，必须使它保持在技术规定范围之内，并保持各种信号的音量平衡，所以用仪表来指示。但任何一种表也指示不出听感所做出的艺术评价。声音的艺术效果与音量平衡有很大关系，比如体育比赛的现场直播节目，如果把现场观众声音调得很大，那么解说员的声音就听不清楚，同样音乐节目也是如此。所以既要保证声音的协调平衡，又要重点突出，协调就是指各个声音之间的音量不要相差悬殊，要融为一体，给人一种和谐的美；重点突出就是要让一种声音比其他的声音高 3~6dB，给人一种重点突出、层次分明的感觉。

4. 声像调整

调音台的每一个输入通道中，设置了声像调整的 Pan 旋钮，并标注了 L 或 R，这个旋钮的作用是旋到 L 位置时，表示此通道的信号全部传输了 L 路输出；同理，旋到 R 时，表示此通道的信号全部传输给了 R 路输出；当处于中间位置时，表示此通道信号 L、R 路均有输出。按一般扩声要求，话筒等不强调声像位置时，Pan 旋钮处于中间位置，作为立体声信号输入（如 DVD、卡座等）且系统是两路扩声输出形式时，如果是使用了两个输入通道，则一个通道的 Pan 旋钮处于 L，另一个通道的 Pan 旋钮处于 R，切忌盲目乱调。立体声输入通道则要把平衡旋钮置于中间。

5. 辅助输出旋钮的调整

调音台的每一路输入都设置了辅助输出信号的调整旋钮 Aux，多的有 5、6 路，少的也有 3、4 路。这些旋钮要根据调音台最终使用辅助通道的情况来确定其所处不同位置，切忌不管使用与否，要么处于关闭位置"0"，要么处于中间位置（人们习惯于把不知道使用情况的旋钮置于中间位置）。其实调音台的使用是非常灵活的，不同的系统、不同的使用场合有不同的用法，对辅助通道也是一样，有的接辅助音箱输出，有的接效果处理器输入，有的给其他设备作为信号输入，不可贸然置于"关"的位置或处于中间位置。这里要特别注意辅助输出通道接效果处理器的问题，效果处理器主要是给人声增加效果的。播放音乐时，是不用施加效果的，加了只能破坏音乐的效果，降低还原清晰度。这就要求根据效果处理器的接法确定，哪些辅助通道的旋钮要开启，哪些辅助通道的旋钮要关闭，并且要与第几路辅助输出相对应。

6. 分路音量推子与主输出音量推子的配合

分路音量推子与主输出音量推子都可以控制调音台输出的大小，但怎样使用是有讲究的。调整分路音量推子时，要打开该路的输出 VU 表，在使分路音量推子处于 0dB 位置时，调整该路的增益选择钮及增益调整钮，使监听状态的 VU 表或发光二极管处于 0dB（如为发光二极管显示时，黄灯亮的区域）。各路基本一致，然后根据现场扩声的要求，调整主输出音量推子至合适状态，切忌随便一推了事，这样对信号的动态范围压缩最小、信噪比最高。

7. 及时关闭不用的各路音量推子

每一分路的音量推子都对应着该路的输入信号。当本路不用时，即讲话结束或音乐信号停止后，应及时关闭该路的音量推子，以免拾取无用的声音，经调音台馈送给扩声系统。这方面是调音的需要。因为不及时关闭音量推子，把周边的各种干扰声不加选择的播放出去，影响了扩声质量；同时由于话筒在讲话人不使用时，往往被推离讲话者，其使用角度发生变化，极易产生声音回授，出现啸叫。因此，应养成及时关闭不用的调音台输入通路的音量推子的习惯。

8. 不要乱打开幻象电源开关

调音台上一般均设置了幻象电源，这主要是在使用电容话筒时，需要施加极化电压。

幻象电源一般由总开关及分路开关控制，按下打开，再按一下关闭。其电压为 48V，也有 15V 或连续可调的。根据电容话筒的使用要求选择。幻象电源的施加方法是直接通过话筒连接线加到电容话筒上。正因为这个原因，只能在使用电容话筒且为平衡接法时，才可以将幻象电源打开，其他情况下均应确认处于关闭状态。否则会造成话筒无声或幻象电源供电故障。

通过上述对调音台使用 8 个方面注意事项的介绍，帮助大家掌握调音台的基本使用方法。一台调音台不论路数的多少及辅助功能的强弱，在使用的原则上是一致的，因此知道了上面 8 个方面的注意事项，才能使调音台发挥更多的作用。

8.7.7 调音台与效果处理器的连接方式

在实际使用中，调音台与效果处理器通常有以下三种典型的连接方式。

（1）插入法

利用调音台的 INS.（Insert，插入）端口，将效果器接入系统中。效果器可插到话筒通道的 INS. 端口，也可插到话筒通道编组后的那个编组通道的 INS. 端口（此时效果器对该编组的各话筒均起作用）。在这种接法中，可使用效果器中的 Mix（混合）来调节直达声和混响声的比例。

（2）输入输出法

从调音台的 Aux/After Fader（推子后的辅助输出）端口送出放大的话筒信号至效果器的输入端，再将效果器的输出信号送到调音台的 Effect Return（效果返回）输入端或 Stero In（立体声输入端），用调音台的推子（Fader）和效果器的输出电平调节电位器来调整直达声和混响声的比例，效果器的 Mix（混合）功能键置于最大位置。输入输出法有单输入单输出、单输入双输出和双输入双输出三种连接方法，以双输入双输出的效果最佳，有明显的空间感，因此在实际应用中最为常见。

（3）声源效果连接法

为加强电子乐器和鼓机（电子节拍机）等声源的特殊效果，可把这些声源直接输入效果器，经它处理后再送至调音台通道的线路输入（Line）端口。

8.7.8 数字调音台

数字调音台的各项功能单元基本上与普通模拟调音台一样，并依照传统调音台的使用习惯设置面板，不同的只是数字调音台内的音频信号是数字化信号。所有音源信号进入调音台后，首先经由 A/D 转换器转换成数字信号；而输出母线上的信号送出调音台之前，由 D/A 转换器转换成模拟信号。数字调音台传声器输入仍然是模拟信号，所以，输入部分完全与模拟调音台相同。数字调音台的对讲系统、测试信号发生器以及演播室监听信号、控制室监听信号、节目信号、辅助信号等接口与模拟调音台大体上一致，不同的是数字调音台还有节目信号和辅助信号的数字信号输出、输入接口。

通常，数字调音台内置了均衡器、效果处理器、混响器以及压缩、扩展、压限器等周边设备的数字处理器，有多种操作菜单可供调用。由于数字信号在总谐波失真和等效输入噪声这两项性能指标上可以轻易地达到很高的水平，并且其所有功能单元的调整动作都可以方便地实现全自动化，因而数字调音台常被用于要求很高的系统上。数字调音台的主要特点如下。

1）操作过程的可存储性。数字调音台的所有操作指令都可存储，从而可在以后重复原来的操作方案。

2）信号的数字化处理。调音台内流动的是数字信号，可以方便地直接用于数字效果处理装置，而不必经过 D/A、A/D 的转换。

3）数字调音台的信噪比高、动态范围宽。普通的噪声干扰源对数字信号是不起作用的，因而数字调音台的信噪比和动态范围可以轻易地做到比模拟调音台大 10dB，各通道的隔离度可达 110dB。

4）每个通道都可方便地设置高质量的数字压限器和降噪扩展器，可用于对音源进行必要的技术处理。

5）数字通道的移位寄存器，可以给出足够的信号延迟时间，以便对各声部的节奏同步做出调整。

6）立体声的两个通道的联动调整十分方便。因为通道状态调整过程中，所有数据可以方便地从一个通道复制到另一个通道上。

7）数字调音台设有故障自动诊断功能。

下面以 Yamaha 02R96 为例说明其功能及其信号流程。图 8-17 为 Yamaha 02R96 数字调音台的面板示意图。

图 8-17　Yamaha 02R96 数字调音台

1. 输入通道部分

（1）输入模拟控制

① +48V 按键：给电容话筒提供幻象电压。

② A/B 选择键：弹出 A，接卡侬插头；按下 B，接大三芯插头。

③ Pad 键：定值衰减，按下此键，将输入信号衰减 20dB。

④ Gain 旋钮：调节输入信号放大量。

⑤ Peak 指示灯：发亮时指示输入信号太大，进入调音台后失真。

⑥ Signal 指示灯：指示输入信号。

模拟信号经过这些元件后，通过 A/D 转换进入数码状态，内设数字倒相、数字衰减、数字延迟和数字动态处理等单元电路。

（2）衰减电平控制

① 旋钮：控制磁带返回的大小。

② SEL（选择）键：选择输入通道。

③ On（接通）键：选择该通道打开。

④ Fader（推子）：输入通道衰减器。

⑤ Flip（交替）键：按下它，上面的旋钮、SEL 键、On 键与下面的推子、SEL 键、On 键互相对调。

2. 母线、控制以及显示部分

（1）显示接收

① 结构键：

- SceneMemory（场景记忆）键：用于场景的编辑、存储、调出。
- Digital I/O（数据输入/输出）键：用于设置字同步时钟的连接结构和时钟频率。
- Setup（设定）键：用于激励独奏监听及定义系统操作优先权。
- Utility（多功能）键：检查振荡器的设置、电池和通道状态。
- AutoMix（自动混音）键：用于激励调音自动化。
- Group（编组）键：用于输入通道推子编组和哑音编组。
- MIDI（电子乐器数字接口）：用于 MIDI 通道的设置和功能设置。
- Pair（配对）键：用于输入通道立体声配对。

② 混合键：

- φ/ATT（倒相/衰减）键：用于输入通道的倒相和电平调节。
- Delay（延迟）键：各通路的信号延迟，用于补偿信号传输产生的延迟。
- PAN（声像）键：调节各通道的声像。
- Routing（混合母线选择）键：用于输入进入混合母线的连接。
- Meter（表头指示）：用于各通道的电平指示。
- View（通道总览）键：用于所选通道所有调节参数指示。
- EQ（均衡）键：用于选择通道均衡特性曲线显示及调节。
- DynamICs（动态处理）键：用于通道的压、扩动态处理。

③ 辅助键：Aux.1～Aux.8，用于调节各通道辅助母线电平，其中 Aux.1～Aux.6 可用于外接效果或监听，Aux.7～Aux.8 则是两套内置效果母线。

（2）被选通道控制

① 输入母线选择：将所选通道编入 1～8 编组母线和立体声母线（ST）或第 1～16 路直接输出。

② 输入辅助母线选择：将所选通道编入辅助母线，（不能同时选两路辅助），同时配有辅助母线送出电平调节。接通其开关，便可进行。

③ 声像控制：右边旋钮为声像定位旋钮，旁边由发光二极管显示分布位置。左边为分配到编组母线 1~8 以及左右声道母线上的幅度值按键。当用于第 17~24 路时，必须用这些键单独调节，因其左右通道有独立的 Pan。

④ 均衡调节：EQ On 为接通均衡键，EQ 调节有四个频段和三滤波器。Low/HPF 键用于低频均衡或高通滤波；L-Mid 键用于中低频段均衡；H-Mid 键用于中高频段均衡；High/LPF 键用于同频段均衡或低通滤波。右上角旋钮用于对品质因素 Q 值进行调节，范围为 10~0.1，调节值由旁边三位数发光二极管显示出。右下角为增益调节旋钮，范围为 21Hz~20.1kHz，调节值由旁边三位数发光二极管显示出。右下角为增益调节旋钮，范围为-18~18dB，由旁边的三位发光二极管显示出。四个频段参数的调值范围虽一样，但在低、高频段上 Q 值调节可选峰值和架式两种均衡特性，增益旋钮则转成滤波器的开关。

（3） 参数选择和控制

① SceneMemory （场景记忆）：▲和▼键改变场景记忆页数。

② Store （存储）：将当前调音参数群存入场景存储器内。

③ Recall （呼叫）：调出场景存储器里的参数，并将其恢复到调音台上。

④ Cursor （游标）：用于液晶显示屏上的光标移动 （其作用如鼠标器）。

⑤ DataWheel （数据轮）：用于调变参数值。

⑥ Enter （回车）：用于确认输入的选项和参数。

（4） 显示部分

① SceneMemory （场景记忆）：用两位发光二极管显示数字。

② FaderStatus （推子状态）：用于显示输入推子状态。Aux. 灯及 2、3、4、5、6、7、8 灯表示该推子控制着进入辅助母线 1、2、3、4、5、6、7、8 的电平。

③ SelectedChannel （所选通道）：三个灯表示所选通道状态。MIC/Line 为话筒/线路输入状态，TapeRTN 为磁带返回状态，Output 为输出状态。

④ 液晶显示屏：用于调节控制参数以及各种图形显示。

⑤ 左、右声道主输出的电平显示。

⑥ Contrast （对比度）：用于液晶显示屏的对比度调节。

3. 监听与输出部分

- Solo （独奏监听）：监听总开关。它与各通道上的 On 键配合使用。
- ControlRoom （控制室） 按键：用于音控室声音控制。
- T/BLevel （对讲电平）：调节对讲音量。
- PhonesLevel （耳机电平）：调节耳机音量。
- StudioLevel （演播室电平）：调节演播室键组的电平。
- C-RLevel （控制室电平）：调节控制室键组的电平。
  2TR-D1┐
- 2TR-D2 │：2 轨磁带数字信息。
  2TR-D3┘

2TR-A1 ┐

●   │：2 轨磁带模拟信息。

2TR-A2 ┘

● Slate（记入）：将对讲话筒声记入磁带记录的起始端，以示识别。

● Mono（单声）：监听单声。

● Dim（Digital input mode）：数字输入模式。

4. 说明

1）日本 Yamaha 02R96 的模拟输出有：立体声输出、演播室监听输出、控制室监听输出和辅助输出。数字输出有：数字立体声输出、MIDI 输入输出和转接。

2）可对输入输出通道作动态处理，对声音信号的幅度进行技术处理，包括：压缩、扩展、噪声门等，用于改善声信号质量。

3）设置的辅助母线 7 和 8 作为内置效果处理，其内置效果跟常用效果机一样。

4）可以实现自动化调音操作，通过回车键和游标键组合进行。只要在显示接收部分按下 AutoMix 键，在液晶显示屏上选取自动混音主屏 AutomixMain 页面即可。

5）自动调音录放系统需要时间码，使场景录放与磁带录音机走带同步。本机支持 3 种时间码同步系统，即 SMPTE 码，MIDI 时间码（MTC）和内部时间码（INT）。

6）数字输入信道设有加重状态处理，对磁带录音机的录制有去预加重处理。

7）设有 MIDI 控制系统，对调音台进行遥控和数据信号的传输。MIDI 参数的设置有三种：MIDI 设置、MIDI 程序变化分配和 MIDI 数据处理。

8）若程序混乱，部分或全部操作功能失控，可进行初始化处理。按 Cursor 上的左键，然后开机，液晶显示屏给出一确认的信息对话框，用 Cursor 键选取 Execute（执行）项，按 Enter 键，即可完成。

8.8 小结

音频处理设备是现代音响系统中必不可少的重要组成部分，其作用是配合调音台对音频信号进行各种加工处理，以达到美化音色、提高音质、增强各种音响效果和保护后级设备的作用。音频处理设备包括频率处理设备、时间处理设备和信号动态处理设备。频率处理设备包括频率均衡器、激励器、反馈抑制器、滤波器等；时间处理设备用于对声源的音色和空间方位（直达声与反馈声、混响声的比例），以及声场的状况（体积、反馈条件等）进行逼真再现或模拟的声音效果，包括延时器和混响器等；信号动态处理设备是对音频信号的动态范围进行处理的专用设备，包括压缩器、限幅器、扩展器、噪声门和降噪器等。

本章主要讨论了图示均衡器、压缩/限幅器、数字延时器、多效果处理器和听觉激励器等扩音系统中常用的信号处理设备的原理及作用，并通过设备典型实例，介绍了它们的使用情况。

当然，音频处理设备只有使用正确、恰当，才能获得良好的效果。如果使用不当或过分滥用，反而会破坏原有节目的特色，甚至无法补救。例如，用均衡器适当提升人声的高音区，能使歌声更加明亮、清晰；但如果提升过度，则会使齿音过强而刺耳。与此类似，对乐曲动态范围的适当压缩，可以提高节目的平均电平，从而增加响度；但如果压缩过度，则会使乐曲的动态范围过窄，听起来平淡无味。

拓展阅读：如何调试现场扩声系统？

8.9 习题

1. 什么是音响？它与声音有什么关系？有哪些音响设备？

2. 信号动态处理的含义是什么？都有哪些动态处理设备？

3. 什么是压缩器的压缩门限、压缩比、启动时间、恢复时间？

4. 压限器的工作原理是什么？它在扩音系统中起什么作用？

5. 倍频程的概念有何实用意义？

6. 均衡器的工作原理是什么？在音质补偿中起什么作用？均衡器按用途区分，可分为哪几种？

7. 为什么图示均衡器的推拉键分布直观地反映了所做的频响补偿曲线？

8. 什么是声反馈？它是怎样产生的？声反馈抑制器的工作原理是什么？它在扩音系统中起什么作用？

9. 什么是激励器，它在音质补偿中起什么作用？其工作原理是什么？激励器在扩音系统中应该怎样连接？

10. 什么是混响？它是怎样形成的？混响有何特点？

11. 混响器的工作原理是什么？混响器能创作出什么效果？

12. 效果处理器分为几类？其主要处理的是哪些效果？

13. 延时器是一种什么效果处理器？它能产生哪些效果？

14. 数字延时器的工作原理是什么？

15. 什么是调音台？调音台由哪几部分组成？调音台的输入部分和输出部分分别由哪几个组件构成的？调音台常用于哪些场合？

16. 调音台与效果处理器的连接方式有哪几种？

17. 数字调音台有什么特点？数字调音台集成了哪些功能？

第 9 章　数字音频工作站

本章学习目标：
- 熟悉数字音频工作站的主要功能、构成及应用。
- 熟悉音频处理接口与计算机的连接方式、音频接口连接器的种类。
- 了解 AES/EBU（AES3）、S/PDIF、SPDIF-2、MADI、IEEE 1394、HDMI 等数字音频接口的工作原理及规范。
- 了解音频设备间的同步实现。

9.1　概述

广播节目制作是广播系统的一个重要环节，随着数字音频技术和计算机网络技术的应用，节目编辑制作的方法和手段发生了很大的变化。数字音频工作站（Digital Audio Workstation，DAW）是一种集数字音频处理技术、数字存储技术、计算机技术于一身的高效音频处理设备。它基于计算机的强大数据处理能力、以计算机硬盘为主要存储媒介、借用音频卡（声卡）或数字信号处理器（DSP），在软件的支持下实现声音录放、加工处理、非线性编辑及管理等节目制作功能。在节目制作中能够完成多音轨录音、混音、编辑、记录存储、调音、多种声音效果处理（频率均衡、动态压缩及时间效果处理）、MIDI 制作、监听、放音等功能。除这些基本功能之外，数字音频工作站具有良好的人机界面、音频信号波形显示，实现了节目制作的音频信号波形可视化。

自从 1989 年美国 Digidesign 公司推出了 Pro Tools 之后，数字音频工作站便登上了历史舞台。但在那时，数字音频工作站是一种十分昂贵的设备。这是因为那时的计算机处理速度很低，存储容量也很小。为了在计算机上从事多轨数字音频的录音和混音，像 Pro Tools 这类的数字音频工作站设备，不得不自带专门的 DSP 芯片、硬盘和内存。而近年来，由于计算机技术的迅猛发展，加上音频工作站软件技术（主要是信号处理算法）的成熟以及 24bit 数字音频格式的确立，各种性能优、功能齐的数字音频工作站纷纷面市。数字音频工作站的出现，改变了传统的录制与播出分离的模式，使录播一体化，即将节目录制、编辑、放音和播出控制融为一体，从而大大简化了录播系统。数字音频工作站目前已逐步应用到广播中心的广播节目制作、播出、管理以及系统控制的各个环节，具有节省人力物力、提高节目质量、实现节目资源共享、操作简单、编辑方便、播出及时安全等优点，已成为广播电台、电视台播控中心数字化、网络化的关键设备之一。

9.2　数字音频工作站的主要功能

简单地说，能够输入/输出音频信号并能对它进行加工处理的计算机都可以称为数字音频工作站。根据这个定义，目前的多媒体计算机都可以被称为数字音频工作站。但是，实际上的数字音频工作站应该是应用于专业领域的专业设备，因此从专业的角度来说，数字音频工作站是一种集计算机、多轨录音机、非线性编辑、调音台、效果器等功能为一体的数字音频录播设备，它的主要功能如下。

1. 具有专业要求的音质录入和播放声音

所谓的专业要求，从指标上说最低应该采用 16bit、44.1kHz 的音频格式，频响范围应该达到 20Hz～20kHz，而动态范围和信噪比都应该接近 90dB 或更高。但是，文字指标并不能说明一切，一切应该以实际听觉为主。一个最简单有效的评价方法就是找一张 CD 唱片，将它的音乐录入计算机，然后比较通过计算机播放和通过 CD 唱机播放的声音。如果通过计算机播放的声音在清晰度、动态响度、宽度和丰满程度等方面能够达到 CD 唱机的水平，那么该数字音频工作站才能在音质上符合专业要求。

2. 录音、放音与合成

数字音频工作站的录音、放音、合成与普通制作多音轨节目一样，能够同时播放至少 8 个音轨。但不同的是录放音时既能听到声音，同时还可看到 DAW 屏幕上描绘出的彩色信号波形，更直观、更有效，包括所有操作界面均可同屏显示，操作状态一目了然。

从屏幕上可见到精确到帧的声音波形，需要补录时，可根据显示器波形精确地选择入、出点。如果需要对某一段声音进行多种形式的录音，可以在同一时间、同一轨上进行无损伤的、多层次的录音，所有被记录下的音频段被自动编号、存储保留，为后期制作挑选最佳的声音资料提供了极大的余地。

3. 先进的音频剪辑功能

数字音频工作站对于录入的声音素材，应该能够进行删除、静音、复制、移位、拼接（带淡入淡出）、移调、伸缩等操作。而进行这类操作时，还应该能够做到准确、细致和快速，从而使编辑工作的质量和效率得到极大的提高。一般录音机是看不到声音的，若要剪辑就要来来回回、反反复复地往返进退磁带，凭耳朵的听力寻找剪辑点，这样既费事又费时，有时还不一定能找到最准确的剪接点，甚至破坏掉整个素材片段。而在 DAW 的屏幕上可以看到声音波形和位置，可以眼耳并用，直接地找到剪接点，而且有剪辑预听功能，即在剪接前就可预听到剪接后的效果，做到剪接点准确无误。

不论是录音还是剪辑，屏幕上都会显示某一片段的长度（小时、分、秒、帧），还会显示声音的波形，是单声道还是立体声，目前处理的是哪一音轨，是否在编辑时间码等，最终剪接点的电平会自动调整到位。它提高了编辑的制作效率，省时省力。

4. 数字效果处理

数字音频工作站通过数字处理器提供了许多数字信号处理手段，在 PC 控制下可实时完成调音、实时均衡、声音压扩、声像移动、电平调整、混响、延时、降噪、变速变调等多种功能，对声音进行时域和频域的处理。它们控制界面的风格形式和各种可调参数与传统的设备基本一样，所有操作都在习惯的工作环境下完成，但其中某些处理在传统设备上是无法实现的。

数字音频工作站是一种录制音乐的工具，而录制音乐最关键也最体现水平的就是混音。音乐作品是否清晰、有宽度、有层次和深度全赖于此。因此，专业的数字音频工作站必须为操作者提供足够的混音工具。这主要是指它能够提供压缩、限幅、均衡、混响、延时、合唱、回旋等信号处理效果。当然，这些效果的算法品质也要能够达到专业要求。

9.3 数字音频工作站的组成

数字音频工作站的基本组成部分包括：主机、音频处理软件、音频处理接口（声卡）。可以选配的部件则包括 CD 刻录机、MIDI 键盘、传声器、遥控台、同步器和监听音箱等。

9.3.1 主机

当今音频制作工业已经与计算机密不可分。无论设备多先进，都需要计算机作为最后音频处理的关键设备。数字音频工作站的主机已由过去的专用机发展到目前普遍使用的通用微型计算机。主机的核心是中央处理单元（Central Processing Unit，CPU）和存储器。

CPU 在计算机中如同人类的大脑，它接收、处理以及输出各种信息，对各种数据进行运算，其运算及执行能力几乎可以决定整部计算机的速度与效能。例如，MMX（MultiMedia eXtensions，多媒体扩展）指令集、SSE（Streaming SIMD Extensions，单指令多数据流扩展）指令集等，是很多音频处理软件所需要的。有一些音频处理软件甚至专门针对 Intel 公司的超线程技术进行特殊编程，使整体性能更高。大多数音频处理软件主要依赖于浮点运算性能，因此在选择处理器时，主要应考虑到其浮点运算性能的优劣。

存储器分为主存储器和辅助存储器。主存储器是 CPU 能由地址线直接寻址的存储器，又称为内存。内存的特点是存储量小，但存取速度快。高速的 CPU 芯片要求高速的内存芯片与之匹配，否则 CPU 必须放慢自己的速度与内存打交道，导致整个系统的工作速度变慢。内存直接决定着处理速度以及整个音频系统的稳定性，内存过小则有可能导致处理速度过慢，甚至整个音频系统无响应。建议数字音频工作站至少配置 1GB 以上的内存，以保证整个音频系统的处理速度及稳定性。辅助存储器是微处理器以输入/输出方式存取的存储器，又称外存，指磁盘、光盘或硬盘，用于存储主机暂时不用的程序和数据。由于硬盘具有存储容量大、存取速度快等优点，所以在 DAW 中得到了广泛应用。在选择硬盘方面，需要考虑转速的指标。低转速的硬盘可能导致在录音过程中出现丢帧的情况，从而影响到录音结果，建议数字音频工作站配备高转速的 SCSI 硬盘。一套普通音频制作系统应当配备至少 100GB 的硬盘，对于大中型专业音频制作系统，可以考虑采用多个硬盘构成硬盘阵列。

例如，安装 Audition 3.0 音频处理软件的基本系统要求如下：

- Intel Pentium 4 处理器（3.4GHz）；Intel Centrino 处理器；Intel Xeon 处理器（双核 2.8GHz）；Intel Core Duo 处理器；支持 SSE2 指令集的 AMD 系统。
- Microsoft Windows XP（带 Service Pack 2）或 Windows Vista（32 位版）操作系统。
- 2GB 内存。
- 10GB 可用硬盘空间（当使用循环素材 DVD 时）。
- DVD 光驱。
- 1280×900 分辨率显示器。
- 带有 16MB 显存的 32 位视频显卡。
- Microsoft DirectX 或 ASIO（Audio Stream Input Output，音频流输入输出）驱动程序的音频卡。
- 使用 QuickTime 功能需要安装 QuickTime 7.0。

9.3.2 音频处理软件

在数字音频工作站中，音频处理软件起着重要的作用。音频处理软件实现的功能包括：音频数据处理，如时间效果、均衡、动态处理；控制录音和放音；剪切、粘贴等编辑功能；多音轨的混合和放音；自动缩混。

用于数字音频工作站的软件主要分为三大类：全功能软件、单一功能软件和插件（Plug-in）。

全功能软件是真正意义上的数字音频工作站软件，因为它能对音频信号进行录音、剪辑、处理、混音，甚至还可以直接刻制出 CD 母盘。也就是说，音频节目的整个制作工作，都可以利用这种软件来全部完成。目前较为著名的全功能软件有 Audition、Nuendo、Cubase SX、Cakewalk Sonar、Pro Tools、Samplitude 2496、Logic Studio、Vegas 等。

单一功能软件用来完成单一音频处理功能。这类软件中较为著名的就是 Sound Forge。它是一个专门的波形编辑和处理软件，可以对单声道波形或立体声波形进行各种剪接、加工和施加效果，曾经被美国《电子音乐家》杂志评为最佳波形编辑软件。当然，Sound Forge 软件不能处理多轨的音频信号，因此它最适用的工作是声音剪辑和 CD 刻录。

在音频制作中经常会听到效果器插件、乐器插件等名词。插件其实就是一种根据音频处理软件标准编写的特殊程序，这个程序可以在其他软件里作为一项（或一组）而被调用，多用在数字音频工作站（DAW）类软件中。有些插件只能在其他软件中被调用，而另一些插件则不仅能被其他软件调用，也可以独立运行。从插件角度来讲，能调用插件的软件可称为"宿主软件"。

用于某种音频处理软件的插件不一定是由该软件的开发商自己编写的。目前任何一种音频处理软件，只要它能够打开市场，达到一定的销量，往往就会有许多其他的公司来为它开发插件，这也就是大家常说的第三方插件。

9.3.3 音频处理接口

音频处理接口（声卡）是为计算机提供音频信号输入/输出能力的装置，是计算机与外围设备之间交换 MIDI 和音频信号的桥梁。作为信号输入/输出的关键环节，音频处理接口的质量将直接决定计算机数字音频工作站的声音品质。大部分的音频工作站软件都可以使用各种品牌的声卡或音频处理接口，不过也有一些音频工作站软件，如 Pro Tools 系统，需要专门的声卡以及音频处理接口作为硬件支持。

1. 音频处理接口与计算机的连接方式

音频处理接口与计算机的连接方式通常有三种：插卡式、外置式、外挂式。

（1）插卡式

插卡式的音频处理接口通常称为音频卡或声卡。将它插到计算机主板上的 PCI 槽中，然后将音频线连到电路板上的插口中。由于电路板上可供安排的插口有限，因此声卡提供的音频接口一般较少，如图 9-1 所示。

（2）外置式

外置式的音频处理接口通过双声道的 S/PDIF、AES/EBU 接口或八声道的 ADAT、TDIF、R-BUS 接口数据连接线接至一个机架接线盒上。由于接线盒的体积较大，一般都能提供较多的音频插口，有的还包括 MIDI、同步口等其他功能接口，如图 9-2 所示。由于接线盒在计算机主机箱外面，在工作时不会受到机箱电源、风扇、硬盘、光驱的干扰，因此在理论上这种音频处理接口的本底噪声最小。

（3）外挂式

外挂式音频处理接口通过 USB（Universal Serial Bus，通用串行总线）或者 IEEE—1394（俗称"火线"）接口与计算机相连，如图 9-3 所示。其最大特点就是安装方便，符合"即插即用"的标准，不用解决设备的中断和地址的

图 9-1　插卡式的音频处理接口（声卡）

冲突问题，而且即使在计算机开机的状态下也能进行设备的插拔和自动检测。

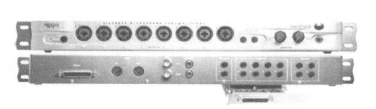

图 9-2　外置式的音频处理接口

图 9-3　外挂式的音频处理接口

2. 音频接口连接器

首先，明确两个概念的含义及关系：接口（Interface）和连接器（Connector，或称接头）。硬件接口定义了电子设备之间连接的物理特性，包括传输的信号频率、幅度，以及相应连线的类型、数量，还包括连接器的机械结构设计。而连接器是接口在物理上的实现，是实现电路互连的装置，通常包括插头（Male Connector，plug）和插座（Female Connector，socket）两部分。在实际中，人们习惯将接口（Interface）和连接器（Connector）二者混用，因此，本书在文字上也不做严格的区分，相信读者可根据上下文的内容心领神会。

音频接口一般可以分为模拟音频接口和数字音频接口。

（1）模拟音频接口

模拟音频接口按照信号传输的方式又可以分为非平衡式接口与平衡式接口。

非平衡式的模拟接口是家用多媒体声卡的主要接口类型，也被中低档的专业声卡广泛采用，用于传输一路非平衡的单声道音频信号。常见的非平衡式接口主要有 TS 连接器和 RCA 连接器。

TS 的含义是 Tip 和 Sleeve，分别代表了该连接器的两个接触点。TS 插头为圆柱体形状，触点之间用绝缘的材料隔开。插头尖端（Tip）为热端（接信号），插头套筒（Sleeve）为冷端（接地端）。为了适应不同的设备需求，TS 连接器有两种尺寸规格：插孔直径为 3.5mm 的 TS 连接器俗称小二芯，插孔直径为 6.35mm（1/4in）的 TS 连接器俗称大二芯。小二芯

插座一般用在普通声卡上，而大二芯插座通常用在中低档的专业声卡上。大二芯插头如图 9-4 所示。

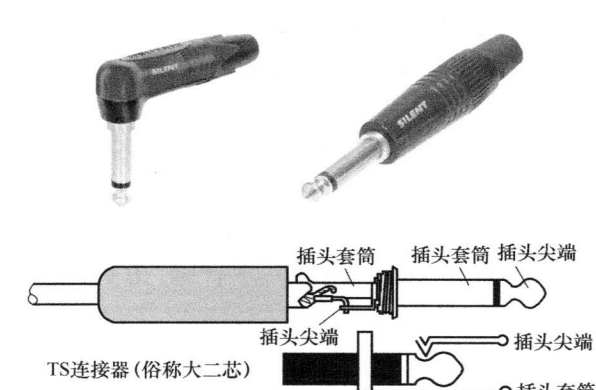

图 9-4　大二芯插头

RCA 连接器，俗称莲花头，如图 9-5 所示。"RCA"是以发明这种连接器的公司名称（即 Radio Corporation of America，美国无线电公司）来命名的。这个公司在 20 世纪 40 年代将这种连接器引入市场，用来连接留声机和扬声器。利用 RCA 电缆传输模拟信号是目前最普遍的音频连接方式。

图 9-5　RCA 连接器

每一根 RCA 电缆负责传输一个声道的音频信号，所以对于立体声信号，需要使用一对电缆。对于多声道系统，就要根据实际的声道数量配以相同数量的电缆。立体声 RCA 音频接头，一般将右声道用红色标注，左声道则用蓝色或者白色标注。

与非平衡式接口相比，平衡式的模拟接口由于在信号电缆的外层又包了一个屏蔽层，可以提高音频信号在传送过程中的抗干扰能力。如果工作室中的设备很多，各种音频线、电源线经常纠缠在一起，那么使用平衡式的接口和电缆就可以减少噪声的干扰。对于话筒等低电平信号的输入，理论上讲应尽量采用平衡式连接，而高电平的线路信号为了保证质量，也可以采用平衡式接口。常见的平衡式接口主要有 TRS 连接器和 XLR 连接器。

TRS 的含义是 Tip、Ring 和 Sleeve，分别代表了该连接器的三个接触点。TRS 插头为圆柱体形状，触点之间用绝缘的材料隔开。插头尖端为热端，接立体声的左声道信号；环（Ring）为冷端，接立体声的右声道信号；插头套筒为接地端或屏蔽层。为了适应不同的设备需求，TRS 连接器有三种尺寸规格：直径为 2.5mm 的 TRS 插座在手机类便携轻薄型产品上比较常见；插孔直径为 3.5mm 的 TRS 连接器俗称小三芯，主要用于家用级的多媒体声卡，在专业领域现在已很少使用；插孔直径为 6.35 mm（1/4in）的 TRS 连接器俗称大三芯，是为了提高接触面以及耐用度设计的模拟接口，常见于监听等专业音频设备上。大三芯插头如图 9-6 所示。

XLR 连接器，俗称卡侬头。之所以被称作卡侬头（Cannon Plug，Cannon Connector），是因为 James H. Cannon 先生（Cannon Electric 的创立者，现在该公司已经被并入 ITT Corporation）是卡侬头最初的生产制造商。最早的产品是"Cannon X"系列，后来对产品进行了改进，增加了一个插销（Latch，即锁定装置），产品系列更名为"Cannon XL"，然后又围绕着接头的金属触点，增加了橡胶封口胶（Rubber Compound），最后人们就把这三个单词的头一个字母拼在一起，称作"XLR Connector"，即 XLR 连接器。这里需要提醒的是，XLR 插头可以是 3 针脚的，也可以是 2 针脚、4 针脚、5 针脚、6 针脚。当然，我们使用最普遍的是 3 针脚的卡侬头，即 XLR-3，如图 9-7 所示。

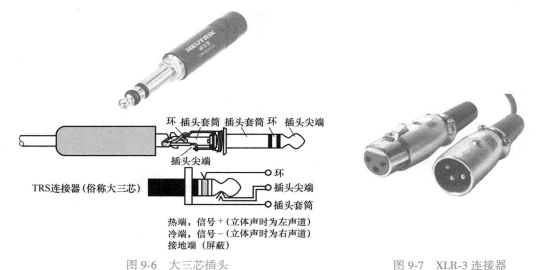

图 9-6　大三芯插头　　　　　　　　　　　图 9-7　XLR-3 连接器

由于自身带有锁定装置，因此 XLR 连接器在连接上是最为牢固的。XLR-3 连接器主要用来连接扬声器、电吉他等设备。XLR-3 连接器由于占用空间面积比较大，因此在内置型的声卡中很少看到，而多用于外置型的音频处理接口中。

值得注意的是，XLR 连接器不仅可以用做模拟音频信号的接头，也可以用做数字音频信号的接头。

（2）数字音频接口

数字音频接口的优势在于它在传输信号时具有较强的抗干扰能力，即便出现误码，一些编码方式也能够对其进行修正，因此，与模拟接口相比，在信号传输的可靠性方面有着不可比拟的优势。

数字音频接口种类比较多，常见的有双通道的 AES/EBU、S/PDIF 接口和 8 通道的 ADAT、TDIF 和 R-BUS 接口等，而它们使用的连接器形式主要有同轴和光纤两种。

同轴（Coaxial）连接器分 RCA 和 BNC 两种。同轴线缆有两个同心导体，导体和屏蔽层共用同一轴心。同轴线缆是由绝缘材料隔离的铜线导体，阻抗为 75Ω，在里层绝缘材料的外部是另一层环形导体及其绝缘体，整个电缆由聚氯乙烯或特氟纶材料的护套包住。其优点是阻抗恒定，传输频带较宽，优质的同轴电缆频宽可达几百兆赫。同轴数字传输线标准接头采用 BNC 头，其阻抗是 75Ω，与 75Ω 的同轴电缆配合，可保证阻抗恒定，确保信号传输正确。传输带宽高，保证了音频的质量。虽然同轴数字线缆的标准接头为 BNC 连接器，但市面上的同轴数字线材多采用 RCA 连接器。

图 9-8 中左边的为 RCA 同轴插头，右边的为 BNC 同轴插头。

图 9-9 为光纤连接器 TOSLINK 的示意图。TOSLINK 全名 Toshiba Link。这是日本东芝（Toshiba）公司较早开发并制定的技术标准，它是以 Toshiba+Link 命名的，在器材的背板上以 OPTICAL 作标识。光纤（Optical）以光脉冲的形式来传输数字信号，支持 PCM 数字音频信号、Dolby 以及 DTS 音频信号。

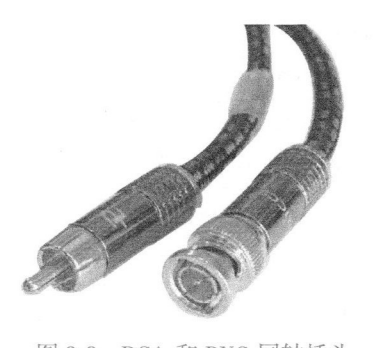

图 9-8　RCA 和 BNC 同轴插头

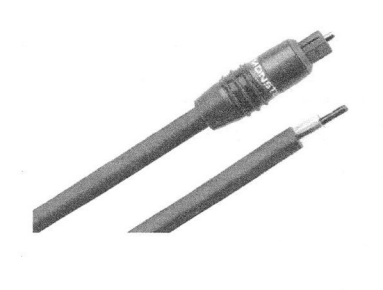

图 9-9　光纤连接器 TOSLINK

TOSLINK 使用光纤传送 S/PDIF 数字音频信号，分两种类型，一般家用的设备都是用标准的接头，而便携式的设备，如 CD 随身听等，则是用与耳机接头差不多大小的迷你光纤接头 mini-Toslink。光纤连接可以实现电气隔离，阻止数字噪声通过地线传输，有利于提高 D/A 转换器的信噪比。但是，由于光纤连接的信号要经过发射器和接收器的两次转换，会产生严重影响音质的时基抖动误差（Jitter）。TOSLINK 光纤连接器曾大量应用在普通的中低档 CD 播放器、MD 播放器、DVD 机及组合音响上。

现在的许多音频接口都会同时提供模拟接口和数字接口，在选择音频接口的形式时，首先需要考虑的是匹配问题。如果与音频接口连接的设备都是模拟接口的，那么就应该选择模拟音频接口。如果与音频接口连接的是数字设备，那么最好使用数字音频接口。否则，在系统中会增加 D/A 和 A/D 转换的次数，使信号在传送过程中受到不必要的损失，而且过多地使用模拟音频线（尤其是这些模拟音频线再缠绕在一起），也会使电缆之间相互干扰，产生杂音。

9.3.4　数字音频工作站的附件

组织一个数字音频工作站，除了前面介绍的主机、音频处理软件、声卡或音频接口外，还有一些附属配件可以选择。

1. 接口格式转换器

如前所述，数字音频工作站中的声卡或音频接口有多种多样的输入/输出形式，有模拟接口，也有数字接口。在数字接口中，又有 S/PDIF、AES/EBU、ADAT 等多种格式。因此，有时数字音频工作站就需要使用接口格式转换器，以便能够与具有不同类型接口的其他设备相连。

接口格式转换器可在不同类型的接口间互相转换数据格式，其中又以在 ADAT 数字接口和模拟接口之间进行互换最为常见。这种转换器目前有 FRONTIER 公司的 Tango24 和 FOSTEX 公司的 VC-8。它们均可以将 ADAT 格式的数字信号转换为 8 路模拟信号，或是将 8 路模拟信号转换为 ADAT 数字信号。Tango24 采用的是 24bit 的转换，模拟接口也是平衡式的，音质极为出色。而 VC-8 采用的是 20bit 的转换，模拟接口使用的是 RCA 接口，但价格很便宜。

这种 8 声道的转换器有时十分有用，像 CreamWare 公司的 TD3，它有 20 个输入/输出接口，但其中有 18 个都是数字的。如果是数字调音台相连当然没有问题，但如果使用的是模拟调音台，则要将它和 TD3 系统连接，就必须要使用 Tango24 或是 VC-8。

接口格式转换器也有在数字接口之间进行相互转换的。像 MIDIMAN 公司的 C02，可以将光缆的数字信号转换为同轴接口的数字信号，也可以将同轴接口的数字信号转换为光缆的。另外像 Roland 公司的 DIF-AT，则可以将 Roland 公司的 R-BUS 数字信号转换为 ADAT 或是 TDIF 格式的。

2. 遥控台

在数字音频工作站中，为方便混音，通常会在屏幕上提供一个虚拟的调音台，使用户能够对各轨的音量、声像等进行调整。但是，许多习惯于传统录音工艺的用户不愿意使用鼠标来进行混音，而更喜欢利用推杆、旋钮来控制音量、声像等的变化。正是出于这种考虑，一些厂家专门为数字音频工作站开发出了遥控台这种产品。数字音频工作站使用的遥控台外观类似于普通的调音台，上面也有一排排的推杆、旋钮和按钮。

目前，数字音频工作站的遥控台较为著名的有美国 Peavey 公司的 PC1600，它提供了 16 个推子和 16 个按钮，另外还有一个数据轮及液晶显示屏。使用它用户可以对 ProTools、SAM2496 和 Cakewalk 等多种音频软件中的音量、声像、效果等参数进行实时调整。

除 PC1600 之外，更高档一些的遥控台还有美国 CM 公司的 AUTOMIX，它和 PC1600 类似，但 8 个推子都是电动的，还多了一排旋钮。这样当用户在数字音频工作站上进行实时混音时，AUTOMIX 上的推子就会自己动来动去，十分直观。

3. 同步器

在如今的音频节目编辑制作领域，音频与视频、电影和电子音乐媒体正在迅速地融合到一起。与之相对应，设备之间的连接也日趋复杂化。数字音频工作站往往需要与外部设备（如调音台、MIDI 音序器、合成器、效果处理器、多轨录音机和视频编辑机等）连接在一起。在这样一个庞大的系统中，保证这些设备之间的"同步"是它们协同工作的重要条件。同步控制是音乐录音棚中一个基本的要求，并且同步问题在模拟音频设备和数字音频设备中都是存在的。例如，将 32 轨的音频信号录制在两台 16 轨磁带录音机上，则这两台磁带录音机的磁带传送轴就需要锁定在一起，这个过程就称为同步。如果这两台音频设备没有进行同步，无论它们开始的时间多么一致，随着音频设备的运行，也会由于两台音频设备电动机转速微小的差异而产生时间漂移。

简单地讲，同步是指两个或更多事件保持精确的时间关系。在声音节目制作中，是指两台或多台录制设备能够协调地进行录音及放音，表现为在同一时间或是同一点启动以及他们的运行速度等同（对磁带录音机而言为走带速度，对数字设备而言为 A/D 转换器的采样频率），简称为同步启动及同步保持。一个精确的同步系统包括一个"主控设备"和一个"从属设备"，并有一个同步器以时间码为参考将从属设备锁定于主控设备的运行速度上。同步器是一种可以从主控设备和从属设备上读出时间码信息，并将这些时间码信息进行比较，然后输出控制信息，从而控制从属设备，使其能够以主控设备的速度运行的设备。当主/从设备的时间码读出速率完全一样时，表明主/从设备间处于锁定状态，即完全同步。

常用的音频同步信号有以下三种：时间码、MIDI 实时信息和字时钟（Word Clock）。

（1）时间码

运用时间码进行同步是音频领域最常用的方法。目前有三种基本的时间码：SMPTE 时间码、MIDI 时间码（MTC）和 IEC 时间码。

其中 SMPTE 时间码是 NTSC 制中采用的时间码，而 EBU 时间码是 PAL 制中采用的时间码。这两种时间码系统中，二者都应用在复杂的视频制作过程中。在音频中 SMPTE 则更普遍些。MIDI 时间码（MTC）是广泛运用在 MIDI 设备之间的时间码。IEC 时间码则是用于 R-DAT 之中的，较少用到。

（2）MIDI 实时信息

在每一个 MIDI 系统中，将各个乐器和设备锁定在一起的最基本方法是 MIDI 同步。这个同步协议最初是应用于电子音乐系统中，目的是使 MIDI 设备的精确定时单元锁定在一起。这种协议通过在标准 MIDI 电缆中传输的 MIDI 实时信息来工作。同其他形式的同步一样，其中一个 MIDI 设备必须指定为主机，它向锁定的全部从机提供实时信息。

MIDI 实时信息由四个基本类型组成，分别是定时时钟、开始、停止和继续。"定时时钟"就是以每四分音符 24 次（24ppq）的速率传送给 MIDI 系统中的所有设备。在收到一个定时时钟信息后，"开始"指令指示所有连接着的设备从它们内部次序的开头开始工作。如果一个节目在次序中间，"开始"指令便重新定位次序回到它的开头，并在这个点上开始工作。传送出一个"停止"指令后，系统中的所有设备停止在他们的当前位置上，等待后面的一个信息。接收到 MIDI "继续"信息时，MIDI "继续"信息将指示所有音序器或鼓机从次序停止的精确点重新开始工作。使用这些命令，MIDI 设备之间可以很容易地进行同步。MIDI 时钟和乐曲速度是有关系的，当主机的乐曲速度加快后，每秒钟内所发送的 MIDI 时钟点也会增加，这时从机的乐曲速度也会增加。

（3）字时钟

对于数字音频设备来说，无论是 MTC 还是 SMPTE 时间码都不能提供足够的精度。高精度的数字音频设备之间，往往需要使用"字时钟"同步信号来进行同步锁定，其精度和采样频率是一样的。就录音而言，声音信号是以二进制的数据流（由许多独立的采样值经编码后形成二进制脉冲序列）记录在相关媒介上。数据流的速率（kbit/s）与模拟录音或放音的磁带走带速度同属一个含义。字时钟就是通过精确的采样频率来控制数字系统中数据流的速率。在时钟周期内数字设备要发送或是接收一个声音采样值数据。例如，设备的采样频率是 48kHz，则每秒钟内时钟就要采样 48000 次。字时钟就是通过这种方法来控制数字音频系统中的"磁带速度"。实际上，在通常的数字磁带录音系统中，字时钟还用来控制磁带实际物理转速（此处的物理转速即指磁带的真正转动速度，而非数据流的传输速度），也就是磁带的速度需要调整得与字时钟同步。

字时钟信号可以由音频设备自身发出，也可以从外部的信号源接收到。许多数字音频格式，如 S/PDIF、TDIF、AES/EBU 和 ADAT 光缆信号等都包括字时钟信号。当然，字时钟信号也可以脱离开音频数据，单独进行传输。

9.4 数字音频接口标准

模拟音频设备在进行连接时要注意设备之间的电平匹配、阻抗匹配以及连接方式的一致性（指平衡与不平衡的一致性）。即使产生一些偏差也不会造成信号很大的失真，因此在模拟设备中不特意提及设备之间接口。但在数字音频设备的互连系统中，接口模式至关重要。其原因在于数字化设备在进行 A/D、D/A 转换以及数字信号处理时所使用的采样频率及量化比特数彼此存在差异，因此要求互连设备的采样频率及量化比特数应保持一致，否则对传输的信号将产生损伤乃至不能工作。为了实现不同格式的数字音频设备之间的相互连接，故而制定出大家共同遵守的、统一的数字信号输入/输出格式对接，即数字音频接口标准。

目前在数字音频应用领域中，数字音频接口有很多，下面对一些主要的接口进行简单的介绍。

9.4.1 AES/EBU（AES3）接口标准

AES/EBU 接口标准是由 Audio Engineering Society/ European Broadcasting Union（美国音频工程协会/欧洲广播联盟）制定的一种专业的数字音频接口标准，现广泛应用于大量的民用产品和专业的数字音频设备，如 CD 机、数字磁带录音机（DAT）、硬件采样器、高档的专业声卡、大型数字调音台、数字音频工作站等。

AES/EBU（也称 AES3）接口标准与国际电工委员会（International Electrotechnical Commission，IEC）的 IEC 60958 TYPE Ⅰ、CCIR Rec. 647 和 EBU Tech 3250E 基本一致，它可以通过一个平衡式接口来串行传送被复用的双通道数字音频信号，采用的平衡驱动器和接收器与用于 RS422 数字传输的标准类似，其输出电平为 2~7V，如图 9-10 所示。电路中，串联电容器 C_2 和 C_3 隔开变压器直流，防止与含有直流电压的源端相连接；变压器抑制共模信号，减少了接地和电磁干扰问题。

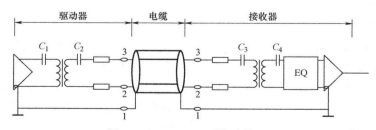

图 9-10　AES/EBU 平衡式接口

AES/EBU 接口采用的传输介质是同轴电缆或双绞线。专业的接口允许电缆的长度为 100~300m。在不加均衡的情况下，这种接口允许的传输距离可以达到 100m；如果加均衡，则可以传输得更远。

AES/EBU 是一种无压缩的数字音频格式，以单向串行码来传送两个声道的高质量数字音频数据（最高 24bit 量化），还传送相关的控制信息（包括数字通道的源和目的地址、日期时间码、采样点数、字节长度和其他信息）并有检测误码的能力。AES/EBU 信道是自同步的，时钟信息来自于发送端，由 AES/EBU 的数码流附带表达。有代表性的采样频率是32kHz、44.1kHz、48kHz。

AES/EBU 接口的通道编码采用双相标志码（Biphase Mark Code，BMC），其波形如图 9-11 所示。它属于一种相位调制（Phase Modulation）的编码方法，是将时钟信号和数据信号混合在一起传输的编码方法。无论码元为"1"或"0"，在每个数据比特周期的开始都有一个电平跳变。而且每个码元"1"的中间有一个跳变，为归零码；对于码元"0"，在整个比特周期之内保持电平不变。双相标志码编码的数据流中不会出现连续的"1"或"0"。

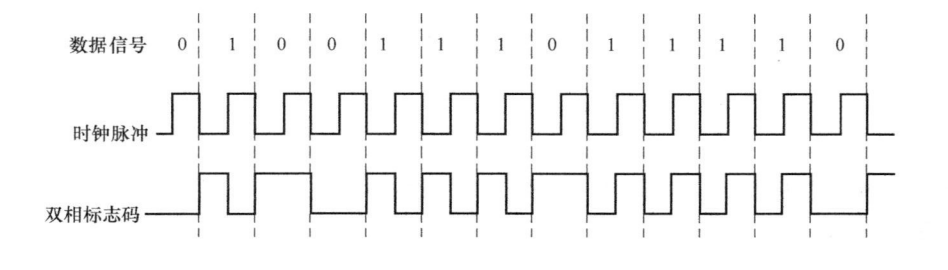

图 9-11　双相标志码

这种编码格式在传输中有很多优点，与用高低电平值表示"0""1"相比，信号的逻辑值识别靠脉冲边沿的跳变而不是靠检测电压的阈值与脉冲宽度。这就可使用交流通路传送编码信号，不需保留直流成分，编码信号可直接通过变压器与电容器耦合，方便设备之间隔离，差分信号与模拟传输使用的平衡信号接口规格相似，也具有高共模抑制的特性。这一点对音频信号的传输十分有利。双相性的编码，因无极性参考点，脉冲的跳变不论是向下还是向上，极性的翻转也就是波形的翻转对信号传输无影响，因此一般专业应用中的卡侬连接器冷热端互换对传输无影响，更不会造成模拟信号传输中的反相问题。由于边沿触发的特点，在传输中对感染的噪声和工频干扰不敏感，它的抗噪声能力是阈值检测信道方式的 2 倍。

AES/EBU 的音频帧格式如图 9-12 所示。在一个采样周期内传输一帧。每一帧由两个子帧构成，每一子帧包含一个通道的音频数据。一个音频数据是一个经采样、量化，并以 2 的补码方式表示的数字音频信号。对于立体声传输，子帧 1 包含的是左声道的音频数据，而子帧 2 则包含右声道的音频数据。192 帧复用在一起形成一个音频块（Block），构成 AES 数字音频流。

格式规定子帧的长度为 32bit，各字段的定义如图 9-12 所示。其中：

● 前导码（Preamble）：用来标识一个子帧的开始，占用 4bit，主要有 X、Y、Z 三种组态代表不同的意义，X 代表通道 1 的子帧的开始，Y 代表通道 2 的子帧的开始，而 Z 比较特别，它代表一个新的音频块通道 1 的第 1 帧的开始。

● 辅助数据（Aux. Data）：此字段占用 4bit，原始设计目的是用来传送一些由用户者自行定义的非音频数据，如制作人员间的通话或演播室之间的交流信息。不过目前比较常见的用途是当音频采样精度超过 20bit 时，这 4bit 用来传送多出的采样位，比如说当要传送 24bit

采样的数据时，用来传送低有效位 4bit 的音频数据。

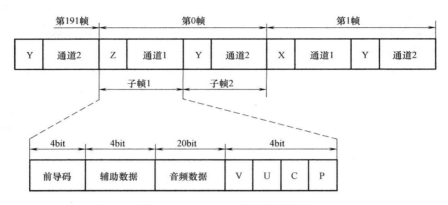

图 9-12　AES/EBU 的音频帧格式

● 音频数据（Audio Data）：用来传送实际的音频采样数据，占用 20bit，并且最低有效位（LSB）最先传输。当采样精度低于 20bit 时，没有用到的低有效位设定为 "0"。

● 附加信息：占用 4bit，包含一个音频数据有效位 V（Validity bit），一个用户数据位 U（User bit），一个通道状态位 C（Channel status bit）和一个奇偶校验位 P（Parity bit）。如果传输的音频数据无误码，则音频数据有效位 V 为 "0"；如果音频数据被检测后被认为不适合转换为模拟信号，则音频数据有效位 V 为 "1"。用户数据位 U 可用来传送用户说明（例如厂商说明等）等信息。通道状态包含和通道相联系的信息，感兴趣的读者请参见 AES3 或 IEC 60958 标准。奇偶校验位 P 用来检测在传输中发生的奇数个错误。

9. 4. 2　S/PDIF 接口（IEC 60958 民用格式）

S/PDIF（Sony/Philips Digital Interface Format）是 Sony 和 Philips 这两大巨头在 20 世纪 80 年代为一般家用器材所定制出来的一种数字信号传输接口，基本上是以 AES/EBU（AES3）专业用数字接口为参考做了一些小变动而成的家用版本，可以使用成本比较低的硬件来实现数字信号传输。为了制定一个统一的接口规格，目前以 IEC 60958 标准规范来囊括取代 AES/EBU 与 S/PDIF 规范，而 IEC 60958 定义了三种主要类型：

● IEC 60958 TYPE I（平衡型）——三线式传输，使用 110Ω 阻抗的线材以及 XLR 接头，用于专业场合。

● IEC 60958 TYPE II（非平衡型）——使用 75Ω 阻抗的铜轴线以及 RCA 接头，常用于准专业级或民用级数字音频设备中，比如 CD 播放机和 DAT 机。

● IEC 60958 TYPE II（光纤）—— 使用光纤传输以及 F05 光纤接头，用于一般家用场合。

事实上，IEC 60958 有时简称为 IEC 958，IEC 60958 TYPE I 即为 AES/EBU（AES3）接口，而 IEC 60958 TYPE II 即为 S/PDIF 接口。虽然在 IEC 60958 TYPE II 的接口规范里是使用 RCA 或者光纤接头，不过近年来一些使用 S/PDIF 的专业器材改用 BNC 接头搭配上 75Ω 的同轴线以得到比较好的传输质量。表 9-1 列出了 AES/EBU 与 S/PDIF 的比较。

表 9-1　AES/EBU 与 S/PDIF 的比较

比较项	AES/EBU	S/PDIF
线材	110Ω 屏蔽双绞线	75Ω 同轴电缆线或是光纤线
连接器	XLR-3	RCA 或 BNC
最大位数	24bit	标准为 20bit（可支持到 24bit）
信号电平	3~10V	0.5~1V
编码	双相标志码	双相标志码

9.4.3　SPDIF-2 接口

最常见的厂家指定专用接口是 Sony 和 Philips 的 SPDIF-2，它被设计为用每根电缆来传送最高量化精度为 20bit 的一个通道的数字音频信息（尽管大多数的设备仅采用 16bit）。当在大多数双通道设备中，接口是不平衡式的，并采用 75Ω 同轴电缆和 75Ω 的 BNC 型接口端子，每个通道一个。电平为 TTL 兼容电平（0~5V）。与音频通道接口端子相匹配的还有单独一个用来传送字时钟信号的接口端子，字时钟是一种采样频率的方波信号，它用来同步接收器的采样时钟。也有符合 RS422 标准的多通道电气接口，这种接口采用 D 形多通路接口端子，像以前一样，仍要用单独一个 BNC 接口端子来传送字时钟。在每个音频采样周期内，由每个接口传送的数据相当于 32bit，尽管只有字的最初 29bit 被认为是有效的，最后的 3bit 元周期被合成相当于平时维持时间 1.5 倍的两个元，以便于它能够起到同步型的作用。音频数据的传送顺序是先传最高有效位（MSB），接下去是 9 个控制或用户比特。当采样频率为 48kHz 时，数据率为 1.53Mbit/s；当采样频率为 44.1kHz 时，数据传输速率为 1.2Mbit/s。

SPDIF-2 接口主要被用在由 Sony 专业数字音频设备向外传送音频数据上，尤其是在 PCM-1610 和 1630CD 母板 PCM 转换器上。有时这种接口也出现在那些要与 Sony 设备进行连接的其他专业音频设备上。

随着时间的推移，大量的其他厂家专用接口也随之出现，尤其是在那些低成本的数字音频设备上大多采用这些接口，这其中有 YAMAHA 和 TASCAM。现在可以使用已经商业化的接口转换器将这种设备与使用标准接口的其他设备简单互连起来。

9.4.4　MADI/AES10 接口

多通道音频数字接口（Multi-channel Audio Digital Interface，MADI）是以双通道 AES/EBU（AES3）接口标准为基础的多通道数字音频设备间的互连标准，也称为 AES10 标准。该接口标准于 1991 年发布，当时规定最多可以传输 56 个通道的数字音频数据，数据宽度为 24bit，采样频率为 32~48kHz。2003 年，经过修订之后的 MADI 允许传输 64 个通道的数字音频数据，且采样频率提高到 96kHz，但在 96kHz 采样频率情况下可传输的通道数量下降为 28 个。该接口标准定义了传输的数据格式和接口的电气特性，它的物理连接可以使用同轴电缆和光纤两种形式，AES10-2003 建议在用同轴电缆时使用 BNC 连接器，在用光纤时使用 ST1 型连接器，它可以传送更远的距离。例如，光纤分布式数据接口（Fiber Distributed Data Interface，FDDI）可以用于长达 2km 的连接，也可以采用同步光纤网络（Synchronous Optical

Network，SONET）。

MADI/AES10 接口扩展了 AES/EBU（AES3）协议，为多通道数字音频设备的互连提供了标准方法。在 AES10 标准中指定：MADI 允许多达 64 通道沿长达 50m 的单根带 BNC 终端的电缆传输线性表示的串行音频数据，允许音频信号采样的量化比特数为 24bit。另外，AES/EBU（AES3）音频帧格式中的音频数据有效位（V）、用户数据位（U）、通道状态位（C）和奇偶校验位（P）也全部传送。采用这种互连方法，可以对原始的音频信号只进行一次 A/D 转换，然后就可以在数字域内依次通过录音调音台，对多通道录音机和缩混录音机进行所有处理了。虽然利用 AES3 标准也可以在调音台和多通道录音机间进行互连，但每两个音频通道需要 2 根电缆（用于信号送出和返回），而用 MADI 进行互连只要求用 2 根音频电缆（再加一个主同步信号）就可以传送最多 64 个音频通道的数据。MADI 协议在文件 AES10-1991 和 ANSI S4. 43-1991 标准中进行了说明。

为了降低带宽要求，MADI 协议的设计者并没有采用双相标志编码，而是采用了具有 4B/5B 编码格式的 NRZI 编码（这是基于 FDDI 协议）。在这种通道编码方式中，每 32bit 子帧被划分为 4bit 字，然后按照查对表来编码成 5bit，这样做的目的是维持码字中的低直流成分。在 NRZI 中，用高电平到低电平或低电平到高电平的瞬态变化来代表二进制的"1"，而无瞬态变化则代表"0"。音频数据采样频率的范围为 32～48kHz，并容许有 ±12% 的偏差。不论采样频率和启动的通道数目如何，链路的传输率固定为 125Mbit/s。由于编码方案的限制，所以实际的数据传输率为 100Mbit/s。虽然 AES3 是带有自时钟的，但 MADI 却设计成异步工作方式。要想以异步方式工作，MADI 接收机必须从传输来的数据中提取出时基信息，以便接收机的时钟可以被同步。为确保这一点，MADI 协议规定每帧至少传送一次 10bit 的同步符号（1100010001），而且必须在所有互连的 MADI 发射机和接收机之间使用专用的主同步信号（符合 AES11 定义）。由于接口的异步性，所以要在连接的两端使用缓冲器，以便数据能够由时钟来重新调整，并以正确的数据率由缓冲器输出。典型的 MADI 配置如图 9-13 所示。

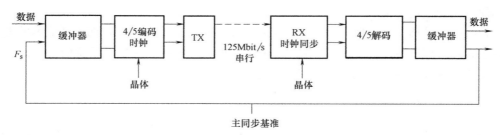

图 9-13　MADI 发送与接收框图

MADI 通道格式是基于 AES3 的子帧格式的，如图 9-14 所示。MADI 通道格式与 AES3 子帧格式的唯一区别在于前面的 4bit。每个 MADI 通道由 32bit 构成，其中包括 4 个模式识别位，24 个音频位，以及 V、U、C 和 P 位。模式识别位提供了帧同步、通道启动/关闭状态标志、A/B 子帧标志、通道块同步标志信息。56 个 MADI 通道以串行方式传输，先是通道 0，最后是通道 55，所有的通道均在一个采样周期内传输完成，如图 9-15 所示。帧从通道 0 的 bit 0 开始。因为 MADI 格式不使用双相码，不能使用前导码来鉴别每个通道的开端，所以在 MADI 中通道 0 的 bit 0 设置为 1，用来作为识别通道 0 的帧同步位，它在一帧中首先被传送。bit 1 表明通道的启动状态。如果通道启动了，则 bit 1 设置为 1；如果是关闭的，则 bit 1 设置为 0。此外，所有关闭通道的通道号必须高于启动通道中的最高编号。bit 2 表明通道是立体声信号中的 A 声道还是 B 声道，这代替了 AES3 中前导码的作用。bit 3 的设置表明，在紧接着的 192 帧数据块开端的一个通道内传送了用户数据和状态数据。MADI 通道的其余部分则与 AES3 子帧完全相同。这样对于实现 MADI 和 AES3 的兼容是很有用的，它可以实现数据的互换。

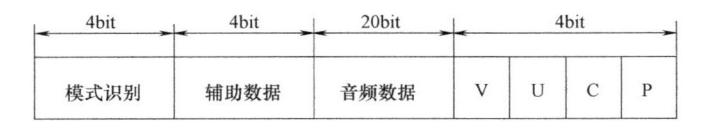

图 9-14　MADI 通道格式

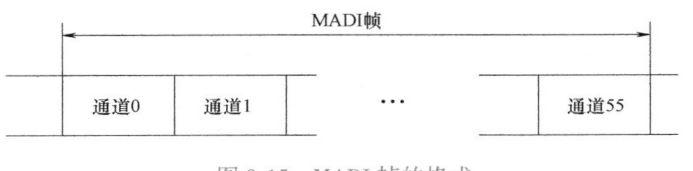

图 9-15　MADI 帧的格式

9.4.5　IEEE 1394 接口

IEEE 1394 是 IEEE 标准化组织制定的一种串行数据传输接口，英文为 Firewire，中文译名为 "火线"，是为了取代小型计算机系统接口（SCSI）而设计的。

IEEE 1394 接口标准由 IEEE 1394 专业委员会于 1986 年开始主持制定。1988 年，Apple 公司着手研究 IEEE 1394 的基本技术，1992 年该公司的提案被采纳为 IEEE 1394 标准规范，1994 年 9 月正式成立了 IEEE 1394 Trade Association，主持推进以 IEEE 1394 为标准的家庭网络规格普及工作，并推出了用于保证高质量和兼容性的规范。

作为一种数据传输的开放式技术标准，IEEE 1394 接口广泛应用于视音频领域，支持的产品包括数码相机、数字摄像机及数字录像机等。在计算机硬盘和网络互连等方面，IEEE 1394 接口也有广阔的发展空间，它能够以 100Mbit/s、200Mbit/s 和 400Mbit/s 的高速率进行声音、图像信息的实时传送，还可以传送数字数据以及设备控制指令。

IEEE 1394 接口支持外接设备热插拔，同时可为外设提供电源，省去了外设自带的电源，支持同步数据传输。作为新一代的高性能串行总线标准，IEEE 1394 的主要性能特点如下。

1）数字接口：数据能够以数字形式传输，不需 A/D 模转换，从而降低了设备的复杂性，保证了信号的质量。

2）"热插拔"：即系统在全速工作时，IEEE 1394 设备也可以插入或拆除。热插拔使得用户无须重启机器就可以直接将新的设备添加到自己的 PC 中。在接入新设备时，该设备会通过广播方式把自己的唯一标识代码通知给同一网络上连接的其他所有设备，从而成为该网络的一员。

3）即插即用：当在网络上附加节点和撤销节点时，IEEE 1394 标准能够自动实现网络重构和自动分配 ID（识别符），即无须设定 ID 或终端负载，主节点可以动态确定。如果用户的操作系统提供了对 IEEE 1394 标准的支持的话，用户则不需要再安装任何额外的驱动。

4）总线结构：采用读/写映射空间的结构，而不是 IEEE 1212 标准规定的寻址发送数据方式，对于外部电缆和底板技术规格，都有详细规定。

5）数据传输速率高：IEEE 1394 标准定义了三种传输速率：98.304Mbit/s、196.608Mbit/s 和 392.216Mbit/s。因为这三种速率分别在 100Mbit/s、200Mbit/s 和 400Mbit/s 附近，所以标准中也称之为 S100、S200、S400，这个速率完全可以用来传输未经压缩的动态视频信号。而 IEEE 1394b 标准将支持 800Mbit/s、1600Mbit/s 和 3200Mbit/s 的传输速率。

6）高度的实时性：IEEE 1394 标准接口具有高速性和实时性，可以支持异步传送和同步传送两种模式，同步传送模式专用于实时地传送视频和音频数据。在异步传输模式下，信息的传送可以被中断；而在同步传输模式下，数据将在不受任何中断和干扰的情况下实现连续传送。当采用异步模式传送数据时，IEEE 1394 会根据不同设备的实际需要分配相应的带宽。当某个设备需要向其他设备发送信息时，会发出专门的连接信号，告知其他设备自己将要使用某一带宽。如果用户希望在设备网络中传送视频流信息的话，使用上述模式则无法实现视频信息的连续正常传送。这是因为如果在发送视频信息的同时，其他的设备要求占用总线带宽的话，视频数据流将会被中断，从而导致画面质量的降低。为了解决这一问题，IEEE 1394 提供了同步传输模式，该模式保证了视频和其他类似设备能够持续地占据和使用自己所需要的带宽。

7）高自由度连接：IEEE 1394 标准接口允许接点菊花链（Node Daisy Chain）和接点分支，实现混合连接。同时，通过协议时序优化（Protocol Timing Optimization）还可实现更高效率的网络结构。

8）兼容性好：IEEE 1394 总线可适应台式计算机用户的全部 I/O 要求，并可以与 SCSI、RS232、IEEE 1284、Centronics、Apple 的 Desktop Bus 等接口兼容。

9）接口设备对等（Peer-To-Peer）：不分主从设备，都是主导者和服务者。由于每一个支持 IEEE 1394 标准的设备都具有输入和输出接口，用户可以采用方便的节点串联方式一次性连接最多可达 63 个不同的设备。IEEE 1394 标准通过所有连接设备建立起一种对等网络，从而不需要由网络中的某一个节点来控制整个网络中的数据流。因此，IEEE 1394 不要求 PC 端作为所有接入外设的控制器，不同的外设可以直接在彼此之间传递信息。此外，采用 IEEE 1394 接口，两台 PC 还可以共享使用同一个外设，这是 USB 或其他任何输入输出协议都无法实现的。

10）物理体积小，制造成本低，易于安装。

11）非专利性：使用 IEEE 1394 串行总线不存在专利问题，它是开放的国际标准。

12）价格价廉：适合于家电产品。IEEE 1394 的价格降低，部分原因是通过串行数据传输来达到的，它采用了简化电子电路和电缆设计。其发送和接收器件作为标准芯片组提供，处理寻址、初始化、仲裁和协议。

IEEE 1394 接口有 6 针和 4 针两种类型，也就是常说的大口和小口。6 针 IEEE 1394 接口中 2 针用于向连接的外部设备提供 8~30V 的电压，以及最大 1.5A 的供电，另外 4 针用于数据信号传输。6 针 IEEE 1394 接口如图 9-16 所示。4 针 IEEE 1394 接口的 4 针都用于数据信号传输，无电源。4 针 IEEE 1394 接口如图 9-17 所示。6 针 IEEE 1394 转 4 针 IEEE 1394 接口连接线如图 9-18 所示。

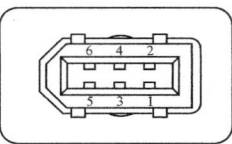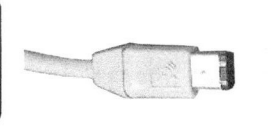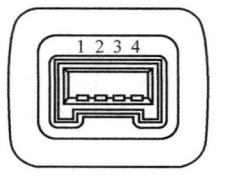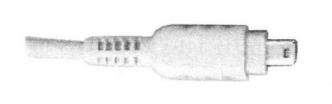

图 9-16　6 针 IEEE 1394 接口　　　　　　　　图 9-17　4 针 IEEE 1394 接口

图 9-18　6 针 IEEE 1394 转 4 针 IEEE 1394 接口连接线

9.4.6　HDMI

数字内容产业的不断增长和人们对更高清晰度电视的期待，促使数字电视设备的销售数量飞速增长，同时也带动家庭数字外设装置的成长。如何确保数字电视与家庭影院设备具有互操作性，享受更优质的数字生活，是目前数字电视发展的一大课题。

高清晰度多媒体接口（High Definition Multimedia Interface，HDMI）是一种未压缩的全数字的消费电子产品接口标准，把高清晰度电视与多声道音频信号融合、连接到一根电缆上，让家电厂商设计的数字电视能在未来几年中与未来数字家庭影院设备兼容，并增加支持数字所需的内容格式。它由美国晶像（Silicon Image）公司倡导，索尼、日立、松下、飞利浦、汤姆逊、东芝等多家著名的消费类电子制造商联合成立的工作组共同开发的。

HDMI 源于 DVI 技术，它们主要是以 Silicon Image 公司的 TMDS 信号传输技术为核心。HDMI 与 DVI 后向兼容，HDMI 产品与 DVI 产品能够用简单的无源适配器连接在一起，当然会失去 HDMI 产品传送多声道音频和控制数据的新功能。

从 2002 年 12 月 HDMI Forum 发布 HDMI 1.0 版规范到 2017 年发布的 HDMI 2.1 版，15 年时间里共推出 7 个重要版本。

HDMI 连接器有如下 5 种类型：

A 型（Type A）连接器：是最常见的连接器，插座成扁平的"D"形，上宽下窄，插座端最大宽度 14mm，高 4.55mm；插头端最大宽度 13.9mm，高 4.45mm，19 针引脚在中心位置分两层排列。因其尺寸相对较大，故常用于电视机、蓝光影碟机、笔记本电脑等。

B 型（Type B）连接器：相比于 A 型连接器，其基本结构也是扁平的"D"形，但是插座端最大宽度达到了 21.3 mm，插头端的尺寸也有相应的改变，有 29 针引脚，可以实现双连接（Dual Link）。因性能规格特殊，在民用产品上很少见到。

C 型（Type C）连接器：俗称 Mini HDMI 连接器，可以说是缩小版的 A 型连接器，但针脚定义有所改变，主要应用于便携式设备上，如数码摄像机、数码相机和某些显卡等。

D 型（Type D）连接器：俗称 Micro HDMI 连接器，其尺寸只有 C 型连接器的一半左右，主要应用于诸如智能手机等对接口尺寸有较高要求的产品上。

E 型（Type E）连接器：汽车电子专用 HDMI 连接器，专门为汽车内部高清视音频传输所设计的布线规格。HDMI 1.4 规格所设计的解决方案，可处理车内布线所面临的高温、振动、噪声等各种问题与环境因素。车用连接系统是汽车生产商在设计车内高清内容传输时一个极有效的解决方案。

图 9-19　A、C、D 型 HDMI 连接器

如图 9-19 所示，A、C、D 型连接器除尺寸不同外，在信号传输方面没有本质上的区别，如有需要也可以使用 HDMI 转接线方便地进行转换。

HDMI 2.0 并没有定义新的数据线和接插头，因此能保持对 HDMI 1.x 的向下兼容，现有的数据线可直接使用。相比于以前的版本，HDMI 2.0 增加了以下新的功能。

（1）大大提高了数据传输速率

HDMI 2.0 规范最大支持 18Gbit/s 的传输速率，大大增强了对 4K 超高清数字电视传输的支持。其实，HDMI 1.4b 版本已经支持 4K 超高清数字电视传输，但只能支持 3840×2160 像素分辨率和 30fps（frame per second）的帧率，而 HDMI 2.0 可以支持 3840×2160 像素分辨率和 50/60fps 的帧率，让画面更加流畅。

（2）可在同一屏幕上向多个用户同步传输双视频流

之前 3D 显示器推出时，不少厂商就推出了可以在一个屏幕上同时呈现两幅画面的产品，这样两个人佩戴不同的眼镜，看到的是完全不同的画面（如 Sony 公司推出的 Play Station 系列显示器）。这除了需要显示器具备非常高的刷新频率之外（至少 240Hz），也需要视频流传输足够顺畅，而 HDMI 2.0 就完全支持。

（3）更强大的音频性能

HDMI 1.4 版本只支持 8 声道的音频信号传输，HDMI 2.0 版本则支持最多 32 个声道，最高 1536kHz 采样率，完全支持未来 8K 电视的 22.2 声道环绕声规格。

（4）可向最多 4 位用户同步传输多个音频流

HDMI 2.0 可让最多 4 位用户同时接收到来自不同音源的多个音频流。

（5）支持更多 CEC 控制

之前版本的 HDMI 只能支持少量消费电子产品控制（Consumer Electronics Control，CEC）功能，而 HDMI 2.0 的 CEC 2.0 则增加了不少新的功能，CEC 扩展可通过单个控制点更好地掌控消费电子设备。

（6）视频和音频流动态同步

通过技术改进与超高传输速率的支持，在不需要用户强调单独调整的情况下，HDMI 2.0 就支持视频和音频流的动态同步。

（7）支持 21：9 超宽屏幕显示。

9.4.7　ADAT 接口

ADAT 是 Alesis Digital Audio Tape 的首字母缩写。ADAT 接口是美国 Alesis 公司开发的一种数字音频传输格式，因为最早用于该公司生产的 ADAT 八轨数字录音机之间的音频数据传输，所以就称为 ADAT 接口。ADAT 接口使用一条光缆传送 8 个通道的数字音频信号，由于连接方便、稳定可靠，现在已经成为一种事实上的多通道数字音频信号格式，越来越广泛地使用在各种数字音频设备上，目前许多公司的多通道数字音频接口，像 Frontier 公司的一系列产品，使用的都是 ADAT 接口。

ADAT 接口使用光纤作为传输介质，两端则使用 TOSLINK 连接器。这与 S/PDIF 接口使用光纤传输音频数据的连接器是一样的，但是 ADAT 与 S/PDIF 接口的传输协议完全不同。S/PDIF 接口主要用于传输立体声或者经压缩的多声道环绕声音频数据，而 ADAT 接口主要用于传输多声道非压缩音频数据，最多可以传输 8 个音频通道的数据，每通道 24bit/48kHz。

无论数字音频数据本身的数据宽度是多少位，ADAT 接口中传输的音频数据都是 24bit 的。对于不够 24bit 的音频数据，其剩余位都填 "0"。对于接收设备来说，如果其数据宽度小于接收到的数据，则会直接将数据按照其处理宽度截短后再进行处理。如果要传输更高采样频率的音频数据，可以通过按比例减少传输通道数量的方法来实现。例如要在一根 ADAT 光纤中传输 96kHz 采样频率的音频信号，则最多可以传输 4 个通道。为了保持与以前设备的兼容性，这个 96kHz 采样频率的信号实际上是被分解成 2 个 48kHz 采样频率的信号进行传输的。

ADAT 接口虽然十分灵活，对于点对点的直接传输，接收设备可以同步在嵌入的时钟上，获得完全的音频数据复制，但如果是多台设备，则需要建立同步控制。例如要使用两台 8 通道的设备以获得 16 通道的音频数据，就需要很好的控制，否则两台设备很可能不能同时发送数据。

ADAT 数据帧的长度是 256bit，其中每 24bit 的音频数据被分成 4bit 一组，每组间用 1bit 作为交织插入的同步信息，因此每 24bit 的音频数据被分成 6 组，需用 6bit 的同步信息，这样 8 个通道的音频数据共 192bit（即 24bit×8 = 192bit），共需 48bit（6bit×8 = 48bit）的同步信息。剩下（256-192-48）bit = 16bit 是这样分配的：4bit 用户数据；2bit 同步信息；10bit 固定帧同步字，接收设备用此同步字进行数据流的同步。用户数据 bit 0 用于时间码传输，用户数据 bit 1 用于 MIDI 数据传输，用户数据 bit 2 用于 96kHz 指示，用户数据 bit 3 为保留位，用户数据的传输速率与采样频率相同。

9.4.8　R-BUS 接口

R-BUS 是 Roland 公司新推出的一种 8 通道数字音频格式，也被称为 RMDB Ⅱ。它的插口和线缆都与 Tascam 公司的 TDIF 相同，传送的也是 8 通道的数字音频信号，但它有两个新增的功能。一是 R-BUS 端口可以供电，这样当用户将一些小型器材连接在其上使用时，这些小型器材可以不用外接电源。二是除数字音频信号外，R-BUS 还可以同时传送运行控制和同步信号。这样，当两件设备以 R-BUS 口连接时，在一台设备上就可以控制另一台设备。例如，将 Roland 公司的 VSR-880 多轨机通过 R-BUS 连在 Roland 的 VM 系列调音台上时，就可以在 VM 系列调音台上直接控制多轨机的运行。

9.5　音频设备间的同步实现

9.5.1　模拟设备之间的同步

在模拟设备之间，可用时间码（SMPTE 码、MTC 码）控制两台或多台设备实现同步。在使用模拟磁带录音机进行同步录音的情况下，具体的做法是在每台磁带录音机的一条音轨上录入 SMPTE 时间码，称为打上同步码，然后再使用一台模拟磁带同步器将它们连接起来。操作步骤如下：按下主控录音机的放音键（Play 键），同步器接收到 SMPTE 时间码即开始调整所有录音机的磁带位置及走带速度，直到他们从乐曲的同一位置开始放音。同步器完成了上面的操作，则进入了同步启动状态。虽然各录放机是在同一时刻启动，但各录音机的电机转速总会有些偏差，经过一段时间后，它们又会逐渐进入非同步运行状态。为此就需要同步器在放音过程中不断监听来自每台录音机录入的 SMPTE 时间码，一旦发生偏差，以主控录音机带速为基准及时调整其他录音机带速，重新恢复到同步运行状态。

9.5.2　模拟设备与数字设备之间的同步

将一台模拟的音频设备与一台数字设备进行同步，其基本概念与进行两台模拟音频设备的同步是一样的，这两个系统必须从同一时间点开始工作，并且一直保持着相同的回放速度。

模拟设备与数字设备之间的同步运行是通过同步器来实现的，其连接图如图 9-20 所示。同步器的基本功能是控制一个或多个多轨录音机的"走带"（模拟磁带录音机用走带，而硬盘记录用采样频率更确切），使它们的位置或速度精确地跟随主机的走带传输速率。同步器读取出模拟磁带录音机上的时间码 SMPTE 或 MTC 信号，依据时间码的速率生成字时钟信号。如果 SMPTE 时间码速率是 30 帧/s，而数字

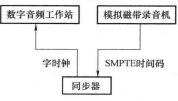

图 9-20　数字设备与模拟设备
进行同步的信号流程

音频设备的采样频率是 48kHz，那么 SMPTE 时间码的每一帧就对应着字时钟的 1600 个周期（48000/30＝1600）。同步器的另一个作用是监视 SMPTE 时间码的流速，及时调整字时钟与之对应的数字音频系统的带速，从而保证两者的速度始终是同步的。例如，Digidesign 公司的 SMPTE Slave Driver 同步器就可以将数字音频工作站与数控模拟调音台精确同步，从而实现前期同步录音和后期自动缩混操作。

9.5.3　数字音频设备之间的同步

数字音频设备之间也是通过时间码来实现同步启动的。根据设备的不同，可能采用的时间码有 SMPTE、MTC 或 SATC（Sample-Accurate Time Code，采样精度时间码）。起始同步的精度取决于所采用的时间码类型。其中 SATC 直接产生于字时钟，提供了精确到一个采样的同步启动。MTC 提供的精度可达到 1/4 帧，对于帧频为 30 帧/s，则其精度为 1/120s，这大致相当于 48kHz 采样频率情况下的 400 个采样点。SMPTE 码可以提供更高的精度，但是，如果使用的是某些数字音频软件，在被软件接收到之前，SMPTE 码首先被转换为 MTC，这意味着此时只能够使用 MTC 所提供的精度了。

在全部使用数字设备的情况下，实现同步保持是非常方便的，只要将各个设备的字时钟端口连接起来，就可将所有数字设备的采样频率锁定在一个值上，精确地按照相同的采样频率录放音，也就是说，具有同一"带速"。

当使用数字式设备时，虽然 48kHz 的采样频率对于所有设备来说都是相同的，但是各个数字音频设备的采样频率也会有所差异。比如当两部数字音频设备都被设置为 48kHz 的采样频率时，实际上一台设备可能是 47.998kHz，而另外一台设备可能是 48.001kHz。如果各自按照自身的采样频率运行，连接后数据流速率将会不相等。以录、放音两台设备互连为例，会发生类似于模拟录放机两台带速不同导致放音音调改变的现象。为了解决这个问题，首先确定某个数字设备为主控设备，其余设备为从属设备。设定主控设备的采样频率，切断其他数字设备内部的字时钟，改为以主控设备的采样频率作为外字时钟控制。主控设备传递一个采样数据，从属设备播放一个采样数据。如果两台设备在播放同一内容的数字音频文件，则两台设备播放时间和速度相同。从而做到从属设备随主控设备而运行的主从关系。当数字设备中的字时钟实现了相互同步后，它们就会按照相同的速度来工作。

设置音频系统中的字时钟同步通常需要以下两个步骤。

1）将各个设备的字时钟真正连接起来。可以从主控设备到从属设备建立起数字音频的连接并同时传送字时钟，比如将主控设备的 S/PDIF 输出连接到从属设备的 S/PDIF 输入，将主控设备 ADAT 光缆输出连接到从属设备 ADAT 光缆输入等。有些时候，可能需要使用专用的字时钟电缆，比如当进行比较复杂的设置时，或是所使用的设备只有字时钟输入/输出口，而没有数字音频输入/输出口的设备时。对于较大的系统，也可以根据各个设备上输入/输出口的情况来进行搭配与组合。

2）对从属设备进行设置，让它使用主控设备上的字时钟。在计算机上使用数字音频软件/硬件组合时，这个步骤通常就是取设置软件中的"Sync Source"（同步信号源）或是"Audio Clock Source"（音频时钟源）选项。在音频硬件设备上，它们有可能是硬件面板上的一个按钮，或是一个隐含起来的组合键。对于像 DAT 录音机，它可以在数字输入/输出口被打开或是关闭时自动进行切换。如果使用数字音频软件支持以软件为基础的同步保持功能，那么就将这个功能屏蔽掉，而使用硬件设备上的字时钟功能。实际上，在有些情况下，这些以软件为基础的同步连续功能会对以硬件为基础的同步产生不良影响，从而出现问题，甚至导致整个同步过程失败。

9.5.4 同步方法综合运用实例

图 9-21 举例说明了在录音棚中的各个设备之间的同步方法。录制所用的设备有：模拟调音台、模拟 24 轨磁带录音机、16 轨硬盘机、音序器、键盘合成器以及数字音频工作站。录制过程是：首先用键盘合成器演奏出旋律，并输入到装有音序器的计算机中，以 MIDI 文件的形式保存；然后将这几轨 MIDI 文件通过调音台录在 24 轨磁带录音机的音轨上，为了扩充设备，将多轨磁带录音机和硬盘机连接起来，接下来的音轨录在磁带录音机和硬盘机上；后期缩混时将硬盘机和多轨磁带录音机的信息输入到数字音频工作站中，最后合成立体声录制在 DAT 中。

在这个系统中，前期的录制首先要保证键盘合成器与音序器的同步，音序器响应键盘发出的 MIDI 信号，完成二者的同步；然后要保证多轨磁带录音机、硬盘机与计算机中的音序器的同步，在多轨磁带录音机上的音轨上录上 SMPTE 时间码，作为整个系统同步的标准，多轨磁带录音机将 SMPTE 时间码发送到硬盘机上，则将硬盘机锁定到多轨磁带录音机的运行速度上；在后期的缩混中，则要保证硬盘机与多轨磁带录音机和数字音频工作站的同步，在硬盘机与数字音频工作站之间连接一个同步器，可以将 SMPTE 时间码转换成 MIDI 时间码。图中标明了同步信号的流程，其中实线为前期录音的同步信号走向，虚线为后期制作的信号流向。

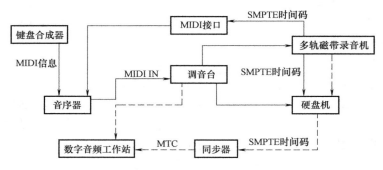

图 9-21　录音棚中的各个设备之间的同步方法

9.6　小结

数字音频工作站（DAW）是一种集数字音频处理技术、数字存储技术、计算机技术于一身的高效音频处理工具，是广播电台/电视台播控中心数字化、网络化的关键设备之一。它提供了多音轨录音、缩混、监听、放音、调音、均衡、动态压缩、混响、延时、降噪等处理和特技，将广播节目录制、节目放音和节目播出控制融为一体。与传统的数字音频节目制作相比，省去了大量周边辅助音频设备，还省去了大量设备的连接、安装与调试步骤，且性能价格比高，操作也较简单。数字音频工作站的出现将改变录制与播出分离的模式，使录播一体化，从而大大简化了录播系统。

本章介绍了数字音频工作站的组成、主要功能以及与周边设备之间的同步方法，具体介绍了音频处理接口与计算机的连接方式、音频接口连接器的种类，以及 AES/EBU（AES3）、S/PDIF、SPDIF-2、MADI、IEEE 1394、HDMI 等数字音频接口。

9.7　习题

1. 什么是数字音频工作站？其主要功能有哪些？
2. 数字音频工作站通常由哪几部分组成？
3. 音频处理接口与计算机的连接方式有哪些？
4. 常见的音频接口连接器有哪几种？
5. 常用的音频同步信号有哪几种？
6. 音频设备之间如何实现同步？请举例说明。

第 10 章　数字声音广播

本章学习目标:

- 熟悉 DAB/DAB+系统的构成及特点。
- 了解 DAB 系统的工作原理、技术参数、覆盖方式。
- 了解调幅广播的发展历程。
- 熟悉 DRM/DRM+系统的构成及其技术特点。
- 了解 CDR 调频段数字音频广播系统的构成及关键技术。

10.1　概述

声音广播在 20 世纪 20 年代诞生后, 经历了中、短波调幅 (Amplitude Modulation, AM) 广播以及调频立体声广播的发展阶段。调幅广播经过长期发展, 技术不断完善, 而且其接收机简单、廉价, 适合于固定和便携式接收, 因此有过辉煌的历史。但由于调幅方式本身的特点及工作频段 (150kHz~30MHz) 的传播特性, 调幅广播的质量无法得到较大的提高。中、短波模拟调幅广播的主要缺点是双边带调幅, 频谱利用率低、发射功率大、业务单一, 并且音质差, 只能作单声道广播, 可传输的音频带宽小于 4.5kHz (而人耳的可听声域为 20kHz)。

调频 (Frequency Modulation, FM) 广播起源于 20 世纪 40 年代, 它是为固定接收而开发的。FM 广播曾经作为最好的声音广播质量的代表而受到听众的欢迎。然而, FM 广播这种模拟的传输方法的主要问题是对于多径干扰缺乏抵抗力。在运动的汽车中接收, 特别是在密集的建筑群和山区中接收时, 信号会受到很强的损害和干扰。此外, 由于 FM 频段电台越来越多, 频带过密地被占用, 在这种局面下, 即使在家庭中固定接收, 质量也会受到损害。

多年来, 人们为了改进调频广播的声音质量, 采用了不少新的方法和技术。虽然收到了一定的成效, 但都有一定的局限性, 并不能彻底改变 FM 广播的固有弱点。现在人们从理论和实践中已经清醒地认识到, 模拟方式的调频广播质量已经没有进一步根本改善的可能性。

随着数字技术的发展, 声音广播技术也开始由模拟方式向数字方式过渡, 出现了数字声音广播技术。数字声音广播是继调幅、调频广播之后的第三代广播技术, 是以数字信号处理技术为基础, 采用先进的数字音频压缩编码、纠错编码、数字调制及传输技术, 对广播信号进行全面数字化处理的广播系统。相对于传统的模拟广播系统, 它有音质好、移动接收性能好、抗多径干扰能力强以及可以通过单频网技术实现大范围的组网覆盖, 有效地提升频谱利用效率等优点。

目前在国际上应用较广的数字声音广播系统主要包括: DAB (Digital Audio Broadcasting, 数字音频广播) 系统、DRM (Digital Radio Mondiale) /DRM+系统、HD Radio 系统、CDR (China Digital Radio, 中国数字音频广播) 系统以及 WorldSpace、XM Satellite Radio 和 Sirius Satellite Radio 等卫星数字声音广播系统。

10.1.1　Eureka-147 DAB 系统

Eureka-147 DAB 的研究开始于 20 世纪 70 年代末期，1986 年被列为欧共体 Eureka-147 计划，1988 年 1 月 1 日开始执行，1988 年 4 月在日内瓦举行首次公开演示试验。试验取得了很大的成功。比起传统模拟调幅和调频广播系统，它有以下几个主要优点：

1）能提供 CD 质量的音频信号，音质好。

2）有较强的抗多径干扰和在恶劣环境下接收的能力，既适合于固定接收，也适合于便携式接收和移动接收。

3）发射功率小，可利用地面、电缆和卫星进行覆盖，覆盖面积大。

4）可单频网（SFN）运行，频谱利用率高。

5）业务构成灵活，可以传输数字声音、数据和视频业务。

Eureka-147 DAB 系统的成功在于其三项关键技术：信源编码（MUSICAM）技术、信道编码（COFDM）技术和单频网（SFN）规划。

MUSICAM 技术可以按照人耳听觉特性把信号中与声音的音色和确定发音位置无关的部分去掉，使传输的数据量显著降低，可以把 CD 音质立体声信号所需的数据传输速率由 1411kbit/s 降为 192kbit/s。MUSICAM 方法在主观质量、数据传输速率、处理过程所需的时间延迟以及复杂性等方面，提供了最佳的折中，是当时最适合 DAB 使用的信源编码方法。

Eureka-147 DAB 系统信道编码中采用截短删余卷积编码，可以使用 EEP（Equal Error Protection，同等差错保护）和 UEP（Unequal Error Protection，不等差错保护）方案，并提供多种信道编码率，以适应不同重要性数据的保护要求。其调制方式采用 OFDM 技术，将经过处理的数据分配在每个载波上，为了获得较强的抗干扰能力，每个载波采用 DQPSK 调制。

单频同步网规划也是 OFDM 系统的一大优势。为了实现大面积地面覆盖，在传统的调频广播中，位置相近的发射台不能使用相同频率。而 DAB 系统可以用几个工作于相同频率的发射机，同步发射相同节目，构成一个同步发射网，有效地改善同步网中相近发射机重叠覆盖区域内的接收效果，在增加覆盖范围的同时，可以降低每个台的发射功率。

理论上 DAB 可使用 3GHz 以下的任意频点进行广播。针对不同的应用情况，DAB 系统定义了 4 种传输模式，分别适用于不同频段的应用。DAB 系统实际上给系统运营商和用户提供了功能强大并且稳定可靠的数据传输通道，所以近年来随着数字音视频技术和大规模集成电路的发展，基于 DAB 系统的数据业务、实时视频业务等增值业务逐渐成为 DAB 系统最大的市场卖点，DAB 系统逐渐演化成现在的 DMB（Digital Multimedia Broadcasting，数字多媒体广播）系统。DMB 不再是单纯的声音广播，而是一种能同时传送多套声音节目、数据业务和活动图像节目的广播。迄今为止已经出现多种基于 Eureka-147 DAB 系统的移动多媒体广播方案，如 T-DMB、DAB-IP 系统等。

由于以上诸多优点，Eureka-147 DAB 系统已经在英国、德国、加拿大、澳大利亚、韩国、新加坡等 30 多个国家和地区得到了广泛应用。我国对 DAB 系统的研究始于 20 世纪 90 年代初，在广播电影电视总局的统一部署下，通过中欧合作计划等国家重点项目，引进关键设备，于 1996 年 12 月 25 日建成并开通了亚洲最早的 DAB 先导网，1997 年 7 月 1 日正式投入试播。该先导网由佛山、广州和中山三个试验试播台组成，有效覆盖了珠江三角洲的大部分地区。京津廊（北京、天津、廊坊）的 DAB 试验网（单频网）也于 2000 年开始试播。

然而，DAB 系统在中国的应用前景并不乐观，原因主要有两点：一是 DAB 系统需要占用Ⅲ波段（在中国为 167~223MHz）和 L 波段（1452~1492MHz），在中国Ⅲ波段现阶段仍主要用于模拟电视，很难协调出一个全国范围内的覆盖网络，无法形成全国性的市场；二是 DAB 系统不能与现行广播制式兼容，听众必须重新采购接收机，而且原有节目制作、传输、发射系统均需更新，耗资较多，接收机价格也尚未达到我国普通消费者能接受的水平。

10.1.2 卫星数字声音广播系统

卫星数字声音广播系统主要有以下几种。

1. DSR 系统

世界上最早的卫星数字声音广播系统是欧洲在 20 世纪 80 年代末实施的 DSR（Digit Satellite Radio）系统。虽然 DSR 系统能提供很好的声音质量，但由于没有采用数据压缩技术，频谱利用率低。随着科学技术的发展，DSR 系统已经被 ADR（ASTRA Digital Radio）系统所取代，DSR 已于 1999 年 1 月 15 日停止运行。

2. ADR 系统

取代 DSR 系统的是 ADR 系统，该系统使用 ASTRA 直播卫星电视信号的副载波传输高质量声音广播节目。ASTRA（阿斯特拉）是欧洲卫星广播组织的名称，总部设在比利时的布鲁塞尔。

欧洲卫星广播组织于 1993 年规范了数字化的 ADR 系统。ADR 使用的关键技术包括与 DAB 相同的 MUSICAM 信源编码算法，立体声信号的数码率为 192kbit/s，同时还包括最多 9.6kbit/s 的附加数据；副载波采用差分 QPSK 方法调制，差错保护采用卷积编码进行前向纠错。

ADR 系统通过卫星能实现大面积覆盖，如果每个卫星按 16 个转发器考虑，要比地面 DAB 提供的传输容量大得多。如果所有的转发器都利用的话，用一个 ASTRA 卫星，可以传送多达 192 套立体声节目。与地面广播相比，实现大面积覆盖总的投资和运行费用都是比较经济的。ADR 的优点是频谱利用率高，缺点是不适合移动接收。

3. WorldSpace 系统

国际电信联盟（ITU）推荐的卫星数字声音广播标准共有 5 种方式：System A、System B、System DS、System DH 和 System E。System A 是欧洲提出的与 DAB 兼容的 SDAB 系统；System B 由美国 VOA/JPL 提出，使用 QPSK 相关解调，由于技术比较简单，接收机有可能比较便宜；System DS 由 WorldSpace 公司提出，使用 1452~1492MHz 频段，TDM/QPSK 调制；System DH 也由 WorldSpace 公司提出，调制方法与 System DS 类似，对能看到卫星但有阴影的地区接收效果有所改善，同时其地面系统采用了类似于 DAB 的多载波调制来克服多径效应；System E 也称为 ARIB（Association of Radio Industries and Businesses）系统，主要特点是地面可以用同频转发，使用频率为 2630~2655MHz。

目前影响较大的 WorldSpace 卫星数字声音广播系统包括非洲之星、亚洲之星和美洲之星，分别覆盖非洲、亚洲、美洲以及欧洲的部分地区，覆盖人口可达 52 亿。它们使用的频率是 L 波段（1467~1492MHz）。

WorldSpace 系统信源编码部分采用的是 MP3 压缩格式，具有较好的编码效率，而每一广播信道可选择不同的速率。WorldSpace 系统的每颗卫星都通过三个下行波束来传输信号，每个波束覆盖 1400 万 km²。每个波束的总信道容量为 3072kbit/s。为了加强数据传输的鲁棒性，系统对每个广播信道都进行 FEC（Forward Error Correction，前向纠错）编码。为了适应大面积覆盖的需要，系统采用 QPSK 调制方式。

4. 美国的卫星数字声音广播系统

在美国，推动卫星数字声音广播的是 XM Satellite Radio 和 Sirius Satellite Radio 两家公司。1992 年美国 FCC（联邦通信委员会）将 S 波段的频谱划分给基于卫星广播的数字声音广播业务（Digital Audio Radio Services，DARS）。1997 年，FCC 将使用许可证颁发给了两个公司，即 CD Radio 公司（现在的 Sirius Satellite Radio 公司）和 American Mobile Radio 公司（现在的 XM Satellite Radio 公司）。

XM Satellite Radio 公司使用波音公司命名为"XM Rock"和"XM Roll"的两颗 HS702 地球同步卫星，频率带宽为 12.5MHz（S 波段的 2332.5~2345.0MHz）。为了弥补卫星信号在闹市区的衰落问题，XM Satellite Radio 公司还专门建设了地面发射机作为系统的补充。用户可以收听 170 个频道的数字声音广播节目，其中包括没有商业广告的音乐、新闻、体育、访谈、娱乐、幼儿等频道以及交通信息、天气等专门定制频道。XM Satellite Radio 与 ST 公司合作已经推出接收机专用芯片，还与 Pioneer、Alpine、Clarion、Delphi Delco、Sony、Motorola 等公司合作生产车载卫星广播接收机。目前 XM Satellite Radio 已经拥有 689 万用户，成为美国最大的卫星数字声音广播提供商。

和 XM Satellite Radio 不同，Sirius Satellite Radio 公司使用了由 3 颗在近地椭圆形轨道上运行的 SS/L-1300 卫星组成的转发系统向地面转发节目，频率带宽为 12.5MHz（S 波段的 2330~2342.5MHz）。Sirius Satellite Radio 公司称这样可以保证每颗卫星有 16 个小时运行在美洲大陆上方。在闹市区，同样采用地面发射机作为系统的补充。用户可以收听 125 个频道的数字声音广播节目，其中包括 67 个没有商业广告的音乐频道和 50 多个体育、新闻和娱乐频道。

卫星数字声音广播系统主要用于直接能看到卫星的地方，适用于大面积覆盖的广播节目，但移动接收和在闹市区接收效果不太理想。如果采用时间分集、空间分集、卫星分集或地面补充等方法，也可实现非直视位置的接收，但相对较为复杂。

10.1.3 DRM/DRM+系统

DRM（Digital Radio Mondiale）是世界数字调幅广播组织的名称，由其开发的数字调幅广播系统称为 DRM 系统。DRM 系统在 2001 年 10 月被欧洲电信标准协会（ETSI）标准化，并在 2002 年 3 月经国际电工委员会（IEC）通过，DRM 系统规范正式生效，为 AM 波段广播的数字化铺平了道路。国际上不少广播机构的部分发射台，已经从 2003 年 6 月 16 日（日内瓦召开 ITU 世界无线电通信大会）开始，将 DRM 系统正式投入广播运行，这标志着始于 20 世纪 20 年代的调幅广播进入了数字时代。

DRM 系统采用以下关键技术：

1）在信源编码部分，音乐节目采用 MPEG-4 AAC 方法，使用 SBR（Spectral Band Replication，谱带复制）技术实现高音频成分的听觉效果，在调幅波段 9kHz 的带宽中实现了接近调频广播质量的立体声广播；谈话或者新闻节目可以选用 CELP（码激励线性预测）或

HVXC（谐波矢量激励编码），以 2~8kbit/s 的数码率实现可接受的收听质量。

2）在信道编码部分，DRM 系统使用和 DAB 相同的截短删余卷积编码、COFDM 技术，根据信道传输条件和播送节目的不同，可选择 QPSK、16-QAM 或 64-QAM 等不同的调制方式。

DRM 在继承了传统调幅广播覆盖范围广、传输距离远等优点的同时有效提高了广播节目的声音质量，并能够提供形式丰富的数据业务。在保持相同覆盖范围的情况下，数字化改造后的 DRM 发射机比模拟调幅发射机的功率低 50% 左右，大大节约了能源消耗，并减小电磁污染，工作效率和经济效益都得到了提高。

DRM 系统最先是为 30MHz 以下的中、短波调幅广播数字化提出的解决方案。从 2004 年开始，DRM 组织提出了将 DRM 工作频率范围扩展到调频频段和 Ⅲ 波段的下半段的建议，该项目就是 DRM+（DRM Plus）。在 30MHz 以下，其带宽设置沿用原有调幅广播频道设置，以 9kHz 或 10kHz 为基本单位，支持半带宽（4.5kHz 或 5kHz）和双带宽（18kHz 或 20kHz），系统传输容量最高可达 72kbit/s；DRM+系统的带宽则扩展到了 100kHz，系统传输容量最高可达 180kbit/s 以上。DRM 系统可以传输多套接近调频立体声节目质量的数字广播节目，DRM+ 系统可以传输多套接近 CD 音质的数字广播节目。

我国从 20 世纪 90 年代开始跟踪研究 DRM 技术，1998 年 DRM 组织在我国的广州成立，广播科学研究院成为其创始成员。2003 年，在国家广播电影电视总局的统一部署和指导下，无线电台管理局、广播科学研究院和中国传媒大学联合攻关，共同完成了我国第一套完整的短波频段 DRM 样机系统，其中包括 DRM 编码调制器、DRM 接收前端和 DRM 软件接收机，完成了多次超过 2000km 的远距离传输试验（如海南至北京、齐齐哈尔至香港、喀什至欧洲等），积累了丰富的试验数据。在此基础上，广播科学研究院和中国传媒大学以及相关单位开始了对中波广播 DRM 化技术的研究，掌握了中波 DRM 数字化关键技术，在江苏、广东、安徽、云南、湖南等地进行了多次中波 DRM 广播实验，取得了一系列的科研成果，为中波频段数字音频广播研究积累了丰富的宝贵经验。

目前，全球（主要是欧洲广播运营商）多个广播电台全时段或定期播出 DRM 广播节目，但由于缺乏有效的商业运营模式和低成本接收机解决方案，尚未形成规模化市场，接收机价格也居高不下，因此尚未进入大规模商用阶段。

10.1.4　HD Radio 系统

美国的数字声音广播技术最早是在 1992 年的国际会议上，以 IBOC（In Band On Channel，带内同频）的名称公之于世的。IBOC 技术分为在调频波段使用的 FM-IBOC 与在中波波段使用的 AM-IBOC。

FM-IBOC 的竞争对象是 DAB。由于在开始的很多年里，技术尚未成熟，在较长的一段时间内几乎"销声匿迹"。经过改进的 AM-IBOC 系统建议于 2000 年年底提交给 ITU，2001 年 4 月，DRM 系统建议与 AM-IBOC 系统建议均被 ITU 通过而向全世界公布，AM-IBOC 成了 DRM 的竞争者。在 2002 年以前，FM-IBOC 和 AM-IBOC 统称 HQ DSB（高质量数字声音广播）。鉴于在数字电视广播中有 HDTV（高清晰度电视），为与其相对应，FM-IBOC 和 AM-IBOC 分别更名为 FM HD Radio 和 AM HD Radio，统称 HD Radio（高清晰度广播）。

HD Radio 系统是美国 iBiquity Digital 公司针对调频和中波调幅广播开发的数字声音广播

系统，2002 年 10 月，美国联邦通信委员会（FCC）将其确定为美国数字广播标准。HD Radio 系统的主要特点是利用现有模拟广播频道之间的保护间隔来传输数字声音广播信号的"带内同频"技术，在调频频段的典型应用方式为在距现有立体声调频广播中心频率 ±（130~200）kHz，共 140kHz 的频带内放置数字广播信号，最多可以传输 4 路数字音频业务，通过控制数字广播信号与同播的调频广播信号功率比，保证数字、模拟信号相互不造成干扰。IBOC 技术可以不改变现有频率规划，很容易实现从模拟到数字平滑过渡的目标。这是 HD Radio 系统与 DAB、DRM/DRM+ 等纯数字广播系统相比所具有的最大优势。

HD Radio 系统使用的信源编码技术是 MPEG-4 Enhanced aacPlus 编码，这种编码方法已在 DRM+、T-DMB 中得到应用。前向纠错编码采用的是截短删余卷积编码，也与 DAB、DRM 相同。同时，应用了数字通信中广泛应用的时间交织与频率交织技术，减弱由于无线电信道的时间选择性与频率选择性带来的影响。HD Radio 使用多载波 OFDM 传输方法，这与 DAB、DRM 也是完全相同的，只是频谱的安排（带宽、载波间隔、幅度、调制方法）不一样。

中国对 HD Radio 技术进行了跟踪研究，从 2008 年起，在国家广播电影电视总局的统一部署下，广播科学研究院和中央人民广播电台、无线电台管理局等单位一道，开展了一系列的实验室测试、外场测试，以及国产调频广播发射机的数字化改造实验，其中包括在奥运会期间使用调频 HD Radio 技术在北京地区的试播、京津冀三地调频 HD Radio 邻频干扰测试以及中波 HD Radio 天馈系统改造和测试等。

HD Radio 系统另一突出特点是其独特的专利授权方式。系统所有核心专利均由 iBiquity Digital 公司持有，并有部分技术属其私有技术，根据其专利政策，使用该技术的广播运营商、发射机制造商、接收机芯片及接收机生产厂家均需得到 iBiquity Digital 公司的授权并向其缴纳专利费用。这也成为 HD Radio 系统在中国推广的最大障碍。

10.1.5 CDR 系统

CDR 是中国数字广播（China Digital Radio）的简称。以广播科学研究院为代表的中国科研机构，对国际上的 DAB/DAB+、DRM/DRM+、HD Radio 等系统开展了近 30 年的研究和试验，积累了丰富的理论和实践经验，在对其进行充分跟踪研究、试验测试之后，发现这些国际上的数字音频广播系统均有各自的优缺点，与中国的实际应用场景都有一定的偏差，更重要的是，这些系统均建立在大量的专利技术或私有技术基础之上，如果在国内大规模使用，须向专利持有企业缴纳不菲的专利授权费用，甚至可能整个产业链被一两家国外企业控制（如掌握 HD Radio 核心技术的 iBiquity Digital 公司），背后可能存在巨大的政治和经济风险，不利于我国相关产业发展。其次，随着相关领域的技术革新，上述三种系统的技术体制已经相对落后，例如上述三种系统均使用卷积码作为其信道纠错编码方案，而这与当前数字广播电视领域普遍使用的 LDPC 码在性能上有着相当大（2~3dB）的差距。因此，我国决定借鉴成功研发推广中国移动多媒体广播（China Mobile Multimedia Broadcasting，CMMB）、数字电视地面多媒体广播（Digital Television Terrestrial Multimedia Broadcasting，DTMB）等系统的经验，自 2010 年年底起，成立由国家广播电影电视总局领导牵头的工作组，由广播科学研究院联合多家研究和播出机构，开展具有自主知识产权的数字音频广播系统——CDR 系统技术体系的研究。

CDR 系统借鉴了 HD Radio、DAB 等国外数字音频广播系统的优点，形成了一个完整的具有完全自主知识产权的技术体系，其主要特点如下。

（1）集成了我国自主知识产权的 DRA+ 信源编码算法

采用 DRA+ 信源编码算法，在很大程度上保证了 CDR 系统技术体系的自主知识产权的完整性。广播业务由于受传输信道资源的限制，对音频信源标准的压缩效率有苛刻的要求，而 DRA 技术的最大特点是低解码复杂度、高压缩效率，因此非常适合在数字广播电视领域的应用。DRA 音频标准同时支持立体声和多声道环绕声的数字音频编解码。在 CDR 系统中，采用了 DRA 低码率扩展版本（DRA+），DRA+ 是以 DRA 为核心，并利用带宽扩展和参数立体声增强工具而实现的低码率音频源编码技术。

（2）采用更高效的 LDPC 信道编码算法

在 CDR 的调频频段中，采用了更高效的 LDPC 信道编码算法，算法中保持了与 CMMB 系统相同的码长和准循环结构，使用了新的设计算法使编码增益进一步提高，提供 1/4、1/3、1/2、3/4 四种码率。采用这种高效的信道编码算法，可使得发射机功率降低一半。

（3）针对调频频段信道传输特性优化的系统传输方案

CDR 系统针对不同的运营场景，设计了三种传输模式：一是大面积单频网覆盖，一个发射机可以覆盖几十 km 的范围；二是高速移动接收，例如在 300 km/h 以上速度的高速火车上进行接收；三是高数据率传输，在频点上能够传输更高的数据量。可根据情况选用 QPSK、16QAM、64QAM 调制，信道编码码率可选择 1/4、1/3、1/2 或 3/4，在不同传输模式下（100kHz 带宽内）数据传输率如表 10-1 所示。

此外，CDR 系统在调频频段支持多频点协同工作，能够改善衰落信道环境下的传输性能。

表 10-1　CDR 系统在不同传输模式下的数据传输率

信 道 配 置		系 统 净 荷	
星座映射	LDPC 编码码率	传输模式 1 和传输模式 2	传输模式 3
QPSK	1/2	72kbit/s	79.2kbit/s
QPSK	3/4	108kbit/s	118.8kbit/s
16QAM	1/4	72kbit/s	79.2kbit/s
16QAM	1/3	96kbit/s	105.6kbit/s
16QAM	1/2	144kbit/s	158.4kbit/s
16QAM	3/4	216kbit/s	237.6kbit/s
64QAM	3/4	324kbit/s	356.4kbit/s

（4）灵活的频谱配置结构

在 HD Radio 系统中，信号带宽固定为 400kHz；在 DRM 系统中，信号带宽为 4.5/5～18/20kHz；在 DRM+ 系统中，全数字播出方式下，信号带宽固定为 100kHz。CDR 系统针对模拟调频广播向全数字音频广播阶段平滑过渡过程中多种应用场景，设计了多种频谱工作模式，信号带宽可进行非常灵活的配置，以 100kHz 为基础，中心频率以 50kHz 步进，最大可扩展至 ±400kHz，支持两个子带以上的多子带捆绑模式和数模同播模式，可以满足各种实际播出场景的需要，并能保证接收机在整个过渡过程中使用统一的调谐规则。

（5）支持逐步演进的系统架构

CDR 系统支持目前比较新的分层调制技术、多频道频率分集技术。采用比较灵活的架构，能够把正在研究的技术逐步应用到 CDR 系统中，不断完善系统。

目前已颁布的主要技术标准有：

- GY/T 268.1—2013《调频频段数字音频广播　第 1 部分：数字广播信道帧结构、信道编码和调制》。
- GY/T 268.2—2013《调频频段数字音频广播　第 2 部分：复用》。
- GD/J 058—2014《调频频段数字音频广播音频信源编码技术规范》。
- GD/J 059—2014《调频频段数字音频广播音频编码器技术要求和测量方法》。
- GD/J 060—2014《调频频段数字音频广播复用器技术要求和测量方法》。
- GD/J 061—2014《调频频段数字音频广播激励器技术要求和测量方法》。
- GD/J 062—2014《调频频段数字音频广播发射机技术要求和测量方法》。
- GD/J 063—2014《调频频段数字音频广播专业接收解码器技术要求和测量方法》。

2016 年 3 月 25 日上午，"中国数字音频广播技术与产业推进工作组（以下简称 CDR 工作组）"举行成立仪式暨新闻发布会。CDR 工作组由国家新闻出版广电总局广播科学研究院发起，北京北广科技股份有限公司、北京海尔集成电路设计有限公司、北京华音科技有限公司、北京数码视讯科技股份有限公司、北京同方吉兆科技有限公司、成都德芯数字科技股份有限公司、成都凯腾四方数字广播电视设备有限公司、湖南国科微电子股份有限公司、苏州全波通信技术有限公司等多家 CDR 产业链中核心企业组成。CDR 工作组将致力于推进CDR 相关技术标准与业务形态的深入研究，从而进一步推动 CDR 产业的发展。

10.2　数字音频广播（DAB）系统

随着数字技术的广泛应用，声音的拾取、记录、传输和播放质量得到了极大的提高。尤其是到了 20 世纪 80 年代后期，随着 CD（Compact Disc）唱片的应用和普及，CD 播放机进入了广大听众的家庭，听惯了 CD 音乐的人们对音频广播的质量提出了更高的要求。同时由于广播事业的迅速发展，在有限频段内被分配的广播发射频率越来越多，各播出频率间所需的保护间隔越来越难以保证，频率资源日渐缺乏。另外，由于现代化交通工具的日益普及，人们的生活节奏越来越快，旅途中的移动群体越来越大，这对移动接收提出了更高的要求。

数字音频广播（DAB）的研究始于 20 世纪 80 年代末期，并作为重点项目列入欧洲尤里卡147（Eureka-147）计划。尤里卡 147 计划第一阶段为期 4 年（1988～1991 年），主要完成了系统定义。第二阶段（1992.1～1993 年年底）主要通过广泛的闭路和开路测试，证实了MUSICAM/COFDM 制式在移动接收条件下的性能，并于 1993 年完成 DAB 的系统规范。1993～1994 年期间，德、法、英等国先后建立先导网。1995 年 7 月，CEPT 召开欧洲地面 DAB 广播频率规划会议，决定了欧洲各国开办 DAB 广播的使用频谱。之后，欧洲其他一些国家的 DAB广播迅速发展起来。目前，世界许多国家都已开展数字音频广播实验和业务。

中国与欧共体合作，于 1996 年底在广东佛山、中山和广州建起了中国第一个 DAB 先导网进行试验广播，北京、天津、廊坊地区的 DAB 单频网（SFN）也已于 2000 年 6 月 28 日开通进行试验。

　　数字多媒体广播（Digital Multimedia Broadcasting，DMB）系统是从 DAB 系统演化而来，除了传输声音节目外，还能同时传输数据业务和图像业务，其应用前景更加广阔。

10.2.1　DAB 系统的构成

　　DAB 系统由发射和接收系统两部分组成。发射系统由音频编码器、信道编码器、多路复用器、OFDM 基带调制器以及射频放大器等部分组成；接收系统则由高频调谐器、OFDM基带解调器、解复用器、信道解码器、解扰器、音频解码器、数据业务解码器等部分组成。发射和接收系统的原理框图如图 10-1 所示。

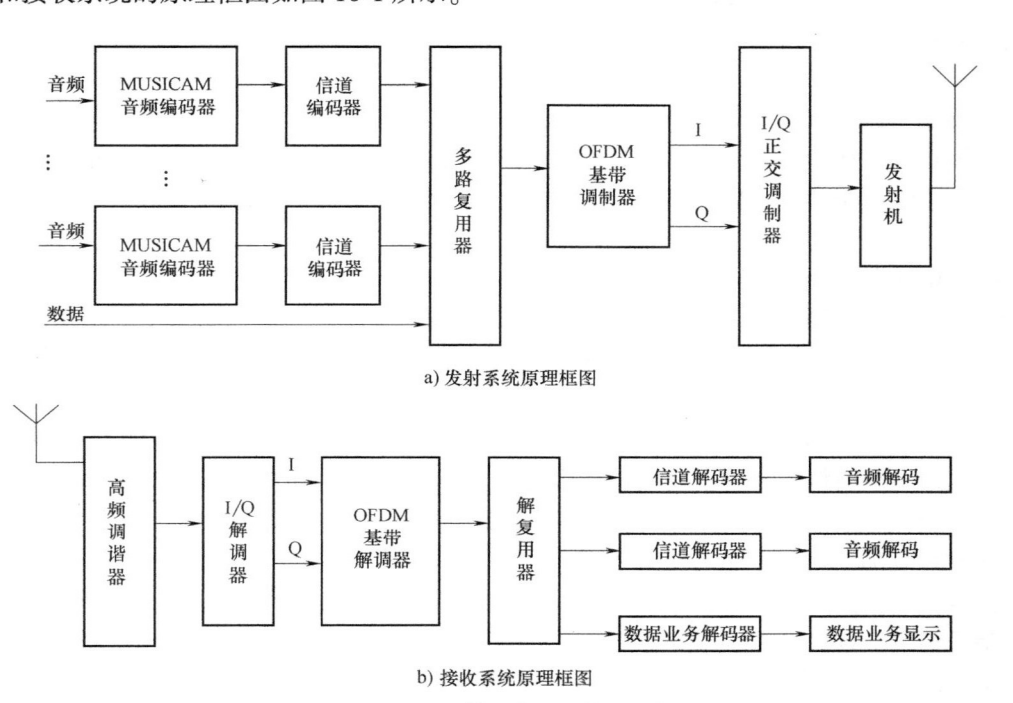

a) 发射系统原理框图

b) 接收系统原理框图

图 10-1　DAB 发射和接收系统原理框图

　　音频信源编码采用 MUSICAM 算法，即 MPEG-1 音频编码标准的第二层。它将输入的声音信号分割成 32 个子频带（每个子频带 750Hz），利用各频段功率的不均匀性及人耳的听觉特性，对各子频带独立地进行编码，去除声音信号中的冗余和不相关部分，以实现数据压缩。它可把传送一套立体声节目所需的数据速率由 2×768kbit/s 降低到 2×96kbit/s，人们听不出数据速率压缩后的节目与原版节目的差别，达到 CD 质量水平。虽然音频压缩编码的方法有多种，但 MUSICAM 编码方法在主观质量、数码传输速率、时延和复杂性等方面，提供了最佳的折中，是最适合 DAB 使用的信源编码方法。

　　经压缩后的音频数据经信道编码后送到多路复用器与数据业务一起复用，复用信号以包的形式进行正交频分复用（Orthogonal Frequency Division Multiplexing，OFDM）基带调制，在其中还加入快速信息通道（Fast Information Channel，FIC）符号、同步信号等。FIC 符号主要传输控制信息和解码信息，接收机在对其进行计值之后，才可以对真正的有用数据进行解码。信道编码采用码率兼容的截短删余卷积编码，根据数据重要性的不同，以及应用条件

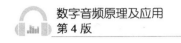

的不同，实施不同的差错保护。

为了能够纠正传输过程中可能出现的突发性的比特差错，DAB采取了双重的预防措施，即"时间交织"和"频率交织"技术，其目的是使本来相邻的信息单元在时域和频域都尽可能远地分开来传送，使误码分散，将突发性差错变成随机性差错。接收端经过"去交织"恢复信息的本来顺序，同时把可能出现的"成串差错"拆开为相距较远的单个比特差错，容易予以纠正。

此外，在OFDM传输方法中，为了防止具有较大时延差的多径传播信号在接收机中叠加时产生符号间干扰，人为地将符号持续期延长一个被称为"保护间隔"的时间长度。经过这样处理后，只要到达接收机天线的多径信号之间的时延差不超过保护间隔，那么所有的多径信号（包括直达的、绕射的或由同步网中其他发射台来的）都会增强接收信号，对总的接收信号做出有益的贡献。由于OFDM是多载波宽带系统，虽然不能排除在特定的条件和环境下也会出现个别载波或相邻若干个载波的衰落，但它们仅携带很少的信息，出现传输差错完全能够纠正，所以出现宽带衰落的可能性很小，除非在很长的隧道或山谷，电波完全被遮挡。

OFDM基带调制后送到I/Q正交调制器，首先从数字基带信号中分离I和Q分量，然后分别对I、Q基带信号进行D/A转换，再由低通滤波器滤除无用的高次谐波等干扰信号，得到纯净的模拟I、Q基带信号，此时的模拟信号已是经QPSK调制的多载波基带信号，该I、Q模拟基带信号再分别对中频的本振（10MHz参考源）及其移相90°的正交信号进行调制，并进行混合即可得到所需的中频已调制信号，形成带宽为1.536MHz的DAB频率块，再送入发射机进行载波调制和功率放大，然后通过天线发射出去。在一个DAB频率块上，通常可同时传送6套CD质量的立体声节目和其他数据业务。

接收系统部分则是发射系统部分的逆过程。

接收机的高频调谐器首先调谐从天线进入的射频信号并进行A/D转换，得到数字信号。数字信号经过I/Q解调器，得到两路正交的信号，该信号通过信道同步和信道均衡后，送入OFDM基带解调器进行基带解调，然后通过解复用器将音频信号送入信道解码器（维特比解码器）解码，经信道解码的比特流，被送至解扰器（或称解能量扩散器），使在发射端实施的能量扩散或加扰重新予以恢复。接着进行MUSICAM信源解码，最后经D/A转换还原成模拟音频。而从解复用器出来的数据业务，则送入数据业务电路处理，完成数据业务的解码与显示部分。

10.2.2 DAB系统的技术参数

DAB属于30MHz以上的广播，工作于VHF、UHF和L波段、S波段。欧洲DAB标准（ETS300401）确定了4种不同的传输模式，使系统可以应用于3GHz以下一个很大的频段范围。这4种不同的传输模式，分别应用于不同的工作频段，其主要参数见表10-2。

表10-2 DAB的传输模式和工作频段

	模式1	模式2	模式3	模式4
带宽	1.536MHz	1.536MHz	1.536MHz	1.536MHz
载波间隔	1kHz	4kHz	8kHz	2kHz

（续）

	模式 1	模式 2	模式 3	模式 4
载波总数 K_T	1536	384	192	768
有效符号持续期 T_u	1000μs	250μs	125μs	500μs
保护间隔 T_g	246μs	62μs	31μs	123μs
符号总持续期 T_s	1246μs	312μs	156μs	623μs
帧持续期 T_F	96ms	24ms	24ms	48ms
每个 COFDM 符号的比特数	3072	768	384	1536
发射台间最大距离（SFN）	约 75km	约 20km	约 10km	约 40km
最高射频频率（移动接收）	375MHz	1.5GHz	3GHz	750MHz
应用	VHF 地面同步网（单频网）	单个发射机和1.5GHz以下卫星/地面广播	卫星传输、地面传输、3GHz 以下的电缆传输	UHF 地面同步网（单频网）

1. 带宽的选择

尤里卡 147-DAB 项目，最初为 COFDM 信号选用的带宽是 7MHz 和 3.5MHz，但出于频率规划的目的，带宽在 1~2.5MHz 较合适。如果带宽过宽，可以提高传输特性，但不能充分利用频带；带宽不能太窄，太窄会使性能下降太快，最后决定选用 1.536MHz 的带宽。

2. 载波间隔和载波总数

COFDM 使用了大量的副载波，这些副载波有相同的频率间隔，当 COFDM 带宽确定为 1.536MHz 时，不同模式的载波间隔分别为 1kHz、4kHz、8kHz 和 2kHz。而载波总数受带宽和载波间隔的限制，即

$$载波总数\ K_T = \frac{带宽}{载波间隔} \tag{10-1}$$

3. 有效符号持续期、保护间隔、符号持续期

在矩形脉冲的情况下，每个副载波的符号持续期等于最小副载波间隔的倒数，即

$$有效符号持续期\ T_u = \frac{1}{载波间隔} \tag{10-2}$$

对于多径造成的码间干扰，DAB 采用保护间隔来解决，通常保护间隔 T_g 约为有效符号持续期的 1/4。DAB 具体选择的 T_g 见表 10-2。

有效符号持续期和保护间隔之和组成符号持续期 T_s，即

$$符号持续期\ T_s = T_u + T_g \tag{10-3}$$

4. 帧持续期

当 MUSICAM 送到的音频码流采样频率为 48kHz 时，相当于 1152 个 PCM 音频采样，持续期为 24ms，4 种模式的帧持续期取信源编码的持续期的整数倍编码方法，每 24ms 产生一个数据帧。

5. 每个 COFDM 符号的比特数

在 4 种模式中，多副载波代替了单个载波，每个载波分配 2bit，则每个符号的比特数为

$$每个符号的比特数 = 载波总数 \times 2 \tag{10-4}$$

6. 最高射频频率及应用

模式 1 的最高射频频率为 375MHz，主要用于 VHF 频段的地面单频同步网（SFN）。允许发射机间距离最远，并且相邻电台的信号延迟时间在保护间隔范围内，台间相互干扰小，信号质量高。

模式 2 的最高射频频率为 1.5GHz，可用于地面单个发射机的本地覆盖和 1.5GHz 以下的卫星/地面混合方式的广播；也可用于中、大规模的单频网，但建设费用较高，一般在发射机加入人为的时延或采用具有方向性的天线。

模式 3 主要为工作于 3GHz 的卫星广播而设计的，同时还可以作为地面补充传输以及 3GHz 以下的电缆传输。由于卫星系统反射时延差短，故模式 3 的保护间隔也短，为 31μs。

模式 4 的最高射频频率为 750MHz，介于模式 1 和模式 2 之间，主要用于 UHF 频段的地面单频同步网。保护间隔为模式 1 的一半，允许发射机间距相应减短。

我国根据国情，主要采用传输模式 1，即工作在 VHF 频段。

10.2.3　DAB 的覆盖方式

DAB 信号可以用不同的覆盖手段传送到用户的接收机，例如通过地面单频同步网、本地电台、卫星和有线网络。

1. 单频同步网

由于 COFDM 传输方法具有多径能力，因此 DAB 系统也就具备了单频同步运行能力。

为了实现地面覆盖，在传统的广播中，地理位置相邻的发射台不允许使用相同或相近的频率，以避免相互干扰。但是如果传输方法具有多径能力，可以应付很大的多径信号的时延差，那么播出相同节目的同一个发射网中的所有发射机都可同步工作于相同的频率，构成所谓的单频网（Single Frequency Network，SFN）。

为保证单频同步网中所有发射机都良好同步运行，一方面应使网中所有的发射机工作频率都受控于统一的频率标准并总是保持相同，另一方面还要确保节目和数据信号在同一时刻发射，也就是说调制信号也要保持同步，每个比特在网中所有发射机必须真正一致。在这种情况下，特别在每个发射台覆盖区边缘，许多发射台的信号相互补充，因此，提高了传输可靠性。在网中，发射台之间的距离和布局在满足一定的条件下，各发射台发射的功率是相助的（通常称为网络增益）。即网中相邻发射台的"干扰信号"可看做人为的反射信号，只要发射台之间的距离所对应的电波传播时间不超过保护间隔，同步网中相邻的发射台的信号都会对接收质量的改善有建设性贡献。因此，在 DAB 单频同步网中，相近发射台的功率信号可实现无缝交叉覆盖，可很好地改善接收效果，使覆盖的范围增加了，频谱利用率高了，每个发射台所需的发射功率可以大大降低，通常约 1kW 或几百瓦。

2. 本地电台

对于一个城市来说，使用一个 DAB 发射机覆盖也就够了。当本地电台不可能提供多达 6 套节目的话，可以用较少量的节目并同时提高整个信号的差错保护度（即人为提高冗余度、降低信道编码率），来占满 DAB 可提供的整个数据容量。这样，就可以进一步降低传输的剩余误码率，扩大发射台的作用距离，扩大覆盖面积。

3. 卫星

DAB 应用的 COFDM 传输方法，本来就是为可支持移动接收的直播卫星而设计的。

卫星传送的优点是有相当大的覆盖区域。对于全国性节目来说,通过卫星进行全国的覆盖可能是最经济的方案,可以节约可观的无数个地面同步网建设、节目和数据馈送以及维护、运行的费用。

4. 有线网络

由于 DAB 技术的强大能力,其信号能很好地在有线网中传输,这样可以充分地利用现有的有线传输网络。

最简单的方法是,将由空中接收的 DAB 信号直接变为有线网的工作频率传送给用户。但这种方法的缺点是频谱利用不经济。原因是在有线网络中传送,不像在空中无线传送要求那样高的差错保护度,可用的容量还可以进一步提高,例如,在有线网中一个 DAB 频率块可以传送 9 套 CD 质量的立体声节目,同时,还有更多的容量用于传送数据业务。

不论采用什么方案,在有线网络中可以与直接接收地面电台一样,使用相同的 DAB 接收机。

10.2.4　DAB 的数据广播

数字音频广播(DAB)是面向未来的新一代音频广播系统。它一方面可以将传统的声音广播质量推向极点,达到 CD 质量;另一方面可以将传统的单一声音广播业务推向多媒体领域,使以后的广播在发送高质量声音节目的同时,还能够提供诸如智能交通引导、电子报纸杂志、金融股市信息、互联网信息、城市综合信息等可视数据业务,从而为电台提供一个全新的发展空间。

在数字音频广播系统中,以相当大的程度固定安排了声音广播业务,然而对数据业务也采取了一定的措施。对于数据业务来说,要考虑许多不同的要求,例如,归入声音节目的数据业务或独立的数据业务;宽范围的数据容量;不同复杂性的终端设备;不同的传输可靠性;最大的存取时间等。

DAB 系统的数据流可以传送到住宅、办公室、PC 和其他的终端设备。附加信息可以以数据、电文和图像的形式在 DAB 接收机的显示器上显示,或者通过插在 PC 上的 DAB 卡接收数据业务并在 PC 的显示器上显示。

就附加数据业务而言,它的数据可以是与声音广播有关的业务,称为节目伴随数据(Program Associated Data,PAD);也可以是与声音广播节目无关的数据业务,称为非 PAD。

PAD 含有关于正在传送的声音节目的重要信息。例如,它可以是介绍节目概况的广播电文或关于节目主持人的信息,或者听众热线电话号码。利用 PAD 也可以进行多种控制,例如传送动态范围控制(DRC)和音乐/语言识别控制等信息。

未来的 DMB 的非 PAD 数据业务,对于固定接收来说主要有:电子报纸,可根据自己的需要选择某部分内容;软件或计算机游戏分配;面向所有家庭的公共信息;大型公众活动的通告。对于移动接收来说,非 PAD 的数据业务变成了同汽车司机或用户公共联络的工具,为他们传送急需的信息,这些信息可以包括:详尽的交通信息、城市停车场车场信息、旅馆床位信息、个人寻呼信息、编码的地图、图文信息、天气信息、导游信息等。

此外,还可以传送职业性领域内的信息:丢失的信用卡禁用;交易所信息;独立于电缆网的巡回控制应用;价格信息的发布(在加油站或连锁店);电子广告片信息馈送。

10.2.5　DAB 接收机原理

DAB 接收机是将发射的射频信号接收下来,经变频、解调、去交织、解码还原为原声音信号和节目数据业务的设备，完成 DAB 发射机信号处理的逆过程。图 10-2 是由成都天际无线数码有限公司开发的 DAB 接收机的原理框图，它由解码模块、嵌入式控制软件、数据业务解码器和 USB 等各类接口板构成。

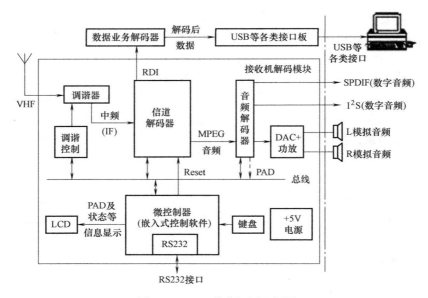

图 10-2　DAB 接收机原理框图

1. 高频调谐器

高频调谐器的主要任务是选择所需声音节目或数据业务的频率块，然后进行频率变换，将射频信号变为中频信号后，再经过变频变为基带信号。DAB 高频调谐器的主要性能指标是高灵敏度（≤85dBm）、高调谐准确度（≤0.01ppm）、足够大的邻频道抑制能力（>40dB）、中频电平波动小等。

另外工作频率分别为

- 射频信号：VHF 波段为 174～230MHz，L 波段为 1450～1492MHz。
- 中频信号：中心频率为 38.912MHz，带宽为 1.536MHz。
- 基带信号：中心频率为 2.048MHz。

高频调谐器的结构如图 10-3 所示。为了可以接收 L 波段的信号，高频部分必须将 L 波段的信号变换为 VHF 波段的信号，接收机的本地振荡器使用锁相环路（Phase Locked Loop，PLL）。无论是直接接收的 VHF 信号还是由 L 波段变换来的 VHF 信号，经选择后都送入混频器，变为中频信号（中心频率为 38.912MHz、带宽为 1.536MHz 的频率块）。通过中频选择滤波器（例如声表面波滤波器）滤波，抑制掉无用频谱成分，以确保即使在强的邻频干扰情况下也能良好接收。接着，中频信号再经频率变换和滤波，变为中心频率为 2.048MHz、带宽仍为 1.536MHz 的基带信号，送入 COFDM 解调器继续处理。

- VHF/L 波段变换：将接收到的 L 波段信号变换为 VHF 波段信号。
- PLL（L 波段）：VHF/L 波段转换器的本振电路。
- 选择：对 VHF 频段进行选频，输出射频信号。

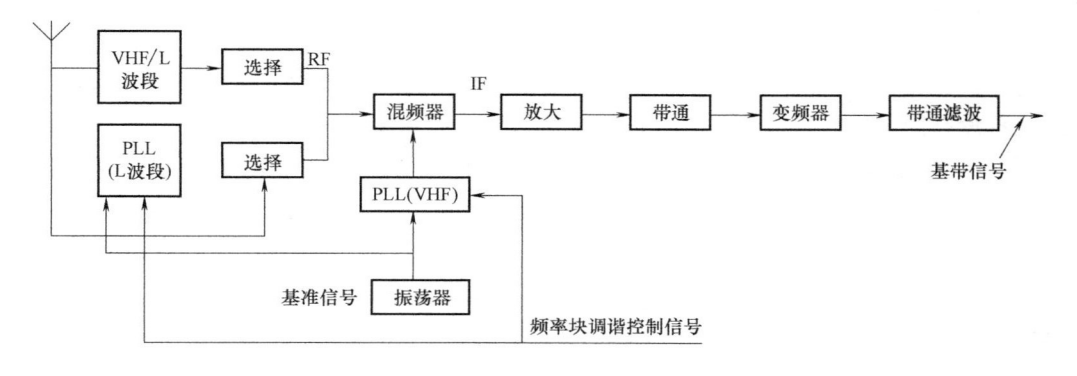

图 10-3　高频调谐器的结构

- PLL（VHF）：VHF 混频提供本振信号。
- 混频器：将本振信号和射频信号差频变为中频信号。
- 放大与带通滤波：对中频信号进行放大、滤波，滤除无用频谱成分。
- 变频器与带通滤波：将中频信号进行变频变为基带信号，并滤除无用频谱成分。

2. COFDM 解调及信道解码

COFDM 解调器首先通过正交解调从 COFDM 基带信号中产生出同相分量（I）和正交分量（Q）信号，然后分别经 A/D 转换器变换成数字形式的信号，获得的比特序列再借助数字信号处理器（DSP），实施快速傅里叶变换（FFT），完成各个载波的 4-DPSK 解调，恢复出分配在各个载波上的差分编码复数比特（或双比特、比特对）数据流。

信道解码包括以下步骤。

（1）接收机同步

接收机同步包括两个步骤：一是在以 FFT 的形式对 COFDM 基带信号解调之前，接收机应借助传输帧的零符号实现对每个传输帧开始时刻的粗时间同步；二是讨论经 IFFT 处理的借助零符号的相位基准信号的时域相关性。

（2）解复用

经 COFDM 解调器输出的每个传输帧的比特流，送入解复用器。解复用器将同步通道（SC）分离，目的是为接收机提供解调的相位基准信号使收发同步；将快速信息通道（FIC）恢复获得控制信息和解码信息；将主业务通道（MSC）中的数据分解出各路声音信号和数据业务。

（3）时间解交织和频率解交织

根据时间解交织电路对不同并行数据流的不同时延进行补偿，将并行数据流重新变成发送端原始时间顺序的串行数据流；频率解交织电路是根据不同模式在副载波之间重新安排数据，接收端按原交织顺序还原。去交织主要采用外部随机存储器来实现。

（4）卷积解码（维特比解码）

卷积码的解码方法之一是维特比解码，解码器根据接收的序列、信道统计特性和编码规则，判断它编码时通过网格图的路径，即完成卷积解码，并对传输过程中产生的误码纠错。

维特比解码器首先对输入的数据流解删余，可处理 8/9～8/32 的编码率。与 DAB 定义的同等差错保护（Equal Error Protection，EEP）和不等差错保护（Unequal Error Protection，UEP）类型相一致的控制解删余的表，被存储在一个 ROM 中，借助在卷积码中包含的一定数量的保护比特，在解码时可以识别一些程度的传输差错并予以纠正。在卷积编码时加进的保护比特没有固定的位置，而是将保护比特和真正的信息比特构成一个整体，这与奇偶校验位不同。这种在数据流中加入冗余的优点是：可对不同的重要性、对干扰有不同的敏感程度的数据，实施不同程度的保护，即通过删余，使用不同的信道编码率进行编码。

（5）解扰（解能量扩散）

解扰器的作用就是对发射端进行的能量扩散或加扰进行还原的过程。在 DAB 发射端，能量扩散在子信道的每个比特矢量中加进一个伪随机序列，以便使"0"和"1"的分布可以接近统计的相等分布，避免长时间全为"0"或全为"1"。

3. 音频解码

在解复用中，一旦完成 FIC 解码，即可进行 DAB 的业务选择。若选择音频业务，则音频业务数据和节目伴随数据（PAD）送入音频解码器进行音频解码（MUSICAM 信源解码），产生数字和模拟音频输出及 PAD 数据。

4. 数据业务解码器

数据业务解码器可以将信道解码后码流中所需的数据业务部分解码过滤出来，送入计算机处理。该解码器与接收机解码模块结合，可以实现多媒体数据业务的接收，并可实现实时处理，具有效率高、成本低、稳定性高等优点。

该解码器首先将接收到的 RDI（接收机数据接口）输出信号变换成 I^{2}S 信号，根据 RDI 标准（EN20255）找到 RDI 帧内 FIB（Fast Information Block，快速信息块）中有关数据包（Packet）模式数据业务及其对应子通道的参数，再将找出的子通道在 MSC（主业务通道）中的有用数据予以输出，而对其余无效数据予以过滤。针对不同的应用，该解码器还对 MSC 中的数据包作进一步处理，可以实现三种级别的输出：DAB 数据包直接输出；组合成 DAB 数据组输出；IP 数据包直接输出。解码输出的有用数据经 USB 等各类计算机接口，送入计算机进行各种应用处理。

5. 系统总控

上述所有过程均由微控制器通过总线进行控制。微控制器上运行的嵌入式软件的主要功能是控制调谐器、信道解码器和音频解码器的工作及人机接口，实现 DAB 的解码控制和业务播放，主要包括：

1）设定频率并操作调谐同步控制过程，达到 DAB 信号稳定接收。

2）快速信息块（FIB）解码，生成节目列表（包括音频和数据业务），显示节目标记。

3）选择节目播放或从 RDI 接口输出。

4）音频解码器音量控制。

5）为 RS-232 接口提供应用程序接口（Application Program Interface，API）命令集功能调用。

6）控制信道解码器的工作，如静音等。

为便于移植到各类微控制器平台，嵌入式控制软件通常采用 C 语言编写，可在 DOS 环境下仿真调试。

6. USB 等各类计算机接口板

USB 等各类计算机接口板主要实现数据业务解码器的数据接收，并打包成 USB 或其他接口格式的数据送至计算机处理。考虑到 USB 接口的广泛应用，如果将该接口板和前述解码模块和数据解码器结合，在 USB 控制器上引出一个 RS-232 接口，便可开发出直接由 USB 接口控制整个 DAB 接收机的产品。

10.2.6　DAB 系统的特点

综上所述，数字音频广播（DAB）就是将要传送的模拟音频信号通过 A/D 转换器转换成数字音频信号，然后进行编码、调制等处理，以数字技术为手段，进行传输广播。与传统的 AM/FM（调幅、调频）模拟广播相比，DAB 系统具有如下主要优点：

1）抗干扰性能好，适合于移动、固定或便携式接收，声音质量可达 CD 等级。

2）DAB 传输系统所需的发射功率小。由于数字信号传输的高可靠性及较强的抗干扰能力，接收机灵敏度高，从而使得在实现和现存 FM 广播相同的覆盖要求情况下，其对发射功率的要求就低得多。以目前试播的 DAB 技术来看，6 套高质量音频节目共用 1kW 的功率发射，接近 1 套 FM 广播独用 10kW 发射的覆盖面。发射功率的降低，不仅意味着节约能源，减少电磁污染，而且还可以大幅度降低建台的费用。

3）数字广播具备加扰、加密功能。所以，DAB 的普及能够使有偿节目服务成为可能。

4）DAB 采用单频网（SFN）同步运行，用多点同频发射来实现大面积的覆盖，可以非常经济地利用有限的频率资源，频谱利用率高。

5）接收机操作方便、简单，抛弃了现今采用的烦琐的频率寻找，而只是在接收机输入一个"节目号数"。DAB 接收机还可实现可变的动态控制，可以与现实的收听条件相适应，即无论在汽车、住室还是在室外，接收机可自动调整到最佳聆听的信号动态，使之与周围环境相适应。

6）从 DAB 系统很容易过渡到 DMB 系统。无须对现存的 DAB 广播前端进行任何改动，只要在前端设备上引入一个 DMB 视频编码器，就可以实现从 DAB 到 DMB 的过渡。例如，在韩国的 T-DMB 系统中，仍沿用了 DAB 的整个系统，只是在 DAB 的 MSC（主业务信道）中划分出一个独立的子信道用于视频业务。而原先 DAB 中所固有的声音业务、数据业务都保持不变，这也使得 T-DMB 的部署相对较为容易。而新增的视频业务则主要通过前端的 DMB 视频编码器来实现，视频编码器编码产生的数据流，以 ETI（复合群传输接口）信号形式通过 DAB 的复用器以流模式方式复用到子信道中去，与来自其他路的音频或数据复用成高达 2.048Mbit/s 的 ETI 传输数据流，然后将 ETI 数据流分配给 DAB 同步网中的各个发射台进行发射。

10.2.7　新一代数字音频广播 DAB+

自 DAB 标准制定以来，DAB 系统一直采用 MPEG-2 Audio Layer Ⅱ 音频编码算法。在此期间，许多高效的音频编码算法被提出，这使得以更低的数码率播送相当于或者优于原有音质的音频信号成为可能。

作为承担 Eureka-147 项目的国际性组织——WorldDMB（其前身为 WorldDAB）一直密切关注着音频编解码技术的发展。尽管 WorldDMB 一直对技术规范稳定性持拥护态度，但是其指导委员会经过慎重考虑后决定，在其技术委员会内成立一个工作组来开发引入音频编解码的新技术。经过严格的测试比对相关技术的各项参数，最终确定将 MPEG-4 Enhanced aacPlus（或称 MPEG-4 HE-AAC V2）引入新一代数字音频广播 DAB+系统。2007 年 2 月，DAB+这项技术由 ETSI TS 102 563 V1.1.1 正式公布。

DAB+采用了 MPEG-4 Enhanced aacPlus 音频编码技术，而 MPEG-4 Enhanced aacPlus 是 AAC 核心编解码技术的一个扩展集。这样的扩展集构架可以在高数码率时采用普通的 AAC 算法，在中数码率时采用 AAC 和 SBR 的组合，在低数码率时采用 AAC、SBR 和 PS 三者的组合。因此，为广播运营商提供了高度的灵活性。

MPEG-4 Enhanced aacPlus 与 MPEG-2 Audio Layer Ⅱ 相比，在提供相同感知音频质量条件下，前者输出的数码率只是后者的 1/3；在听觉范围的门限值条件下，采用 MPEG-4 Enhanced aacPlus 编码的音频业务性能要高出 2~3dB。这意味着采用 MPEG-4 Enhanced aac-Plus 编码播出的无线广播业务的覆盖范围比采用 MPEG-2 Audio Layer Ⅱ 编码播出的广播业务范围要大一些。

目前，所有 DAB 系统只提供单声道或立体声广播业务，而 DAB+系统在此基础上还能以向后兼容的方式提供环绕立体声的广播业务。

10.3　数字调幅广播（DRM）系统

10.3.1　DRM 概述

1996 年 11 月，国际上一些大机构在巴黎举行会议，决定成立一个名为 Digital Radio Mondiale（DRM）的组织。该组织的任务是：定义一个针对 30MHz 以下的长、中、短波波段的数字调幅广播系统，使之成为一种不断发展完善的世界通用数字 AM 广播标准，促进数字调幅技术在全球范围推广。

1998 年 3 月，DRM 组织在中国广州正式成立，签署了 DRM 谅解备忘录（MoU）。1998 年 7 月，国际电信联盟无线电通信部（ITU-R）批准 DRM 为部门成员，同年国际广播会议（IBC 98）期间，DRM 又以集团协议取代 MoU，并决定在日内瓦欧洲广播联盟下设立 DRM 的项目办事处，协调各方面工作。以后 DRM 集团成为在瑞士注册的非营利组织，其目标是"为世界广播市场带来可负担的数字声音与业务"。1999 年年初，法国 Thomcast 公司、德国电信和 Telefunken 公司共同加入了数字 AM 的研究计划。1999 年 3 月，DRM 组织开始对法国 SkyWave2000 和德国 TIM 两大系统进行测评，综合两种方案效果后，于 1999 年年底向 ITU 提交草案，最终决定采用 SkyWave2000 的 OFDM+QAM 方案。

2001 年 4 月 ITU 通过 DRM 的标准建议书（ITU-R BS.1514）。欧洲电信标准化协会（ETSI）则于 2001 年 9 月公布了 DRM 第 1 版欧洲标准 ETSI TS 101980 V1.1.1。2002 年 3 月经国际电工委员会（IEC）通过，DRM 系统规范正式生效，为 AM 广播的数字化铺平了道路。国际上不少广播机构的部分发射台，从 2003 年 6 月 16 日开始，将 DRM 系统正式投入广播运行，这标志着 30MHz 以下广播新时代的开始。

10.3.2　DRM 系统的构成

DRM 系统采用了高效的信源编码技术，在满足声音质量要求前提下，有效地降低了数码率。在保持与模拟 AM 广播相同的带宽（9kHz 或 10kHz）情况下，可达到调频（FM）单声道广播的质量。在频谱允许的前提下，若将射频带宽扩展为 18kHz 或 20kHz，DRM 系统可达到 FM 立体声广播的质量，并可传送多套节目。DRM 系统还可以在传送音频节目的同时，传送附带的文本信息及多种数据业务。在输出信号中包括了三种信息：主业务通道（Main Service Channel，MSC）传送声音和数据；快速接入通道（Fast Access Channel，FAC）提供调谐时快速扫描所需的信息；业务描述通道（Service Description Channel，SDC）提供如何解码 MSC 的信息以及其他通道包括模拟通道的信息。DRM 系统不改变现有的频率规划和频谱分配，易于实现从模拟到数字的平稳过渡。在 DRM 系统中，原有发射机（PDM、PSM、DX 系列、M^{2}W 等）只需增加数字调制器和做部分改动就可继续使用。

DRM 系统的发射部分主要由信源编码、多路复用、信道编码和 OFDM 四个模块组成，如图 10-4 所示。在接收端，接收机首先获得信号的同步，然后经解调、信道解码、解复用与信源解码，得到音频信号与数据。下面只介绍发射部分。

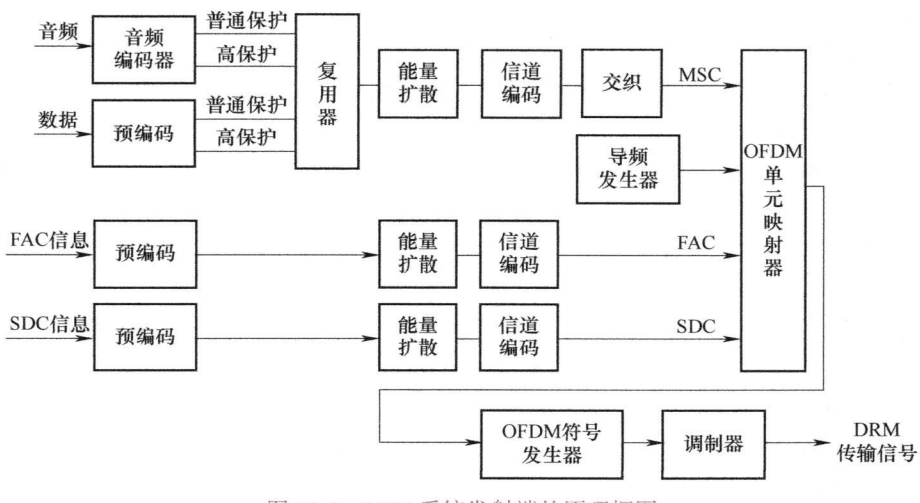

图 10-4　DRM 系统发射端的原理框图

1. 信源编码模块

DRM 系统规定使用与模拟 AM 广播相同的频带宽度（9kHz 或 10kHz）；在频谱允许的前提下，最大可用带宽可扩展为 18kHz 或 20kHz。这就限定了数字音频信号在信道上传输的数码率。因此，为了得到更好的声音信号质量，除了选择合适的信道编码和调制方法外，还必须选择合适的信源编码。

国际上，MPEG 迄今已经发布了 MPEG-1、MPEG-2 和 MPEG-4 等信源编码标准。为了能在给定的数码率下提供最佳质量，DRM 系统提供了三种不同的音频编码方案，以适应在数字 AM 广播中不同节目（音乐/语言）和带宽的需要。音频编码器的结构框图如图 10-5 所示。在压缩编码前还应用了德国 Coding Technologies 公司的 SBR 专利技术，在输入编码器前将音频信号的高频分量滤除，但对被滤除的高频分量的某些信息进行编码传送，在解码端再重构恢复出高频分量。这一方面减少了要编码的信号的绝对带宽，另一方面也使后面的压缩编码有更高的压缩效率。SBR 技术可与 AAC 和 CELP 编码器联合使用，是一种可选的音频编码增强方法（工具）。

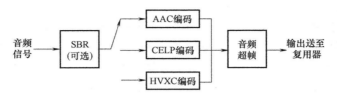

图 10-5　音频编码器的结构框图

系统中的非音频数据均为预编码后的格式，如图像数据（JPEG、GIF、BMP），可通过读取相应的数据文件获得数据。

（1）MPEG-4 AAC（高级音频编码）

相对比较高质量的音频编码模式，有较强的抗差错能力。用于 12kHz 或 24kHz 采样频率、20~24kbit/s 数码率的音乐节目。与谱带复制（SBR）技术相结合，可以重建音乐信号的高频成分，这样，尽管数码率较低，但是可以达到相当好的主观质量。在数码率为48kbit/s 的情况下，可以得到如同 FM 立体声一样的主观听觉质量。

（2）MPEG-4 CELP（码本激励线性预测）语音编码

用于 8kHz 采样频率、8~10kbit/s 数码率的高质量语音编码，适合于单声道中抗差错能力很强的语音广播。它也可以使用 SBR 技术。这种编码方法适合用于 2~3 种语言节目的同时发射。如在 8kbit/s 的数码率下完成可接收质量的语音广播，这样在一个 24kbit/s 的单个频段内可以实现三种语言广播。

（3）MPEG-4 HVXC（谐波矢量激励编码）语音编码

用于具有最小 2kbit/s 的很低数码率的语音编码。例如在多种语言（4 种）的新闻节目时使用。

（4）谱带复制（SBR）技术

SBR 是一个频带扩展工具，用于展宽音频带宽。在 DRM 系统中，SBR 可与 MPEG-4 AAC 和 MPEG-4 CELP 联合工作。

为在低数码率时获得可接受的音频质量，典型的音频和语音编码算法需要限制输入的音频信号带宽，并在低采样频率下工作；而在 DRM 系统中，希望在低采样频率条件下重建的音频信号有足够的带宽。这可以通过使用 SBR 算法来重构音频信号的高频分量。在编码端的比特流复用器，一些 SBR 解码器重构高频分量所需要的附加信息和编码比特流一起复用。在解码端，MPEG-4 AAC 或 MPEG-4 CELP 解码器的低频输出送入 SBR 单元，最后和 SBR 解码器重构的高频分量一起，产生一个完整带宽的音频信号。

使用 SBR 技术，可以在给定的数码率下扩展重建音频信号的带宽，或者在给定的质量等级下改善编码的效率。在中、低数码率范围内，SBR 可以使基于感知音频编码的信号带宽扩展到 15kHz。此外，SBR 还可以改善窄带语音编码的能力，可以实现语音节目能达到10kHz 的音频带宽，这可以在多种语言节目通过一部发射机同时广播的情况下使用。因为大多数语音编码器都是将带宽降得很低，在这种情况下，SBR 对语音质量的改善较少，而对语音的可懂度改善较多。

（5）不等差错保护（UEP）和音频超帧

信源编码器的输出比特流的传输格式要满足 DRM 系统的要求。众所周知，传输误码对重建音频信号所造成的主观音质感觉，与比特流中误码发生在哪个部分有很大关系，也就是说，信源编码比特流中的不同部分有不同的差错敏感度。对付这种不同差错敏感度的最佳解决方案是使用不等差错保护（UEP）。在 DRM 系统中，信道编码器采用两种不同等级的差错保护，对差错敏感的编码比特流采用较高等级的保护；对差错较不敏感的编码比特流采用较低等级的保护。采用不等差错保护，可在容易出错的传输信道中改善系统的性能。

为适应 UEP 信道编码，使用固定长度的帧是必要的，就给出的数码率而言也是恒定的。因为 AAC 是使用可变长度帧的编码方案，几个编码音频帧将组合起来成为一个音频超帧。一个音频超帧通常由 5（12kHz 采样频率时）、10（24kHz 采样频率时）或 20（48kHz 采样频率时）个编码音频帧组合而成，在时间上总是相当于 400ms。

2. 多路复用模块

多路复用模块是为了组成 DRM 传输超帧。一个传输超帧由 3 个 400ms 的传输帧组成，它承载 MSC、FAC 和 SDC 三个通道的信息。

（1）主业务通道（MSC）

它载有 DRM 多路复用中所包含的所有业务的数据。多路复用可以实现 1~4 种业务的复用，每一种业务既可以是音频业务，也可以是数据业务。MSC 中业务数据可以被分配相同或不同的保护等级，从而实现同等差错保护（EEP）和不等差错保护（UEP）。MSC 的总数码率是由 DRM 信道的带宽和传输模式决定的。

（2）快速接入通道（FAC）

它为接收机提供快速搜索的业务选择信息，包括业务参数信息（如复用描述、频点切换等）和信道参数信息（如频带宽度、交织深度等）。

（3）业务描述通道（SDC）

它给出怎样对 MSC 解码、怎样找到发射相同节目的替换频率的信息，以及多路复用中的业务的归属。

3. 信道编码模块

DRM 广播传输系统的信道编码基于多级编码（Multi-Level Coding，MLC）方法，采用截短删余卷积编码。信道编码模块的结构框图如图 10-6 所示。多级编码的原理是，通过编码和调制的最佳结合而达到最好的传输性能。这意味着在 QAM 映射中，容易出错的比特位置可得到较高的保护。不同组成的码通过来源于同一基本卷积码的截短删余而得到。通过截短删余，可以很灵活地改变信道编码效率（码率），并得到不同等级的保护。DRM 使用的交织技术，是使原本相邻的比特尽可能

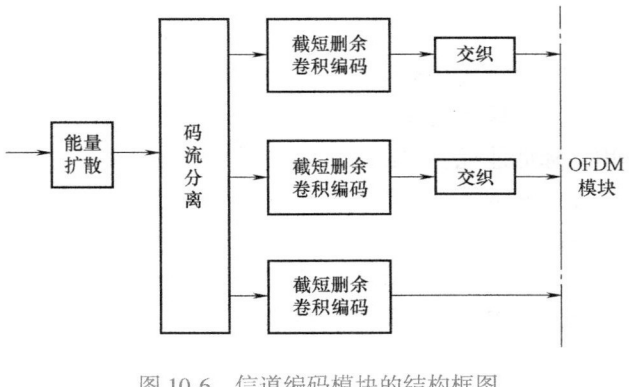

图 10-6　信道编码模块的结构框图

远地在时域和频域分散开来传送，以避免突发差错（块差错）。此外，通过能量扩散可以使能量均匀地分配到各个载波上，并避免长的"0"序列。

4. OFDM 模块

OFDM 是一种多载波调制方法，它使用大量具有相等频率间隔的载波，代替通常用于传送一套节目的单个载波。OFDM 具有很好的抗多径干扰能力，能够很好地满足频率/时间选择性衰落信道的要求，在无线广播与通信领域得到广泛应用。

DRM 传输系统也采用 OFDM 调制方式。表 10-3 列出了 DRM 系统的工作模式与 OFDM 符号参数概况，表中 T 为基本时间单位，T_g 为符号保护间隔，T_u 为有效符号持续期，T_s 为符号总持续期，T_f 为传输帧长。与在中波和短波提供使用的 4.5~20kHz 的信道相适配，对于不同的传输模式有与其相应的载波数量，这样，信道正好被填满。关于每个载波的调制方法，DRM 使用了 4-QAM、16-QAM 或 64-QAM。

表 10-3　DRM 系统的工作模式与 OFDM 符号参数

参　数	强壮模式 A (有弱衰落的高斯信道)	强壮模式 B (有长时延弥散的时间选择性与频率选择性信道)	强壮模式 C (与模式 B 相同，但有大的多普勒弥散)	强壮模式 D (与模式 B 相同，但有严重的时延和多普勒弥散)
$T/\mu s$	83.33	83.33	83.33	83.33
T_u/ms	24（288T）	21.33（256T）	14.67（176T）	9.33（112T）
T_g/ms	2.67（32T）	5.33（64T）	5.33（64T）	7.33（88T）
T_g/T_u	1/9	1/4	4/11	11/14
T_s/ms	26.67	26.67	20	16.67
T_f/ms	400	400	400	400
子载波间隔/Hz	41.66	46.88	68.18	107.14
占用带宽/kHz	4.5/5/9/10/18/20	4.5/5/9/10/18/20	10/20	10/20
载波总数	101~461	91~411	138~280	88~178
推荐工作频段	LF，MF（日）	MF（夜），HF	HF	HF

10.3.3　DRM 系统的技术特点

基于 DRM 标准的数字 AM 广播具有下列优点：

1）在保持相同覆盖的情况下，数字 AM 发射机比模拟调幅发射机的功率可降低 6~9dB，降低能耗，提高了发射机效率和经济效益。

2）显著提高 AM 波段信号传送的音质，在保持现有带宽 9kHz（或 10kHz）的情况下，利用音频数据压缩技术和 DSP 技术，可达到 FM 质量，如果带宽加倍，可达到 CD 质量。

3）大大提高 AM 波段信号传送的可靠性，增强抗干扰能力，消除了短波的衰落。

4）可以与模拟信号传送兼容，在所规定的带宽内，可以同时传送一个模拟信号和一个数字信号，便于逐步向全数字过渡。

5）可以充分利用现有中、短波频谱资源。

6）对现有的中、短波广播发射机可以采用数字 AM 广播技术进行改造，其改造费用很低。

7）数字 AM 广播频率在 30MHz 以下，穿透能力和绕射能力很强，其覆盖范围大，且适合于移动接收和便携接收。

8）能够提供附加业务和数据传输。

10.3.4　DRM+系统及其技术特点

2005 年 3 月，DRM 组织通过了将 DRM 系统的工作频率范围扩展到最高可达 174MHz 的决定，新一代的 DRM 系统称为"DRM+"系统。DRM+包括现行的模拟 TV 波段Ⅰ（47 ~ 68MHz）、OIRT（Organisation Internationale de Radiodiffusion et de Télévision，国际广播电视组织）FM 波段（65.8 ~ 74MHz）、日本 FM 波段（76 ~ 90MHz）和国际通用的 FM 波段Ⅱ（87.576 ~ 107.9MHz）。

DRM+系统以 DRM 系统为基础，其系统构成与 DRM 基本上是一样的。

DRM+系统的音频编码使用 MPEG-4 HE-AAC 编码，提供完美的立体声与单声道质量、很好的多声道环绕声质量，也可以在一个频道中传输更多不同的音频节目。

DRM+系统采用 COFDM 技术，不同用处的数据分别使用 4-QAM 或 16-QAM 调制，可以传送的最大数据速率为 186kbit/s。使用不同的信道编码率与不同的调制方法，有不同的传愉效率与相应的覆盖范围。

DRM+系统具有下述技术特点：

1）DRM+系统的射频信号带宽限制在 100kHz 以内，可以充分利用现有模拟 FM 广播的频率空隙进行数字广播。

2）用户可以按照广播电台的需要，灵活安排节目复用中的节目种类（音频、视频与数据）和数量，每个复用可由一个或多个节目提供者提供。

3）容易与现有的 FM/DRM/DAB 发射网相结合，并确保在接收机中的频率切换。

4）比模拟 FM 广播节约功率，可单频网运行，节约频谱资源。

5）特别适合于地区性与地方性 FM 电台的数字化，不需要大的频率规划行动。

6）将频率相邻的 FM 频道与 DRM+频道结合在一起，可以进行模拟与数字节目同播，不会影响现有的 FM 广播，可实现模拟到数字的平滑过渡。

7）在 FM 波段中，通过灵活的配置发射功率与发射频率，DRM+可以实现无干扰接收。通过技术参数（例如节目提供者要求的编码率）的改变，对数据速率与作用距离可做出调整。

10.4　CDR 调频频段数字音频广播系统

目前国际上公开的广播数字化的技术主要包括美国 IBiquity 公司提出的 HD Radio 技术和欧洲的 DRM 技术。HD Radio 系统采用带内同频技术实现模拟调幅广播及模拟调频广播的数字化，带内同频技术能够保持在尽量不干扰现有模拟广播的情况下，利用现有模拟广播频道之间的空闲频率资源，在播送模拟调幅/调频广播的同时传输数字音频广播和数据业务，实现模拟广播到数字广播的平滑过渡，但是由于 IBiquity 公司并未公开 HD Radio 系统的信源编码算法，若要使用此技术，需向 IBiquity 公司缴付相应专利费用。DRM 系统在设计初期是针对 30 MHz 以下的中短波调幅广播的数字化解决方案，2009 年 ETSI 更新了 DRM 标准，系统工作频段扩展至 174MHz 以下，其中的 E 模式就是 DRM 系统中调频广播的数字化解决方案。DRM 系统生成独立的、具有一定带宽的数字信号，并根据邻近电台的情况放置数字信号，调整数字信号功率，具有较高的灵活性，但是过于灵活的频谱设置增加了频率规划的工作，且相对于频率规划和用户的收听习惯来说，未充分考虑模拟广播到数字广播的平滑过渡。

国家新闻出版广电总局广播科学研究院在数字音频广播领域积极跟踪世界数字广播的发展，对 DAB、DRM 和 HD Radio 等国际音频数字化技术展开了大量的研究测试工作，开展了具有中国自主知识产权的调频频段数字音频广播系统的研究尝试。从 2011 年起，作为牵头单位逐步完成调频频段数字音频广播关键技术的研究、样机的开发以及实验室、场地测试并提交调频频段数字音频广播信道传输技术标准的建议稿。2013 年 8 月，国家新闻出版广电总局正式将其发布为行业标准，并于同年 11 月颁布了与其配套的复用标准。

与 HD Radio 和 DRM 系统类似，CDR 调频频段数字音频广播系统也采用正交频分复用技术（OFDM），频道间隔设计为 100kHz。CDR 调频频段数字音频广播发射系统由音频和数据输入子系统、复用子系统、信道编码与调制子系统构成，其原理框图如图 10-7 所示。需要传送给接收机的信息，除了听众需要的音频节目、电子业务指南和数据业务外，还有接收机处理信号需要的业务描述信息和系统信息。这些信息经过相应的预处理及复用后，经信道编码与数字调制，变为射频信号发射。

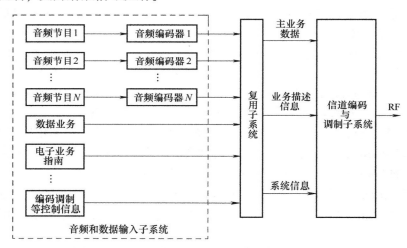

图 10-7　CDR 调频频段数字音频广播系统原理框图

10.4.1　音频和数据输入子系统

GB/T 22726—2008《多声道数字音频编解码技术规范》中的 DRA 数字音频编码是一种高质量高码率的音频编码算法，对于立体声节目，其输出的典型编码码率为 128kbit/s；对于 5.1 声道环绕立体声节目，其输出的典型编码码率为 384kbit/s。这样，对于调频数字音频广播的大部分音频业务而言，编码码率偏高；而降低码率后的解码重建声音质量又不满足要求。为此，在广泛研究低码率音频编码技术和分层编码技术的基础上，基于 DRA 数字音频编码核心算法，以兼容方式并通过在 DRA 附加数据部分增加频带复制（SBR）、参数立体声（PS）和分层模块等增强等多个增强编码技术，形成 DRA 低码率扩展版本（DRA+）的压缩编码算法。

在 CDR 调频频段数字音频广播系统中，提供了 4 种音频编码的类型，其中类型 0 采用 DRA 音频标准算法，但对其声道数量、采样率范围及码率参数做出了一定的限制；其他 3 种类型是基于 DRA 音频标准核心算法的低码率扩展版本（DRA+），包括 DRA 低码率（DRA_S）编码、DRA 分层（DRA_L）编码和 DRA 低码率分层（DRA_SL）编码。每种编码类型支持的声道模式、码率范围和应用场景如表 10-4 所示。

表 10-4　音频编码类型说明

编码类型	编码算法	声道模式	码率范围	典型应用场景
0	DRA	单声道、立体声和 5.1 环绕声	96~384kbit/s	适用于良好信道环境下提供高保真声音质量节目
1	DRA_S	单声道、立体声和 5.1 环绕声	16~192kbit/s	适用于良好信道环境下提供较高声音质量节目
2	DRA_L	单声道、立体声和 5.1 环绕声	96~384kbit/s	适用于复杂信道环境下提供高保真声音质量节目
3	DRA_SL	单声道、立体声和 5.1 环绕声	16~192kbit/s	适用于复杂信道环境下提供较高声音质量节目

除了根据需求提供各种传输质量的音频节目外，由于数字化后高效的频谱利用率，使得在同样信号带宽条件下运营商开展更多增值业务成为可能。传统模拟调频立体声广播在 75kHz 频偏、100% 调制度时，调频信号 99% 的功率集中在 ±128kHz 以内，也就是说在约为 300kHz 带宽内仅能传输一套模拟立体声调频节目。而采用数字方式传输，比如当信道采用 QPSK，3/4 的编码方式，在 200kHz 带宽内信道传输净荷的能力为 216kbit/s，即在同时传输 2 套 48kbit/s 质量的节目之外，还可以同时传输其他的数据业务，如电子节目指南、数据广播推送以及紧急广播等新型的广播服务。节目运营商可以依据信道的传输能力，根据实际需要调整音频节目与业务数据在传输流中所占的比例。

1. DRA 低码率扩展版本（DRA+）的算法原理

（1）DRA 低码率（DRA_S）编码

DRA_S 编码算法主要增加了一个带宽扩展编码模块，用以完成高频部分的参数编码，低频部分仍然采用传统的 DRA 音频标准进行编码，从而构造了一种波形编码和参数编码的混合编码技术，可使得立体声编码的典型码率从 128kbit/s 降至 32kbit/s。经过 DRA_S 编码后的声音质量的主观测试表明，对于立体声节目，在输出码率为 48kbit/s 时能够提供高于 FM 广播的主观声音质量。

DRA_S 单声道或立体声编码原理框图如图 10-8 所示。

在 DRA_S 单声道编码算法中，DRA 编码模块对其输入信号的低频部分进行编码处理，输出 DRA 编码码流；带宽扩展编码模块对其输入信号的高频部分进行编码处理，输出 SBR 编码码流。在 DRA_S 立体声编码算法中，立体声音频信号根据编码码率选择是否使用参数立体声编码模块处理，如果使用则输出参数立体声编码码流；DRA 编码模块对其输入信号的低频部分进行编码处理，输出 DRA 编码码流；带宽扩展编码模块对其输入信号的高频部分进行编码处理，输出带宽扩展编码码流。所有码流通过复用码流模块输出 DRA_S 码流。

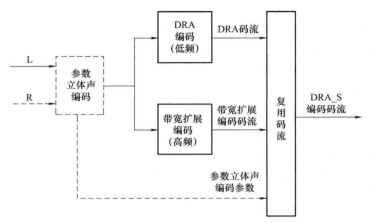

图 10-8　DRA_S 单声道或立体声编码原理框图

DRA_S 5.1 环绕声编码原理框图如图 10-9 所示，对左（L）和右（R）声道对进行 DRA_S 立体声编码，对中央（C）声道进行单声道 DRA_S 编码，对低频音效增强（LFE）声道进行 DRA 编码，对左环绕（LS）和右环绕（RS）声道对进行 DRA_S 立体声编码。所有码流通过复用码流模块输出 DRA_S 5.1 环绕声编码码流。

（2）DRA 分层（DRA_L）编码

DRA_L 单声道或立体声编码原理框图如图 10-10 所示。其编码过程是根据总编码比特率合理分配基本层和增强层的比特率，然后

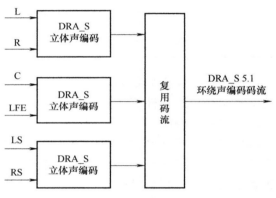

图 10-9　DRA_S 5.1 环绕声编码原理框图

分别对基本层和增强层进行编码。基本层编码的方法是首先根据基本层分配的编码比特率进行单声道或立体声对 DRA 编码；从 MDCT 域的原始音频信号与基本层解码后部分恢复的音频信号之间的残差信号作为增强层编码的输入，通过采用与 DRA 量化和熵编码同样的技术对残差信号进行压缩编码，但是对熵编码的码书选择及其应用范围、量化因子和 Huffman 码书都进行了优化，以提高残差信号熵编码效率。

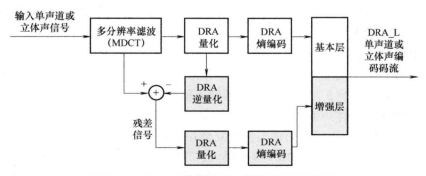

图 10-10　DRA_L 单声道或立体声编码原理框图

对于单声道情况，基本层码流提供基本的单声道声音质量，增强层码流可进一步改善声音质量；对于立体声信号，基本层码流提供基本的立体声质量，增强层码流进一步改善立体声质量。

DRA_L 5.1 环绕声编码原理框图如图 10-11 所示。其基本编码过程为：首先根据总比特率要求合理分配基本层和增强层各自所占比例，然后分配各声道对和独立声道的比特率，最后分别对基本层和增强层编码。基本层编码是对左（L）和右（R）声道以立体声对方式直接应用 DRA 算法进行立体声编码；增强层对中央（C）声道和 LFE 声道分别进行单声道 DRA 编码，以及对左环绕（LS）和右环绕（RS）声道也以立体声对方式进行 DRA 立体声编码。

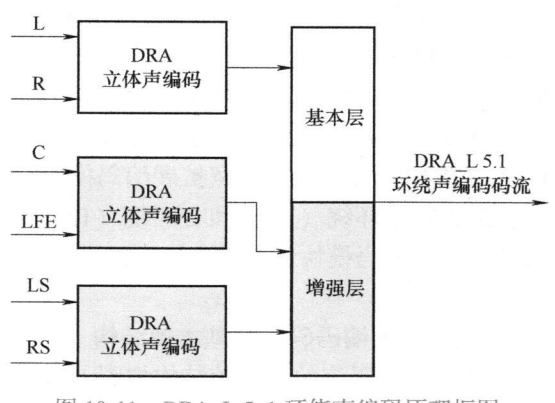

图 10-11　DRA_L 5.1 环绕声编码原理框图

（3）DRA 低码率分层（DRA_SL）编码

DRA_SL 单声道或立体声编码原理框图如图 10-12 所示，其编码原理可参考 DRA_S 和 DRA_L。图 10-12 中的带宽扩展编码模块和参数立体声编码模块是 DRA_S 编码的增强单元。

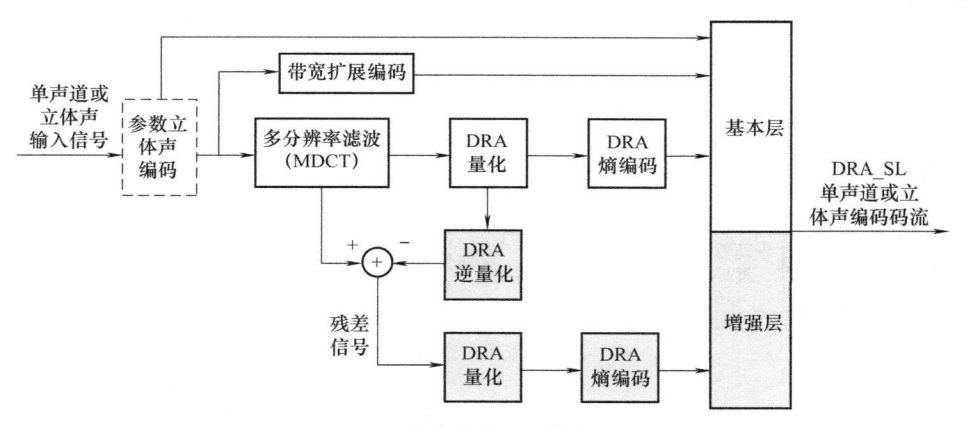

图 10-12　DRA_SL 单声道或立体声编码原理框图

输入为单声道时，基本层只对单声道进行 DRA 编码，并根据基本层分配的编码比特率，可自动选择是否启动带宽扩展编码模块；增强层编码与 DRA_L 的单声道增强层编码相同。当输入为立体声时，基本层采用 DRA_S 编码；增强层编码与 DRA_L 的立体声增强层编码相同。

DRA_SL 5.1 环绕声编码原理框图如图 10-13 所示。基本层对左（L）和右（R）声道组成的立体声对进行 DRA_S 立体声编

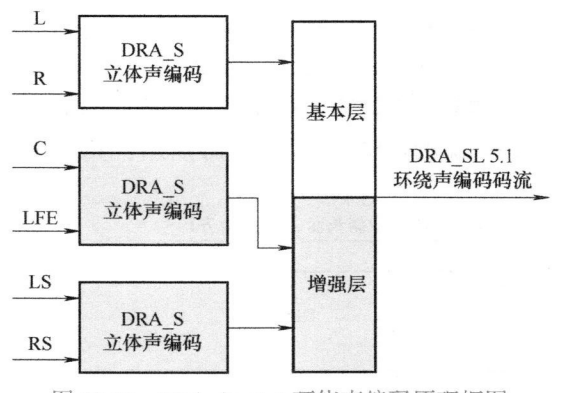

图 10-13　DRA_SL 5.1 环绕声编码原理框图

码，可根据立体声对的编码码率需求自适应地选择应用带宽扩展编码模块和参数立体声编码模块。当仅选择使用带宽扩展编码模块时，DRA 编码部分将只对输入声道的低频带部分编码；当又开启了参数立体声编码模块时（此时带宽扩展编码模块应已经使用），DRA 编码部分应修改为仅对缩混的单声道低频部分进行编码。增强层首先对中央（C）声道进行单声道 DRA_S 编码，可选采用带宽扩展编码模块，然后对低频音效增强（LFE）声道进行 DRA 编码，最后对左环绕（LS）和右环绕（RS）声道对进行 DRA_S 立体声编码，可自适应地开启带宽扩展编码模块和参数立体声编码模块，以提高对环绕声对的编码效率。

2. DRA 和 DRA+编码码流的帧结构

（1）DRA 编码码流的基本帧结构

DRA 编码码流的基本帧结构如图 10-14 所示，其中在帧头信息中有 1bit 指明是否存在辅助数据的指示，"1"表明存在辅助数据，"0"表明不存在辅助数据。

图 10-14　DRA 编码码流的基本帧结构

（2）辅助数据扩展的一般结构

辅助数据扩展的结构示意图如图 10-15 所示。其中每个数据字段下面小括号内的数字表示其占用的长度，单位为 bit；X_1、X_n 分别为第 1 个和第 N 个辅助类型的数据长度，单位为字节。

图 10-15　辅助数据扩展的结构示意图

DRA_S、DRA_L 和 DRA_SL 编码码流的帧结构都是以图 10-15 的辅助数据扩展格式为基础定义的。

（3）DRA_S 编码码流的帧结构

DRA_S 编码主要是利用辅助数据扩展部分所提供的增强编码工具，包括带宽扩展编码工具和参数立体声编码工具等，提高 DRA 的编码效率，提供低码率音频编码算法。DRA_S 编码码流的帧结构如图 10-16 所示，其中虚线框为可选数据单元。

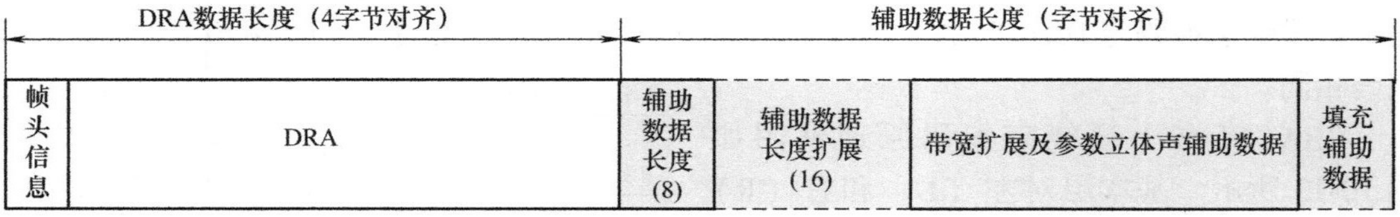

DRA数据长度（4字节对齐）		辅助数据长度（字节对齐）			
帧头信息	DRA	辅助数据长度 (8)	辅助数据长度扩展 (16)	带宽扩展及参数立体声辅助数据	填充辅助数据

图 10-16　DRA_S 编码码流的帧结构

（4）DRA_L 编码码流的帧结构

DRA 分层（DRA_L）编码根据编码的声道数分为单声道或立体声的分层编码以及 5.1 环绕声的分层编码。

DRA_L 单声道或立体声编码码流的帧结构如图 10-17 所示。

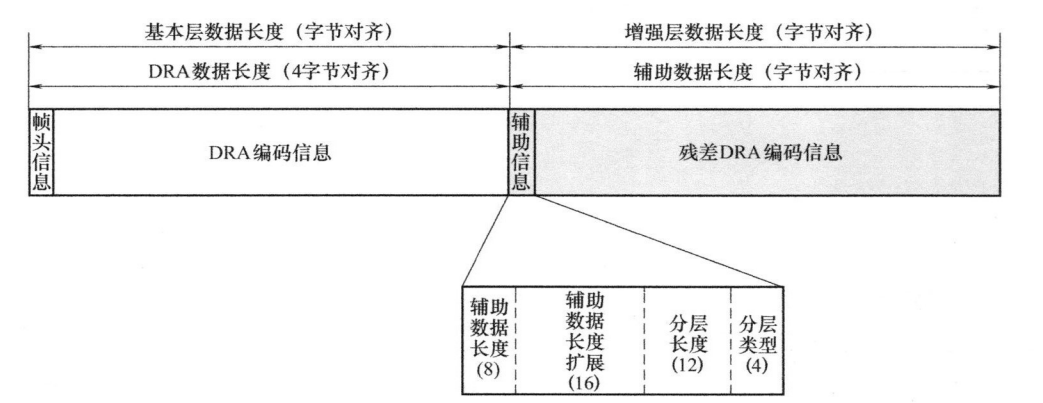

图 10-17　DRA_L 单声道或立体声编码码流的帧结构

DRA_L 5.1 环绕声编码码流的帧结构如图 10-18 所示。

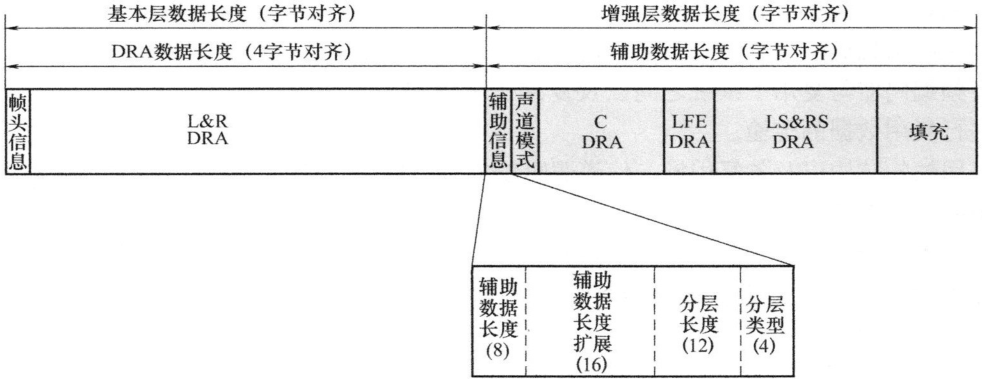

图 10-18　DRA_L 5.1 环绕声编码码流的帧结构

（5）DRA_SL 音频码流的帧结构

DRA_SL 单声道或立体声编码码流的帧结构如图 10-19 所示。

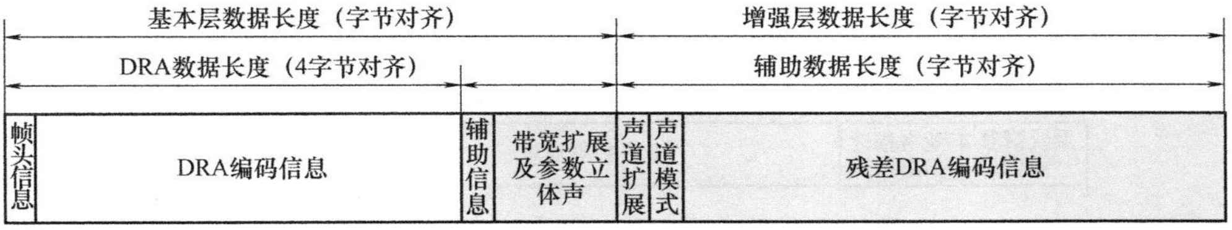

图 10-19　DRA_SL 单声道或立体声编码码流的帧结构

DRA_SL 5.1 环绕声编码码流的帧结构如图 10-20 所示。

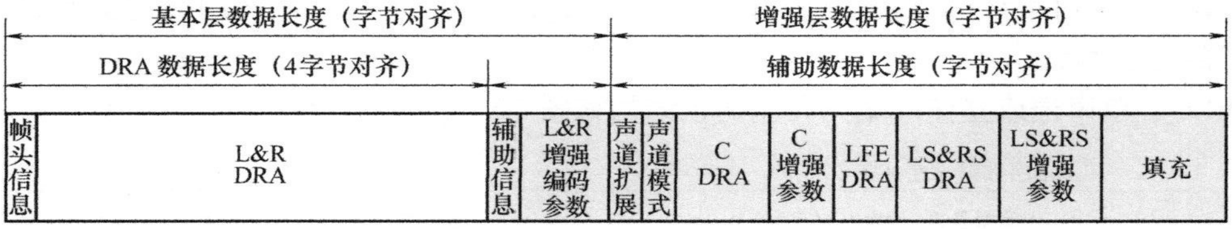

帧头信息	L&R DRA	辅助信息	L&R 增强编码参数	声道扩展	声道模式	C DRA	C 增强参数	LFE DRA	LS&RS DRA	LS&RS 增强参数	填充

图 10-20　DRA_SL 5.1 环绕声编码码流的帧结构

10.4.2　复用子系统

在复用子系统中，除了将编码后的音频业务、数据业务等主业务数据按照一定的复用协议封装成复用帧之外，还需要完成系统信息和业务描述信息的配置、生成与封装。系统信息主要包含系统的频谱模式、业务描述信息调制方式、主业务数据调制编码方式和分层调制指示等系统控制信息。系统信息对于接收机解码是至关重要的，在接收端首先解调出系统信息后，再对业务描述信息和主业务数据按照系统信息的参数进行解调解码。业务描述信息主要包含系统的网络信息表、各路节目的业务标识等信息，主要用于传输流的物理传输网信息描述及业务中不同业务分量的标识等。

在调频频段数据音频广播的物理层信道中向复用层提供了业务数据通道、业务描述信息通道和系统信息通道，用于承载来自复用层的主业务数据、系统信息和业务描述信息。

音频编码器与复用子系统之间以及复用子系统与信道编码与调制子系统之间均采用 IP 接口进行复用数据的传输。

复用帧的结构以及各复用帧与信道逻辑帧的关系如图 10-21 所示。控制复用帧和业务复用帧的帧结构是相同的，都是由帧头、净荷和填充构成。业务复用帧净荷由复用子帧组成，在一个业务复用帧中可以包含多路音频流或者其他的数据业务，每路音频流和数据业务分别封装在不同的复用子帧中，运营商可以依据信道的传输能力和实际需要对业务进行复用配置。

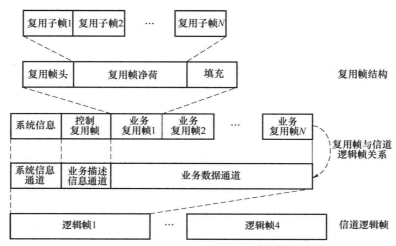

图 10-21　复用帧结构以及各复用帧与信道逻辑帧的关系

10.4.3　信道编码与调制子系统

CDR 调频频段数字音频广播系统定义了 3 种传输模式用于大面积组网覆盖、高速移动接收以及高速数据传输等不同的应用场景，运营商可根据实际的运营需要进行选择配置。表 10-5 给出了各传输模式的系统参数，在 3 种传输模式下子帧的长度均为 160ms，1 个逻辑帧由 4 个逻辑子帧构成，即 1 个逻辑帧的长度为 640ms，1 个逻辑帧承载 1 个复用帧的数据。在接收端，接收机利用 3 种传输模式不同符号长度的循环前缀以及帧头的信标来判别 3 种不同传输模式。

表 10-5　3 种传输模式的系统参数（$T = 1/816$ ms）

参　数	传输模式 1	传输模式 2	传输模式 3
OFDM 数据体长度/ms	2.5098（2048T）	1.2549（1024T）	2.5098（2048T）
数据体循环前缀长度/ms	0.2941（240T）	0.1716（140T）	0.0686（56T）
OFDM 符号周期/ms	2.8039（2288T）	1.4265（1164T）	2.5784（2104T）
OFDM 符号子载波间隔/Hz	398.4375	796.8750	398.4375
信标的循环前缀长度/ms	0.4706（384T）	0.4069（332T）	0.2059（168T）
信标的长度/ms	2.9804（2432T）	1.6618（1356T）	2.7157（2216T）
同步信号的子载波间隔/Hz	796.875	1593.750	796.875
每个子帧的 OFDM 符号数	56	111	61
子帧长度/ms	160（1305560T）	160（1305560T）	160（1305560T）
有效子载波数	242	122	242

调频频段数字音频广播信号的带宽以 100kHz 的子带作为基础，数字信号可以积木式地灵活配置。系统支持 6 种频谱模式，其频谱示意图如图 10-22 所示。

图 10-22a、b 表示频谱模式 1 和 2，为纯数字模式，数字信号的带宽连续，分别为 100kHz 和 200kHz，可以在模拟广播全部数字化以后或者频谱资源不紧张的地区采用。

而在频谱资源比较紧张的地区，可以采用数模同播的频谱模式进行平滑过渡。图 10-22c 表示频谱模式 9，数字音频广播信号的总带宽为 100kHz，由两个带宽各为 50kHz 的数字信号组成。在频谱模式 9 中，数字信号之间的频谱间隔为 300kHz，在两个数字信号之间的频谱上可用于放置模拟立体声调频广播。根据调频广播技术规范，调频立体声广播在 75kHz 频偏、100% 调制度时，调频信号 99% 的功率集中在中心频率 ±128kHz 以内，故数字广播信号和模拟立体声调频信号总带宽为 400kHz（±200kHz），而且相互不影响，与 HD Radio 相比（数字信号单边带宽约为 69kHz），数字信号带宽更窄，与带内调频的间隔更宽，产生相互影响可能性更小。在条件允许的情况下，可进一步增加数字广播信号的总带宽到 200kHz，即如图 10-22d 所示的频谱模式 10，由两个带宽各为 100kHz 的数字信号组成。图 10-22e、f 表示频谱模式 22 和频谱模式 23，其数字信号的带宽分别与频谱模式 9 和频谱模式 10 一致，只是两个数字信号之间的频谱间隔为 200kHz，在两个数字信号之间的频谱上可以放置模拟单声道调频广播。可以看出，CDR 调频频段数字音频广播系统提供了灵活的频谱模式，现

有的模拟调频广播电台可以根据自己台站和周边台站的情况选择频谱模式 9、10、22 或者
23，即在原有模拟广播的两侧放置数字信号，这样用户在保持原有收听习惯的基础上，使用
具有数字音频广播解调功能的接收机在检测到数字信号时可自动播出该频道的数字节目，而
使用模拟调频接收机仍可以听到模拟节目，实现数字到模拟的平滑过渡，模拟调频广播的内
容可以与数字音频广播的内容一致，也可以不一致。

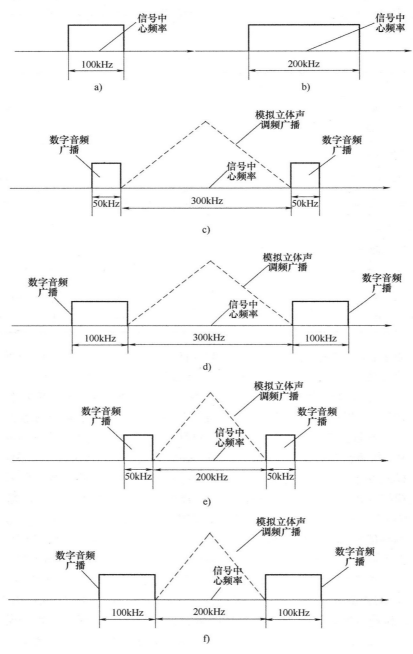

图 10-22 调频频段数字音频广播信号频谱示意图

物理层的编码与调制子系统工作原理框图如图 10-23 所示，它为来自复用子系统的系统信息、业务描述信息和主业务数据提供 3 个独立的通道：系统信息通道、业务描述信息通道和主业务数据通道。3 个通道独立进行编码、交织和星座映射，其中主业务数据通道可采用码长为 9216bit，码率为 1/4、1/3、1/2 和 3/4 的 LDPC 编码和 QPSK、16QAM 和 64QAM 三种星座映射方式；业务描述信息通道采用码率为 1/4 的卷积编码和 QPSK、16QAM 和 64QAM 三种星座映射方式；系统信息通道采用码率为 1/4 的卷积编码和 QPSK 星座映射方式。可以看出，由于系统信息对于解码至关重要，所以采用较高的编码保护方式。主业务数据除了进行编码和映射外，还需要进行子载波交织。经过信道编码、映射和交织后的 3 路数据与离散导频复接在一起进行 OFDM 调制，调制后的信号插入信标后构成逻辑帧，逻辑帧经过子帧分配后形成物理层信号帧，再经过基带至射频变换后发射。每个逻辑帧的长度为 640ms，由 4 个长度为 160ms 的逻辑子帧构成，每 4 个逻辑帧构成一个超帧，子帧分配在一个超帧内进行。

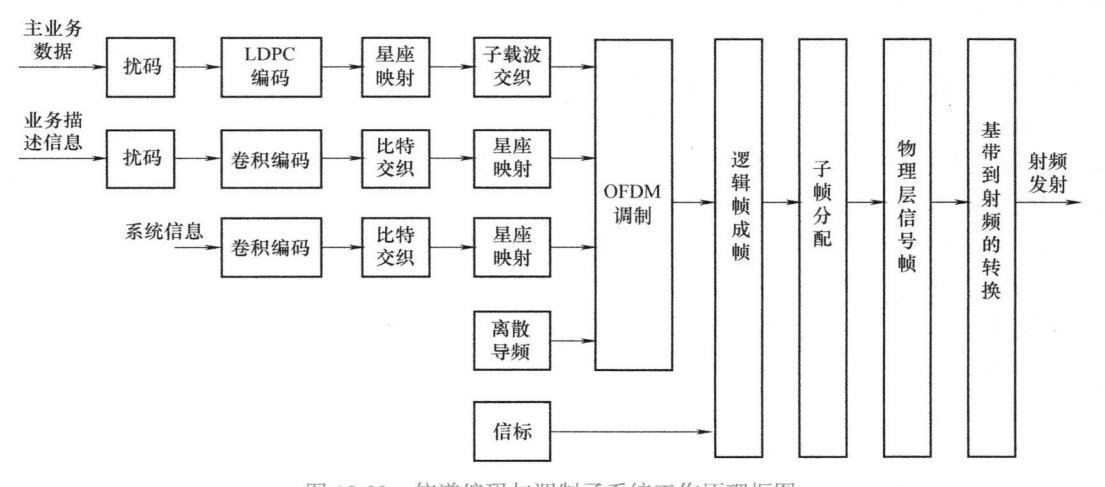

图 10-23 信道编码与调制子系统工作原理框图

每个 OFDM 符号由连续导频、离散导频和数据子载波构成。以 100kHz 带宽、传输模式 1 为例说明 3 路通道数据与 OFDM 子载波的映射关系：1 个逻辑帧包含 4 个逻辑子帧，每个逻辑子帧包含 56 个 OFDM 符号，每个 OFDM 符号包括 242 个有效子载波，系统信息放置在每一个 OFDM 符号的连续子载波上，在 1 个子帧中系统信息重复放置 3 次，业务描述信息放置在第 1、2 个 OFDM 符号中的数据子载波上，业务数据放置在第 3~56 个 OFDM 符号中的数据子载波上。

接收机则利用信标的两个重复训练符号通过自相关处理进行子帧同步。在子帧同步后，接收机首先进行系统信息的解调以获取频谱模式索引、当前子带标称频率、业务描述信息通道及业务数据通道的编码调制方式等信息，并通过物理层信号帧的位置和当前子帧位置信息进行超帧同步，可以通过系统信息在连续导频上重复放置 3 次的特性，进一步提高系统信息译码性能。在超帧同步后，根据频谱模式信息，分别提取出离散导频和数据子载波，利用离散导频进行信道估计后，对数据子载波进行均衡，再分别对业务描述信息和业务数据进行解调和解码。

10.5　小结

数字化使媒体传输平台之间的界限越来越模糊，数字声音节目可以在现有的各种传输平台中广播。目前在国际上应用较广的数字声音广播系统主要包括：DAB/DAB+、DRM/DRM+、HD Radio、CDR、WorldSpace、XM Satellite Radio 和 Sirius Satellite Radio 等系统。

DAB 系统工作于 VHF、UHF 和 L 波段，在本地范围有突出的优点，将替代模拟 FM 广播。DAB 系统采用 MPEG-2 Audio Layer II音频编码算法。DAB+系统采用了 MPEG-4 Enhanced aacPlus 音频编码技术。目前，DAB 系统只提供单声道或立体声广播业务，而DAB+系统在此基础上还能以向后兼容的方式提供环绕立体声的广播业务。

DRM 系统最先是为 30MHz 以下的中、短波调幅广播数字化提出的解决方案，利用电波在中、短波波段传播的物理优点，用于远距离、大面积的覆盖，其实施不需要重新进行频率规划，可以使用已有的频段，通过对现有的中、短波广播发射机进行改造，就能实现从模拟到数字的平稳过渡。

2005 年 3 月，DRM 组织通过了将 DRM 系统的工作频率范围扩展到最高可达 174MHz 的决定，新一代的 DRM 系统称为"DRM+"系统。DRM+系统以 DRM 系统为基础，其系统构成与 DRM 基本上是一样的。

HD Radio 系统是美国 iBiquity Digital 公司针对调频和中波调幅广播开发的数字声音广播系统，其主要特点是利用现有模拟广播频道之间的保护间隔来传输数字声音广播信号的"带内同频"技术，通过控制数字广播信号与同播的调频广播信号功率比，保证数字、模拟信号相互不造成干扰。这是 HD Radio 系统与 DAB、DRM/DRM+ 等纯数字广播系统相比所具有的最大优势。

CDR 调频频段数字音频广播系统与国际上的 DAB/DAB+、DRM/DRM+、HD Radio 等系统相比，具有以下主要特点：

1）集成了我国自主知识产权的 DRA+信源编码算法，形成了一个完整的拥有完全自主知识产权的 CDR 系统技术体系。

2）采用更高效的 LDPC 信道编码算法，有效地提高了系统的整体性能。

3）针对调频频段信道传输特性的优化，设计了 3 种系统传输方案，频谱利用效率最大可达 3.5bit/s/Hz，即 100kHz 带宽中最大数据传输率可达 350kbit/s。

4）针对模拟调频广播向全数字音频广播阶段平滑过渡过程中多种应用场景，设计了多种频谱工作模式，信号带宽可进行非常灵活的配置，可以满足各种实际播出场景的需要，并能保证接收机在整个过渡过程中使用统一的调谐规则。

5）采用目前比较新的分层调制技术、多频道频率分集技术，支持逐步演进的系统架构。

WorldSpace、XM Satellite Radio 和 Sirius Satellite Radio 等卫星数字声音广播覆盖面广、启动快，对边远地区、人烟稀少的大范围地区进行覆盖效率较高，对长途客运、火车旅客的集体广播业务有较好的发展前景，但室内便携接收和城市内车辆移动接收有一定困难。

10.6　习题

1. 画出数字音频广播系统框图，简述各部分的功能。

2. DAB 系统有几种传输模式？可分别应用于什么样的工作频率？

3. DAB/DAB+系统的特点是什么？

4. DRM/DRM+系统的技术特点是什么？

5. CDR 调频频段数字音频广播发射系统由哪些子系统构成？请画出系统原理框图。

6. CDR 调频频段数字音频广播系统提供了几种音频编码类型？请分别说明每种编码类型支持的声道模式、码率范围和应用场景。

7. CDR 调频频段数字音频广播系统定义了几种传输模式？分别适用于什么应用场景？

第11章 音频测量与分析

本章学习目标：

- 熟悉信号电平的测量以及音量单位（VU）表、峰值节目表（PPM）的使用。
- 熟悉 dB、dBm、dBμ、dBV 和 dBFS 的含义。
- 了解信噪比的测量方法。
- 了解频谱分析仪的工作原理。
- 掌握非线性失真（谐波失真、互调失真）的测量和计算方法。
- 熟悉眼图及抖动的测量方法。

11.1 输入/输出阻抗的测量

输入阻抗是指被测设备输入端子的内阻抗。对于被测设备的前级设备而言，该设备就是负载。负载的输入阻抗越大，则前级输出内阻抗上的电压损耗越小，几乎不用消耗电流就能驱动本级的电路，对微弱信号的处理尤其有利。

输入阻抗的测量可采用平衡输入和非平衡输入两种方法。平衡输入又称双端输入，就是信号两端对地的阻值相等，而极性相反。目前，大多数专业、工业和广播音频设备采用平衡输入电路，而消费类的音频设备通常采用非平衡方式连接。被测设备的连接方式决定了信号发生器和信号分析仪的接口方式选择。两种方法测量输入阻抗的电路连接如图 11-1 和图 11-2 所示。

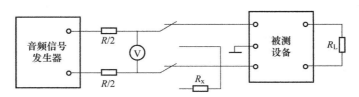

图 11-1　平衡输入测量输入阻抗的电路连接

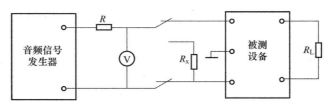

图 11-2　非平衡输入测量输入阻抗的电路连接

首先，用电压表测量输入电压，记为 U_1，其中电压表的输入阻抗应远大于被测设备的输入阻抗；其次，用一个经校准的可变电阻器代替被测设备，调整该电阻器使电压表读数仍

为 U_1。该可变电阻器的阻值就等于标准参考频率上的被测设备输入阻抗的模。可在其他频率上重复上述测量，倾向于选取 1/3 倍频程中心频率点。

输出阻抗是指在规定条件下由输出端测得的内阻抗。制造商需给出输出阻抗的额定值。输出阻抗与输入阻抗对应，一般而言输出阻抗越小，其电压损耗也越小。

在测量时，先把电流源电动势减小到零，断开额定负载阻抗。将一个内阻抗至少大于输出源阻抗预期值 10 倍的正弦电流源和电流表串联，接到被测设备的输出端，同时将电压表接到输出端。调整来自电流源的电流，使得能在额定负载阻抗上产生比额定失真限制的输出电压低 10dB 的电压，然后测量输出端的电压。可以在其他信号频率上重复测量多次得到结果。最后用输出端测量电压除以电流源电流，即可得到输出阻抗。

以上所述的输入/输出阻抗的测量原理和方法也适用于模拟入－数字出音频设备的输入阻抗和数字入－模拟出设备的输出阻抗。对于设备的数字音频接口，都有标准的输入/输出阻抗规定。目前，常见的民用数字音频接口采用索尼/飞利浦数字接口格式（S/PDIF），属于非平衡型接口，其输入和输出阻抗为 75Ω。最好是采用 BNC 接头作为同轴输出，因其阻抗为 75Ω，符合 S/PDIF 的格式。但由于历史原因，在一般的家用机上用的是 RCA 作同轴输出。常见的专业数字音频接口采用美国音频工程师协会/欧洲广播联盟（AES/EBU）制定的 AES3 接口标准，采用平衡 XLR 电缆，属平衡式结构，输入和输出阻抗为 110Ω。如果两台输入/输出接口阻抗不同的数字设备之间采用直连方式，会导致阻抗不匹配，产生自励。根据广电行业标准 GY/T 158—2000 规定，平衡型接口（110Ω）和非平衡型接口（75Ω）的连接必须通过匹配网络转换。

11.2 电平测量

11.2.1 测量方法

电平测量是指对交流信号的幅度进行测量，一般可由交流电压表加上支持电路来实现。交流电压表最基本的型式由检波器和指示器组成。检波器的作用是把连续可变的交流信号转换成稳态的直流信号，该直流信号与交流信号的某些参数成比例，如交流信号的方均根值（RMS）、平均值或峰值。指示器则以校准的形式显示该直流数值。早期的仪器使用机械表头，而较先进的仪器普遍使用数字电压表技术，实际显示为 LED 或 LCD 数字读出器，或者为计算机显示屏。

1. 方均根值（有效值）检波器

对于大多数实际测量，用得最普遍的是方均根值检波器。方均根值检波器的输出为直流电压，该电压与一个变化的波形信号的一系列瞬态值的方均根值成比例。方均根值检波方法测量的是交流信号的有效值。当交流电的有效值和直流电的数值相等时，它们在相同电阻中产生相等的平均热功率。也就是说交、直流数值相同，产生的热效应相同。例如，正弦电流 i 在电阻 R 上产生的平均热功率为

$$\frac{1}{T}\int_0^T i^2 R\mathrm{d}t = \frac{R}{T}\int_0^T (I_\mathrm{m}\sin\omega t)^2\mathrm{d}t = \frac{1}{2}I_\mathrm{m}^2 R \qquad (11\text{-}1)$$

而直流电流 I 在 R 上产生的热功率等于 $I^2 R$。在此，令交、直流的热功率相等，则交流有效值等于直流值 I，于是，从式（11-1）得到交流的有效值，即

$$I = \frac{1}{\sqrt{2}} I_{\mathrm{m}} = \sqrt{\frac{1}{T} \int_0^T i^2 \mathrm{d}t} \qquad (11\text{-}2)$$

可见，正弦交流的有效值等于电流二次方平均值的方根，所以也称为方均根（Root Mean Square）值。这个对电流的有效值的结论也适用于交流电压。

测量交流电压的基本原理如图11-3所示。将输入信号二次方，求平均值，结果等价于平均功率，再求这个平均功率值的二次方根，就得到等效的直流电压值。对正弦信号，其方均根值是最大振幅的 $1/\sqrt{2}$（$=0.707$）倍。

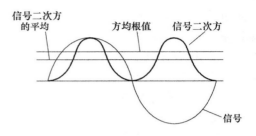

由于方均根值检波器的输出只与信号的功率（热效应）成比例，而与信号的波形无关，所以，它不受相移的影响，可对失真的正弦波信号、互调测试信号、声音和音乐及噪声信号等复杂的信号进行精确测量。所以，大多数音频分析仪和音频电压表都装有方均根值检波器。

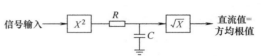

图11-3　方均根值检波器

值得注意的是，诸如产生互调测试信号这样复杂音频信号的发生器，一般是根据具有相同峰-峰值的正弦波的方均根值来校准的。因此，当测量设备输出时，若信号发生器从正弦波变成复杂的波形信号，则方均根测量值将会发生变化。

2. 平均值响应检波器

1980年以前，实现真方均根值检波技术既困难又代价高，大多数音频仪器采用"方均根值校准的平均值响应"检波器。平均值检波器提供一个直流输出，该输出与已整流的输入信号平均值成正比，如图11-4所示。

周期性电压波形 $v(t)$ 的平均值在数学上的定义为

$$\overline{v(t)} = \frac{1}{T} \int_0^T v(t)\, \mathrm{d}t \qquad (11\text{-}3)$$

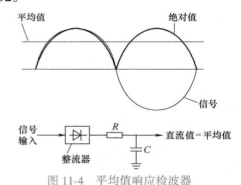

图11-4　平均值响应检波器

这里 T 是波形的周期。设波形是由正弦波和直流分量 V 组成的，因为正弦的平均值等于零，则波形的平均值就等于直流分量值 V。

在测量实践中，常把交流电整流（检波）之后进行测量。因此，交流的平均值应当理解为整流之后的波形的平均值，正弦波和它整流后的波形如图11-4所示。正弦波全波整流后的平均值为

$$\frac{1}{T} \int_0^T \left| V_{\mathrm{m}} \sin \frac{2\pi}{T} t \right| \mathrm{d}t = \frac{2}{T} \int_0^{\frac{T}{2}} \left(V_{\mathrm{m}} \sin \frac{2\pi}{T} t \right) \mathrm{d}t = \frac{2}{\pi} V_{\mathrm{m}} \qquad (11\text{-}4)$$

半波整流后的平均值等于 V_{m}/π。一般来说交流的平均值是指全波整流后的平均值。

由式（11-4）可知，一个正弦信号的平均值是它的最大振幅的 0.637（$=2/\pi$）倍。对

于单一的正弦信号，平均值响应表常被校准为读数与方均根值表一样，这使得测量结果被一常数 $K = 0.707/0.637 = 1.11$ 来校准。这种形式的表称为"方均根值校准的平均值响应"表。对其他非正弦信号，平均值响应检波器产生的数值与真方均根值检波器不同。因此，除了正弦波信号，在对其他信号进行精确测量时不应使用平均值响应检波器。测量噪声时，平均值响应检波器显示的典型值比真方均根值检波器值低 $1 \sim 2$dB。

3. 峰值检波器

峰值检波器提供的直流输出与输入的交流信号峰值成比例，如图 11-5 所示。交流信号经过全波整流，得到它的绝对值，再经过一个二极管到达存储电容器。当电压绝对值上升到大于电容的存储电压时，二极管将会导通，并使电容存储电压增加；当电压值减小时，电容器会保持原有电压。要求有一些方法来对电容放电，使它可以对新的峰值进行测量。在一个理想的峰值检测器中，这是通过一个开关来实现的。

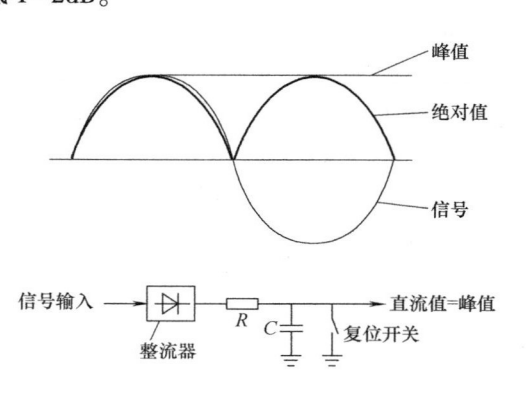

图 11-5　峰值检波器

峰值检波电路的特征是：电容 C 经二极管很快完成充电，电容的存储电压等于输入电压的峰值，而后电容 C 经电阻 R 放电。由于 RC 时间常数很大，在下一次充电之前，电容电压下降很少，基本保持峰值。峰值检波器的 RC 滤波电路的充电时间很短而放电时间很长。当希望测量具有潜在限幅问题的信号幅值时，采用峰值检波器是合适的。在评估短时间的高幅度噪声尖峰信号时，则采用峰值检波器非常适宜。

设想电压表表面上有一个峰值读数刻度，则这电压表就能测量任何波形电压的峰值。例如，正弦波和三角波的峰值相等，则电压表对两波形的读数也相等。实际上，电压表常是测量正弦波有效值专用的。这里有一个定标问题，即要把峰值刻度除以正弦波的波峰系数 $\sqrt{2}$（$= 1.414$），换算成有效值刻度。

11.2.2　电平测量单位

电气信号幅度测量的基本单位为伏特（V）。消费类高保真和立体声及环绕声设备，都以伏特为单位规定仪器输入灵敏度和控制功放的输出电平（不转换成有效的功率）。

功率测量的基本单位是瓦特（W）。消费类和专业级功率放大器输出电平和扬声器容量的额定值以瓦特表示。测量或计算功率需要知道两个参数：电压和电流，或电流和电阻，或电压和电阻。实际测量时，音频功率不用功率计求得，标准的方法是测量已知阻值电阻两端的电压，然后由关系式 V^2/R 计算功率。在使用计算机的仪器中，只要操作者输入已知的负载阻抗值，上述计算便可自动完成。有些仪器包含有功率刻度，其读数是根据仪器设计者假定的负载阻抗某个数值而定的（通常是 8Ω），若负载阻抗为其他值，则读数就不正确了。

大多数音频电平测量是以分贝（dB）为单位的。这是因为人耳对声音强弱的感觉，不是和声音功率的变化成正比，而是和这种变化的对数成正比，所以用分贝为单位进行测量能更精确地反映人耳的可听度；另外，音频信号的强度占有很宽的电平范围，摇滚乐队所产生的声压是沙沙的树叶声的 100 万倍，这么宽的电平范围，不适合用线性刻度表示。分贝是对数运算的单位，它可以把很宽的范围压缩到一个易于处理的范围内。

1. 分贝（dB）

通常，在各种物理分析中，需要把两个数值的比较进行"级"的划分。一般情况下，在电子、声学技术领域中，把两个具有功率含义的量之比的对数值划分为"级"，得出的这个物理量叫作"贝尔"（Bel），它是一个无量纲的物理量。

但是，由于"贝尔"这个单位比较大，使用起来仍有不便，所以就起用了"贝尔"的 1/10 的概念——"分贝"，即 dB。dB 是英文 decibel 或 decimal Bel 的缩写。分贝这个概念可以表达多个物理量，也就是说它是多个物理量的单位。例如，信号电平、增益、声压级、信噪比、灵敏度、隔离度、动态范围等都可以用分贝（dB）为单位。

分贝（dB）是一个相对值，除非存在一个参考值，否则不能表示为绝对值。从最基本的单位导出的分贝值计算的常用等式有：

$$分贝(dB) = 20\lg\frac{V}{V_r} \tag{11-5}$$

$$分贝(dB) = 10\lg\frac{P}{P_r} \tag{11-6}$$

式中，V 和 P 表示实际测得的电压和功率值，而 V_r 和 P_r 表示的是参考值。注意，不存在两种不同的分贝，即有时误认为的所谓电压分贝和功率分贝。如果阻抗相等的话，上述两个定义是没有区别的。例如，在给定的电阻上要获得两倍的功率（2∶1 功率比），只需要将电压增加到 2 的二次方根值，或者 1.414∶1。10lg2 等于 3.01dB，20lg1.414 亦等于 3.01dB。

2. 绝对分贝单位

分贝的参考值有时是被假定，而不是被清楚地规定。例如，当某个技术要求为"从 20Hz 到 20kHz 的频率响应是±2dB"，其含义是在 20Hz 和 20kHz 之间的任何频率的输出幅度均在 1kHz 点输出幅度的 2dB 范围内。因此，1kHz 处的输出即为参考值。同样，"信噪比为 95dB"这句话的意思是：设备的噪声输出比在某个参考信号条件下的输出低 95dB。但是，若分贝用来描述一个绝对电平，那么一定要定义参考值。音频测量中最常用的绝对分贝单位有 dBm、dBμ、dBV 和 dBFS。

（1）dBm

dBm 单位已用了许多年，主要用于音频领域的广播和专业音频方面。dBm 单位表示相对于 1mW 的分贝数。由于瓦特（W）是功率的单位，因此 dBm 是功率单位。因为音频仪表基本上都是电压表，而不是功率表，所以只有知道了测量电压时的电阻，dBm 单位才有实用意义。在专业音频和广播领域最常用的电阻（阻抗）是 600Ω，虽然 150Ω 也是常用的。有时候 dBm 单位写成带有阻抗参考值的下标，如 dBm_{600}。当用 dBm 显示某个测量之前，测量仪器必须确定阻抗值。许多简单的音频仪表假定电路阻抗为 600Ω，然后测量电压，再根据被测电压与 0.7746V 之比来计算分贝，0.7746V 是 600Ω 电阻消耗 1mW 功率时在其两端施加的电压。比较高级的音频仪表，特别是计算机控制的，可以使操作者选择几个常用参考阻抗中的一个，或者甚至能输入任何阻抗值来作为参考值。

若在不知道电路阻抗值的情况下，使用 dBm 单位是不适宜的，因为此时功率电平也不知道。以前，专业音频技术是以电子管和匹配变压器为基础的，大多数音频设备工作在最大功率传输状态。这就意味着每个仪器的输出阻抗被设计得正好等于下一个仪器的输入阻抗，以获得匹配连接和产生最大的功率传输。因此一个录音控制台具有 600Ω 输出阻抗时，紧随其后的线路放大器有 600Ω 的输入阻抗，音频仪表跨接在两者的连接处，为保证功率传输正确，必须以 600Ω 为参考值。现代固态音频设备很少工作在阻抗匹配的功率传输状态，输出阻抗通常非常低，低于 50Ω，甚至有时几乎为零，而其输入阻抗则相当高，对专业设备常常要 10kΩ，而对消费类设备则要 100kΩ。因此，实际上无功率传输，只是前面仪器的全部开路电压加到了后面仪器的输入端。

但是，积习难改，而且总是有一种观点认为 600Ω 是有作用的。规定激励仪器接着 600Ω 负载工作，并规定其后的设备由 600Ω 的信号源激励。但是，通常在任何仪器或接口上没有600Ω（或其他已知值）的阻抗存在，因此在现代音频设备中 dBm 单位通常是不合适的。

（2）dBμ

以 0.7746V（有效值）为参考值时，用 dBμ 表示绝对电平的分贝单位。正如以上所述，0.7746V 是 600Ω 电阻消耗 1mW 功率时两端的电压。因此在一个 600Ω 的电路中，dBμ 和 dBm 在数值上是相等的，但是，dBμ 是在不考虑阻抗的情况下以 0.7746V 为参考电压的单位。除非确实知道匹配条件已存在并且清楚端口阻抗的规定值，否则，在许多专业音频和广播领域应用中，dBμ 是一个合适的单位。用了几十年的音频电压表，虽然其表头刻度或仪表开关仍由 "dBm" 单位标示，但实际上是 dBμ 电压表。由于是电压表，它们不能测量电流、电阻或功率，因此，不可能正确地指示功率，它们是以假定 600Ω 电路（0dB＝0.7746V）为前提进行校准，应该被标示为 dBμ 电压表，但这些电压表早在 dBμ 术语广泛使用以前就已生产了。

（3）dBV

dBV 是以 1V（有效值）为参考值时的绝对电平的分贝单位。一般它应用于消费类音频设备中，而很少用于专业级音频和广播领域。

（4）dBFS

在模拟音频领域，人们为了识别信号电平的大小，定义了电平基准，其中比较常用的有以 0.7746V 为 0dB 基准的 dBμ，以 1V 为 0dB 基准的 dBV 等。模拟音频信号转换为数字音频信号后，脱离了具体的物理量的概念，而只有数字的概念。这意味着在数字设备之间传输的只有一串串的数字。这样就产生了一个问题，不同数字设备的数据位数不同，所能表示的最大数字的大小就不同，那么怎么比较不同数字设备之间的信号大小关系呢？例如一个 20bit 的数字设备所能表示的最大数字是 1048575，而一个 16bit 的数字设备所能表示的最大数字是 65535，是否意味着满刻度时（即最大数字）20bit 的数字设备所代表的信号电平是 16bit 的数字设备的 16 倍呢？不一定是这种关系，因为其所代表的信号大小只有在转换到模拟世界时才能以 dBμ 或 dBV 等计量。

为了在数字域也能够对信号的大小进行比较，在数字域通常使用 dBFS 为单位。dBFS 中的 FS（Full Scale）是"满刻度"之意。dBFS 是以满刻度电平（数字音频设备中 A/D 或 D/A 转换器所能转换的最大不削波模拟信号电平）为参考值时的绝对电平的分贝单位。0dBFS 就是数字满刻度电平，其他正常的不削波数字信号电平都小于 0dBFS。比如比 0dBFS 低 6dB 的数字音频信号记为-6dBFS。这样无论数据位数是多少的数字设备或系统都有了统一的电平基准，我们就可以直观地比较不同数字设备之间的电平关系了。

3. 满刻度分贝值

满刻度分贝值（dBFS）（dB Full Scale）是指数字音响中以满刻度为基准的分贝值。满刻度可保证数字录音有最大的录音电平，所有的数字电平皆用 dBFS 表示。满刻度电平 0dBFS 就是设备在正常设置下达到数字削波时所对应的模拟信号电平值，低于满刻度 20dB 的信号电平便是-20dBFS。各个数字设备厂家的产品满刻度电平值不一致，该电平值通常是由生产设备厂家给出，在广播电台中对于由不同满刻度电平值的设备所组成的数字音频系统，在选择系统的工作电平值时，要考虑到应留有足够的峰值储备量。

11.2.3　声音电平的监测仪表

为了客观精确地测量声音信号，同时要充分利用音频系统的动态范围，保证声音节目有足够的响度而且不失真，在演播室的一些重要环节上一般都设有客观精确的音频电平表，以便对声音信号进行动态监测，并在必要时对声音电平作适当的调整。

目前在模拟音频系统中使用的音频电平表主要有两种：一种为音量单位表，即 VU（Volume Unit）表，以 VU 为单位；另一种为峰值节目表，即 PPM（Peak Program Meter），以 PPU 为单位。随着数字音频系统的兴起，由于其自身的特点，前两种仪表不能完全满足其要求，于是又出现了其专用的峰值电平表。

1. 音量单位（VU）表

典型的 VU 表的面板度盘刻度情况如图 11-6 所示。录音中通常使用的 VU 表的指示范围为 -20～+3VU。VU 表的表头电路采用了平均值检波器（二极管桥式整流器），但面板刻度是按照正弦波信号的有效值校准，所以，VU 表是一种准平均值表。对于正弦波信号而言，准平均值比实际的平均值高约 1dB。这种仪表的指示特性与人耳对声音的响度的感觉相吻合。

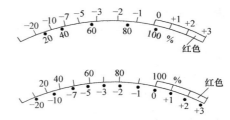

图 11-6　VU 表的两种面板度盘刻度

VU 表的刻度用对数和百分数表示，并把大约满刻度 3/4 的位置定为基准电平（即 0VU，100%），从基准点到满刻度有 3dB 的红色警示区，如图 11-6 所示。当它串接 600Ω 电阻来测量 1000Hz、方均根值为 1.228V 的正弦波信号时，VU 表应指示为 0VU，相当于 +4dBμ（以 0.775V 为 0dB）。在具体使用时，也可通过在 VU 表前面插入衰减器或放大器来选择 0VU 的参考灵敏度。

由于 VU 表测量的是振幅变化的声音信号，所以，其动态特性是很重要的。VU 表的动态特性（即时间特性）是这样规定的：当以稳态时达 0VU（100%）的 1kHz 正弦波信号突然加入 VU 表时，指针达到刻度上 99% 处所需的时间应为 300ms±30ms，指针的过冲不得超过稳态值的 1.5%，过冲的摆动不应超过一次；当信号突然消失后，指针从 100% 降到 1% 的复位时间也应是 300ms±30ms。

由于 VU 表的上升时间相对较长、响应速度比较慢，所以这种电平表适于测量那些波形比较平坦连续的声音信号。可是实际上除了这些平坦连续的声音信号之外，节目中常常还有短促的如掌声、鼓声、打碎玻璃器皿等"突变"波形的声音信号。如果用 VU 表来监测这种信号，就会出现 VU 表读数较小，但其峰值可能很大而导致系统过载却不被发现的情况。

2. 峰值节目表（PPM）

峰值节目表是为克服 VU 表对信号峰值反应不够灵敏开发出来的。从 20 世纪 60 年代开始流行。它使用峰值检波器，但也是按照正弦波信号有效值校准的，因而是一种准峰值表。它通常也有对数和百分数两种刻度，并把大约满刻度 80% 处定为基准电平（0PPU），从基准电平到达满刻度间有 5dB 的红色警示区。标准峰值节目表的 0PPU 相当于 1.55V 的方均根值电平，具体使用时可以有所不同。它的指示值上升时间比较短，为 1~10ms；下降时间却相当长，一般为 1.5s 左右。指示值快速上升能较准确地反映突变信号包络的变化，下降慢则便于观察。这种电平表便于监控声音信号的峰值变化情况，以防音频系统过载。但其缺点是指示值并不代表声音信号的响度。而且由于下降时间长，往往会忽略掉声音信号中紧接大高峰后面的次高峰。

3. 数字音频系统峰值电平表

自从有了声音信号的数字磁带记录方式以后，由于数字电路与模拟电路存在着本质的区别，使声音信号电平的监测发生了新的变化。

大家知道，声音信号本身是一种幅度随时间连续变化的模拟信号。要将模拟信号转换为数字信号必须经过时间采样与幅度量化，然后再进行编码。采样与量化这两个过程对信号质量有着不同的影响，时间采样虽然用前置限带滤波器而带来一些信号在频率响应方面的损伤，不过一般可以做到损伤几乎可忽略不计；而幅度量化由于每一采样幅度均用其近似的规定的离散电平来代替，不可避免地要对信号带来损伤。这种损伤最终表现为量化噪声，它和量化比特数紧密联系，要求信号质量越高，量化比特数就要求越多。现代数字音频设备多数采用脉冲编码调制（PCM）的方法，即将模拟声音信号通过采样、量化、编码成串行数据来传输或记录的。

模拟音频系统与数字音频系统有很大的不同，如图 11-7 所示。图 11-7a 是模拟音频系统的情况。当输入信号电平上升但不超过 V_a 时，输出信号电平跟着呈线性上升；当超过 V_a 时，输出信号电平上升速度相对逐渐减慢，形成一个过渡区（相当于 PPM 的警示区和 VU 表的警示区），最后达到饱和的削波电平。由数字音频系统还原出来的输出模拟信号与原始输入模拟信号之间的关系如图 11-7b 所示，这里没有模拟音频系统那样的过渡区。在 V_b 以下时，输出信号电平与输入信号电平是线性关系。只要输入信号电平一到达 V_b 即满刻度电平（0dBFS），输出信号电平就立刻被削平，造成不可修复的失真。

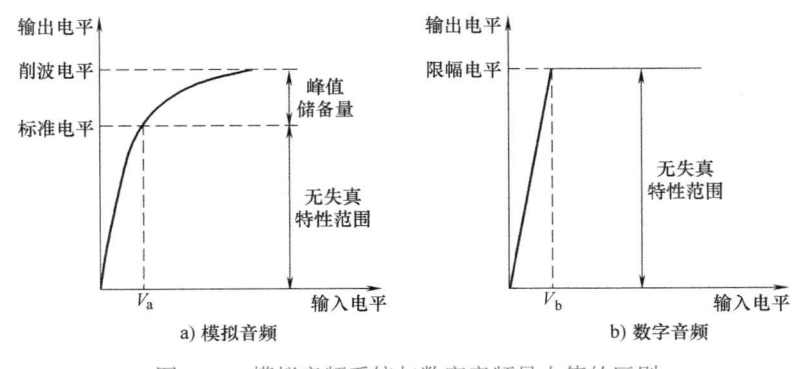

图 11-7　模拟音频系统与数字音频最大值的区别

数字音频系统常见的音频电平表一般为光柱式显示，按对数刻度基准点设在量化后数据所能表示的最大极限值，称为满刻度电平（0dBFS）。满刻度电平 0dBFS 的定义简而言之就是设备在正常设置下达到数字削波时所对应的模拟信号电压。参考《数字音频系统的满刻度电平》（讨论稿）的规定：0dBFS 对应 1kHz、+22dBμ（9.752V 方均根值）的正弦信号，即 0VU 对应−18dBFS。

这种音频电平表显示器件通常为阴极射线管或发光二极管，这些器件反应速度快，能紧跟峰值。数字录像机上的音频电平表大都使用发光二极管组成的光柱显示。VU 表和 PPM 表的指示方式主要有指针式和光柱式两种。VU 表以指针式的居多，在小型的调音台中也有使用光柱式的，而 PPM 表则大多采用光柱式。

4. VU 表与 PPM 表的选用

在选用 VU 表与 PPM 表时，要考虑两者在时间特性上的差异。在实际的调音台上，最好是两种仪表共用。一般在多声道分期录音中，前期素材的录制最好是采用 PPM 表，这样可以有效地防止出现由峰值造成的过载失真；而在后期缩混时，采用 VU 表来指示缩混后的节目信号电平，这样可以提高节目的整体响度，改善信噪比。实际上，PPM 表在录音节目制作中的真正目的并不是指示出信号的准确峰值，而是通过其指示提供有关信号峰值是否使记录媒介出现峰值过载失真的信息。由于人耳对信号失真是有一定的容限的，所指示的瞬间出现的失真有时是感觉不出来的。因此有些调音台只使用 VU 表来指示，但其表头上有一发光二极管，用来指示峰值信号是否超过了峰值储备的允许上限。

11.3　增益测量

增益是音频处理设备中放大器部分的关键性能指标。增益越大，调节音量控制器时，音量增加的速度越快，这反映了被测设备对于信号的放大能力。增益可用输出电压和输入电压的比值来表示，即电压增益（单位为倍数或 dB）。音频功率放大器所放大的功率（即功率增益）由输入阻抗、输出阻抗以及它的电压增益决定。

功率增益并非音量调节，在测量增益时，需要考虑音量控制器的衰减特性。音频处理设备根据通道数的不同，可能具有多个单通道音量控制器和/或联动（总）音量控制器。单通道音量控制器用于控制每个通道的增益，联动音量控制器用于控制多个通道的增益，不同的联动音量控制器位置可能会设计成对应不同的通道增益差。音量控制器主要可采用传统电位器、分档式电位器、继电器电控衰减器、电子音量控制器等方式来实现。

音量控制器的衰减特性表示了控制器机械位置（例如从一个规定位置起的旋转角度）与用分贝（dB）表示音量控制器的衰减之间的关系。制造商在生产设备时，可以对音量控制器的衰减特性做出规定，如果有多个音量控制器，可以规定每个控制器的特性。制造商有时会有意地将衰减特性做成频率的函数，比如根据人的生理特征，采用生理补偿增益控制等方法来实现音量控制器的衰减特性。

另外，音频设备还可能会具有多通道平衡控制器。多通道平衡控制器用于调整各通道音频信号的比例关系，使得各通道的信号电平达到平衡。有时也需要考虑平衡控制器的衰减特性。

在测量音量控制器的衰减特性时，需把音量控制器置于最大增益位置，然后逐步调整音量控制器，测量音量控制器处于不同位置时的输出电压（电平）。测量多通道平衡控制器的衰减特性时，同样也需要在控制器不同的机械位置（如从一个规定位置起的旋转角度）处测量输出电压（电平）。

11.4　串音和隔离度测量

　　串音是信号从一个音频通道到另一个通道的泄露。在一般的串音情况下，通道不一定是相关的，而发生在立体声系统中的两个通道间的串音是一种特殊情况，这时要用到"隔离度"这一术语。按一般规则，如果所考察的两个通道，传输的是相同的音频节目，就要用到"隔离度"术语；如果两个通道是不相关的，就会使用到"串音"术语。

　　串音或隔离度被定义为源通道和接收通道间干扰信号电平的 dB 值之差。测量串音和隔离度的方法是：将一个正弦波输入到被测设备的一个通道中，然后从其他通道测量该信号的电平。泄露值的大小与使用的频率有关，所以这些测量通常作为频率的函数来测得，然后类似于幅频响应曲线以图的方式表示出来。

　　下面举一个例子说明。考虑在立体声系统左声道中，有一个 10V、1kHz 的正弦信号，假如右通道没有信号驱动，那么在它的输出中就不应有 1kHz 的信号；但是，假如在右声道中，一个电压测量仪测得一个 10mV 的信号，这个隔离度被定义为 60dB。

　　这个测量过程可能存在的问题是，10mV 的电压可能不是来源于其他通道中泄漏的 1kHz 信号，而是代表了测试系统的噪声电平。假如这是事实的话，这种隔离度测量是不精确的。解决的方法是使用调谐到测试信号频率的带通滤波器，以滤除系统的噪声和其他的干扰成分。假如这种测量是频率的函数，那么带通滤波器的频率应受发生器频率的限制，这个方法如图 11-8 所示。其中一个通道由正弦波发生器在其标称操作电平处驱动，在它的标准负载阻抗处终止。其他的通道输入始于标准的源阻抗，并且输出终止于标准负载阻抗。用一个电压表测量被驱动通道的输出电平，对于未被驱动的通道的输出，则用一个含有以测试信号频率为中心的带通滤波器的电压表测量。各次测量的电平差就是隔离度，用分贝表示。当两个通道有不同的增益时，为了表示与通道输入有关的串音，通常要对增益偏差进行修正测量。

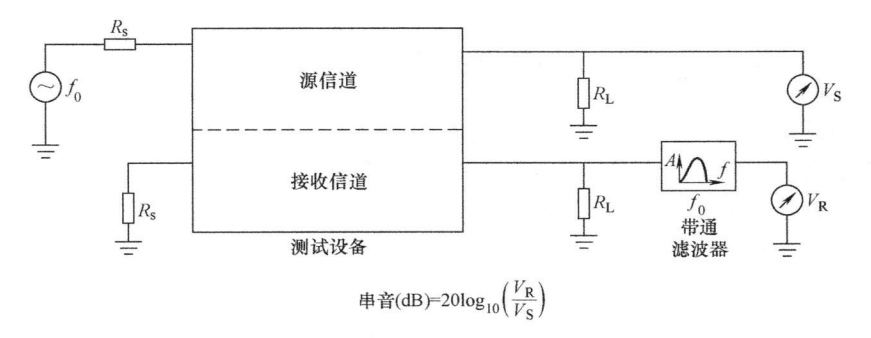

$$串音(dB)=20\log_{10}\left(\frac{V_R}{V_S}\right)$$

图 11-8　用带通滤波器进行串音测量

　　在两个音频通道间的串音有时是非线性的。在一个通道中存在的一个信号有时将在接收通道中产生其他频率的音。这是事实，特别是在传输系统中，两个载波间能够发生互调，当源信号被移去时，这些音就消失了，很明显这说明它们依赖于可疑的信息源。如果使用正弦波测量它们，会是非常烦琐，因为接收到的干扰频率可能不是很容易就能预测的。也可能存在一些测试频率，这些频率将使干扰分量出现在通道带宽之外，隐藏了测试的作用。因此，这种测试经常在伴有随机噪声源的情况下进行，以便所有可能的干扰频率都被检测到。

11.5 噪声的测量

"噪声"一词有时用来表示任何不希望要的信号，这种信号包括交流电源哼声及来自CRT 监视器的杂散磁场等。下面讨论的噪声测量仅涉及能量分布在一个宽的频谱范围内的随机噪声，不研究诸如交流哼声和杂散磁场干扰这种相关信号的噪声。

对于噪声测量，选择滤波器是必不可少的步骤。如果不根据噪声的频谱范围性质设定测量带宽，测量随机噪声是毫无用处的。也就是说，要精确地对一个实测噪声值与该噪声的技术要求进行比较是不可能的，除非噪声仪表使用该技术要求中规定的带宽（可能是计权滤波器）。对于白噪声（每单位带宽等功率），当测量带宽增加一倍时，所测的功率也相应增加一倍（3.01dB）。

因此灵敏的噪声测量仪器通常包含有一组可供选择的带宽限制滤波器。这些滤波器有的是实际的带通滤波器，或者是独立可选的高通和低通滤波器。在专业音频、广播和消费类音频领域应用中，用于噪声测量的最常用的带宽是 20Hz~20kHz，或者在 CCIR468 中规定的几乎等效的 22Hz~22kHz。在通信领域应用中，一般规定一个较窄的频率范围，只要符合通信质量话音的限制带宽即可，通常是 300Hz~3.5kHz 的范围。若有特殊的原因，也可提供其他带宽限值的滤波器。例如，有些音频测量仪器包含有 400Hz 高通滤波器，目的是为了更好地衰减与交流电源有关的 50Hz 或 60Hz 哼声以及它们的低次谐波。有些技术要求给出了"哼声和啸叫声之比"（Hum-to-hiss ratio）。这里"哼声"是 20Hz~20kHz 的满带宽测量值，而"啸叫声"是抑制了"哼声"分量的 400Hz~20kHz 测量值。仪器中常常提供的其他低通滤波器还包括 30kHz 和 80kHz 低通滤波器。在音频分析仪中选择这些滤波器主要是为了失真测量而不是噪声测量。

1. 计权滤波器

在音响设备的技术说明书中，常常见到有"计权"一词，如 A 计权等。

计权（Weighted）也称加权或听感补偿，有两种含义：一是考虑到设备在正常使用和测量时的条件不同，对测量值所加的人为修正，称加权；二是在测量中附加的一种校正系数，使能更正确地反映被测对象。如噪声测量时，由于人耳对 1~1.5kHz 噪声的灵敏度最高，对低频分量不敏感，从听觉上评价噪声大小时，必须在音频频谱的各部分进行计权，也就是在测量噪声时需要使它通过一个与听觉感知特性等效的滤波器，以反映人耳在 3000Hz 附近敏锐的灵敏度和 60Hz 时较差的灵敏度，这就是计权。用计权滤波器进行测量比用非计权滤波器进行测量能更好地反映人耳的听觉感知特性。

为了获得与人耳响应一致的客观测量，推荐使用各种不同的计权滤波器特性曲线。每一种曲线近似于某种条件下的人耳灵敏度曲线。但是，由于某些原因，不是所有的计权滤波器都与人耳灵敏度曲线相同。不同的计权滤波器开发者假定的声压级不同，这就导致了采用等响曲线族中不同的曲线。因此一台设计用于噪声测量的灵敏的音频仪器应包含各种可选的计权滤波器。由于整个音频领域的各个部分各自有其自身的计权标准，因此通常仪器使用附加选件的办法，这样，每个使用者都可定购和使用仅在其特殊领域需要的滤波器。目前，国内外音频领域用得比较多的是美国精密仪器（Audio Precision）公司生产的 SYS-2522 型音频分析仪，订购该仪器时，用户可根据实际需要选择多达 6 个滤波器，同时该仪器还配有外插式接口，可任意接入各种滤波器，使用非常方便。

噪声测量时如果使用有效值检波（RMS），则应使用符合 GB/T 3785.1—2023 中规定的 O 形公差 A 计权网络。如果使用准峰值检波，则要加入符合 SJ/T 9140.1—1987 中规定的 ITU-R 计权网络，这种方法称为估量噪声，适用于评价有节目时输出噪声引起的干扰效应。

2. 测量时间窗口

噪声除了在一个频谱范围内具有能量扩散特性外，还是一个随时间变化的信号。因此，测量结果将取决于有效的测量时间"窗口"。较长的测量时间会产生更多的噪声信号积累，这样从一个采样时刻到另一个采样时刻获得的结果就有很好的重复性。较短的测量时间会产生更多可变的结果，最终将接近瞬时值。除了长测量时间这种内在的信号积累外，还常需要对一系列连续测量采样的结果作进一步的统计处理。通常用数学的方法确定连续的噪声测量的最大、平均和若干个标准的偏差值。

3. 被测设备噪声测量时的输入条件

在许多类型的音频设备中，在输出端测出的大部分噪声是由设备的输入级产生并经随后的各级放大器放大。功率放大器中产生的噪声电平是放大器源阻抗的一个典型函数。因此，噪声测量应规定输入终端负载条件，常被称为"反向终端负载"。两个最普通的技术条件是短路输入（零欧姆终端负载）和输入终端负载的特定值，通常该值近似等于该端口正常连接的前一个设备的输入负载。对于高增益的设备，为了避免由于外部信号耦合到终端负载而产生的错误测量，在噪声测量时所采用的输入终端负载的物理结构和屏蔽措施是非常重要的。许多现代高质量的音频信号发生器设计成当发生器输出信号断开时，它们输出连接口反向端接一电阻，该电阻阻值等于发生器正常输出时的阻抗。但是在测量如麦克风前置放大器这种增益非常高而噪声很低的设备时，还是有必要将放大器与被测设备输入间的电缆断开，取而代之的是一个小的屏蔽良好的反向终端负载，直接接在被测设备的输入端，目的是为了避免形成接地回路或使噪声耦合进任何有效长度的屏蔽良好的电缆中。

4. 信噪比

测量模拟音频设备的信噪比时，首先使用电压表测量参考信号的输出电压，然后将输入信号置零（输入端短接或接标准源阻抗），按要求将宽带（不计权）或计权（倍频程或 1/3 倍频程）测量噪声的设备接在输出端，测量输出端的电压（此时即为噪声输出电压），最后按照式（11-7）计算得到信噪比 S/N。

$$S/N = 20\lg \frac{U_s}{U_n} \quad (dB) \quad （宽带或计权） \tag{11-7}$$

式中，U_s 为输出参考信号电压（V）；U_n 为相同工作状态下输出的噪声电压（V）。

测量数字音频设备时，采用电平表分别测量设备输入参考信号和数字零信号（由所有采样均为 0 的值组成的信号）时的输出电平（dBFS），并将两者相减得到信噪比。可根据需要选择匹配的计权滤波器和电平表。输入数字零信号时测量得到的是空载通道噪声电平。需要注意的是，电平表应为带内（即可听频率范围内）电平表。其原因是数字音频的采样频率需要是音频最高频率的 2 倍以上，甚至会达到 4~8 倍。此时，音频带内的噪声能达到一个非常低的水平，但代价则是带外的超声分量较高，从而使测量得到的噪声不符合实际情况。

11.6　频率特性测量

11.6.1　频率测量

频率是周期信号的基本属性，它表示被测信号每秒钟重复它的波形的次数。另一种说明这个参数的方法是信号的周期，即出现一个周期的波形所需的时间。应当注意不要混淆基音和频率，基音本质上是感受到的频率。实际上，对于复合波形如调频正弦波窄带噪声，很难定义其频率。例如，一个包含 2kHz，3kHz，4kHz，5kHz 的正弦波的频率是什么？当听到信号后，大脑会"插入"缺失的 1kHz 的基频并感受到 1kHz 的基音。基音尽管对电子测量来说不明显，但对听者来说是相当明显的。

早期的频率测量方法使用振动簧片或频率/电压转换电路，虽然它们不是精确的测量技术，但是频率/电压转换器的方法易于使用，所以很流行。随着数字逻辑的发展，频率测量取得了巨大的进步。早期的测量是使用数字计数器在一个固定的时间窗内对过零点的次数进行计数以测得频率。为使测量容易，这些时间窗（门）是小数或 1s 的倍数。

现代测量利用了微处理器计算能力的优势来测量周期，然后对结果求倒数来得到频率。如图 11-9 所示，为进行这种测量，在门宽度内同时对高频参考时钟和输入信号进行计数。输入信号的频率可以用以下公式计算：

$$F = \frac{\text{时钟频率} \times \text{输入信号周期数}}{\text{时钟计数值}} \tag{11-8}$$

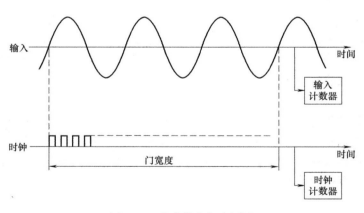

图 11-9　高分辨率频率测量

注意门宽度不用参与计算，可以依据所要求的测量速度来选择。门宽度越长，时钟频率越高，测量分辨率就越高，但是门宽度必须是输入信号周期的整数倍，使用合适的逻辑电路很容易做到这一点。

有时使用另外一个方法以高分辨率快速测量低频信号。这种方法把一个带锁相环（PPL）的压控振荡器（VCO）锁定到输入频率的整数倍上，通常是 100 倍，然后计数器对压控振荡器的输出计数，这样在相同的门时间内使分辨率提高了 100 倍。这种方法要求给锁相环提供几个周期的输入信号以捕获和锁定输入，这个时间必须被包括在测量时间内，因此妨碍了性能的提高。因为振荡器的不稳定性和调谐范围的问题，把乘数因子提高到 100 以上是相当困难的。尽管基于周期的测量方法可以获得更好的分辨率，但需要涉及更多的内容。

所有这些测量技术能达到的精度受限于参考精度。常见的高质晶振在室温下可以提供百万分之几的精度，而花销只有几美元。经过温度补偿，环境温度对晶振的影响可以被消除；在电路周围增加一个加热器以保持一个恒定的环境温度可以进一步减少漂移。一定数量级的精度增加要求一定数量级的费用增加，很幸运，对于大多数的应用来说基本的晶振精度就足够了。

11.6.2 相位测量

当一个信号作用于设备的输入端，其输出总会表现出延迟。对一个正弦激励信号来说，它的输入输出之间的延迟可表示为正弦信号周期的比例关系，通常以度为单位。正弦信号的一个周期是 360°，半个周期是 180°。图 11-10 说明了这种测量方法，输入相位计的第 2 个信号比第 1 个信号延迟或者说滞后 45°。大多数音频测量设备测量相位都是通过测量这些信号过零点之间的时间占信号周期的比例来进行测量的，用一个边沿触发置位、复位触发器就可以完成这项工作，如图 11-10 所示。触发器的输出信号在两个信号的过零点之间的时间内变为高电平。通过计算一个周期内脉冲振幅的平均值（即测量它的占空系数）来得到相位测量结果。

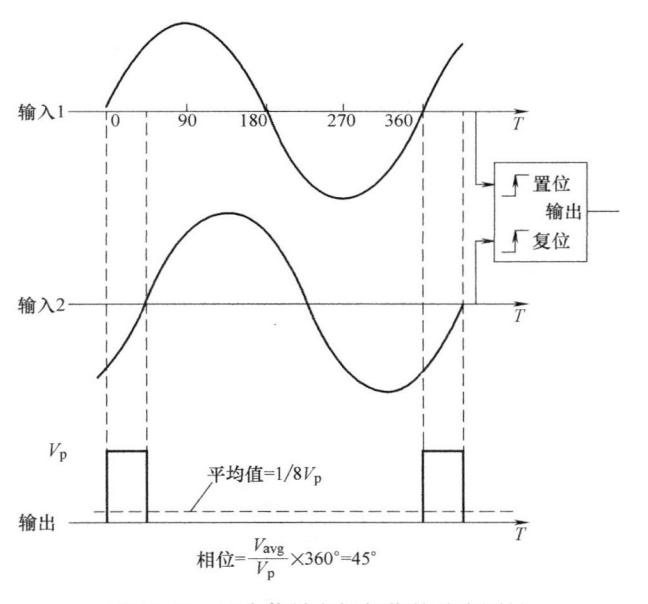

图 11-10　两个信号之间相位的基本测量

11.6.3 幅-频响应测量

频率响应是指将一个恒定电压的音频信号输入音频处理设备，输出的音频信号电压随频率的变化而发生增大或衰减、相位随频率发生变化的现象。幅-频响应反映了电压的变化情况，也称幅-频特性，用不同频率点的输出电压与规定频率处输出电压的关系来表示，是频率的函数。

在测量幅-频响应时，首先将信号源置于规定频率处（如模拟音频设备在 1kHz 处，数字音频设备在 997Hz 处），然后保持输入电压不变，连续或步进地改变源频率，测量每个频率处的输出电压，最后以 dB 为单位表示电压随频率变化的响应。

根据幅-频响应，可以得到音频设备的频率范围。声音的频率范围一般是在 20Hz~20kHz 之间，其中语音分布在 300Hz~4kHz 的范围之内，而音乐和其他自然声响分布在 20Hz~20kHz 范围内。不同产品的音频输出要求有所差别，CD 唱机等音源设备对频率响应要求较高，一般要求在 20Hz~20kHz 范围内，输出幅度的波动不超过 3dB。各类数字电视接收机的线路输出一般要求在 60Hz~18kHz 范围内，输出幅度的波动不超过 3dB。数字接收机等设备的功率输出受音频功率放大器的限制，频率范围会窄得多。因此，一般而言，音频处理设备的频率范围是指输入音频电平幅度保持不变，改变其频率，当输出音频电平与参考频率输出正常电平相差 3dB 时，高频截止点与低频截止点之间的频率。

测量频率范围一般先要测量幅-频响应，然后按照对不同音频设备的规定得到其频率范围。对于数字音频信号而言，由于信号要经过编码，不易进行实时调整，因此音频测试信号一般为固定幅度的点频信号，信号频率采用 1/3 倍频程优选频率。我国标准标定数字信号满刻度电平对应的模拟电平为 24dBμ，校准信号为比系统最大电平低 20dB 的 1kHz 正弦波，因此节目制作时的音频校准电平为 4dBμ，数字校准电平即为-20dBFS。音频节目的最大允许电平应比校准电平高 9dB，因此数字音频频率响应测试信号的幅度一般规定为-20dBFS 或-12dBFS。测量时按标准要求输入-20dBFS 或-12dBFS 的点频信号，以 1kHz 信号的输出电平为参考，计算不同频率的输出电平与参考电平的差。

11.6.4 相-频响应测量

在音频范围内，相位通常是作为频率的函数进行测量和记录的。相-频响应反映了音频处理设备输出信号随频率不同而发生相位变化的情况，也称设备的相-频特性。使用相位差计测量相-频响应时，将相位差计接在源和输出端上，连续或步进式地改变源频率，测量各个频率处输出信号的相位变化。

对大多数音频设备来说，相-频响应和幅-频响应是紧密相连的。频率变化引起幅度的任何变化将产生对应的相移。如果一个设备具有的相移不超过随频率变化的幅度响应所要求的相移，这个设备就被说成是具有最小相位特性。一个图示均衡器的典型相-频和幅-频响应曲线如图 11-11 所示。图 11-11 中的实曲线表示图示均衡器的幅-频响应曲线，纵轴为幅度值，单位为 dBV；虚曲线表示图示均衡器的相-频响应曲线，纵轴为相位值，单位为度（°）。

固定延迟将引入与频率成线性函数关系的相移，这个延迟在高频处会引起很大的相移，这在实际应用中是无关紧要的。因为时间延迟并不会使复合信号失真，也不会以任何方式被听到。当延迟信号与一个主信号共同使用时，时间延迟才会引起问题。立体声信号的一个声道发生延迟，而另一个声道不发生时就是这种情况。如果从一个相位图中减去绝对时间延迟，则余下的部分将真实地表示相位响应的可听部分。在需要考虑绝对延迟的情况下，原始的相位曲线就更重要了。

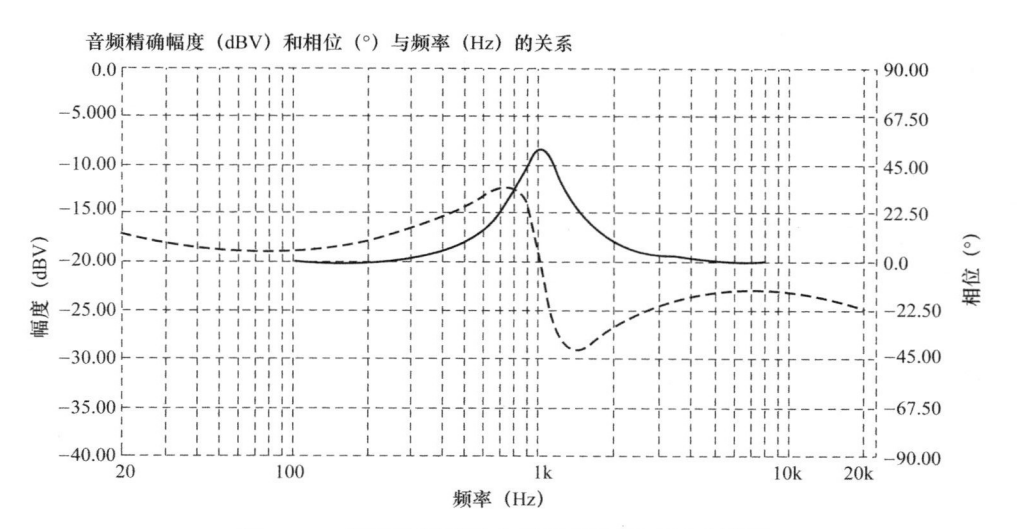

图 11-11　图示均衡器的典型相-频和幅-频响应曲线

当处理复合信号时，相位的意义变得不是很明显。根据傅里叶理论把信号展开成它的各分量之和，就会发现在每个频率处都有不同的相移值。每个分量都有一个不同的相位值，哪一个将被使用？如果信号是周期的且波形无变化地通过测试设备，则仍然可以确定相位值。通过计算某个过零点的位移量占一个波形周期的比例可以确定出相位值。确实，大多数商用相位计能显示出这个值，但是，如果随频率变化而有不同的相移，波形将会发生变化，那么定义任何相移值就是不可能的，这时必须把相位表示为频率的函数。

反映音频设备相位特性的另一重要参数是"群时延"。由主频信号和各次谐波频率分量合成的复频信号，从波形上看有一定的波形包络。当这个波形包络一定时，它所包含的频率成分也是确定的。为直观研究这类包络信号，把信号包络作为一个研究对象，取名为"群"。群时延是相位响应的斜率，它表示一个复合波形频谱分量的相对时延，描述了音乐声中谐波对基波的时延。如果群时延是平坦的，所有的分量将一起到达终点；如果群时延有峰起，表示这些分量将延迟到达，延迟时间由峰起的程度决定。群时延可表示为

$$群时延 = -\frac{f_2 的相位 - f_1 的相位}{f_2 - f_1} \tag{11-9}$$

群时延要求在一个频率范围内进行相位测量，以给出一个清晰的曲线，也要求在足够接近的频率上进行相位测量以得到平滑和精确的导数。

11.7　信号频谱分析

11.7.1　时域和频域的关系

对于非正弦信号，可以用它对时间的函数变化特性来表征，也可以用它所包含的频率分量成分的特性来表征。用示波器来观测信号的波形，波形曲线的水平轴是时间，这就是所谓的时域分析；若用频谱分析仪来显示信号的频谱图形，其水平轴是频率，这就是所谓的频域分析。时域和频域分析是从不同角度对同一信号的观测分析。

在时域中，示波器显示出信号的 v-t 平面图形的情景；在频域中，频谱仪显示信号的 V-f 平面图形的情景。现在看一个由基波和二次谐波组成信号波的例子，如图 11-12 所示。可见，由于相同的基波和二次谐波相位关系不同，合成的时间波形（图中粗黑线）会有很大差异。图 11-13 所示为时域和频域的示意图。频域 V-f 平面显示频谱成分 V_1 和 V_2 的幅值。时域分析和频域分析各有特点，各适用于不同场合，两者互补。实际的频谱仪一般只给出信号的幅值谱或功率谱，不给出谱成分的相位信息。所以，用频谱仪来测量图 11-12 的两个非正弦波（粗黑线），会得出完全相同的频谱图。

图 11-12　频谱相同但谱成分的相位关系不同

图 11-13　时域和频域的示意图

当要研究信号波形失真时，用示波器看波形很直观。但是，对于一个失真度较小的正弦信号，示波器就很难看出它的失真情况。对于复杂波形，示波器更难以确定各谱成分的量值。然而，用频谱分析仪可以定量测出即使是很小的频谱分量。

11.7.2　周期性矩形脉冲的频谱

矩形脉冲序列是实际电路常用的一种信号。熟悉它的频谱结构具有重要意义。所以，在信号分析和通信原理等教科书中，都要分析和求出这种矩形脉冲序列的频谱。图 11-14 表示这种矩形脉冲，其中 T 是脉冲重复周期，也是频谱的基波的周期；A 和 τ 分别是脉冲的幅值和宽度。

周期脉冲序列的傅里叶（Fourier）级数为

$$v(t) = \frac{A\tau}{T} + \sum_{n=1}^{\infty} \frac{2A\tau}{T}\left(\frac{\sin(n\omega\tau/2)}{n\omega\tau/2}\right)\cos n\omega t \tag{11-10}$$

式中，括号中的分式是频谱分析常遇到的一种函数，称为采样函数 $\mathrm{Sa}(x)$，它的定义为

$$\mathrm{Sa}(x) \equiv \frac{\sin x}{x} \tag{11-11}$$

采样函数的曲线形状如图 11-15 所示，它以 $x=0$ 垂直线为对称；在 $x=0$ 处 $\mathrm{Sa}(x)=1$，随 x 值增大，振幅减小。函数在 $x=\pm n\pi$ 处经过 0 值（n 是整数）。显然，式（11-10）的所有频谱分量的包络与采样函数成正比。

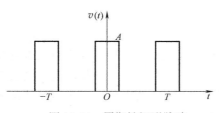

图 11-14　周期性矩形脉冲

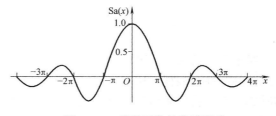

图 11-15　采样函数的曲线形状

11.7.3　谐波分析仪

谐波分析仪常称选频表，可以测量出信号中各个频率分量的幅值大小，记录数据后人工画出频率谱线图。谐波分析仪一个一个地测量谐波的频率和幅值，与测量频率特性的点频法很相似。图 11-16 是外差式谐波分析仪的原理框图，它与外差式接收机的原理类似。图中选频放大器只对固定频率 f_0（常称中频）以固定增益放大，本机振荡器是一个频率（f_B）可变、幅值恒定的正弦信号发生器，有频率度盘。

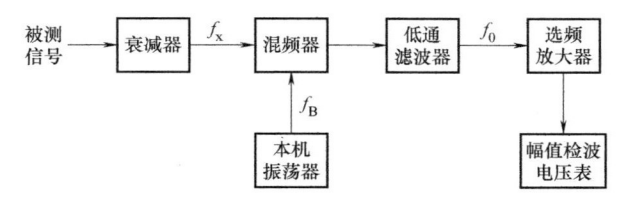

图 11-16　外差式谐波分析仪原理框图

设被测信号中某一谐波频率为 f_X，它与本振频率 f_B 在混频器中互调之后，会产生所谓上、下边频 f_B+f_X 和 $|f_B-f_X|$。选频放大器选取中频 $f_0 = |f_B-f_X|$。容易证明边频 f_0 的幅值和谐频 f_X 的幅值成正比（因 f_B 的幅值为常数）。所以，幅值检波电压表能直读谐波 f_X 的幅值。

本振频率度盘所标记的频率值并不是本振频率 f_B，而是被测谐波频率 f_X，等于 f_B-f_0（设 $f_B>f_X$）。当慢慢调节频率度盘时，电压表上出现读数，这个读数就是被测谐波的幅值，谐波频率值则从频率度盘直接读出。

11.7.4　频谱分析仪

频谱分析仪是一个在频域上显示信号的仪器。频谱仪的类别繁多，大体可分为模拟与数字两大类。模拟类有多通道滤波器式、扫频外差式等；数字类有时基压缩、快速傅里叶变换（FFT）和数字滤波器等方式。本小节介绍两个模拟类频谱仪的原理框图，并做简要说明。

1. 多通道滤波器式频谱仪

图 11-17 所示为多通道滤波器式频谱仪，主要由多个频带相邻的带通滤波器和一个公用的检波器组成。各滤波器的中心频率 $f_1 < f_2 < \cdots < f_n$。一个由阶梯波控制的电子开关 S 使各个滤波器轮流接入检波器。在阶梯波的每一梯级时间，检波器接通一个滤波器，阶梯数等于滤波器数。阶梯波信号同时也是示波管的水平扫描信号。

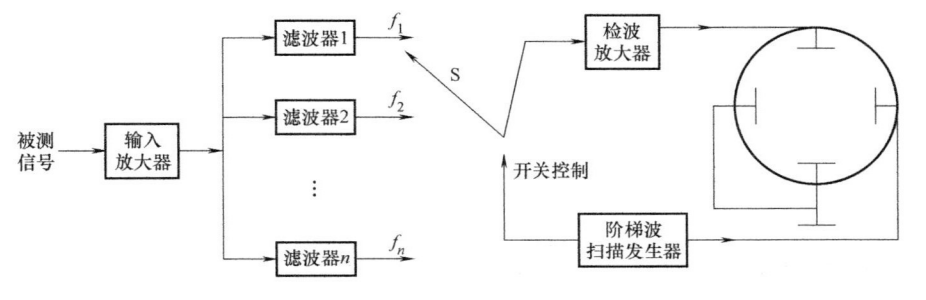

图 11-17　多通道滤波器式频谱仪

这种频谱仪需要大量的窄带滤波器。因滤波器的个数不能做得太多，其带宽也不能做得太窄，所以分辨力和灵敏度都较低，常用于低频频谱分析中。例如，在整个音频段（20Hz~20kHz）上，通常按 1/3 倍频程或倍频程的间距配置滤波器。这样对于 1/3 倍频程有 30 个滤波器，对一个倍频程有 10 个滤波器。IEC 已经把这些频率标准化了，列于表 11-1 中。因每倍频程中滤波器个数相等，所以频率是对数标尺。

表 11-1　ANSI-ISO 标准的优选频率

25Hz	250Hz	2.5kHz
31.5Hz	315Hz	3.15kHz
40Hz	400Hz	4.0kHz
50Hz	500Hz	5.0kHz
63Hz	630Hz	6.3kHz
80Hz	800Hz	8.0kHz
100Hz	1kHz	10kHz
125Hz	1.25kHz	12.5kHz
160Hz	1.6kHz	16kHz
200Hz	2kHz	20kHz

2. 扫频外差式频谱仪

扫频外差式频谱仪用外差法频率扫描，抽取信号的频谱分量，工作原理如图 11-18 所示。被测信号中的频率分量 f_X 与扫频 f_B（幅值为固定值）在混频器中互调，由中频放大器选出下边频 f_0（差频）放大，放大倍数为固定值。容易证明，送入检波器的下边频 f_0 的幅值与 f_X 的幅值成正比。

这种频谱仪与前面的谐波分析仪类似。前面是点频法，这里是扫频法。现在本机振荡器由扫频压控振荡器担任，其频率受锯齿波电压控制。锯齿波电压同时又是示波管的水平扫描电压。所以，当压控振荡器受锯齿波电压控制进行扫频时，信号的各频率分量依次被测量，示波管电子束同时向右扫描，于是，屏幕显示出被测信号的频谱图形。

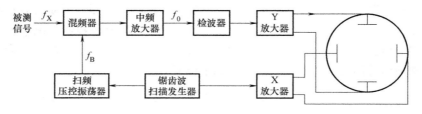

图 11-18　扫频外差式频谱仪原理框图

11.8　非线性失真的测量

在电气设备中，信号的传输过程使得信号的输出特性与输入特性相比发生变化和差异，这种变化和差异统称为失真。在电声领域中，失真的概念具有重要的意义，失真参数能在很大程度上反映设备性能的优劣，也在很大程度上规定了设备的使用环境和条件。

在一般的音频设备测量中，失真指标包括线性失真和非线性失真两大类。

线性失真即非谐波失真，它不产生新的频率成分，只改变各频率分量的相对大小，包括频率失真和相位失真两类。线性失真会破坏声音的声像定位特性和频率响应特性。频率失真较重的设备明显表现出在某些频率段的信号走样。一般情况下，音箱具有几个分贝的失真，人耳是听不出来的；而其他现代电声设备在可听音频率范围内的频率失真已经非常小了。

非线性失真也称波形失真、非线性畸变，表现为音响系统的输出特性与输入特性不呈线性关系（即传递特性曲线的斜率不是固定不变的，而是变化的），由系统设备特性曲线的非线性所引起，使输出信号中产生了输入信号中所没有的高次谐波分量，改变了原信号频谱。非线性失真系数（或称失真度）就是衡量这种失真程度的参数。一个单纯正弦波通过非线性设备，会变成非正弦波，产生出很多谐波成分；而一个非正弦波通过非线性设备，除它的谱成分产生谐波之外，谱成分之间还会发生交互调制，产生相加和相减的频率成分。

可以有多种失真度的定义和测量方法，例如，基波抑制法、互调法、白噪声法等失真度的定义。定义不同、测量方法也会不同。对于不同情况和不同目的，对失真度的要求是不同的。例如，对于一般语音设备，常要求失真度小于 1%；对于正弦信号发生器，常要求小于 0.05%；而对于超低失真的信号发生器，失真度可达 0.001%。

11.8.1 基波抑制法

此法的非线性失真度的定义是：一个正弦波通过非线性设备变成非正弦波之后，其谐波总功率与其基波功率之比的平方根值（注意，一般来说功率都是指标准功率）。所以，非线性失真（总谐波失真）度为

$$\gamma = \sqrt{\frac{P - P_1}{P_1}} = \sqrt{\frac{\sum\limits_{n=2}^{\infty} P_n}{P_1}} = \frac{\sqrt{\sum\limits_{n=2}^{\infty} V_n^2}}{V_1} \qquad (11\text{-}12)$$

式中，P 为信号总功率；P_1 为基波功率；P_n 为第 n 次谐波的功率；V_1 为基波电压有效值；V_n 为第 n 次谐波电压有效值。

当失真度不大时，基波功率与信号总功率相差不大，可用下式计算失真度值：

$$\gamma' = \sqrt{\frac{P - P_1}{P_1}} = \frac{\sqrt{\sum\limits_{n=2}^{\infty} V_n^2}}{\sqrt{\sum\limits_{n=1}^{\infty} V_n^2}} \qquad (11\text{-}13)$$

合并式（11-12）和式（11-13），得

$$\gamma = \frac{\gamma'}{\sqrt{1 - (\gamma')^2}} \qquad (11\text{-}14)$$

例如，令 $\gamma' = 10\% = 0.1$，从式（11-14）得出 $\gamma = 0.1005$，两者相差 0.0005。一般失真度都小于 10%，所以，用式（11-13）代替式（11-12）具有足够的精度。

图 11-19 所示为基波抑制法测量失真度的原理框图。举例两种测量方案：直接测量法和比较测量法。直接测量法是先将开关置于"1"的位置，调节输入电平调节器，让有效值电

压表等于 1V。然后，将开关转换到 "2" 的位置，调节基波抑制电路，使电压表读数最小（表示基波已被抑制），这个最小的有效值读数值就等于失真度。

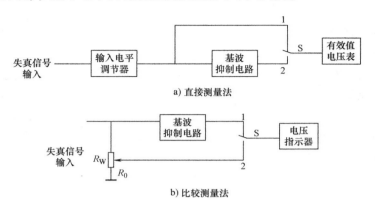

图 11-19　基波抑制法测量失真度的原理框图

比较测量法是先将开关置于 "1" 的位置，调节基波抑制电路，使电压表读数最小。再调节电压指示器灵敏度，使这最小电压指示于靠近满刻度的特定位置。然后，保持指示器灵敏度不变，将并关转换到 "2" 的位置，调节电位器 R_W，使电压指示器准确指到开关置于 "1" 位置时的靠近满刻度的特定位置。这时，电位器下段电阻为 R_0；电位器的分压系数 $\alpha = R_0/R_W$。读者可以证明，现在的失真度等于分压系数 $\alpha = R_0/R_W$。这分压器有一个度盘，其上的标尺可直接刻写出失真度的百分数值。

上述两法的读数方式有所不同。直接测量法从有效值电压表读出失真度值，而比较测量法从电位器度盘读出失真度值。

基波抑制电路可以采用具有选频特性的电路。例如，文氏电桥、双 T 网络等，也可采用能滤除基波、通过谐波的高通滤波器。然而，对于文氏电桥和运放组合成的抑频性电路，由于电路简单、调节频率方便、频率选择性好，得到广泛应用。

11.8.2　交互调制法

系统或设备的非线性会使正弦信号波形失真，产生出很多基波的谐波。所以，基波抑制法用总谐波有效值电压（功率的方根）与基波有效值电压之比来定义非线性失真度。但是，当信号本身为非正弦波时，系统的非线性除了使信号的各谱成分产生谐波之外，还会使其谱成分之间发生交互调制（简称互调），产生相加和相减的频率成分。

实际系统的输入信号通常是非正弦波，由多个频谱成分组成。故上述的基波抑制法用单频率的失真来定义失真度，与实际情况相差很大。所以，为了让对非线性失真度的评估较接近实际情况，所有互调失真的测量技术中使用的激励信号都不止单个简单的正弦信号。

在专业音响、广播和消费类音响等领域，用两个正弦波作为激励信号来进行互调失真的测量。大家知道，任意两个频率分别为 f_1 和 f_2 的正弦信号作用于非线性器件时，会产生出原有的两个正弦波再加上无数个互调失真项，即无数个组合频率分量，如下式：

$$mf_1 \pm nf_2 \tag{11-15}$$

其中 m 和 n 为任意正整数。任意特定的互调失真项的阶数为 m 与 n 的和。下面列出一些互调失真项的阶数：

$$f_1 - f_2 \qquad\qquad 2\ \text{阶}$$
$$f_1 + f_2 \qquad\qquad 2\ \text{阶}$$
$$2f_1 - f_2 \qquad\qquad 3\ \text{阶}$$
$$f_1 - 2f_2 \qquad\qquad 3\ \text{阶}$$
$$2f_1 + f_2 \qquad\qquad 3\ \text{阶}$$
$$3f_1 - f_2 \qquad\qquad 4\ \text{阶}$$
$$3f_1 + f_2 \qquad\qquad 4\ \text{阶}$$

在采用双频互调法的情况下，由于各专业、行规的差异，可能有多种失真度的定义方法。这里以 SMPTE 互调法为例作介绍。

在专业、广播及消费类音响领域，SMPTE（Society of Motion Picture and Television Engineers，电影电视工程师协会）方法是最常用的互调失真测量标准。SMPTE 标准规定用两个正弦波测试信号，一个是频率为 $f_1 = 7\text{kHz}$、幅度为 V_p 的高音频信号；另一个是频率为 $f_2 = 60\text{Hz}$、幅度为 V_q 的低音频信号，且 $V_q = 4V_p$。当上述的双音频测试信号作用于非线性器件时，在高音频周围就会产生边带分量群，其频谱分布如图 11-20 所示。

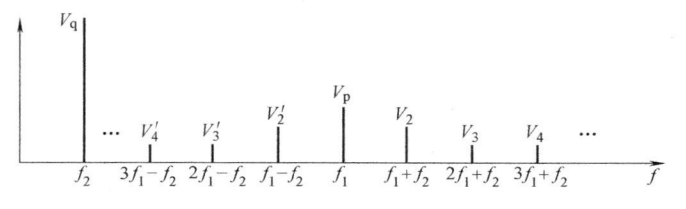

图 11-20　高音频和低音频的互调频谱

在设备的输出可用谐波分析仪或频谱仪测得谱成分幅值，再用下式计算互调失真度 IMD（Inter-modulation Distortion）：

$$\text{IMD} = \frac{\sqrt{V_2^2 + (V'_2)^2 + V_3^2 + (V'_3)^2 + \cdots}}{V_p} \tag{11-16}$$

典型的 SMPTE 互调失真分析仪的工作原理框图如图 11-21 所示。

高通滤波器先将低频率的音频信号滤去，余下的信号基本上是一个调幅信号，被送至调幅解调器。解调器的输出为边带分量，这些边带分量被转化为基带，例如，一个产生二阶、三阶互调失真项的 SMPTE 测试信号，在通过解调器后，其上、下各边带将被转化成 60Hz 和 120Hz 的分量，解调器后面的低通滤波器用来除去任何残留的高频载波，剩余的信号由真方均根值检波器测量。测量仪输出读数以百分比或分贝数表示。

SMPTE 互调失真测试对检测音频设备有诸多优点。正如大多数互调失真测试信号一样，越是复杂的测试信号就越接近于模拟实际的节目源。高幅低频音频信号与低幅高频音频信号的频谱关系类似于音乐和声音的频谱分布。许多 SMPTE 互调失真分析仪在解调器后有一带宽约 700Hz 的低通滤波器，只要低频的音频信号略低于 250Hz，则至少可以测量到二阶和三阶互调失真项。这种测试可用于奇次和偶次波的失真测试。由于最后的噪声带宽仅为

700Hz，故该设备对噪声的敏感度实质上远低于噪声带宽为 20kHz 或更高的失真加噪声仪对噪声的敏感度。采用低频音频信号，使得互调失真项落在高频信号附近相当窄的频带内，因此 SMPTE 测试技术可用来研究带宽限制系统的线性问题。

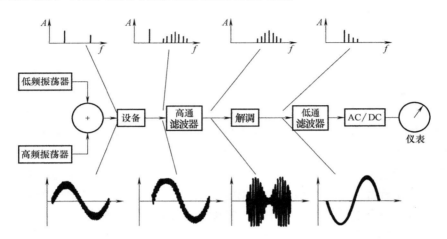

图 11-21   SMPTE 互调失真分析仪的工作原理框图

在 CD、VCD 及 DVD 等音频测量时，都要测量互调失真这个指标。目前国产的互调失真测量仪主要是北京无线电仪器厂生产的 ZN4102 型互调失真度测量仪。该仪器主要由组合信号源、互调失真测量、电压测量和电源部分组成。组合信号源输出可组合的高、低频组合信号，并具有较小的固有互调失真，最小量程为 0.1%。在测量时，可以选择不同的高频和低频，高频有：3kHz、5kHz、7kHz、10kHz、15kHz、20kHz；低频有：50Hz、60Hz、70Hz、100Hz、200Hz、300Hz。当输入信号为 20～100V 时，可用 20dB 衰减器，以便把信号衰减下来。该仪器使用比较方便，完全适用目前音频测量中互调失真的测量。

11.8.3   白噪声法

非正弦信号通常是由很多的谐波组合而成的。双频法显然还不能满意地反映实际情况。因此，人们又想出了白噪声法。白噪声具有均匀分布的频谱密度。采用白噪声作为测量源，可以测出被测电路通频带内任何频率所产生的谐波及其互调产物。

一种测量法是首先从白噪声中滤除某一频率 f_0 分量，然后输入被测电路。如果电路无失真，则其输出就没有 f_0 分量；当被测电路有非线性失真时，则总会有谐波和互调成分的频率等于 f_0，而使电路输出频率 f_0、幅值为 V_0 的信号波。于是，可以采用被测电路输出的 V_0 电压与输出的噪声电压 V_N 之比值作为非线性失真度的定义。

11.9   眼图及抖动测量

11.9.1   眼图

评价数字基带传输系统性能的一种既方便又直观的方法是在接收端观察基带信号的波形。将接收的串行数字基带信号送入示波器，同时使示波器的时基信号与输入的数字基带信号同步，可在示波器屏幕上观看到类似于人眼的图案，称之为"眼图"。

图 11-22 是将示波器的扫描周期调到一个码元长度时看到的波形。在无码间串扰时，输出信号的波形是有规则的，每个"1"码（或"0"码）有相同的波形。因此，在示波器的屏幕上完全重合，示波器所显示的迹线又细又清晰，得到如图 11-22a 所示的图形。当存在码间串扰时，各码元的波形不规则，因此，示波器屏幕上的线条很粗，并且迹线模糊，如图 11-22b 所示。由图 11-22 可以看到，当波形无码间串扰时，眼图像一只完全张开的眼睛。由此可见，眼图"眼睛"张开的大小将反映码间串扰的强弱。

设一个信号的眼图有如图 11-23 所示的形状，从中可以获得系统调整的一些信息。

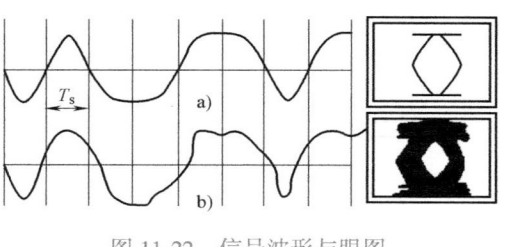

图 11-22　信号波形与眼图　　　　　图 11-23　眼图的模型

（1）判决电平

图形的水平中线是信号的电平分界线，可根据这条线确定对该信号进行判决时的判决电平，多数情况下就以这个电平作为判决电平。

（2）最佳判决时刻

图形的垂直中线是最佳的判决时刻，因为在这时，信号高电平最高，低电平最低，而其他时间高、低电平相距较近。因此，在相同的噪声条件下，在这时进行判决高电平为低电平（或将低电平判为高电平）的可能性就小，也就是抗噪声的能力比较强。

（3）噪声容限

只要噪声的幅度不超过噪声容限，就不会在判决时刻将高电平判为低电平，也不会将低电平判为高电平。

（4）过零点畸变

无码间串扰时，信号过零点的时间（与判决电平相交点）与最佳判决时刻有固定的时间差；而有码间串扰时，这个时间就会前后变化。因为在同步接收时，接收机提取的时钟相位往往与过零点的时间有关。如果这个时间前后变化，就会造成始终信号的相位抖动，因而引起判决脉冲的前后抖动，增加误码率。

（5）采样信号畸变

反映在判决时刻信号一种电平（高电平或低电平）的大小变化范围。

眼图观测项目通常包括：幅度、时钟周期、上升和下降时间、过冲和下冲以及抖动等参量，如图 11-24 所示，使用专用的数字分量波形监视器或示波器可以进行观测。各项参量的容限应符合相关的技术标准。

由此可见，通过"眼图"可以显示数字信号的幅度和相位特性。因此，可通过眼图直接观察数字信号波形的好坏，进行动态分析，如抖动、噪声容限等。通常幅度变化、噪声等因素造成眼图在垂直方向上的闭合，定时抖动的影响会造成眼图的水平闭合。整个数字系统在正常工作时，应保持眼图的张开度。当眼图完全闭合时，说明系统的码间串扰十分严重，必须对码间串扰及时进行校正才能保证系统无误、正常工作。

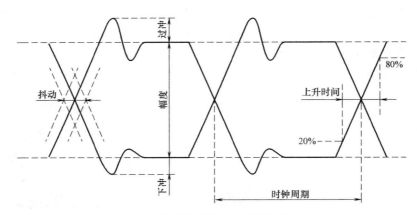

图 11-24　数字基带信号的眼图观测参量

11.9.2　抖动

抖动是串行数字传输系统最重要的性能参数之一。在数字数据的传送和恢复过程中，抖动能够造成恢复的时钟和数据在时间上的瞬间偏差，当这种偏差变得足够大时，会造成眼图张开度小，从而导致数据错误。另外，如果抖动通过 A/D 转换处理系统进行传递，数字信号中的抖动可能会降低模拟信号的性能。

在 ITU-R BT. 1363-1 中给抖动下的定义为：抖动是数字信号的跳变沿相对于理想位置在时间上的偏差。如图 11-25 所示，抖动的测量一般在数字数据信号的有效瞬间（Significant Instant），即跳变的过零点上进行。

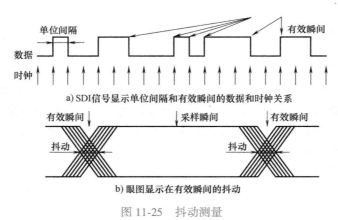

图 11-25　抖动测量

抖动的测量单位为 UI（单位间隔），它代表一个时钟周期。对 NRZ 或 NRZI 编码信号来说，单位间隔是串行数据间隔的最小标称时间。在图 11-25 中示出了 NRZI 数据信号和相关的时钟标记。

抖动可大致分为绝对抖动（Absolute Jitter）、定时抖动（Timing Jitter）、校正抖动（Alignment Jitter）和低频抖动（Low-Frequency Jitter），如图 11-26 所示。

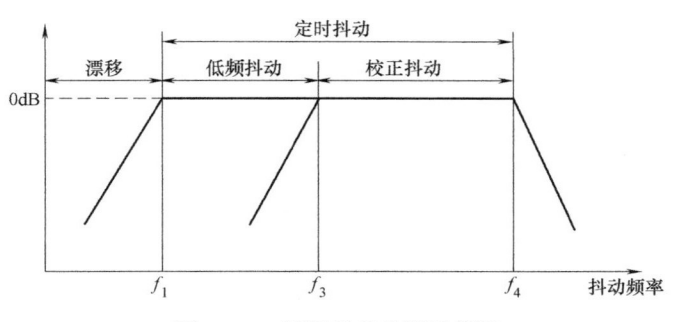

图 11-26　不同抖动的测量范围

1. 绝对抖动

绝对抖动的测量范围包含了抖动的全部频率分量。实际上不可能精确地测出绝对抖动，这是因为很难产生一个绝对基准的数据沿。

漂移（Wander）也包含在绝对抖动之中，数字信号跳变位置以非常低的频率变化（典型值为 10Hz 以下）称为漂移。一般来说，漂移对时钟提取和解码电路恢复数字数据流的能力没有太大的影响，因为这种低频变化能够被锁相环跟踪。除非漂移使数据率超出基准振荡器控制范围，在处理数字数据流时才会出现错误。漂移通常定义为频率分量低于一个特殊频率的抖动。在串行数字接口（Serial Digital Interface，SDI）应用中，这个特殊频率是 10Hz。测量漂移和绝对抖动时，要求用于识别沿抖动的时钟基准极为稳定，本身没有任何抖动分量。普通的时钟提取锁相环通常达不到这个要求，可采用一台高 Q 值的晶体振荡器产生。

2. 定时抖动

定时抖动是抖动频率高于规定速率（典型值为 10Hz 或更低）的信号跳变位置的变化。定时抖动通常用于描述整个系统的运行状况，它能够通过把时钟恢复系统的环路滤波器的低频截止频率设定为 f_1 来测量。这样，测量结果中将包含从环路滤波器低频截止频率到测量上限频率的所有频率的抖动。一般不明确给出引起数据恢复差错所对应的定时抖动值。

3. 校正抖动

在 ITU-R BT. 1363-1 中，给校正抖动下的定义是：信号的跳变位置相对于从该信号中提取的时钟跳变位置的变化。时钟提取处理的带宽确定了校正抖动的低频限值，通常这个带宽的下限截止频率可在 1~100kHz 之间选取。校正抖动典型的低频限值为 1kHz 或 100kHz。与绝对抖动、定时抖动及低频抖动相比，校正抖动是最重要的抖动测量参数。校正抖动能够直接给出影响数字接收机正确恢复数据能力的信息。数字接收机产生这种类型差错的原因是锁相环不能跟踪输入信号的定时变化。如果定时误差变得足够大，解码器将"滑动"1bit，这会在解码的数据中造成一个误码，并会产生一个字的帧差错。

4. 低频抖动

低频抖动是定时抖动和校正抖动之间的差，它所覆盖的频率范围是 $f_1 \sim f_3$。在串行信号链路中，低频抖动一般不造成太大的问题。即使比较大的低频抖动也能被串行信号链路接收，因为锁相环能跟踪这些低频的定时变化并维持正确的数据恢复。低频抖动能够通过定时抖动减去校正抖动而得到。对大多数类型的抖动，比如正弦或随机抖动，这种计算都会得到准确的低频抖动测量结果。

11.10 小结

在音频（及其他领域）中的大多数测量是由基本参数的测量组成的，这些参数包括信号电平、相位以及频率。许多其他参数的测量是由这些基本参数的测量以及将结果通过方便的方式进行综合显示来组成的。电平测量是许多音频指标测量的基础，电平既可以通过绝对条件测得，又可以通过相对条件测得。功率输出就是一个绝对电平测量的例子，它不需要其他任何参考电平；信噪比（S/N）和增益（或者损耗）就是一个相对测量或比率测量的例子，其结果将被表示成两个测量结果的比。虽然频率响应乍一看并不表现为两个测量值的比，但它也是相对测量，因为它把被测设备的增益表示为频率的函数，并以频带中心的增益为参考值。非线性失真测量是对信号通过测试设备时引入的非期望信号的一种定量表示方法，表示为非期望信号成分的总量与期望信号的相对值，常用百分比来表示。通常有许多测量非线性失真的方法：基波抑制法、交互调制法和白噪声法。在设备测试时，它们只是测试方法的不同而不是失真形式的不同。眼图是评价数字基带传输系统码间干扰程度的方法，可通过眼图的测量或定性地观看眼图的形状得出干扰程度。

11.11 习题

1. 写出正弦波振幅值、平均值与方均根值（有效值）三者之间的关系式。

2. 简述模拟式交流电压表的峰值、平均值与有效值三种检波电路的工作原理。这些电压表的读数标尺一般都刻记为正弦波形的有效值，说明三种电路的读数标尺的定标问题。

3. 用一个峰值检波的交流电压表去测量振幅值相等的正弦波、方波、三角波，所得的读数相同吗？若这时正弦波有效值是 1V，则方波和三角波的有效值是多少？

4. 电平单位是一种相对单位，可任设某量值为参考 0 电平。若以电压 1V 作为 0dB，问 10V、316V 的电平是多少？又若以 1mW 功率作为 0dB，问 1μW、10mW 的电平是多少？

5. 试说明谐波分析仪和频谱仪的用途和测量对象。

6. 设用多通道滤波器式频谱分析法，分析 30Hz～30MHz 频带的信号；又设每倍频程置一个滤波器，问需要用多少个滤波器？

7. 用频谱仪测量某正弦信号经放大器后的失真，测出有二次和三次谐波，二次谐波和三次谐波的电压幅值分别比基波幅值小 10dB 和 20dB。试用基波抑制法的失真度的定义，计算出信号的非线性失真度。

附录　缩略语英汉对照

AAC　　　Advanced Audio Coding，高级音频编码

AC-3　　　Audio Code Number 3

ACELP　　Algebraic Code Excited Linear Prediction，代数码激励线性预测

A/D　　　Analog/Digital Conversion，模拟/数字转换

ADM　　　Adaptive Delta Modulation，自适应增量调制

ADPCM　　Adaptive Differential Pulse Code Modulation，自适应差分脉冲编码调制

AES　　　Audio Engineering Society，（美国）音频工程协会

AFC　　　Automatic Frequency Control，自动频率控制

AGC　　　Automatic Gain Control，自动增益控制

AIFF　　　Audio Interchange File Format，音频交换文件格式

AM　　　Amplitude Modulation，幅度调制（调幅）

ANSI　　　American National Standards Institute，美国国家标准协会

AO　　　Audio Object，音频对象

API　　　Application Program Interface，应用程序接口

ARQ　　　Automatic Repeat Request，自动请求重发

ASIC　　　Application Specific Integrated Circuit，专用集成电路

ASIO　　　Audio Stream Input Output，音频流输入输出

ASK　　　Amplitude Shift Keying，幅移键控

ASPEC　　Adaptive Spectral Perceptual Entropy Coding，自适应谱感知熵编码

ATC　　　Adaptive Transform Coding，自适应变换编码

ATFT　　　Adaptive Time Frequency Tiling，自适应时频分块

ATRAC　　Adaptive Transform Acoustic Coding，自适应变换听觉编码

ATSC　　　Advanced Television System Committee，（美国）高级电视制式委员会

AVO　　　Audio Visual Object，音视频对象

BCC　　　Binauarl Cue Coding，双耳线索编码

BCD　　　Binary Coded Decimal，二进制编码十进制数

BCH　　　Bose-Chandhuri-Hocquenghem，博斯-查得胡里-霍昆格姆

BD　　　Blu-ray Disc，蓝光光盘

BER　　　Bit Error Rate，误比特率（比特差错率）

BIFS　　　Binary Format for Scene Description，场景描述的二进制格式

BMC　　　Biphase Mark Code，双相标志码

BPF　　　Band-Pass Filter，带通滤波器

BSS　　　Broadcasting Satellite Service，广播卫星业务

CA　　　Conditional Access，条件接收

CAV　　　Constant Angular Velocity，恒定角速度

CCIR　　　Consultative Committee On International Radio，国际无线电咨询委员会

CCITT　　Consultative Committee On International Telegraph and Telephone，国际电报电话咨询委员会

CD	Compact Disc，激光唱盘
CD-DA	Compact Disc-Digital Audio，数字音频激光唱盘
CD-I	Compact DiSC-Interactive，交互式 CD 光盘
CD-MO	Compact DiSC- Magneto Optical，磁光型 CD 光盘
CDR	China Digital Radio，中国数字音频广播
CD-R	CD-Recordable，可刻录 CD 光盘
CD-ROM	Compact DiSC-Read Only Memoly，光盘只读存储器
CD-RW	CD-Rewritable，可擦写型 CD 光盘
CELP	Code Excited Linear Prediction，码激励线性预测
CHDIA	China High-definition Disc Industry promotion Association，中国高清光盘产业推进联盟
CIRC	Cross Interleaved Reed-Solomon Code，交叉交织里德-所罗门码
CLV	Constant Linear Velocity，恒定线速度
CMMB	China Mobile Multimedia Broadcasting，中国移动多媒体广播
COFDM	Coded Orthogonal Frequency Division Multiplexing，编码正交频分复用
CPU	Central Processing Unit，中央处理单元
CRC	Cyclic Redundancy Check，循环冗余校验
DAB	Digital Audio Broadcasting，数字音频广播
DAM	Diagnostic Acceptability Measure，判断满意度测量
DAT	Digital Audio Tap，数字录音磁带
DAT	Digital Audio Tap recorder，数字磁带录音机
D/A	Digital/Analog Conversion，数字/模拟转换
DAVIC	Digital Audio Video International Council，国际数字音频/视频理事会
DAW	Digital Audio Workstation，数字音频工作站
DC	Direct Current，直流
DCC	Digital Compact Cassette，数字小型盒式磁带
DCT	Discrete Cosine Transform，离散余弦变换
DFT	Discrete Fourier Transform，离散傅里叶变换
DM	Delta Modulation，增量调制
DMB	Digital Multimedia Broadcasting，数字多媒体广播
DPCM	Differential Pulse Code Modulation，差分脉冲编码调制
DQPSK	Differential Quaternary Phase Shift Keying，差分四相相移键控
DRM	Digital Radio Mondiale，世界数字调幅广播组织
DRT	Diagnostic Rhyme Test，判断韵字测试
DSD	Direct Stream Digital，直接流数字
DSP	Digital Signal Processor，数字信号处理器
DST	Direct Stream Transfer，直接流传送
DTMB	Digital Television Terrestrial Multimedia Broadcasting，数字电视地面多媒体广播
DTS	Digital Theater System，数字影院系统
DVB	Digital Video Broadcasting，数字视频广播
DVD	Digit Video Disc，数字视频光盘
DVD	Digital Versatile Disc，数字通用光盘
EBU	European Broadcasting Union，欧洲广播联盟
ECC	Error Correction Code，纠错码

EDC	Error Detection Code，检错码
EEP	Equal Error Protection，同等差错保护
EFM	Eight to Fourteen Modulation，8bit 到 14bit 调制
ETM	Eight to Twelve Modulation，8bit 到 12bit 调制
ETOM	Electron Trapping Optical Memory，电子捕集光存储器
ETS	European Telecommunication Standard，欧洲电信标准
ETSI	European Telecommunication Standard Institute，欧洲电信标准化协会
EVD	Enhanced Versatile Disc，增强型通用光盘
EVRC	Enhanced Variable Rate Codec，增强型可变速率编解码器
FAC	Fast Access Channel，快速接入通道
FCC	Federal Communications Commission，（美国）联邦通信委员会
FDDI	Fiber Distributed Data Interface，光纤分布式数据接口
FDM	Frequency Division Multiplexing，频分复用
FEC	Forward Error Correction，前向纠错
FFT	Fast Fourier Transform，快速傅里叶变换
FIB	Fast Information Block，快速信息块
FIC	Fast Information Channel，快速信息通道
FIFO	First-In First-Out shift register，先进先出（移位寄存器）
FM	Frequency Modulation，频率调制（调频）
F-PAD	Fixed Program Associated Data，固定节目伴随数据
FSK	Frequency Shift Keying，频移键控
FSM	Four to Six Modulation，4bit 到 6bit 调制
GUI	Graphic User Interface，图形用户界面
HDCD	High Definition Compatible Digital，高清晰兼容数字
HD DVD	High-Definition DVD，高清晰 DVD
HDMI	High Definition Multimedia Interface，高清晰度多媒体接口
HDTV	High Definition Television，高清晰度电视
HEC	Hybrid Error Correction，混合纠错
HFC	Hybrid Fiber/Coax，混合光纤/同轴电缆
HILN	Harmonic and Individual Line plus Noise，谐波和独立线加性噪声
HTDM	Host Time Division Multiplexing，主机时分多路传输
HTTP	HyperText Transfer Protocol，超文本传输协议
HVXC	Harmonic Vector eXcitation Coding，谐波矢量激励编码
IBOC	In Band On Channel，带内同频
IC	Integrated Circuit，集成电路
ICI	Inter-Carrier Interference，载波间串扰
IDE	Integrated Drive Electronics，电子集成驱动器
IEC	International Electrotechnical Commission，国际电工委员会
IEEE	Institute of Electrical and Electronic Engineers，电气和电子工程师学会
IETF	Internet Engineering Task Force，因特网工程任务组
IF	Intermediate Frequency，中频
IFFT	Inverse Fast Fourier Transform，快速傅里叶逆变换
IIR	Infinite Impulse Response，无限脉冲响应

IMD	Inter-Modulation Distortion，互调失真	
IP	Internet Protocol，因特网协议	
ISDN	Integrated Services Digital Network，综合业务数字网	
ISI	Inter-Symbol Interference，符号间串扰	
ISO	International Organization for Standardization，国际标准化组织	
ITU	International Telecommunication Union，国际电信联盟	
ITU-R	ITU-Radiocommunication Sector，国际电信联盟无线电通信部	
ITU-T	ITU-Telecommunication standardization sector，国际电信联盟电信标准化委员会	
JMSC	Japan MIDI Standards Committee，日本 MIDI 标准委员会	
JND	Just Noticeable Difference，恰能分辨差别	
LAN	Local Area Network，局域网	
LDPC	Low Density Parity Check，低密度奇偶校验	
LFE	Low Frequency Enhancement，低频增强	
LLC	Logical Link Control，逻辑链路控制	
LPC	Linear Predictive Coding，线性预测编码	
LSB	Least Significant Bit，最低有效位	
LTC	Longitudinal Time Code，纵向时间码	
LTP	Long-Trem Predictor，长时预测器	
LD	Laser Disc，激光视频盘（激光影碟）	
LV	Laser Video disc，激光视频盘	
MADI	Multi-channel Audio Digital Interface，多通道音频数字接口	
MAN	Metropolitan Area Network，城域网	
MAS	MOTU Audio System，MOTU 音频系统	
MD	Mini Disc，微型光盘	
MDCT	Modified Discrete Cosine Transform，改进的离散余弦变换	
MEMS	Micro-Electro-Mechanical Systems，微机电系统	
MHEG	Multimedia Hypermedia Expert Group，多媒体超媒体专家组标准	
MIDI	Musical Instrument Digital Interface，电子乐器数字接口	
MIMO	Multiple-Input Multiple-Output，多输入多输出	
MIPS	Million Instructions Per Second，百万条指令/秒	
MLC	Multi-Level Coding，多级编码	
MLP	Meridian Lossless Packing，英国 Meridian 公司提出的"无损打包"压缩编码方法	
MMA	MIDI Manufacturers Association，（美国）MIDI 制造商协会	
MMX	MultiMedia eXtensions，多媒体扩展	
MOPS	Million Operations Per Second，百万次操作/秒	
MOS	Mean Opinion Score，平均意见得分	
MPEG	Moving Picture Experts Group，活动图像专家组	
M-PLPC	Multi-Pulse Linear Predictive Coding，多脉冲线性预测编码	
MPSK	Multiple PSK，多进制相移键控	
MSB	Most Significant Bit，最高有效位	
MSC	Main Service Channel，主业务通道	
MSDL	MPEG-4 Syntactic Description Language，MPEG-4 句法描述语言	
MSE	Mean Squared Error，均方误差	

MTC　　　　MIDI Time Code，MIDI 时间码

MUSICAM　Masking pattern adapted Universal Sub-band Integrated Coding And Multiplexing，自适应掩蔽模型的通用子带综合编码和复用

NA　　　　Numerical Aperture，数值孔径

NAMM　　National Association of Music Merchants，（美国）全国音乐商协会

NICAM　　Nearly Instantaneous Companding Audio Multiplex，准瞬时压扩音频复用

NSS　　　　Noise Spectral Shaping，噪声谱整形

NVD　　　　Next-generation Versatile Disc，下一代通用光盘

OFDM　　Orthogonal Frequency Division Multiplexing，正交频分复用

OIRT　　　International Radio and Television Organization（法语的正式名称为 Organisation Internationale de Radiodiffusion et de Télévision），国际广播电视组织

OMF　　　　Open Media Framework，开放媒体框架

OSI　　　　Open System Interconnection，开放系统互连

PAD　　　　Program Associated Data，节目伴随数据

PAPR　　　Peak to Average Power Ratio，峰均功率比

PASC　　　Precision Adaptive Sub-band Coding，精密自适应子带编码

PCD　　　　Phase Change Disc，相变型光盘

PCM　　　　Pulse Code Modulation，脉冲编码调制

PDA　　　　Personal Digital Assistant，个人数字助理

PDM　　　　Pit Depth Modulation，坑深调制

PDM　　　　Pulse Density Modulation，脉冲密度调制

PEDM　　　Pit Edge and Depth Modulation，坑边沿与深度调制

PLL　　　　Phase Locked Loop，锁相环路

PM　　　　Phase Modulation，相位调制（调相）

PNS　　　　Perceptual Noise Substitution，感知噪声替代

PPM　　　　Peak Program Meter，峰值节目表

PS　　　　Parametric Stereo，参数立体声

PSK　　　　Phase Shift Keying，相移键控

PSTN　　　Public Switched Telephone Network，公共交换电话网

PWF　　　　Perceptual Weighting Filter，知觉加权滤波器

PWM　　　　Pulse Width Modulation，脉冲宽度调制（脉宽调制）

QAM　　　　Quadrature Amplitude Modulation，正交幅度调制（正交调幅）

QMF　　　　Quadrature Mirror Filter，正交镜像滤波器

QMFB　　　Quadrature Mirror Filter Banks，正交镜像滤波器组

QoS　　　　Quality of Service，服务质量

QPSK　　　Quaternary Phase Shift Keying，四相相移键控

RAM　　　　Random Access Memory，随机存储器

R-DAT　　Rotary head DAT，旋转磁头式数字录音机

RF　　　　Radio Frequency，射频

RIFF　　　Resource Interchange File Format，资源交换文件格式

RLL　　　　Run Length Limited，游程长度受限

RPE-LTP　Regular Pulse Excited-Long Term Prediction，规则脉冲激励-长时预测

RPR　　　　Radial Direction Partial Response，径向部分响应

RS	Reed-Solomon，里德-所罗门	
RSPC	Reed-Solomon Product Code，理德-所罗门乘积码	
RSVP	Resource Reserve Protocol，资源预留协议	
RTAS	Real-Time Audio Suite，实时音频套件	
RTCP	Real-Time Transport Control Protocol，实时传输控制协议	
RTOS	Real Time Operation System，实时操作系统	
RTP	Real-Time Transport Protocol，实时传输协议	
RTSP	Real-Time Streaming Protocol，实时流协议	
SACD	Super Audio CD，超级音频 CD	
SAOL	Structured Audio Orchestra Language，结构化音频交响乐语言	
SASBF	Structured Audio Sample Bank Format，结构化音频样本分组格式	
SASL	Structured Audio Score Language，结构化音频乐谱语言	
SATC	Sample-Accurate Time Code，采样精度时间码	
SBC	Sub-Band Coding，子带编码	
SBR	Spectral Band Replication，谱带恢复	
SC	Start Code，起始码	
SCFSI	Scale Factor Selection Information，比例因子选择信息	
SCMS	Serial Copy Management System，串行复制管理系统	
SCSI	Small Computer System Interface，小型计算机系统接口	
S-DAT	Stationary head DAT，固定磁头式数字录音机	
SDC	Service Description Channel，业务描述通道	
SDI	Serial Digital Interface，串行数字接口	
SFN	Single Frequency Network，单频网	
SI	Service Information，业务信息	
SMIL	Synchronized Multimedia Integration Language，同步多媒体集成语言	
SMPTE	Society of Motion Picture and Television Engineers，（美国）电影电视工程师协会	
SMR	Signal-to-Mask Ratio，信号掩蔽比	
SMS	Subscriber Management System，用户管理系统	
SNHC	Synthetic/Natural Hybrid Coding，合成/自然混合编码	
SNMP	Simple Network Management Protocol，简单网络管理协议	
SNR	Signal-to-Noise Ratio，信噪比	
SONET	Synchronous Optical Network，同步光纤网络	
S/PDIF	Sony/Philips Digital Interface Format，索尼/飞利浦数字接口格式	
SSB	Single Side Band modulation，单边带（调制）	
SSE	Streaming SIMD Extensions，单指令多数据流扩展	
STP	Short-Term Predictor，短时预测器	
TCP	Transmission Control Protocol，传输控制协议	
TDAC	Time Domain Aliasing Cancellation，时域混叠抵消	
TDM	Time Division Multiplexing，时分多路传输	
TNS	Temporal Noise Shaping，瞬时噪声整形	
TOC	Table Of Contents，内容表（目录表）	
TTS	Text-To-Speech，文—语转换	
UDP	User Datagram Protocol，用户数据报协议	

UEP	Unequal Error Protection，	不等差错保护
UHF	Ultra High Frequency，	超高频
UNI	User Network Interface，	用户网络接口
USB	Universal Serial Bus，	通用串行总线
UTOC	User Table Of Contents，	用户内容表
UTP	Unshielded Twisted Pair，	非屏蔽双绞线
VCD	Video Compact Disk，	视频高密度光盘
VCR	Video Cassette Recorder，	盒式磁带录像机
VGA	Video Graphics Array，	视频图形阵列
VHF	Very-High Frequency，	甚高频
VHS	Video Home System，	家用录像系统
VITC	Vertical Interval Time Code，	场逆程时间码
VLSI	Very Large Scale Integrated circuit，	超大规模集成电路
VQ	Vector Quantization，	矢量量化
VSELP	Vector-Sum Excited Linear Prediction，	矢量和激励线性预测
VST	Virtual Studio Technology，	虚拟工作室技术
VSTi	Virtual Studio Technology Instrument，	虚拟工作室技术乐器
VU	Volume Unit，	音量单位
WDM	Windows Driver Model，	Windows 驱动程序模型
WWW	World Wide Web，	万维网
X-PAD	Extended Program Associated Data，	扩展节目伴随数据

参 考 文 献

[1] 卢官明，宗昉．数字音频原理及应用 [M]．3 版．北京：机械工业出版社，2017.

[2] 王鑫，唐舒岩．数字声频多声道环绕声技术 [M]．北京：人民邮电出版社，2008.

[3] 陈华．音频技术及应用 [M]．成都：西南交通大学出版社，2007.

[4] 徐光泽．电声原理与技术 [M]．北京：电子工业出版社，2007.

[5] 陈学煌，刘永志，潘晓利，等．MIDI 原理与开发应用 [M]．北京：国防工业出版社，2008.

[6] 吴家安．现代语音编码技术 [M]．北京：科学出版社，2008.

[7] 国家广播电视产品质量监督检验中心，中国电子科技集团公司第三研究所，中国电子音响工业协会．
数字音频原理与检测技术 [M]．北京：人民邮电出版社，2015.

[8] 中华人民共和国国家质量监督检验检疫总局，中国国家标准化管理委员会．多声道数字音频编解码技
术规范：GB/T 22726—2008 [S]．北京：中国标准出版社，2008.

[9] 袁长建．"次世代"高清音频格式解析 [J]．视听界·广播电视技术，2009（4）：37-40.

[10] 程一中．高清时代音频格式深入探究 [J]．家庭影院技术，2009（1）：44-53.

[11] 赵连云．调音台使用中的注意事项 [J]．音响技术，2008（11）：23-24.

[12] 尚璟，房磊，高鹏．数字声音广播发展综述 [J]．广播电视信息，2007（3）：75-77.

[13] 朱荣进．解析 DAB+数字音频广播 [J]．广播电视信息，2007（5）：78-79.

[14] 邹峰，高鹏．中国数字声音广播技术的研究与探索 [J]．广播与电视技术，2014（8）：33-36.

[15] 高鹏，邹峰．广播数字化的探索与思考 [J]．广播电视信息，2014（1）：23-26.

[16] 高鹏，盛国芳，吴智勇，等．调频频段数字音频广播系统研究 [J]．广播电视信息，2014（1）：
27-30.

[17] 伦继好，闫建新，王磊．CDR 调频数字音频广播信源编码技术 [J]．广播电视信息，2014（1）：
31-36.

[18] 张杨．我国音频广播数字化进程及 CDR 技术应用 [J]．广播电视信息，2014（12）：67-70.

[19] 胡伯乐．数字音频广播 HDRadio 技术介绍 [J]．广播电视信息，2014（6）：97-100.

[20] 全国广播电影电视标准化技术委员会．调频频段数字音频广播 第 1 部分：数字广播信道帧结构、信
道编码和调制：GY/T 268.1—2013 [S]．2013.

[21] 全国广播电影电视标准化技术委员会．调频频段数字音频广播 第 2 部分：复用：GY/T 268.2—2013
[S]．2013.

[22] 中国的光盘研发与徐端颐 [EB/OL]．（2022-10-18）[2023-08-16]．https://www.gzszx.gov.cn/wstd/
wsmb/31529.shtml.

[23] 刘越．调频数字音频广播中的 DRA 数字音频信源编码技术 [J]．广播电视信息，2022，29（10）：
52-55.

[24] 国家市场监督管理总局，国家标准化管理委员会．调频频段数字音频广播接收机技术规范：GB/T
43020—2023 [S]．2023.

[25] 宋晓晖．杜比全景声技术在超高清影视节目制作中的发展和应用 [J]．电声技术，2023，47（2）：
14-18.

[26] 高银．现场扩声系统的构建流程 [J]．现代电影技术，2021（7）：58-60.